普通高等教育"十一五"国家级规划教材
高等学校土木工程专业规划教材

基础工程设计原理

袁聚云　楼晓明　姚笑青　熊巨华　李镜培　**编著**
　　　　　　　　　　高大钊　龚　剑　**主审**

人民交通出版社

内 容 提 要

本书为普通高等教育"十一五"国家级规划教材，系统介绍了基础工程的设计原理和方法。其内容包括地基模型、浅基础地基计算、浅基础结构设计、桩基础、沉井基础、基坑支护结构、地基处理、特殊性土地基、动力机器基础与地基基础抗震等，共计九章，每章均安排了大量的例题、习题和思考题。

本书可作为高等学校土木工程专业的教学用书，也可供其他专业师生以及从事基础工程设计和施工的技术人员参考。

图书在版编目(CIP)数据

基础工程设计原理/袁聚云等编著.—北京：人民交通出版社，2011.5
ISBN 978-7-114-08853-7

Ⅰ.①基⋯ Ⅱ.①袁⋯ Ⅲ.①地基—基础(工程)—建筑设计 Ⅳ.①TU47

中国版本图书馆 CIP 数据核字(2011)第 004524 号

普通高等教育"十一五"国家级规划教材
高等学校土木工程专业规划教材

书　　名：	基础工程设计原理
著 作 者：	袁聚云　楼晓明　姚笑青　熊巨华　李镜培
责任编辑：	曲　乐　丁润铎
出版发行：	人民交通出版社股份有限公司
地　　址：	(100011)北京市朝阳区安定门外外馆斜街 3 号
网　　址：	http://www.ccpress.com.cn
销售电话：	(010)59757973
总 经 销：	人民交通出版社股份有限公司发行部
经　　销：	各地新华书店
印　　刷：	北京武英文博科技有限公司
开　　本：	787×1092　1/16
印　　张：	20
字　　数：	496 千
版　　次：	2011 年 5 月　第 1 版
印　　次：	2022 年 3 月　第 10 次印刷
书　　号：	ISBN 978-7-114-08853-7
定　　价：	36.00 元

(有印刷、装订质量问题的图书由本公司负责调换)

前　言

本书为普通高等教育"十一五"国家级规划教材。本书由从事《基础工程设计原理》课程教学多年的教师编写，并参照全国高等学校土木工程专业指导委员会对该课程的设置及教学大纲要求而组织编写。在编写过程中，本书充分采纳了教学经验丰富的教师的意见，结合了工程最新技术，采用了国家及有关行业的最新规范。

土木工程专业涉及工民建、桥梁、道路、地下建筑、岩土工程等方面，范围很广。本书在编写时，尽量考虑并兼顾土木工程中各个行业技术工作的共同需要，选择最基本和最必需的内容，使学生能尽快适应土木工程专业中不同行业的需求，有利于学生综合能力的培养。同时根据基础工程学科的特点，本书充分强调理论联系实际，尽可能地反映经过工程实践考验且符合教学要求的内容，以更好地满足土木工程专业的教学需要。

本书系统介绍了基础工程的设计原理与方法，其内容包括地基模型、浅基础地基计算、浅基础结构设计、桩基础、沉井基础、基坑支护结构、地基处理、特殊土地基、动力机器基础与地基基础抗震等，共计九章。本书每章还安排了大量的例题、习题和思考题，以便学生复习和自学。

本书由袁聚云、楼晓明、姚笑青、熊巨华、李镜培编著，其中，绪论由袁聚云编写，第一章由钱建固、袁聚云编写，第二章、第三章由姚笑青编写，第四章、第五章由楼晓明编写，第六章由熊巨华编写，第七章由熊巨华、贾敏才编写，第八章由楼晓明、贾敏才编写，第九章由李镜培、楼晓明、袁聚云编写。全书最后由袁聚云和楼晓明统稿。

全书由同济大学高大钊教授和上海建工集团总工程师龚剑教授级高工主审。

本书在编写过程中得到了高大钊、胡中雄、董建国等教授的指导和帮助，同时还引用了许多专家、学者在教学、科研、设计和施工中积累的资料，在此一并表示衷心感谢。

本书可作为高等学校土木工程专业的教学用书，也可供其他专业师生以及从事基础工程设计和施工的技术人员参考。

恳请读者提出批评和建议。

编　者
2010 年 12 月于同济大学

目　　录

绪论 ··· 1

第一章　地基模型 ·· 3
　第一节　概述 ·· 3
　第二节　线性弹性地基模型 ··· 3
　第三节　非线性弹性地基模型 ·· 6
　第四节　地基的柔度矩阵和刚度矩阵 ··· 9
　第五节　地基模型的选择 ··· 10
　习题 ·· 11
　思考题 ··· 11

第二章　浅基础地基计算 ··· 12
　第一节　概述 ·· 12
　第二节　基础工程设计基本原理 ··· 13
　第三节　浅基础的类型 ··· 20
　第四节　基础的埋置深度 ·· 23
　第五节　地基承载力的确定 ··· 30
　第六节　地基承载力的验算及基础底面尺寸的确定 ································ 35
　第七节　地基的变形验算 ·· 41
　第八节　地基基础的稳定性验算 ··· 44
　第九节　减轻不均匀沉降危害的措施 ··· 46
　习题 ·· 50
　思考题 ··· 51

第三章　浅基础结构设计 ··· 52
　第一节　概述 ·· 52
　第二节　地基基础与上部结构共同作用概念 ··· 53
　第三节　无筋扩展基础 ··· 57
　第四节　墙下条形基础 ··· 61
　第五节　柱下独立基础 ··· 64
　第六节　柱下条形基础 ··· 68
　第七节　十字交叉条形基础 ··· 83
　第八节　筏形基础 ·· 86
　第九节　箱形基础 ·· 91
　习题 ·· 93

思考题 … 94

第四章　桩基础 … 95
　第一节　概述 … 95
　第二节　桩的类型及施工工艺 … 96
　第三节　竖向荷载下的桩基础 … 101
　第四节　水平荷载下的桩基础 … 126
　第五节　桩基础设计 … 143
　习题 … 150
　思考题 … 152

第五章　沉井基础 … 153
　第一节　概述 … 153
　第二节　沉井基础的构造及施工工艺 … 153
　第三节　沉井的设计与计算 … 157
　习题 … 168
　思考题 … 169

第六章　基坑支护结构 … 170
　第一节　概述 … 170
　第二节　支护结构上的土压力计算 … 179
　第三节　水泥土墙支护结构设计 … 185
　第四节　排桩、地下连续墙支护结构设计 … 189
　第五节　土钉墙支护结构设计 … 198
　习题 … 204
　思考题 … 205

第七章　地基处理 … 206
　第一节　概述 … 206
　第二节　换填法 … 209
　第三节　密实法 … 214
　第四节　排水固结法 … 219
　第五节　复合地基设计原理 … 227
　第六节　振冲置换法 … 232
　第七节　化学加固法 … 234
　第八节　土工合成材料在加筋法中的应用 … 242
　习题 … 245
　思考题 … 245

第八章　特殊性土地基 … 247
　第一节　概述 … 247
　第二节　黄土地基 … 248
　第三节　膨胀土地基 … 255

第四节	红黏土地基	260
第五节	盐渍土地基	264
第六节	冻土地基	269
思考题		273

第九章　动力机器基础与地基基础抗震　275

- 第一节　概述　275
- 第二节　大块式基础的振动计算理论　279
- 第三节　地基土动力参数及其应用　282
- 第四节　锻锤基础设计　286
- 第五节　曲柄连杆机器基础设计　292
- 第六节　旋转式机器基础设计　295
- 第七节　动力机器基础的减振与隔振　298
- 第八节　地基基础抗震　302
- 习题　308
- 思考题　309

参考文献　310

绪　论

一、基础工程的重要性

任何建筑物都是建造在一定的地层上的。这里所指的建筑物不仅包括住宅楼、办公楼、厂房等，而且还包括桥梁、码头、水电站、高速公路等结构物。承受建筑物荷载的地层称为地基，而建筑物向地基传递荷载的下部结构则称为基础。

基础的结构形式很多，设计时应选择既能适应建筑物上部结构要求，同时也能适合场地工程地质条件，并在技术和经济上合理可行的基础结构方案。通常把埋置深度较浅，且施工简单的基础称为浅基础；反之，若浅层土质不良，须将基础埋置在较深的好土层上，且需要借助于特殊施工方法的基础，则称为深基础。当选定合适的基础形式后，若地基不加处理就可以满足设计要求的，称为天然地基；反之，当地基强度不足或压缩性很大而不能满足设计要求时，则需要对地基进行处理，经过人工处理后的地基则称为人工地基。

基础工程是隐蔽工程，影响因素很多，稍有不慎就有可能给工程留下隐患。大量工程实践表明，整个建筑物工程的质量，在很大程度上取决于基础工程的质量和水平，建筑物事故的发生，很多与基础工程问题有关。由此可见，基础工程设计与施工质量的优劣，直接关系到建筑物的安危。此外，基础工程的造价、工期通常在整个工程中占有相当大的比例，尤其是在地质条件复杂的地区更是如此，其节省建设资金、工期的潜力很大。因此，基础工程在整个建筑物工程中的重要性是显而易见的。

建筑物通常是由上部结构、基础和地基三部分所组成的。这三部分虽然各自功能不同，但彼此相互影响、共同作用，三者之间互为条件，相互依存；同时，基础工程施工、受力变形会对周围土层产生影响，邻近工程之间会产生相互影响。因此，在进行基础工程设计和施工时，应该从上部结构与地基基础共同作用和环境岩土工程的整体概念出发，全面加以考虑，如此才能收到比较理想的效果。

二、基础工程的发展概况

基础工程是土木工程学科的一个重要分支，是人类在长期的生产实践中发展起来的一门应用学科。我们的祖先早在史前的建筑活动中就创造了许多基础工程的成就，如宏伟的宫殿寺院和巍巍耸立的高塔，正是基础牢固，方能历经无数次大风、强震考验而安然无恙，并经千百年而留存至今。但是，古代劳动人民的大量基础工程实践活动，主要体现在能工巧匠的高超技艺上，由于当时生产力水平的限制，还未能提炼成系统的科学理论。

18世纪欧洲工业革命开始以后，随着资本主义工业化的发展，城建、水利、道路等建筑规模也在不断扩大，从而促使人们对基础工程加以重视并开展研究。当时在作为本学科理论基础的土力学方面，砂土抗剪强度公式、土压力理论等相继提出，基础工程也随之得到了发展。到了20世纪20年代，太沙基(Terzaghi)归纳了以往在土力学方面的研究，分别发表了《土力学》和《工程土质学》等专著，从而带动了各国学者对基础工程各方面的研究和探索，并不断取得进展。

近几十年以来,由于土木工程建设的需要,特别是计算机和计算技术的引入,使基础工程,无论在设计理论上,还是在施工技术上,都得到了迅速的发展,出现了如补偿式基础、桩—筏基础、桩—箱基础、巨型钢筋混凝土浮运沉井等基础形式。与此同时,在地基处理技术方面,如强夯法、真空预压法、振冲法、旋喷法、深层搅拌法、树根桩、压力注浆法等都是近几十年来创造和完善的方法。另外,由于深基坑开挖支护工程的需要,还出现了地下连续墙、深层搅拌水泥土挡墙、锚杆支护及加筋土等支护结构形式。

但是,由于基础工程是地下隐蔽工程,再加上工程地质条件又极其复杂且差异巨大,使得基础工程这一领域变得十分复杂。虽然目前基础工程设计理论和施工技术比几十年前有突飞猛进的发展,但仍还有许多问题值得研究和探讨。

三、课程内容及学习要求

为满足"宽口径、复合型"土木工程专业人才的需要,学生必须有更宽的知识面,毕业后才能适应土木工程中各个行业技术工作,因此,本书在编写时也相应地扩大了其相关内容。

基础工程是土木工程专业的一门重要的技术基础课,要求有较广泛的先修课知识,如材料力学、土力学、土质学、结构力学、钢筋混凝土结构等。特别是土力学,它是本课程的重要理论基础,必须对此先行学习并予以很好掌握。

基础工程是一门实践性很强的学科,在学习本课程时,还必须紧密联系和结合工程实践。与此同时,由于各地自然地质条件的巨大差异,基础工程技术的地区性比较强,因此,在使用本教材时,可根据实际情况,有重点地选择适合教学需要的内容。

第一章 地基模型

第一节 概 述

当土体受到外力作用时,土体内部就会产生应力和应变。地基模型(亦称土的本构定律)就是描述地基土在受力状态下应力和应变之间关系的数学表达式。从广义上说,地基模型是土体在受力状态下的应力、应变、应力水平、应力历史、加载率、加载途径以及时间、温度等之间的函数关系。

合理地选择地基模型是基础工程分析与设计中一个非常重要的问题,它不仅直接影响基底反力(接触应力)的分布,而且还影响着基础和上部结构内力的分布。因此,在选择地基模型时,首先必须了解每种地基模型的适用条件,要根据建筑物荷载的大小、地基性质以及地基承载力的大小合理选择地基模型,并考察所选择模型是否符合或比较接近所建场地的具体地基特性。所选用的地基模型应尽可能准确地反映土体在受到外力作用时的主要力学性状,同时还要便于利用已有的数学方法和计算手段进行分析。随着人们认识的发展,各国学者曾先后提出过不少地基模型,然而,由于土体性状的复杂性,想要用一个普遍都能适用的数学模型来描述地基土工作状态的全貌是很困难的,各种地基模型实际上都具有一定的局限性。

在基础工程分析与设计中,通常采用线性弹性地基模型、非线性弹性地基模型和弹塑性地基模型等,本章主要介绍前两类地基模型;此外,还简要介绍地基的柔度矩阵和刚度矩阵,以及地基模型选择时需要考虑的因素。

第二节 线性弹性地基模型

线性弹性地基模型认为,地基土在荷载作用下,其应力应变的关系为直线关系(图1-1),可用广义虎克定律表示。

$$\{\pmb{\sigma}\} = [\pmb{D}_e]\{\pmb{\varepsilon}\} \tag{1-1}$$

式中:$\{\pmb{\sigma}\} = \{\sigma_x \quad \sigma_y \quad \sigma_z \quad \tau_{xy} \quad \tau_{yz} \quad \tau_{zx}\}^T$;

$\{\pmb{\varepsilon}\} = \{\varepsilon_x \quad \varepsilon_y \quad \varepsilon_z \quad \gamma_{xy} \quad \gamma_{yz} \quad \gamma_{zx}\}^T$;

$[\pmb{D}_e]$——弹性矩阵。

$$[\pmb{D}_e] = \frac{E}{(1+\nu)(1-2\nu)} \begin{bmatrix} 1-\nu & & & & & \\ \nu & (1-\nu) & & & & \\ \nu & \nu & (1-\nu) & & 对称 & \\ 0 & 0 & 0 & \frac{1-2\nu}{2} & & \\ 0 & 0 & 0 & 0 & \frac{1-2\nu}{2} & \\ 0 & 0 & 0 & 0 & 0 & \frac{1-2\nu}{2} \end{bmatrix} \tag{1-2}$$

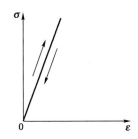

图 1-1 线性弹性地基模型

式中：E——材料的弹性模量；
ν——材料的泊松比。

最简单和常用的三种线性弹性地基模型分别为：
(1) 文克勒(Winkler)地基模型；
(2) 弹性半空间地基模型；
(3) 分层地基模型。

文克勒地基模型和弹性半空间地基模型正好分别代表线性弹性地基模型的两个极端情况，而常用的分层地基模型也属于线性弹性地基模型。

一、文克勒地基模型

文克勒地基模型假定地基是由许多独立的且互不影响的弹簧所组成，即假定地基任一点所受的压力强度 p 只与该点的地基变形 s 成正比，而 p 不影响该点以外的变形(图 1-2)。其表达式为：

$$p = ks \tag{1-3}$$

式中：k——地基基床系数，表示产生单位变形所需的压力强度，kN/m^3；
p——地基上任一点所受的压力强度，kPa；
s——p 作用点位置上的地基变形，m。

这个假定是文克勒于 1867 年提出的，故称文克勒地基模型。该模型计算简便，只要 k 值选择得当，即可获得较为满意的结果，故在地基梁和板以及桩的分析中，文克勒地基模型仍被广泛地采用。台北 101 大楼设计采用的就是发展的文克勒地基模型。但是，文克勒地基模型在理论上不够严格，忽略了地基中的剪应力。按这一模型，地基变形只发生在基底范围内，而在基底范围外没有地基变形，这与实际情况是不符的，使用不当会造成不良后果。

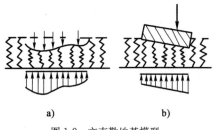

图 1-2 文克勒地基模型
a)弹簧模型；b)绝对刚性基础

表 1-1 所示的是不同地基土的基床系数 k 参考值。基床系数 k 可采用现场荷载板试验方法获得。

基床系数 k 参考值　　　　　　　　表 1-1

地基土种类与特征		$k(\times 10^4 kN/m^3)$	地基土种类与特征	$k(\times 10^4 kN/m^3)$
淤泥质土、有机质土或新填土		0.1～0.5	黄土及黄土类粉质黏土	4.0～5.0
软弱黏性土		0.5～1.0	紧密砾石	4.0～10
黏土及粉质黏土	软塑	1.0～2.0	硬黏土或人工夯实粉质黏土	10～20
	可塑	2.0～4.0	软质岩石和中、强风化的坚硬岩石	20～100
	硬塑	4.0～10	完好的坚硬岩石	100～150
松砂		1.0～1.5	砖	400～500
中密砂或松散砾石		1.5～2.5	块石砌体	500～600
密砂或中密砾石		2.5～4.0	混凝土与钢筋混凝土	800～1 500

二、弹性半空间地基模型

弹性半空间地基模型是将地基视作均匀的、各向同性的弹性半空间体。当集中荷载 P 作用在弹性半空间体表面上时(图 1-3),根据布西奈斯克(Boussinesq)公式可求得位于距离荷载作用点 P 距离 r 的点 i 的竖向变形为:

$$s = \frac{P(1-\nu^2)}{\pi E_0 r} \tag{1-4}$$

式中:E_0、ν——分别为地基土的变形模量和泊松比。

从上式可知,当 r 趋于零时,会得到竖向位移 s 为无穷大的结果。这显然与实际是不符的。对于在均布荷载作用下矩形面积的中点竖向位移(图 1-4),可对式(1-4)进行积分求得。

$$s = 2\int_0^{\frac{a}{2}} 2\int_0^{\frac{b}{2}} \frac{\frac{P}{ab}(1-\nu^2)}{\pi E_0 \cdot \sqrt{\zeta^2+\eta^2}} d\zeta d\eta = \frac{P(1-\nu^2)}{\pi E_0 a} \cdot F_{ii} \tag{1-5}$$

式中:P——在矩形面积 $a \times b$ 上均布荷载 p 的合力,kN;
E_0、ν——分别为地基土的变形模量和泊松比。

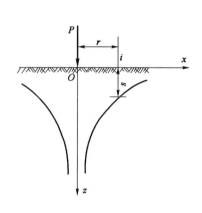

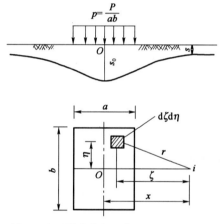

图 1-3 集中荷载 P 作用在弹性半空间体表面上 i 点的竖向位移

图 1-4 矩形均布荷载 p 作用下矩形面积中点 O 的竖向位移

$$F_{ii} = 2\frac{a}{b}\left\{\ln\left(\frac{b}{a}\right) + \frac{b}{a}\ln\left[\frac{a}{b} + \sqrt{\left(\frac{a}{b}\right)^2+1}\right] + \ln\left[1+\sqrt{\left(\frac{a}{b}\right)^2+1}\right]\right\} \tag{1-6}$$

对于荷载面积以外任意点的变形,同样可以利用布西奈斯克公式通过积分求得,但计算繁琐,此时可按式(1-4)以集中荷载计算。

弹性半空间地基模型虽然具有扩散应力和变形的优点,比文克勒地基模型合理些,但是其扩散能力往往超过地基的实际情况,造成计算的沉降量和地表沉降范围都较实测结果为大,同时也未能反映地基土的分层特性。一般认为,造成这些差异的主要原因是地基的压缩层厚度是有限的,而且即使是同一种土层组成的地基,其模量也随深度而增加,因而是非均匀的。

三、分层地基模型

分层地基模型即是我国地基基础规范中用以计算地基最终沉降量的分层总和法(图 1-5)。按照分层总和法,地基最终沉降 s 等于压缩层范围内各计算分层在完全侧限条件下的压缩量之和。分层总和法的计算式如下。

$$s = \sum_{i=1}^{n} \frac{\overline{\sigma}_{zi}}{E_{si}} H_i \tag{1-7}$$

式中：H_i——基底下第 i 分层土的厚度；

E_{si}——基底下第 i 分层土对应于 $p_{1i} \sim p_{2i}$ 段的压缩模量；

$\overline{\sigma}_{zi}$——基底下第 i 分层土的平均附加应力；

n——压缩层范围内的分层数。

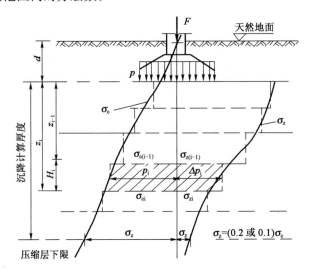

图 1-5 分层总和法计算地基最终沉降量

分层地基模型能较好地反映地基土扩散应力和变形的能力，能较容易地考虑土层非均质性沿深度的变化。通过计算表明，分层地基模型的计算结果比较符合实际情况。但是，这个模型仍为弹性模型，未能考虑土的非线性和过大的地基反力引起地基土的塑性变形。

第三节 非线性弹性地基模型

线弹性模型假设土的应力和应变为线性比例，这显然与实测结果是不吻合的。室内三轴试验测得的正常固结黏土和中密砂的应力应变关系曲线通常如图 1-6 所示。

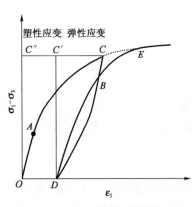

图 1-6 土体非线性变形特性

从图 1-6 中可以看到，若从初始状态 O 点加载，得到加载曲线 OAC。其中 OA 为直线阶段，在此阶段可认为土的变形是线弹性的；而在 A 点以上，土体将产生部分不可恢复的塑性变形。若加载至 C 点，然后完全卸载至 D 点，则得到的卸载曲线为 CBD；再从 D 点加载，得到再加载曲线 DBE；再加载曲线最终将与初始加载曲线 OAC 的延长线重合。因此，从 O 点加载至 C 点，引起的轴向应变可分为可恢复的弹性应变 $C'C$ 和不可恢复的塑性应变 $C''C'$。

图 1-6 表明，土体的应力应变关系通常总是表现为非线性、非弹性的。此外，从图中还可以看出，土体的变形还与加载的应力路径密切相关，加荷时与卸荷时变形的特性有很大差异。一般说来，土体的这些复杂变形特性用弹塑

性地基模型模拟较好,但是弹塑性模型运用到工程实际较为复杂。较为常用的是采用非线性弹性地基模型,它能够模拟发生屈服后的非线性变形的形状,但是非线性弹性地基模型忽略了应力路径等重要因素的影响。尽管如此,非线性弹性地基模型还是被广泛用于基础工程分析与设计中,并可得到较为满意的结果。非线性弹性模型与线弹性模型的主要区别在于,前者的弹性模量与泊松比是随着应力变化的,而后者则不变。

非线性地基模型一般是通过拟合三轴压缩试验所得到的应力应变曲线而得到的。应用较为普遍的是邓肯(Duncan)和张(Chang)等人1970年提出的方法,通常称为邓肯—张模型。

1963年,康德尔(Konder)提出土的应力—应变关系为双曲线形。邓肯和张根据这个关系并利用摩尔—库仑强度理论导出了非线性弹性地基模型的切线模量公式。该模型认为在常规三轴试验条件下土的加载和卸载应力—应变曲线均为双曲线,可用下式表达。

$$\sigma_1 - \sigma_3 = \frac{\varepsilon_1}{a + b\varepsilon_1} \tag{1-8}$$

式中:$\sigma_1 - \sigma_3$——偏应力(σ_1和σ_3分别为土中某点的最大和最小主应力);
ε_1——轴向应变;
σ_3——周围应力;
a、b——均为试验参数,对于确定的周围应力σ_3,其值为常数。

$$a = \frac{1}{E_i} \tag{1-9}$$

$$b = \frac{1}{(\sigma_1 - \sigma_3)_{\text{ult}}} \tag{1-10}$$

式中:E_i——初始切线模量;
$(\sigma_1 - \sigma_3)_{\text{ult}}$——偏应力的极限值,即当$\varepsilon_1 \to \infty$时的偏应力值。

邓肯和张通过分析推导,得到用来计算地基中任一点切线模量E_t的公式为:

$$E_t = \frac{\partial(\sigma_1 - \sigma_3)}{\partial \varepsilon_1} = E_i [1 - b(\sigma_1 - \sigma_3)]^2 = E_i \left[1 - \frac{(\sigma_1 - \sigma_3)}{(\sigma_1 - \sigma_3)_{\text{utl}}}\right]^2 \tag{1-11}$$

定义破坏比R_f为:

$$R_f = \frac{(\sigma_1 - \sigma_3)_f}{(\sigma_1 - \sigma_3)_{\text{ult}}} = b(\sigma_1 - \sigma_3)_f \tag{1-12}$$

式中:$(\sigma_1 - \sigma_3)_f$——破坏时的偏应力,砂性土为$(\sigma_1 - \sigma_3)$—ε_1曲线的峰值;黏性土取$\varepsilon_1 = 15\% \sim 20\%$对应的$(\sigma_1 - \sigma_3)$值,见图1-7。

对于破坏时的偏应力$(\sigma_1 - \sigma_3)_f$,根据摩尔—库仑破坏准则可表示为黏聚力c和内摩擦角φ的函数,即:

$$(\sigma_1 - \sigma_3)_f = \frac{2c\cos\varphi + 2\sigma_3\sin\varphi}{1 - \sin\varphi} \tag{1-13}$$

同时,根据不同的周围应力σ_3可以得到一系列的a和b值。分析σ_3和$E_i = \frac{1}{a}$的关系可得到:

$$E_i = Kp_a \left(\frac{\sigma_3}{p_a}\right)^n \tag{1-14}$$

把式(1-12)、式(1-13)和式(1-14)代入式(1-11),得:

$$E_t = Kp_a \left(\frac{\sigma_3}{p_a}\right)^n \left[1 - \frac{R_f(1 - \sin\varphi)(\sigma_1 - \sigma_3)}{2c\cos\varphi + 2\sigma_3\sin\varphi}\right]^2 \tag{1-15}$$

式中：K、n、c、φ、R_f——确定切线模量 E_t 的试验参数；

p_a——单位与 σ_3 相同的大气压强。

同理，邓肯和张还建立了在室内常规试验条件下轴向应变 ε_1 与侧向应变 ε_3 的关系（图 1-8）。

$$\varepsilon_1 = \frac{\varepsilon_3}{f + d\varepsilon_3} \tag{1-16}$$

式中：f、d——试验参数。

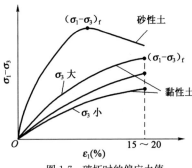 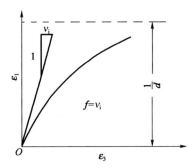

图 1-7 破坏时的偏应力值　　　　图 1-8 轴向应变 ε_1 与侧向应变 ε_3 的关系（邓肯—张模型）

于是得到切线泊松比为：

$$\nu_t = \frac{\partial \varepsilon_3}{\partial \varepsilon_1} = \frac{f}{(1-\varepsilon_1 \cdot d)^2} = \frac{\nu_i}{(1-\varepsilon_1 \cdot d)^2} \tag{1-17}$$

式中：ν_i——初始切线泊松比，$\nu_i = f$。

初始切线泊松比可用下式表示：

$$\nu_i = G - F\lg\left(\frac{\sigma_3}{p_a}\right) \tag{1-18}$$

通过式（1-15），可消去式（1-17）中的 ε_1，并将式（1-18）代入式（1-17），从而得到切线泊松比 ν_t 为：

$$\nu_t = \frac{G - F\lg\left(\frac{\sigma_3}{p_a}\right)}{(1-A)^2} \tag{1-19}$$

式（1-19）中的 A 为：

$$A = \frac{(\sigma_1 - \sigma_3) \cdot d}{Kp_a\left(\frac{\sigma_3}{p_a}\right)^n \left[1 - \frac{R_f(1-\sin\varphi)(\sigma_1-\sigma_3)}{2c\cos\varphi + 2\sigma_3\sin\varphi}\right]} \tag{1-20}$$

因此，确定切线泊松比 ν_t 还需要增加 G、F、d 这三个试验参数。

非线性弹性地基模型归纳起来集中反映为式（1-15）和式（1-19）。在计算时，切线模量 E_t 所需的 5 个试验常数 K、n、c、φ 和 R_f 可用常规三轴试验获得。

实践表明，该模型在荷载不太大的条件下（即不太接近破坏的条件下）可以有效地模拟土的非线性应力应变。这是因为当土中应力水平不高，即周围应力 $\sigma_3 \leq 0.8$MPa 时，c 和 φ 近似为定值；而当周围应力 $\sigma_3 > 0.8$MPa 时，φ 值随着周围应力的增加而降低，此时如果仍然采用低应力水平下测得的 c 和 φ 来确定切线模量 E_t 就不太合适了。

最后必须指出，非线性弹性地基模型虽然使用较为方便，但是该模型忽略了土体的应力途径和剪胀性的影响，它把总变形中的塑性变形也当作弹性变形处理，通过调整弹性参数来近似地考虑塑性变形。当加载条件较为复杂时,非线性弹性地基模型的计算结果往往与实际情况不符。为此,国外从 20 世纪 60 年代起开始重视具有普遍意义的弹塑性模型的研究,并提出了许多种弹塑性模型,其中最重要的有适合黏性土的剑桥(Cam-bridge)模型和适合砂性土的拉德—邓肯(Lade-Duncan)模型等。

第四节 地基的柔度矩阵和刚度矩阵

在对地基基础进行分析时,需要建立地基的柔度矩阵或刚度矩阵,下面叙述地基柔度矩阵和刚度矩阵的概念。

把整个地基上的荷载面积划分为 m 个矩形网格(图1-9),任意网格 j 的面积为 F_j,分割时注意不要使网格面积 F_j 相差太大。在任意网格 j 的中点作用着集中荷载 R_j,整个荷载面积反力列向量记作 $\{\boldsymbol{R}\}$:

$$\{\boldsymbol{R}\} = \{R_1 \quad R_2 \cdots R_i \cdots R_j \cdots R_m\}^T$$

各网格中点的竖向位移记作位移列向量 $\{\boldsymbol{s}\}$:

$$\{\boldsymbol{s}\} = \{s_1 \quad s_2 \cdots s_i \cdots s_j \cdots s_m\}^T$$

反力列向量 $\{\boldsymbol{R}\}$ 和位移列向量 $\{\boldsymbol{s}\}$ 的关系如下:

$$\{\boldsymbol{s}\} = [\boldsymbol{f}]\{\boldsymbol{R}\} \tag{1-21}$$

或:

$$[\boldsymbol{K}_s] \cdot \{\boldsymbol{s}\} = \{\boldsymbol{R}\} \tag{1-22}$$

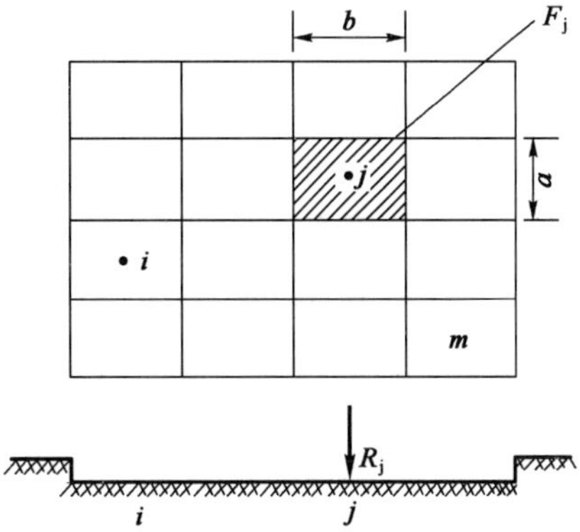

图 1-9 地基网格的划分

式中:$[\boldsymbol{f}]$——地基柔度矩阵;

$[\boldsymbol{K}_s]$——地基刚度矩阵,$[\boldsymbol{K}_s] = [\boldsymbol{f}]^{-1}$。

式(1-21)和式(1-22)可写成:

$$\begin{Bmatrix} s_1 \\ s_2 \\ \vdots \\ s_i \\ \vdots \\ s_j \\ \vdots \\ s_m \end{Bmatrix} = \begin{bmatrix} f_{11} & f_{12} & \cdots & f_{1i} & \cdots & f_{1j} & \cdots & f_{1m} \\ f_{21} & f_{22} & \cdots & f_{2i} & \cdots & f_{2j} & \cdots & f_{2m} \\ & & & \cdots\cdots & & & & \\ f_{i1} & f_{i2} & \cdots & f_{ii} & \cdots & f_{ij} & \cdots & f_{im} \\ & & & \cdots\cdots & & & & \\ f_{j1} & f_{j2} & \cdots & f_{ji} & \cdots & f_{jj} & \cdots & f_{jm} \\ & & & \cdots\cdots & & & & \\ f_{m1} & f_{m2} & \cdots & f_{mi} & \cdots & f_{mj} & \cdots & f_{mm} \end{bmatrix} \begin{Bmatrix} R_1 \\ R_2 \\ \vdots \\ R_i \\ \vdots \\ R_j \\ \vdots \\ R_m \end{Bmatrix} \tag{1-23}$$

$$\begin{bmatrix} k_{11} & k_{12} & \cdots & k_{1i} & \cdots & k_{1j} & \cdots & k_{1m} \\ k_{21} & k_{22} & \cdots & k_{2i} & \cdots & k_{2j} & \cdots & k_{2m} \\ & & & \cdots\cdots & & & & \\ k_{i1} & k_{i2} & \cdots & k_{ii} & \cdots & k_{ij} & \cdots & k_{im} \\ & & & \cdots\cdots & & & & \\ k_{j1} & k_{j2} & \cdots & k_{ji} & \cdots & k_{jj} & \cdots & k_{jm} \\ & & & \cdots\cdots & & & & \\ k_{m1} & k_{m2} & \cdots & k_{mi} & \cdots & k_{mj} & \cdots & k_{mm} \end{bmatrix} \begin{Bmatrix} s_1 \\ s_2 \\ \vdots \\ s_i \\ \vdots \\ s_j \\ \vdots \\ s_m \end{Bmatrix} = \begin{Bmatrix} R_1 \\ R_2 \\ \vdots \\ R_i \\ \vdots \\ R_j \\ \vdots \\ R_m \end{Bmatrix} \tag{1-24}$$

其中，柔度系数 f_{ij} 是指在网格 j 处作用单位集中力，而在网格 i 的中点引起的变形；当 $i=j$ 时，其为单位集中力在本网格中点产生的变形。

地基模型不同，结点分布位置不同，则柔度系数 f_{ij} 的计算方法和结果也不同。因此，地基柔度矩阵 $[f]$ 和地基刚度矩阵 $[K_s]$ 反映了不同的地基模型在外力作用下界面的位移特征。

第五节 地基模型的选择

在地基基础设计计算中，如何选择相适应的地基模型是一个比较困难的问题。这涉及材料性质、荷载施加、整体几何关系和环境影响等诸多方面，甚至对于同一个工程，从不同角度分析时，也可能要采用不同的地基模型。从工程应用出发，在选择地基模型时，需考虑的因素主要有：

(1) 土的变形特征和外荷载在地基中引起的应力水平；
(2) 土层的分布情况；
(3) 基础和上部结构的刚度及其形成过程；
(4) 基础的埋置深度；
(5) 荷载的种类和施加方式；
(6) 时效的考虑；
(7) 施工过程(开挖、回填、降水、施工速度等)。

当基础位于无黏性土上时，采用文克勒地基模型还是比较适当的，特别是当基础比较柔软，又受有局部(集中)荷载时。应指出的是，一般认为文克勒地基模型与实际情况不符，但文克勒地基模型比较简单，计算方便，并得到一系列可直接使用的解析解。例如，对于位于软弱黏性土上的建筑物，当上部结构和基础的刚度不是很大(框架结构等)，仍可采用文克勒地基模型；但对于剪力墙结构等上部结构，其基础刚度大大增加，文克勒地基模型就未必适用了；即使是框架结构，若后砌填充墙刚度很大，也可能影响到地基模型的选择。

当基础位于黏性土上时，一般应采用弹性空间地基模型或分层地基模型，特别是对有一定刚度的基础、基底平均反力适中、地基土中应力水平不高、塑性区开展不大时。当地基土呈明显层状分布、各层之间性质差异较大时，则必须采用分层地基模型。但当塑性区开展较大，或是薄压缩层地基时，文克勒地基模型又可适用。总的说来，若能采用考虑非线性影响的地基模型可以认为是较好的选择。

当高层建筑位于压缩性较高的深厚黏土层上时，还应考虑到土的固结与蠕变的影响，此时应选择能反映时效的地基模型，特别是重要建筑物，应引起注意。

岩土的应力—应变关系是非常复杂的，想要用一个普遍都能适用的数学模型来全面描述岩土工作性状的全貌是很困难的。在选择地基模型时，可参考下列几条原则进行：

(1) 任何一个地基模型，只有通过实践的验证，也就是通过计算值与实测值的比较，才能确定它的可靠性。例如，地基模型是通过某种试验的结果提出来的，可以进行其他种类的试验来验证它的可靠性，也可以通过对具体工程的计算值与实测值的比较来进行验证。

(2) 所选用的地基模型应尽量简单，最有用的地基模型其实是能解决实际问题的最简单的模型。例如，如果采用布西奈斯克解答和压缩模量估算出来的地基沉降的精度，已能满足某项工程的需要，就无需采用复杂的弹塑性模型来求得更精确的解答。

(3)所选择的地基模型应该有针对性。不同的土和不同的工程问题,应该选择不同的、最合适的模型;同时还应注意地基模型的地区经验性,对某地区、某种有代表性的地基土,如果在长期实践中,就某种模型及其参数的取值得到规律性的认识,并且计算结果与实测结果对比有较好的相关性,则可认为这种模型对该地区、该类土是适宜的。

(4)对于复杂的工程问题,应该采用不同的地基模型进行反复比较。任何模型都有它的局限性,不同模型的相互补充和比较是十分重要的。由于参数不同,比较的出发点应建立在建筑物平均沉降的基础上,这是因为建筑物的平均沉降是一个客观的数值,所以不论何种模型,其计算所得的平均沉降应彼此相当。

习 题

【1-1】 如图1-10所示,某地基表面作用 $p=100$ kPa 的矩形均布荷载,基础的宽 $b=2$m,长 $l=4$m,试写出弹性半空间地基模型的柔度矩阵。矩形荷载面积等分为4个网格单元,变形模量 $E_0=5.0$ MPa,泊松比 $\nu=0.3$。

【1-2】 如图1-11所示,某地基表面作用 $p=120$ kPa 的矩形均布荷载,基础的宽 $b=2$m,长 $l=4$m,试写出分层地基模型的柔度矩阵。矩形荷载面积等分为2个网格单元,压缩模量 $E_s=2.5$ MPa。矩形均布荷载角点下土中的竖向附加应力 $\sigma_z = \frac{p}{2\pi}\left[\frac{mn(1+n^2+2m^2)}{\sqrt{1+m^2+n^2}(m^2+n^2)(1+m^2)} + \arctan\frac{n}{m\sqrt{1+m^2+n^2}}\right]$, $m=\frac{z}{b}$, $n=\frac{l}{b}$。

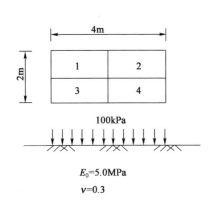

图1-10 习题1-1图

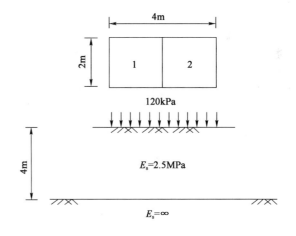

图1-11 习题1-2图

思 考 题

【1-1】 何谓地基模型?

【1-2】 最常用、最简单的线弹性地基模型有哪几种?

【1-3】 试写出文克勒地基模型的柔度矩阵。

第二章 浅基础地基计算

第一节 概 述

建筑物通常是设置在地层上的。在地表以上的建筑结构称为上部结构,在地表以下的建筑结构则称为基础。上部结构的荷载是通过基础传递给下面地层的,通常把承受上部结构和基础的荷载并受到这些荷载影响的那部分地层称为地基。

地基有天然地基和人工地基两大类型。当基础直接砌置在未经处理的天然土层上时,这种地基称为天然地基。若天然地基不能满足上部结构荷载的要求,则地基在修建基础前需经过人工处理,经过处理后的地基则称为人工地基。

基础有浅基础和深基础两大类型。浅基础和深基础并没有一个明确的界限,主要是从施工角度来考虑的。当基础埋置深度不大,可以采用比较简便的施工方法建造,即只需经过挖坑、排水、浇筑基础等施工工序就可以建造的基础统称为浅基础(浅基础在公路桥涵、铁路桥涵等规范中常称为明挖基础)。如直接在浅部土层上开挖修建的柱基、墙基以及筏基、箱基等都属于浅基础;反之,若浅层土质不良,而需把基础置于深处好的地层时,就要借助于特殊的施工方法来建造深基础了,如桩基础、沉井基础、地下连续墙基础等。通常浅基础的设计计算不考虑基础侧壁摩阻力的影响,而深基础的设计计算应考虑基础侧壁摩阻力的作用。

地基基础方案可选择天然地基上的浅基础、人工地基上的浅基础或天然地基上的深基础。天然地基上的浅基础施工方便、技术简单、造价经济,一般情况下应尽量优先考虑。如果天然地基上的浅基础不能满足工程要求,或有特殊情况而致使造价不经济时,可选用人工地基或深基础,见图2-1。本章及下一章主要学习天然地基上的浅基础设计,后几章将学习深基础设计及地基处理。

基础具有承上启下的作用,一方面,基础处于上部结构荷载及地基反力的共同作用之下,承受由此而产生的内力(弯矩、剪力、轴力和扭矩等);另一方面,基础底面的反力则作为作用在地基上的荷载,使地基产生应力和变形。因此,在基础设计时,除了必须保证基础结构本身具有足够的强度和刚度外,同时还需使地基的受力和变形控制在允许的范围之内,以保证上部结构的稳定和正常使用。因而基础工程设计又常称为地基基础设计,包括地基计算和基础结构设计两大部分。本章主要学习浅基础的地基计算,下一章将主要学习浅基础的结构设计。

我国不同行业及地区制订了许多有关地基基础的规范及规程,本章的浅基础地基计算及下一章的浅基础结构设计主要参考国家标准《建筑地基基础设计规范》(GB 50007—2002)。

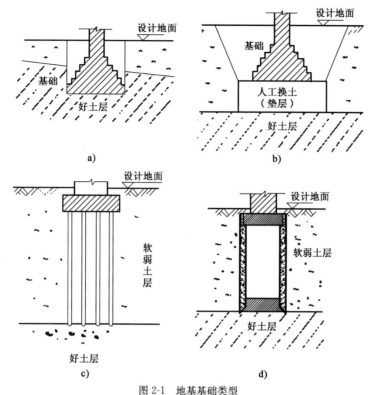

图 2-1 地基基础类型
a)天然地基上的浅基础;b)人工地基上的浅基础;c)桩基础;d)沉井基础

第二节 基础工程设计基本原理

一、建筑结构荷载的有关概念

1. 荷载的有关定义

(1)永久荷载:在结构使用期间,其值不随时间变化,或其变化与平均值相比可以忽略不计,或其变化是单调的并能趋于限值的荷载,以 G 表示,例如结构自重、土压力、正常稳定水位的水压力等。

(2)可变荷载:在结构使用期间,其值随时间变化,且其变化与平均值相比不可忽略不计的荷载,以 Q 表示,例如建筑物楼面活荷载、屋面活荷载、风荷载、雪荷载等,以及桥梁桥面的汽车荷载、风荷载、雪荷载等。

(3)荷载效应:由荷载引起结构或结构构件的反应,例如内力、变形和裂缝。永久荷载效应和可变荷载效应分别以 S_G、S_Q 表示。

(4)设计基准期:为确定可变荷载代表值而选用的时间参数。

2. 荷载的代表值

如前所述,荷载依其性质不同,可分为永久荷载 G 和可变荷载 Q 两大类。这些荷载均应看成随机变量,但其概率分布规律各不一样,应分别选用合适的概率模型进行统计分析,在概率分布形式确定以后,就可以选择荷载的代表值。荷载的代表值有多种,在地基基础计算中常用的有以下三种。

(1)荷载的标准值:这是荷载的基本代表值,为设计基准期内最大荷载统计分布的特征值,以下标 K 表示。荷载标准值可以取均值或某个分位值,例如对于结构自重,可按结构构件的设计尺寸乘以材料单位体积的自重;对于雪荷载可按 50 年一遇的雪压乘以屋面积雪分布系数等;其他类型的荷载均有相应的规定,可直接由《建筑结构荷载规范》(GB 50009—2001)查用。

(2)荷载的准永久值:对于可变荷载,在设计基准期内,其超越总时间约为设计基准期一半的荷载值。具体而言,对于某一随时间而变化的荷载,如果设计基准期是 T,则在 T 时间内大于和等于准永久值的时间约为 $0.5T$。荷载的准永久值实际上是考虑了可变荷载作用的时间间歇性和分布的不均匀性的一种折减。例如对于地基沉降计算,短时间的荷载不一定引起充分的沉降,这种情况下,可变荷载就应该采用荷载的准永久值。荷载的准永久值等于荷载标准值乘以准永久值系数 ψ_q。各种荷载的 ψ_q 是一个小于 1.0 的系数,可以从有关荷载规范中查用。

(3)荷载的组合值:对于可变荷载,使组合后的荷载效应在设计基准期内的超越概率(类似失效概率),能与该荷载单独出现时的效应概率趋于一致的荷载值;或使组合后的结构具有统一规定的可靠指标的荷载值。具体而言,因为两种或两种以上的可变荷载同时出现标准值的概率很小,因此当结构承受两种或两种以上的可变荷载时,应采用荷载的组合值。荷载的组合值等于荷载标准值乘以组合值系数 ψ_c。组合值系数 ψ_c 是一个小于 1.0 的系数,可以从有关荷载规范中查用。

3. 荷载的设计值

荷载代表值与荷载分项系数 γ 的乘积称为荷载的设计值。

4. 荷载的组合

设计时,为了保证结构的可靠性,需要确定同时作用在结构上有几种荷载、每种荷载采用何种代表值,这一工作称为荷载组合或荷载效应组合。在地基基础设计中,一般有如下几种荷载组合。标准组合:按正常使用极限状态计算时,采用标准值或组合值为荷载代表值的组合。准永久组合:按正常使用极限状态计算时,对可变荷载采用准永久值为荷载代表值的组合。基本组合:按承载能力极限状态计算时,永久作用与可变作用的组合设计值。其中,标准组合中的各项乘以相应的分项系数 γ 就得到基本组合。

(1)正常使用极限状态下,荷载效应的标准组合 S_K 表达为:

$$S_K = S_{GK} + S_{Q1K} + \sum_{i=2}^{n} \psi_{ci} S_{QiK} \tag{2-1}$$

(2)正常使用极限状态下,荷载效应的准永久组合 S_K' 表达为:

$$S_K' = S_{GK} + \sum_{i=1}^{n} \psi_{qi} S_{QiK} \tag{2-2}$$

(3)承载能力极限状态下,可变荷载控制的基本组合设计值 S 表达为:

$$S = \gamma_G S_{GK} + \gamma_{Q1} S_{Q1K} + \sum_{i=2}^{n} \gamma_{Qi} \psi_{ci} S_{Qik} \tag{2-3}$$

(4)承载能力极限状态下,永久荷载控制的基本组合,采用简化规则,荷载效应基本组合设计值 S 表达为:

$$S = 1.35 S_K \tag{2-4}$$

以上式中:S_K——荷载效应的标准组合值;

S_K'——荷载效应的准永久组合值;

S——荷载效应的基本组合值;

S_{GK}——按永久荷载标准值 G_K 计算的荷载效应值;

S_{QiK}——按可变荷载标准值 Q_{iK} 计算的荷载效应值；

ψ_{ci}——可变荷载 Q_i 的组合系数，可按规范的规定取值；

ψ_{qi}——准永久值系数，可按规范的规定取值；

γ_G——永久荷载的分项系数，当其效应对结构不利时：永久荷载控制的组合 $\gamma_G=1.35$，可变荷载控制的组合 $\gamma_G=1.2$；当其效应对结构有利时：一般情况下 $\gamma_G=1.0$，对结构进行抗倾覆、抗滑移或抗浮验算时 $\gamma_G=0.9$；

γ_{Qi}——可变荷载的分项系数，一般情况下 $\gamma_{Qi}=1.4$，对标准值大于 $4kN/m^2$ 的工业厂房楼面结构的活荷载 $\gamma_{Qi}=1.3$。

二、地基基础设计的技术要求及原则

《建筑结构可靠度设计统一标准》(GB 50068—2001)对结构设计应满足的功能要求规定如下：①在正常施工和正常使用时，能承受可能出现的各种作用；②在正常使用时具有良好的工作性能；③在正常维护下具有足够的耐久性能；④在设计规定的偶然事件发生时及发生后，仍能保持必需的整体稳定性。

地基设计时根据地基工作状态应当考虑：①在长期荷载作用下，地基变形不致造成承重结构的损坏；②在最不利荷载作用下，地基不出现失稳现象。

因此，地基基础设计必须满足的三个基本要求是：

(1)地基强度要求，即要求作用于地基上的荷载不超过地基的承载能力，以保证地基土在抵抗剪切破坏和防止丧失稳定方面具有足够的安全度；

(2)地基变形要求，即控制地基的变形量，使之不超过建筑物的地基允许变形值；

(3)基础结构的强度、刚度及耐久性要求。

在以上三个基本设计要求中，(1)、(2)称为地基计算要求，(3)称为结构设计要求。即地基基础设计一方面要满足基础结构的要求，另一方面必须满足地基土的变形和强度的要求。

但是，地基的变形不同于钢、混凝土、砖石等材料，其属于大变形材料。从已有的大量地基基础事故分析，绝大多数事故是由地基变形过大或不均匀造成的，常常是地基强度还有潜力可挖，而变形已超过正常使用的限值。因此，按变形控制设计的原则是地基基础设计的总原则。在设计时，还要充分认识上部结构和地基基础是一个整体的事实，要正确认识上部结构与地基基础共同作用的特点，才能安全、可靠、合理地进行地基基础设计。

三、地基基础设计方法

1. 地基的极限状态设计

为保证建筑物的安全使用，地基设计必须同时满足以下两种极限状态的要求。

(1)正常使用极限状态或变形极限状态

正常使用极限的验算包括以下两部分。

①验算地基变形量，其验算通式为：

$$\Delta \leqslant [\Delta] \tag{2-5}$$

式中：Δ——建筑物地基的变形量；

$[\Delta]$——建筑物地基的变形允许值。

②验算地基变形状态，以不使地基中出现过大塑性变形为原则，一般采用容许承载力法进

行验算,即:

$$p \leqslant f_a \tag{2-6}$$

式中:p——作用于地基土上的平均总压力,kPa;

f_a——地基容许承载力,kPa。

地基容许承载力是从控制地基变形方面确定的,可以由荷载试验、理论公式或地基承载力表求得。用载荷试验资料确定地基容许承载力,可取 p-s 曲线上的第一拐点对应的压力;用理论公式确定地基容许承载力时,可以采用临塑荷载公式或塑性区开展深度为基础宽度的 $\frac{1}{4}$ 的界限荷载 $p_{1/4}$ 公式。

按照正常使用极限状态的原则,我国《建筑地基基础设计规范》(GB 50007—2002)采用了地基承载力特征值的概念。地基承载力特征值是指地基土压力—变形曲线(p—s 曲线)在线性变形范围内规定的变形所对应的压力值,其最大值为比例界限值。地基承载力特征值可由载荷试验或其他原位测试、理论公式计算,并结合工程实践经验等方法综合确定。

(2)承载能力极限状态或稳定极限状态

此时地基将最大限度地发挥承载能力,荷载若超过此种限度,地基土即发生强度破坏而丧失稳定。承载能力极限状态一般采用安全系数法进行验算,即:

$$p \leqslant \frac{f_u}{K} \tag{2-7}$$

式中:p——作用于地基上的平均总压力,kPa;

f_u——地基极限承载力,kPa;

K——安全系数。

地基极限承载力可以由荷载试验或理论公式求得。当用荷载试验资料确定地基极限承载力时,可取 p—s 曲线上第二拐点对应的压力。用理论公式确定地基极限承载力时,可用极限荷载公式计算。确定极限承载力方法不同,安全系数取值是随之不同的。

由于一般建筑物的地基设计受变形所控制,故可以不再进行式(2-7)的极限承载力验算。实际上已进行式(2-6)的容许承载力验算,通常也可以满足式(2-7)的极限承载力要求。但是对于承受较大水平和在的建筑物或挡土结构以及建造在斜坡上的建筑物,地基稳定可能是控制因素,此时则必须用式(2-7)或类似方法进行地基的稳定性验算。

2.结构的可靠度设计

这种设计方法是以概率理论为基础的极限状态设计方法,简称概率极限设计方法,也称可靠度设计方法。国际标准《结构可靠性总原则》(ISO 2394—1998)对土木工程领域的设计采用了以概率理论为基础的极限状态设计方法。我国为了与国际接轨,从 20 世纪 80 年代开始在建筑工程领域内使用概率极限状态设计方法。现行的建筑结构设计规范都是按这一方法的要求制订的。

结构的工作状态可以用荷载效应 S(指荷载在结构或构件内引起的内力或位移等)和结构抗力 R(指抵抗破坏或变形的能力)的关系描述,令 $Z=R-S$,Z 为功能函数。可见:

$Z>0$ 时,抗力大于荷载效应,结构处于可靠状态;

$Z<0$ 时,抗力小于荷载效应,结构处于失效状态;

$Z=0$ 时,抗力等于荷载效应,结构处于极限状态。

影响荷载效应和结构抗力的因素很多。R 和 S 都是随机变量,假定 R 和 S 的概率分布为正态分布,则按概率理论,功能函数 Z 也是正态分布的随机变量。图 2-2 中 $f(Z)$ 为 Z 的概率密度函数,曲线下的阴影面积表示 $Z<0$ 的概率,也就是结构处于失效状态的概率,故称为失效概率,用 P_f 表示;μ_Z 为 Z 的平均值,σ_Z 为 Z 的标准差,令 $\beta=\mu_Z/\sigma_Z$。β 也是一个反映失效概率的指标,因其应用比 P_f 方便,故常用作表示结构可靠性的指标,称为可靠指标。

可靠指标 β 的作用类似于极限状态设计中的安全系数 K,但两者的概念有明显的不同。图 2-3 表示两组荷载效应和抗力的概率密度分布曲线 S_1、R_1 和 S_2、R_2。

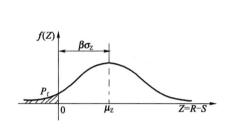

图 2-2 功能函数的概率分布　　图 2-3 两组荷载效应 S 和抗力 R 的概率密度函数曲线

令 S_{1m} 和 R_{1m} 为第一组荷载效应和抗力的均值,S_{2m} 和 R_{2m} 为第二组荷载效应和抗力的均值,则每组的安全系数 K 可表示为:

$$K = \frac{\text{平均抗力}}{\text{平均荷载效应}} = \frac{R_m}{S_m} \tag{2-8}$$

而可靠指标 β 则可表示为:

$$\beta = \frac{Z_m}{\sigma_Z} = \frac{R_m - S_m}{\sqrt{\sigma_R^2 + \sigma_S^2}} = \frac{\frac{R_m}{S_m} - 1}{\sqrt{\delta_S^2 + \frac{R_m^2}{S_m^2}\delta_R^2}} = \frac{K-1}{\sqrt{K^2\delta_R^2 + \delta_S^2}} \tag{2-9}$$

上式中,σ_S 和 σ_R 分别为荷载效应和抗力的标准差,δ_S 和 δ_R 分别为它们的变异系数。由此可见,安全系数只决定于荷载效应和抗力的均值;而可靠指标则不但决定于 S 和 R 的均值,而且还与它们的概率分布状况即离散程度有关。

可见,用 β 来评价结构的可靠性比单一安全系数更为合理。但由于影响 R 和 S 的因素很多,且缺乏统计资料,目前直接用概率分析方法计算结构的可靠度还较困难,一般采用较为实用的方法,即将极限状态表达式 $R=S$ 写成分项系数的形式。

$$\gamma_R R_K = \gamma_S S_K \tag{2-10}$$

式中:R——抗力的设计值;
　　S——荷载的设计值;
　　R_K——抗力标准值;
　　S_K——荷载效应标准值;
　　γ_R——抗力分项系数;
　　γ_S——荷载效应分项系数。

分项系数与安全系数的性质不同,安全系数是一个规定的工程经验值,不随抗力和荷载效应的离散程度而变化;分项系数则根据变量的概率分析计算而得到,其值与变异系数和可靠指标有关。

综上所述,地基基础设计中承载力验算有三种表达方法,即容许承载力法、安全系数法和分项系数法。按上述不同方法设计时,荷载的取值不同,承载力的确定方法不同,安全度控制的方法也不相同。容许承载力法和安全系数法所用的荷载都取标准值,荷载组合采用标准组合;而分项系数法是取荷载设计值,荷载组合采用基本组合。安全系数法和分项系数法所用的承载力都是极限承载力;而容许承载力法所用的承载力是容许承载力。容许承载力法的安全度由容许承载力的取值来控制;而安全系数法和分项系数法则用安全系数或分项系数取值来控制。

对于结构设计,现行设计规范采用的都是可靠度设计的分项系数法。对于地基计算,由于岩土性质的变异性很大,其抗力指标的统计指标尚少,短期内完全应用可靠度设计有一定困难。例如对于地基承载力验算,《公路桥涵地基与基础设计规范》(JTG D63—2007)及《建筑地基基础设计规范》(GB 50007—2002)采用的都是容许承载力法;而《港口工程地基规范》(JTS 147-1—2010)采用的则是分项系数法。

四、《建筑地基基础设计规范》(GB 50007—2002)的基本规定

1. 地基基础设计等级

根据地基复杂程度、建筑物规模和功能特征以及由于地基问题可能造成建筑物破坏或影响正常使用的程度,地基基础设计分为三个等级,如表 2-1 所列。

地基基础设计等级　　　　　　　　　　　　　　　表 2-1

设计等级	建 筑 和 地 基 类 型
甲级	重要的工业与民用建筑物;30 层以上的高层建筑;体型复杂,层数相差超过 10 层的高低层连成一体的建筑物;大面积的多层地下建筑物(如地下车库、商场等);对地基变形有特殊要求的建筑物;复杂地质条件下的坡上建筑物(包括高边坡);对原有工程影响较大的新建建筑物场地和地基条件复杂的一般建筑物;位于复杂地质条件及软土地区的 2 层及 2 层以上地下室的基坑工程
乙级	除甲级、丙级以外的工业与民用建筑物
丙级	场地和地基条件简单,荷载分布均匀的 7 层及 7 层以下民用建筑及一般工业建筑物;次要的轻型建筑物

根据建筑物地基基础设计等级及长期荷载作用下地基变形对上部结构的影响程度,地基基础设计应符合下列规定:

(1)所有建筑物的地基计算均应满足承载力计算的有关规定。

(2)设计等级为甲级、乙级的建筑物,均应按地基变形设计。

(3)部分设计等级为丙级的建筑物(具体见规范),可不做变形验算,如有下列情况之一时,仍应做变形验算:

①地基承载力特征值小于 130kPa,且体型复杂的建筑物;

②在基础上及其附近有地面堆载或相邻基础荷载差异较大,可能引起地基产生过大的不均匀沉降时;

③软弱地基上的建筑物存在偏心荷载时;

④相邻建筑距离过近,可能发生倾斜时;

⑤地基内有厚度较大或厚薄不均的填土，其自重固结未完成时。

(4)对经常受水平荷载作用的高层建筑、高耸结构和挡土墙等，以及建造在斜坡上或边坡附近的建筑物和构筑物，尚应验算其稳定性。

(5)基坑工程应进行稳定验算。

(6)当地下水埋藏较浅，建筑地下室或地下构筑物存在上浮问题时，尚应进行抗浮验算。

2.地基基础设计所采用的荷载效应组合及相应的抗力限值规定

地基基础设计应根据使用过程中可能同时出现的荷载，按设计要求和使用要求，所采用的荷载效应最不利组合与相应的抗力限值应按下列规定：

(1)按地基承载力确定基础底面积及埋深或按单桩承载力确定桩数时，传至基础或承台底面上的荷载效应应按正常使用极限状态下荷载效应的标准组合；相应的抗力应采用地基承载力特征值或单桩承载力特征值。

(2)计算地基变形时，传至基础底面上的荷载效应应按正常使用极限状态下荷载效应的准永久组合，不应计入风荷载和地震作用；相应的限值应为地基变形允许值。

(3)计算挡土墙土压力、地基或斜坡稳定及滑坡推力时，荷载效应应按承载能力极限状态下荷载效应的基本组合，但其分项系数均为1.0。

(4)在确定基础或桩台高度、支挡结构截面、计算基础或支挡结构内力、确定配筋和验算材料强度时，上部结构传来的荷载效应组合和相应的基底反力，应按承载能力极限状态下荷载效应的基本组合，采用相应的分项系数；当需要验算基础裂缝宽度时，应按正常使用极限状态荷载效应标准组合。

(5)基础设计安全等级、结构设计使用年限、结构重要性系数应按有关规范的规定采用，但结构重要性系数γ_0不应小于1.0。

由上述规定，结合前面所述的地基基础验算方法，可以看出：对于《建筑地基基础设计规范》(GB 50007—2002)，地基计算中的承载力验算属于容许承载力方法范畴；地基计算中的稳定性验算，从荷载取值看，分项系数为1.0的基本组合相当于标准组合值，从安全系数取值看，是单一安全系数，所以地基稳定性验算实质上属于安全系数方法；基础结构设计中的强度验算属于分项系数方法。

五、岩土工程勘察的要求

地基基础设计前应进行岩土工程勘察，并应符合下列规定：

(1)岩土工程勘察报告应提供下列资料：

①有无影响建筑场地稳定性的不良地质条件及其危害程度。

②建筑物范围内的地层结构及其均匀性，以及各岩土层的物理力学性质。

③地下水埋藏情况、类型和水位变化幅度及规律，以及对建筑材料的腐蚀性。

④在抗震设防区应划分场地土类型和场地类别，并对饱和砂土及粉土进行液化判别。

⑤对可供采用的地基基础设计方案进行论证分析，提出经济合理的设计方案建议；提供与设计要求相对应的地基承载力及变形计算参数，并对设计与施工应注意的问题提出建议。

⑥当工程需要时，尚应提供深基坑开挖的边坡稳定计算和支护设计所需的岩土技术参数，论证其对周围已有建筑物和地下设施的影响；提供基坑施工降水的有关技术参数及施工降水方法的建议；提供用于计算地下水浮力的设计水位。

(2)地基评价宜采用钻探取样、室内土工试验和触探，并结合其他原位测试方法进行。设计等级为甲级的建筑物应提供荷载试验指标、抗剪强度指标、变形参数指标和触探资料；设计等级为乙级的建筑物应提供抗剪强度指标、变形参数指标和触探资料;设计等级为丙级的建筑物应提供触探及必要的钻探和土工试验资料。

(3)建筑物地基均应进行施工验槽。如地基条件与原勘察报告不符时,应进行施工勘察。

六、浅基础设计步骤

天然地基上浅基础的设计通常按如下步骤进行:
(1)阅读和分析建筑场地的地质勘察资料和建筑物的设计资料,进行相应的现场勘察和调查。
(2)选择基础的结构类型和建筑材料。
(3)选择持力层,决定合适的基础埋置深度。
(4)确定地基的承载力。
(5)根据地基的承载力和作用在基础上的荷载组合,初步确定基础的尺寸。
(6)根据地基基础设计等级进行必要的地基验算,包括地基承载力验算、地基变形验算、地基稳定验算;必要时还应进行抗浮验算。依据验算结果,必要时需修改基础尺寸甚至埋置深度。
(7)进行基础结构设计及验算。
(8)编制基础的设计和施工图纸。
其中步骤(3)~(6)为地基计算,主要在本章学习;步骤(7)为结构设计,主要在下一章学习。

第三节 浅基础的类型

浅基础根据所用基础材料的不同主要可分为无筋扩展基础和钢筋混凝土扩展基础等,而根据基础结构类型的不同则可分为独立基础(单独基础)、条形基础(包括柱下条形基础、十字交叉条形基础)、筏形基础、箱形基础及壳体基础等类型。

一、无筋扩展基础(刚性基础)

无筋扩展基础通常是由砖、毛石、混凝土或毛石混凝土、灰土和三合土等材料建造的基础。这些材料虽有较好的抗压性能,但抗拉、抗剪强度不高,所以设计时要求基础的外伸宽度和高度的比值在一定限度内,以避免基础内的拉应力和剪应力超过其材料强度设计值。在这样的限制下,基础的相对高度一般都比较大,几乎不会发生弯曲变形,所以此类基础习惯上也称为刚性基础。它是房屋、桥梁和涵洞等建筑物常用的基础类型。

无筋扩展基础适用于6层和6层以下(三合土基础不宜超过4层)的民用建筑和轻型厂房。无筋扩展基础可分为墙下条形基础[图2-4a)]和柱下独立基础[图2-4b)]。

在桥梁基础中,通常采用如图2-5所示的刚性扩大基础。

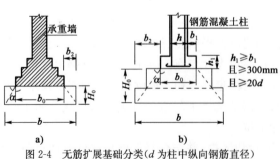

图2-4 无筋扩展基础分类(d 为柱中纵向钢筋直径)
a)墙下条形基础;b)柱下独立基础

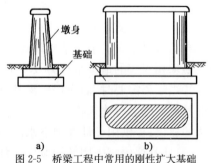

图2-5 桥梁工程中常用的刚性扩大基础

二、扩展基础

当无筋扩展基础的尺寸不能同时满足地基承载力和基础埋深的要求时,则需采用钢筋混凝土扩展基础,简称扩展基础。钢筋混凝土扩展基础具有较好的抗剪能力和抗弯能力,通常也称之为柔性基础或有限刚度基础。

当外荷载较大且存在弯矩和水平荷载,同时地基承载力又较低时,无筋扩展基础已经不再适用了,应该采用钢筋混凝土扩展基础。钢筋混凝土扩展基础是用扩大基础底面积的方法来满足地基承载力的要求,而不必增加基础的埋深,所以能得到合适的基础埋深。扩展基础主要是指柱下钢筋混凝土独立基础、墙下钢筋混凝土条形基础。

1. 柱下钢筋混凝土独立基础

钢筋混凝土独立基础主要是柱下基础,其构造形式见图2-6,通常有现浇台阶形基础、现浇锥形基础和预制柱的杯口形基础。杯口形基础又可分为单肢和双肢杯口形基础、低杯口形和高杯口形基础。轴心受压柱下的基础底面形状一般为正方形,而偏心受压柱下的基础底面形状一般为矩形。

对于烟囱、水塔、高炉等构筑物,则通常采用钢筋混凝土圆板或圆环基础,或者混凝土实体基础。这类基础是位于整个结构物下的配筋单独基础(采用实体基础时也可不配筋),与上部结构连成一体,具有较大的整体刚度。

2. 墙下钢筋混凝土条形基础

墙下钢筋混凝土条形基础根据受力条件可分为不带肋和带肋两种(图2-7),可看作是钢筋混凝土独立基础的特例。它的计算属于平面应变问题,只考虑在基础横向受力发生破坏。

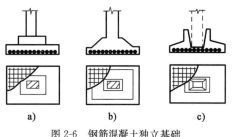

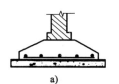
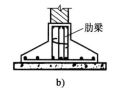

图2-6 钢筋混凝土独立基础
a)台阶形基础;b)锥形基础;c)杯口形基础

图2-7 墙下钢筋混凝土条形基础
a)不带肋;b)带肋

三、柱下钢筋混凝土条形基础

柱下钢筋混凝土条形基础可分为柱下钢筋混凝土条形基础(图2-8)和十字交叉钢筋混凝土条形基础(图2-9)。

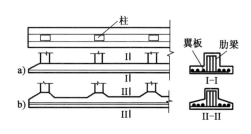

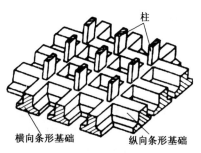

图2-8 柱下钢筋混凝土条形基础

图2-9 十字交叉钢筋混凝土条形基础

当地基承载力较低且柱下钢筋混凝土独立基础的底面积不能承受上部结构荷载的作用时,常把若干柱子的基础连成一条,从而构成柱下条形基础(图2-8)。柱下钢筋混凝土条形基础设置的目的是在于将承受的集中荷载较均匀地分布到条形基础底面积上,以减小地基反力,并通过所形成的基础整体刚度来调整可能产生的不均匀沉降。把一个方向的单列柱基连在一起便成为单向条形基础。

当单向条形基础的底面积仍不能承受上部结构荷载的作用时,可把纵横柱的基础均连在一起,从而成为十字交叉条形基础(图2-9)。十字交叉条形基础可用于10层以下的民用住宅。

四、筏形基础

当地基承载力低,而上部结构的荷载又较大,以致十字交叉条形基础仍不能提供足够的底面积来满足地基承载力的要求时,可采用钢筋混凝土满堂基础。这种满堂基础称为筏形基础。它类似一块倒置的楼盖,比十字交叉条形基础具有更大的整体刚度,有利于调整地基的不均匀沉降,能够较好地适应上部结构荷载分布的变化。特别对于有地下室的房屋或大型储液结构,如水池、油库等,筏形基础是一种比较理想的基础结构。

筏形基础可分为平板式和梁板式两种类型。平板式筏形基础是一块等厚度的钢筋混凝土平板[图2-10a)]。其筏板厚度的确定比较困难,目前在设计中一般是根据经验确定,可按每层50mm确定筏板基础的厚度(筏板厚度不得小于200mm);但对于高层建筑,当考虑上部结构刚度后,所确定的筏板基础厚度通常小于根据楼层数按每层50mm所确定的筏板基础厚度。当柱荷载较大时,可按图2-10b)所示局部加大柱下板厚或设墩基,以防止筏板被冲剪破坏。若柱距较大,柱荷载相差也较大时,板内也会产生较大的弯矩,此时宜在板上沿柱轴纵横向设置基础梁[图2-10c)、图2-10d)],即形成梁板式筏形基础。这时板的厚度虽比平板式小得多,但其刚度较大,能承受更大的弯矩。

筏形基础可在6层住宅中使用,也可在50层以上的高层建筑中使用。如美国休斯敦市的52层壳体广场大楼就是采用天然地基上的筏形基础,它的厚度为2.52m。

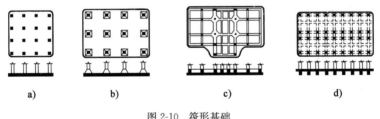

图2-10 筏形基础
a)、b)平板式;c)、d)梁板式

五、箱形基础

箱形基础由钢筋混凝土底板、顶板和纵横内外隔墙组成,形成一个刚度极大的箱子,故称为箱形基础。与筏形基础比较,箱形基础的地下空间较小,而筏形基础的地下室空间则较大。

当地基承载力较低,上部结构荷载较大,采用十字交叉条形基础无法满足承载力要求,又不允许采用桩基时,可考虑采用箱形基础。

箱形基础通常如图2-11a)所示。为了加大箱形基础的底板刚度,也可采用"套箱式"的箱形基础[图2-11b)]。

箱形基础比筏形基础具有更大的抗弯刚度，可视作为绝对刚性基础，其相对弯曲通常小于0.33‰，所产生的沉降通常较为均匀。为了避免箱形基础出现过度的整体横向倾斜，应尽量减小荷载的偏心，采用箱基悬挑或箱基底板悬挑可有效减小荷载的偏心。箱形基础埋深较小，基础空腹，从而卸除了基底处原有的地基自重压力，因此可大大减小作用于基础底面的附加应力，并减少建筑物的沉降。必须指出，箱形基础的材料消耗量较大，施工技术要求高，且还会遇到深基坑开挖带来的问题和困难，是否采用应与其他可能的地基基础方案进行技术经济比较后再确定。

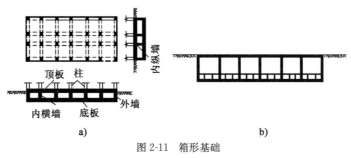

图 2-11 箱形基础
a)常规式；b)套箱式

除以上介绍的主要类型基础外，还有不少其他类型的基础，如壳体基础、不埋式薄板基础、无筋倒圆台基础、折板基础等。

第四节 基础的埋置深度

基础的埋置深度（简称埋深）是指基础底面到天然地面的垂直距离。选择合适的基础埋置深度关系到地基的可靠性、施工的难易程度、工期的长短以及造价的高低等。因此，选择合适的基础埋深是地基基础设计工作中的重要环节。确定浅基础埋深的原则是，凡能浅埋的应尽量浅埋。但考虑到基础的稳定性、动植物的影响等因素，除岩石地基外，基础最小埋深不宜小于0.5m，且基础顶面宜低于室外设计地面以下0.1m，并要求满足地基稳定性和变形条件。影响基础埋深的条件很多，应综合考虑以下因素后加以确定。

一、建筑物的用途及基础类型

基础的埋深首先取决于建筑物的用途，如有无地下室、设备基础和地下设施，以及基础的形式和构造。

如果有地下室、设备基础和地下设施等，基础的埋深应结合建筑设计高程的要求确定，基础埋深将局部或整体加深。有地下管道时，一般要求基础埋深低于地下管道的深度，避免管道在基础下穿过，以防止基础沉降压坏管道，影响管道的使用和维修。

因地基持力层倾斜或建筑物使用上的要求（如地下室和非地下室连接段纵墙的基础），基础需有不同的埋深时，基础可做成台阶形，由浅向深逐步过渡，台阶的高宽比一般为1:2，如图2-12所示。

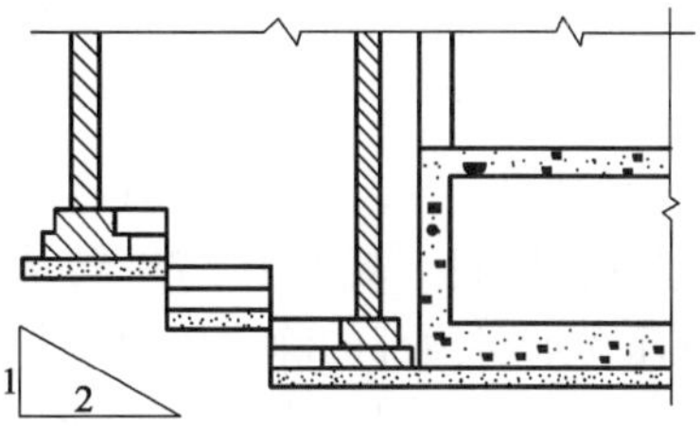

对不均匀沉降较敏感的建筑物，如层数不多而平面形

图 2-12 墙基埋深变化的台阶形布置

状较复杂的框架结构,应将基础埋置在较坚实和厚度比较均匀的土层上。

基础类型也是影响埋深的一个主要因素。例如用砖石等脆性材料砌筑的无筋扩展基础,为了防止基础本身材料的破坏,基础的构造高度往往很大,因此无筋扩展基础的埋深一般要大于钢筋混凝土扩展基础。

二、荷载的大小和性质

荷载的大小和性质不同,对持力层的要求也不同。某一深度的土层,对荷载小的基础可能是很好的持力层,而对荷载大的基础就可能不宜作为持力层。荷载的性质对基础埋深的影响也很明显。

对于作用有较大水平荷载的基础,应满足稳定性要求。如高层建筑,不仅竖向荷载大,还要承受风力和地震力等水平荷载,其埋置深度应不仅要满足地基承载力和变形要求,还应满足稳定性的要求。为减少建筑物的整体倾斜以及防止倾覆和滑移,天然地基上,基础埋深不宜小于建筑物高度的1/15。烟囱、水塔等高耸构筑物的埋深应满足抗倾覆稳定性的要求。位于岩石地基上的建筑物,若作用有较大水平荷载时,常依靠基础侧面土体承担水平荷载,其基础埋深应满足抗滑稳定性的要求。

对于承受动力荷载的基础,不宜选择饱和疏松的粉细砂作为持力层,以避免这些土层振动液化而丧失承载力,导致基础失稳。

三、工程地质和水文地质条件

根据工程地质条件选择合适的土层作为基础的持力层,是确定基础埋深的重要因素。直接支撑基础的土层称为持力层,其下的各土层称为下卧层。必须选择强度足够、稳定可靠的土层作为持力层,才能保证地基的稳定性,减少建筑物的沉降。

我国沿海软土地区土质多为沉积土。沉积土是分层的,由于土层在沉积过程中条件的变化,各土层的工程性质差异很大,其物理和力学强度指标也有较大的差异。特别在上海、福州、宁波、天津、连云港、温州等地区,软土土层松软,孔隙比大,压缩性高,强度低,且其厚度深厚,是不良的持力层。但在其地表大多有一层厚度约2~3m的"硬壳层",对于一般中小型建筑物或6层以下的居民住宅,宜充分利用这一硬壳层,基础应尽量浅埋在这一硬壳层上。

当上层土的承载力低,而下层土的承载力高时,应将基础埋置在下层较好的土层之中。但如果上层松软土层很厚,基础需要深埋时,必须考虑施工是否方便,是否经济,并应与其他方法如加固上层土或用短桩基础等方案综合比较分析后才能确定。

当基础埋置在易风化的软质岩层上时,施工时应在基坑挖好后立即铺筑垫层,以避免岩层表面暴露后风化软化。

当有地下水存在时,基础底面应尽量埋在地下水位以上,以免地下水对基坑开挖施工质量产生影响。如必须埋在地下水位以下时,应考虑施工时的基坑排水、坑壁支撑等措施,以及地下水是否有侵蚀性等因素,并采取地基土在施工时不受扰动的措施。

如果在持力层下埋藏有承压含水层时,选择基础埋深必须考虑承压水的作用,以免在开挖基坑时,坑底土被承压水冲破,从而引起突涌或流沙现象。因此必须控制基坑开挖的深度,使承压含水层顶部的静水压力 u 与坑底土的总覆盖压力 σ 的比值 $u/\sigma < 1$,对于宽基坑宜取 $u/\sigma < 0.7$。如图2-13所示,$u = \gamma_w h$,γ_w为水的重度,h可按预估的最高承压水位确定;$\sigma = \gamma_1 z_1 + \gamma_2 z_2$,$\gamma_1$及$\gamma_2$分别为各层土的重度,对于水位以下的土取饱和重度。

对于桥墩基础或受到流水冲刷影响的建筑物基础,为防止桥梁墩、台基础四周和基底以下土层被水流淘空冲走导致坍塌,其埋置深度还应考虑河床的冲刷深度。基础必须埋置在设计洪水的最大冲刷线以下一定的深度,以保证基础的稳定性。一般情况下,小型桥涵的基础底面应设置在设计洪水冲刷线以下不少于1m。

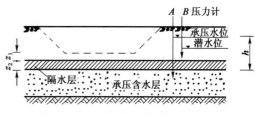

图 2-13 坑底土不被承压水冲破的条件

基础在设计洪水冲刷总深度以下的最小埋置深度并不是一个定值,它与河床地层的抗冲刷能力、计算设计流量的可靠性、选用计算冲刷深度的方法、桥梁的重要性以及破坏以后修复的难易程度等因素有关。因此,对于大中型桥梁基础的基底在设计洪水冲刷总深度以下的最小埋深,根据桥梁的大小、技术的复杂性和重要性,建议参照表2-2采用。

考虑冲刷时大中型桥梁基础的基底最小埋深(m)　　　　　表 2-2

重要性 \ 冲刷深度	0	<3	≥3	≥8	≥15	≥30
一般桥梁	1.0	1.5	2.0	2.5	3.0	3.5
技术复杂、修复困难的特大桥及其他重要桥梁	1.5	2.0	2.5	3.0	3.5	4.0

四、相邻建筑物基础埋深的影响

在城市房屋密集的地方,往往新旧建筑物紧靠在一起,为了保证在新建建筑物施工期间,相邻的原有建筑物的安全和正常使用,新建建筑物的基础埋深不宜大于相邻原有建筑物的基础埋深。有的新建建筑物荷载很大,楼层又高,新建建筑物的基础埋深一定要超过原有建筑物的基础埋深,此时,为了避免新建建筑物对原有建筑物的影响,设计时应考虑与原有基础保持有一定的净距。具体数值应根据荷载大小、基础形式和土质条件而定,一般取相邻两基础底面高差的1~2倍,如图2-14所示。若上述要求不能满足,应采用其他措施,如分段施工,设临时加固支撑,如板桩、水泥搅拌桩挡墙或地下连续墙等施工措施,或加固原有建筑物地基。

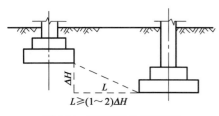

图 2-14 埋深不同的相邻基础

五、地基土冻胀和融陷的影响

地表下一定深度的地层温度,随大气温度而变化。当地层温度降至0℃以下时,土层中孔隙水将冻结。冻结时,土中水的体积膨胀,因而土层体积也随着膨胀。但这种体胀还较有限,更重要的是处于冻结中的土会产生吸力,吸引附近水分渗向冻结区并一起冻结。因此,土冻结后,水分转移使其含水率增加,体积膨胀,这种现象称为土的冻胀。当气温回升,地层解冻时,冻土层不但体积缩小,而且因含水率显著增加,土质变得十分松软,强度大幅下降,会导致建筑物产生很大的附加沉降。这种现象称为土的融陷。这种随季节而变化,冬季冻胀,春夏天解冻融陷的土类称为季节性冻土。季节性冻土在我国主要分布于东北、西北、华北地区,一般厚度均超过0.5m,最厚可达3m。

冻胀和融陷都是不均匀的,如果基底下面有较厚的冻胀土层,就将产生难以估计的冻胀和

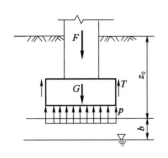

图 2-15 作用在基础上的冻胀力

融陷变形,影响建筑物的正常使用,甚至导致破坏。如图 2-15 所示,基础埋于冻胀土内,由于土体膨胀,在基础周围和基础底部,产生冻胀力使基础上抬,之后又会融陷产生不均匀沉降,这将造成门窗不能开启,严重的甚至会引起墙体开裂。因此,在季节性冻土地区,确定基础埋深时应考虑地基的冻胀性。

土的冻胀性决定于土的性质和四周环境向冻土区补充水分的条件。粗粒土的冻结基本上是孔隙中原有自由水的冻结,冻结区的水分不会增加,甚至会因透水性较强而被体积增加的冰晶挤离冻结边界,故粗粒土的冻胀很小;细粒土的冻结则不仅只是孔隙中原有水的冻结,还主要是冻结过程中将发生未冻结区的水分向冻结区迁移的现象。对冻结时细粒土中的水分迁移现象的解释有多种,一般认为主要是黏粒表面的静电引力及小孔隙中的毛细引力引起的。如果冻结区下面有充足的水源(如地下水)和能向上及时输送水分的毛细通道,则水分迁移将是连续的,因而冻结区冻胀将很大。

由此可见,影响冻胀的因素主要有土的粒径大小、土中含水率的多少以及地下水补给的可能性等。对于结合水含量极少的粗颗粒土,因不会发生水分迁移,故不存在冻胀问题。而在相同条件下,黏性土的冻胀性就比粉砂严重得多。细粒土的冻胀与含水率有关,如果冻胀前,土处于含水率很少的坚硬状态,冻胀就很微弱。冻胀程度还与地下水位高低有关,若地下水位高或通过毛细水能使水分向冻结区补充,则冻胀较严重。

土的冻胀指标一般采用冻土层平均冻胀率 η 来表示。

$$\eta = \frac{V' - V}{V} = \frac{\Delta V}{V} \tag{2-11}$$

式中:V——冻结前土的体积;

V'——冻结后土的体积;

ΔV——冻结引起的土的体积增量。

《建筑地基基础设计规范》(GB 50007—2002)按土的类别、含水率大小、地下水位高低及平均冻胀率 η 的大小,将地基土的冻胀性分为不冻胀、弱冻胀、冻胀、强冻胀和特强冻胀五类,见表 2-3。

对于不冻胀地基,基础的埋深可不考虑冻胀深度的影响;对于弱冻胀、冻胀、强冻胀和特强冻胀的基础最小埋深,可按下式计算:

$$d_{min} = z_d - h_{max} \tag{2-12}$$

$$z_d = z_0 \cdot \psi_{zs} \cdot \psi_{zw} \cdot \psi_{ze} \tag{2-13}$$

式中:d_{min}——基础最小埋深;

z_d——设计冻深;

z_0——标准冻深,采用在地表平坦、裸露、城市之外的空旷场地中不少于 10 年实测最大冻深的平均值;

ψ_{zs}——土的类别对冻深的影响系数,按表 2-4 取用;

ψ_{zw}——土的冻胀性对冻深的影响系数,按表 2-5 取用;

ψ_{ze}——环境对冻深的影响系数,按表 2-6 取用;

h_{max}——基础底面下允许残留冻土层的最大厚度,按表 2-7 取用;当有充分依据时,基底下允许残留冻土层厚度也可根据当地经验确定。

地基土冻胀性分类 表 2-3

土的名称	冻前天然含水率 w（%）	冻结期间地下水位距冻结面的最小距离 h_w(m)	平均冻胀率 η（%）	冻胀等级	冻胀类别
碎(卵)石，砾，粗、中砂（粒径小于 0.075mm 颗粒含量大于 15%），细砂（粒径小于 0.075mm 颗粒含量大于 10%）	$w\leqslant 12$	>1.0	$\eta\leqslant 1$	I	不冻胀
		≤1.0	$1<\eta\leqslant 3.5$	II	弱冻胀
	$12<w\leqslant 18$	>1.0			
		≤1.0	$3.5<\eta\leqslant 6$	III	冻胀
	$w>18$	>0.5			
		≤0.5	$6<\eta\leqslant 12$	VI	强冻胀
粉砂	$w\leqslant 14$	>1.0	$\eta\leqslant 1$	I	不冻胀
		≤1.0	$1<\eta\leqslant 3.5$	II	弱冻胀
	$14<w\leqslant 19$	>1.0			
		≤1.0	$3.5<\eta\leqslant 6$	III	冻胀
	$19<w\leqslant 23$	>1.0			
		≤1.0	$6<\eta\leqslant 12$	VI	强冻胀
	$w>23$	不考虑	$\eta>12$	V	特强冻胀
粉土	$w\leqslant 19$	>1.5	$\eta\leqslant 1$	I	不冻胀
		≤1.5	$1<\eta\leqslant 3.5$	II	弱冻胀
	$19<w\leqslant 22$	>1.5	$1<\eta\leqslant 3.5$	II	弱冻胀
		≤1.5	$3.5<\eta\leqslant 6$	III	冻胀
	$22<w\leqslant 26$	>1.5			
		≤1.5	$6<\eta\leqslant 12$	VI	强冻胀
	$26<w\leqslant 30$	>1.5			
		≤1.5	$\eta\leqslant 12$	V	特强冻胀
	$w>30$	不考虑			
黏性土	$w\leqslant w_p+2$	>2.0	$\eta\leqslant 1$	I	不冻胀
		≤2.0	$1<\eta\leqslant 3.5$	II	弱冻胀
	$w_p+2<w\leqslant w_p+5$	>2.0			
		≤2.0	$3.5<\eta\leqslant 6$	III	冻胀
	$w_p+5<w\leqslant w_p+9$	>2.0			
		≤2.0	$6<\eta\leqslant 12$	VI	强冻胀
	$w_p+9<w\leqslant w_p+15$	>2.0			
		≤2.0	$\eta>12$	V	特强冻胀
	$w>w_p+15$	不考虑			

注：①w_p—塑限含水率（%）；w—在冻土层内冻前天然含水率的平均值。
②盐渍化冻土不在表列。
③塑性指数大于 22 时，冻胀性降低一级。
④粒径小于 0.005mm 的颗粒含量大于 60% 时，为不冻胀土。
⑤碎石类土当充填物大于全部质量的 40% 时，其冻胀性按充填物土的类别判断。
⑥碎石土、砾砂、粗砂、中砂（粒径小于 0.075mm 颗粒含量不大于 15%）、细砂（粒径小于 0.075mm 颗粒含量不大于 10%）均按不冻胀考虑。

土的类别对冻深的影响系数　　　　　　　　　　　　　　　　表 2-4

土的类别	影响系数 ψ_{zs}	土的类别	影响系数 ψ_{zs}
黏性土	1.00	中、粗、砾砂	1.30
细砂、粉砂、粉土	1.20	碎石土	1.40

土的冻胀性对冻深的影响系数　　　　　　　　　　　　　　　表 2-5

冻胀性	影响系数 ψ_{zw}	冻胀性	影响系数 ψ_{zw}
不冻胀	1.00	强冻胀	0.85
弱冻胀	0.95	特强冻胀	0.80
冻胀	0.90		

环境对冻深的影响系数　　　　　　　　　　　　　　　　　　表 2-6

周围环境	影响系数 ψ_{ze}	周围环境	影响系数 ψ_{ze}
村、镇、旷野	1.00	城市市区	0.90
城市近郊	0.95		

注：环境影响系数，当城市市区人口为 20 万～50 万时，按城市近郊取值；当城市市区人口大于 50 万且小于或等于 100 万时，按城市市区取值；当城市市区人口超过 100 万时，按城市市区取值，5km 以内的郊区应按城市近郊取值。

建筑基底下允许残留冻土层厚度 h_{max}（m）　　　　　　　　　表 2-7

冻胀性	基础形式	采暖情况	基底平均压力(kPa) 90	110	130	150	170	190	210
弱冻胀土	方形基础	采暖	—	0.94	0.99	1.04	1.11	1.15	1.20
		不采暖	—	0.78	0.84	0.91	0.97	1.04	1.10
	条形基础	采暖	—	≥2.50	≥2.50	≥2.50	≥2.50	≥2.50	≥2.50
		不采暖	—	2.20	2.50	≥2.50	≥2.50	≥2.50	≥2.50
冻胀土	方形基础	采暖	—	0.64	0.70	0.75	0.81	0.86	—
		不采暖	—	0.55	0.60	0.65	0.69	0.74	—
	条形基础	采暖	—	1.55	1.79	2.03	2.26	2.50	—
		不采暖	—	1.15	1.35	1.55	1.75	1.95	—
强冻胀土	方形基础	采暖	—	0.42	0.47	0.51	0.56	—	—
		不采暖	—	0.36	0.40	0.43	0.47	—	—
	条形基础	采暖	—	0.74	0.88	1.00	1.13	—	—
		不采暖	—	0.56	0.66	0.75	0.84	—	—
特强冻胀土	方形基础	采暖	0.30	0.34	0.38	0.41	—	—	—
		不采暖	0.24	0.27	0.31	0.34	—	—	—
	条形基础	采暖	0.43	0.52	0.61	0.70	—	—	—
		不采暖	0.33	0.40	0.47	0.53	—	—	—

注：①本表只计算法向冻胀力，如果基侧存在切向冻胀力，应采取防切向力措施。
②本表不适用于宽度小于 0.6m 的基础，矩形基础可取短边尺寸按方形基础计算。
③表中数据不适用于淤泥、淤泥质土和欠固结土。
④表中基底平均压力数值为永久荷载标准值乘以 0.9，可以内插。

满足基础最小埋深是防止冻害的一个基本要求；在冻胀、强冻胀、特强冻胀地基上，还应根据情况采取相应的防冻措施。

(1)对在地下水位以上的基础，基础侧面应回填非冻胀性的中砂或粗砂，其厚度不应小于10cm。对在地下水位以下的基础，可采用桩基础、自锚式基础(冻土层下有扩大板或扩底短桩)或采取其他有效措施。

(2)宜选择地势高、地下水位低、地表排水良好的建筑场地。对低洼场地，宜在建筑四周向外1倍冻深距离范围内，使室外地坪至少高出自然地面300~500mm。

(3)防止雨水、地表水、生产废水、生活污水浸入建筑地基，应设置排水设施。在山区还应设截水沟或在建筑物下设置暗沟，以排走地表水和潜流水。

(4)在强冻胀性和特强冻胀性地基上，其基础结构应设置钢筋混凝土圈梁和基础梁，并控制上部建筑的长高比，增强房屋的整体刚度。

(5)当独立基础联系梁下或桩基础承台下有冻土时，应在梁或承台下留有相当于该土层冻胀量的空隙，以防止因土的冻胀将梁或承台拱裂。

(6)外门斗、室外台阶和散水坡等部位宜与主体结构断开。散水坡分段不宜超过1.5m，坡度不宜小于3%，其下宜填入非冻胀性材料。

(7)对跨年度施工的建筑，入冬前应对地基采取相应的防护措施；按采暖设计的建筑物，当冬季不能正常采暖时，也应对地基采取保温措施。

六、补偿基础

为了减小拟建建筑物的沉降量，除了采用以后几章将要叙述的地基处理或桩基础等措施外，还可选用补偿基础这种基础形式。

建筑物的沉降是与建筑物基底附加压力成正比的，因此，理论上当建筑物基底附加压力为零时，建筑物的沉降也为零。基底附加压力 p_0 为：

$$p_0 = p - \sigma_c = \frac{N}{A} - \gamma_0 \cdot d \tag{2-14}$$

式中：N——作用在基底的荷载，kN；

A——基础底面积，m^2；

d——基础的埋深，m；

γ_0——埋置深度内土重度的加权平均值，kN/m^3。

建筑物的设计一旦确定后，基底总压力 p 也相应确定了，因此，只能通过增加基础埋深来减小基底附加压力 p_0。若基础的埋深 d 达到：

$$d = \frac{N}{A\gamma_0} \tag{2-15}$$

此时作用在基础底面的附加压力 p_0 等于零，即建筑物的重力等于基坑挖去的总土重，这样的基础称为全补偿基础；若 N/A 大于 $\gamma_0 d$，则称为部分补偿基础。以上二者可统称为补偿基础。

理论上，全补偿基础的沉降等于零。实际上由于基底土的扰动以及开挖回弹，全补偿基础仍会有微量沉降。

补偿基础通常为具有地下室的箱形基础和筏板基础。由于地下室的存在，基础具有大量空间，免去大量的回填土，就可以用来补偿上部结构的全部或部分压力。

补偿基础的埋深一般很深,若在强度很低的软土中开挖深基坑,需注意深基坑开挖过程中可能发生的问题,如坑壁的稳定、坑底回弹等均要进行验算。

第五节 地基承载力的确定

一、概述

确定地基承载力是拟订基底尺寸和进行地基承载力验算的前提。按照不同的设计计算方法,地基承载力的取值也不相同。安全系数法和分项系数法所取用的地基承载力都是极限承载力,而容许承载力法所取用的地基承载力是容许承载力。

地基极限承载力主要是根据地基的强度要求来确定的,可以由理论公式计算或由荷载试验获得。国外普遍采用极限承载力公式,我国有些规范如《港口工程地基规范》(JTS 147-1—2010),也采用极限承载力公式,其相应的承载力验算采用的是分项系数法。

地基容许承载力是根据地基的强度和变形两个基本要求来确定的。由于土是大变形材料,当荷载增加时,随着地基变形的相应增长,地基极限承载力也在逐渐增大,因此很难界定出一个真正的"极限值";而且建筑物的正常使用对地基变形有一定要求,常常是地基极限承载力还大有潜力可挖,但变形已达到或超过正常使用的极限。因此,按照地基设计的正常使用极限状态设计原则,所选的地基容许承载力一般是在地基土压力变形曲线线性变形段内,相应于不超过比例界限点的地基压力。

容许承载力设计方法是我国最常用的方法,在实践中也积累了丰富的工程经验。如《公路桥涵地基与基础设计规范》(JTG D63—2007)采用的就是容许承载力法;而《建筑地基基础设计规范》(GB 50007—2002)则是在遵循可靠度设计原则的同时,保留了容许承载力法的特点。具体而言,《建筑地基基础设计规范》(GB 50007—2002)主要是根据变形控制设计的原则取用地基承载力特征值。地基承载力特征值定义为在发挥正常使用功能时所允许采用的抗力设计值,但由于参数统计困难和统计资料不足,实际上还需凭经验确定。规范所选定的承载力特征值为在地基土的压力变形曲线线性变形段内相应于不超过比例界限点的地基压力值。可见,地基承载力特征值相当于地基容许承载力。下面主要介绍地基容许承载力的确定方法。

二、地基容许承载力的确定方法

地基容许承载力的确定通常采用理论公式、荷载试验或规范承载力表这三类方法。

(一)承载力理论公式法

地基承载力的理论计算公式有很多种,这些理论公式都基于一些假定的基础,因此,各种计算方法均有其各自的适用范围,故各规范推荐采用的理论公式也不同。

《建筑地基基础设计规范》(GB 50007—2002)根据地基临界荷载 $p_{1/4}$ 的理论公式,并结合经验给出计算地基承载力特征值的公式。

$$f_a = M_b \gamma b + M_d \gamma_m d + M_c c_k \tag{2-16}$$

式中: f_a——由土的抗剪强度指标确定的地基承载力特征值;

M_b、M_d、M_c——承载力系数,按表 2-8 确定;

γ——基础底面以下土的重度,地下水位以下取浮重度;

γ_m——基础底面以上土重度的加权平均值,地下水位以下取浮重度;

c_k——基底下1倍短边宽的深度内土的黏聚力标准值;

b——基础底面宽度,大于6m时按6m取值,对于砂土小于3m时按3m取值;

d——基础埋置深度(m),一般自室外地面高程算起。在填方整平地区,可自填土地面高程算起,但填土在上部结构施工后完成时,应从天然地面高程算起。对于地下室,如采用箱形基础或筏形基础时,基础埋置深度自室外地面高程算起;当采用独立基础或条形基础时,应从室内地面高程算起。

式(2-16)适用于当偏心距小于或等于0.033乘以基础底面宽度时的地基承载力计算,同时还需要满足变形要求。

承载力系数 M_b、M_d、M_c 表2-8

$\varphi_k(°)$	M_b	M_d	M_c	$\varphi_k(°)$	M_b	M_d	M_c
0	0.00	1.00	3.14	22	0.61	3.44	6.04
2	0.03	1.12	3.32	24	0.80	3.87	6.45
4	0.06	1.25	3.51	26	1.10	4.37	6.90
6	0.10	1.39	3.71	28	1.40	4.93	7.40
8	0.14	1.55	3.93	30	1.90	5.59	7.95
10	0.18	1.73	4.17	32	2.60	6.35	8.55
12	0.23	1.94	4.42	34	3.40	7.21	9.22
14	0.29	2.17	4.69	36	4.20	8.25	9.97
16	0.36	2.43	5.00	38	5.00	9.44	10.80
18	0.43	2.72	5.31	40	5.80	10.84	11.73
20	0.51	3.06	5.66				

注:φ_k为土的内摩擦角标准值。

(二)现场荷载试验法

1.试验曲线确定地基容许承载力(图2-16)

按照荷载板埋置深度,地基的荷载试验分为浅层平板荷载试验和深层平板荷载试验。浅层平板荷载试验适用于确定浅部地基土层的承压板下应力主要影响范围内的承载力;深层平板荷载试验则适用于确定深部地基及大直径桩桩端土层在承压板下应力主要影响范围内的承载力。下面主要介绍浅层平板荷载试验的试验要点。

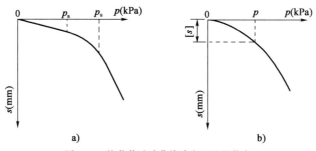

图2-16 按荷载试验曲线确定地基承载力

浅层平板荷载试验的承压板面积不应小于0.25m²,对于软土不应小于0.5m²;试验基坑宽度不应小于承压板宽度或直径的3倍,并应保持试验土层的原状结构和天然湿度。根据平

板荷载试验所得到的 p—s 曲线,分为以下三种情况确定地基容许承载力(或承载力特征值):

(1)当 p—s 曲线上有比例界限时,取该比例界限所对应的荷载值;

(2)当极限荷载小于对应比例界限的荷载值的 2 倍时,取极限荷载值的一半;

(3)不能按上述两款要求时,当压板面积为 $0.25 \sim 0.50 m^2$ 时,可取 $s/b=0.01 \sim 0.015$ 所对应的荷载,但其值不应大于最大加载量的一半。

2. 地基容许承载力的修正

荷载试验的影响深度约为荷载板宽度的 2~3 倍,而荷载板的尺寸一般比真实基础的尺寸小得多,荷载试验的尺寸效应不容忽视。因此,当基础的埋深和宽度与荷载板不同时,应对地基承载力特征值进行深度和宽度修正。对于不同的地基基础规范,其修正公式略有不同。

《建筑地基基础设计规范》(GB 50007—2002)规定:当基础宽度大于 3m 或埋置深度大于 0.5m 时,从荷载试验方法确定的地基承载力特征值,尚应按式(2-17)修正。

$$f_a = f_{ak} + \eta_b \gamma (b-3) + \eta_d \gamma_m (d-0.5) \qquad (2-17)$$

式中:f_a——修正后的地基承载力特征值,kPa;

f_{ak}——地基承载力特征值,kPa;

η_b、η_d——分别为基础宽度和埋深的地基承载力修正系数,按基底下土的类别查表 2-9 取值;

γ——基础底面以下土的重度,地下水位以下取浮重度,kN/m^3;

b——基础底面宽度(m),当基础宽度小于 3m 时按 3m 取值,大于 6m 时按 6m 取值;

γ_m——基础底面以上土重度的加权平均值,地下水位以下取浮重度,kN/m^3;

d——基础埋置深度(m),一般自室外地面高程算起。在填方整平地区,可自填土地面高程算起,但填土在上部结构施工后完成时,应从天然地面高程算起。对于地下室,如采用箱形基础或筏形基础时,基础埋置深度自室外地面高程算起;当采用独立基础或条形基础时,应从室内地面高程算起。

承载力修正系数[《建筑地基基础设计规范》(GB 50007—2002)]　　　表 2-9

土 的 类 别		η_b	η_d
淤泥和淤泥质土		0	1.0
人工填土 e 或 I_L 大于等于 0.85 的黏性土		0	1.0
红黏土	含水比 $a_w > 0.8$	0	1.2
	含水比 $a_w \leq 0.8$	0.15	1.4
大面积压实填土	压实系数大于 0.95、黏粒含量 $\rho_c \geq 10\%$ 的粉土	0	1.5
	最大干密度大于 $2.1t/m^3$ 的级配砂石	0	2.0
粉土	黏粒含量 $\rho_c \geq 10\%$ 的粉土	0.3	1.5
	黏粒含量 $\rho_c < 10\%$ 的粉土	0.5	2.0
e 及 I_L 均小于 0.85 的黏性土		0.3	1.6
粉砂、细砂(不包括很湿与饱和时的稍密状态)		2.0	3.0
中砂、粗砂、砾砂和碎石土		3.0	4.4

注:①强风化和全风化的岩石,可参照所风化成的相应土类取值;其他状态下的岩石不修正。

②地基承载力特征值按深层平板荷载试验确定时 η_d 取 0。

(三)规范承载力表格法

有些土的物理、力学指标与地基承载力之间存在着良好的相关性。根据新中国成立以来大量的工程实践经验、原位试验和室内土工试验数据,为确定地基承载力进行了大量的统计分析,我国许多地基规范都制订了便于查用的表格。1974版《工业与民用建筑地基基础设计规范》(TJ 7—74)建立了土的物理类型性质指标与地基容许承载力之间的关系;1989版《建筑地基基础设计规范》(GBJ 7—89)仍保留了地基承载力表,并在使用上加以适当限制。使用方便是承载力表的主要优点,但也存在一些问题。如承载力表是根据大量的试验数据通过统计分析得到的,由于我国幅员辽阔、土质条件各异,用几张表格很难概括全国不同土质的地基承载力规律;此外,随着设计水平的提高和对工程质量要求的趋于严格,变形控制已是地基基础设计的主要原则。因此作为国家标准,如仍沿用承载力表,显然已不能再适应当前的要求,所以现行的《建筑地基基础设计规范》(GB 50007—2002)取消了地基承载力表,但是允许地方性建筑地基规范根据地区经验制定和采用承载力表。另外,其他一些行业的地基规范仍采用地基承载力表,如公路桥涵设计规范、铁路桥涵设计规范等。

下面介绍《公路桥涵地基与基础设计规范》(JTG D63—2007)用承载力表确定地基容许承载力的方法。

1. 从规范表格中查取地基容许承载力$[\sigma_0]$

根据地基土的分类名称、土的状态以及物理指标,从规范中查取地基容许承载力值,见表2-10、表2-11。

一般黏性土地基承载力基本容许值$[\sigma_0]$(kPa)　　　　表2-10

土的天然孔隙比e_0	地基土的液性指数										
	0	0.1	0.2	0.3	0.4	0.5	0.6	0.7	0.8	0.9	1.0
0.5	450	440	430	420	400	380	350	310	270	—	—
0.6	420	410	400	380	360	340	310	280	250	210	—
0.7	400	370	350	330	310	290	270	240	220	190	160
0.8	380	330	300	280	260	240	230	210	180	160	140
0.9	320	280	260	240	220	210	190	180	160	140	120
1.0	250	230	220	210	190	170	160	150	140	120	—
1.1	—	—	160	150	140	130	120	110	100	—	—

注:当土中含有粒径大于2mm的颗粒质量超过全部质量的30%时,$[\sigma_0]$可酌量提高。

砂土地基承载力基本容许值$[\sigma_0]$(kPa)　　　　表2-11

名　称	湿　度	密　实	中　密	稍　松
砾砂、粗砂	与湿度无关	550	400	200
中砂	与湿度无关	450	350	150
细砂	水上 水下	350 300	250 200	100 —
粉砂	水上 水下	300 200	200 100	—

注:在地下水位以上的地基土湿度为"水上",地下水位以下的为"水下"。对其他如碎石类土、岩石地基等的容许承载力可参阅《公路桥涵地基分基础设计规范》(JTG D63—2007)。

2. 地基容许承载力的修正

《公路桥涵地基与基础设计规范》(JTG D63—2007)规定:当基础宽度大于2m或埋置深度大于3m时,从承载力表中查取的地基承载力基本容许值$[\sigma_0]$,尚应按式(2-18)修正。

$$[\sigma] = [\sigma_0] + k_1\gamma_1(b-2) + k_2\gamma_2(h-3) \tag{2-18}$$

式中：$[\sigma]$——修正后的地基承载力容许值；

$[\sigma_0]$——从承载力表中查取的地基承载力基本容许值；

b——基础底面的最小边宽（或直径），当 $b<2\mathrm{m}$ 时，取 $b=2\mathrm{m}$；当 $b>10\mathrm{m}$ 时，按 $10\mathrm{m}$ 计；

h——基础底面的埋深（m），自天然地面起算，受水流冲刷时自一般冲刷线起算；当 $h<3\mathrm{m}$ 时，取 $h=3\mathrm{m}$；当 $h/b>4$ 时，取 $h=4b$；

γ_1——基底下持力层土的天然重度，如持力层在水面以下且为透水者，应采用浮重度；

γ_2——基底以上土层重度的加权平均值，如持力层在水面以下且为不透水者，不论基底以上土的透水性质如何，应一律采用饱和重度；如持力层在水面以下且为透水者，应一律采用浮重度；

k_1、k_2——分别为基底宽度、深度修正系数，按基底持力层土的类别查表 2-12 取用。

修正系数 k_1、k_2 表 2-12

土名\系数	黏性土				黄土			砂土								碎石土			
	新近沉积黏性土	一般黏性土		老黏性土	残积土	一般新黄土、老黄土	新近堆积黄土	粉砂		细砂		中砂		砾砂、粗砂		碎石、圆砾、角砾		卵石	
		$I_L<0.5$	$I_L\geq 0.5$					密实	中密	密实	中密	密实	中密	密实	中密	密实	中密	密实	中密
k_1	0	0	0	0	0	0	0	1.2	1.0	2.0	1.5	3.0	2.0	4.0	3.0	4.0	3.0	4.0	3.0
k_2	1	2.5	1.5	2.5	1.5	1.5	1.5	2.5	2.0	4.0	3.0	5.5	4.0	6.0	5.0	6.0	5.0	10.0	6.0

注：① 对于稍松状态的砂类土和松散状态的卵石类土的 k_1、k_2 值，可按上表相应中密实系数值折半计算。

② 节理不发育或较发育的岩石不做宽、深修正。节理发育或很发育的岩石，k_1、k_2 可参照碎石的系数，但对已风化成砂、土状者，可参照砂土、黏性土的系数。

【例 2-1】 某粉土地基如图 2-17 所示，试按《建筑地基基础设计规范》（GB 50007—2002）推荐的理论公式计算地基承载力特征值。

【解】 根据持力层粉土 $\varphi_k=22°$，查表 2-8，得 $M_b=0.61$，$M_d=3.44$，$M_c=6.04$

$$f_a = M_b\gamma b + M_d\gamma_m d + M_c c_k$$

$$= 0.61\times(18.1-10)\times 1.5 + 3.44\times\frac{17.8\times 1.0+(18.1-10)\times 0.5}{1+0.5}\times 1.5 + 6.04\times 1.0$$

$$= 7.41 + 75.16 + 6.04 = 88.6\ \mathrm{kPa}$$

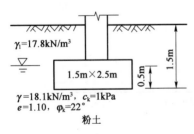

图 2-17 例 2-1 图

【例 2-2】 某建筑物的箱形基础宽 8.5m，长 20m，持力层情况见图 2-18。由荷载试验得到其承载力特征值 $f_{ak}=189\mathrm{kPa}$，箱基埋深 $d=4\mathrm{m}$。试按《建筑地基基础设计规范》（GB 50007—2002）确定黏土持力层修正后的承载力特征值。已知地下水位在地面下 2m 处。

【解】 因箱基宽度 $b=8.5\mathrm{m}>6.0\mathrm{m}$，故按 6m 考虑；箱基埋深 $d=4\mathrm{m}$。持力层为黏土，因为 $I_L=0.73<0.85$，$e=0.83<0.85$，所以查表 2-9 可得 $\eta_b=0.3$，$\eta_d=1.6$

因基础埋在地下水位以下，故持力层的 γ 取浮重度：

$$\gamma' = 19.2 - 10 = 9.2 \text{ kN/m}^3$$

$$\gamma_m = \frac{\sum_1^3 \gamma_i h_i}{\sum_1^3 h_i} = \frac{17.8 \times 1.8 + 18.9 \times 0.2 + (19.2-10) \times 2}{1.8 + 0.2 + 2}$$

$$= \frac{54.22}{4} = 13.6 \text{kN/m}^3$$

$$f_a = f_{ak} + \eta_b \gamma'(b-3) + \eta_d \gamma_m (d-0.5)$$

$$= 189 + 0.3 \times 9.2 \times (6-3) + 1.6 \times 13.6 \times (4-0.5)$$

$$= 189 + 8.28 + 76.16$$

$$= 273.4 \text{kPa}$$

【例 2-3】 某桥梁基础,埋置深度为一般冲刷线以下 4.8m,基础底面尺寸为 3.2m×2.6m。地基土为一般黏性土(不透水层),天然孔隙比 e_0 为 0.85,液性指数 I_L 为 0.7,饱和重度 γ 为 27kN/m³。试按《公路桥涵地基与基础设计规范》(JTG D63—2007)确定地基土的容许承载力。

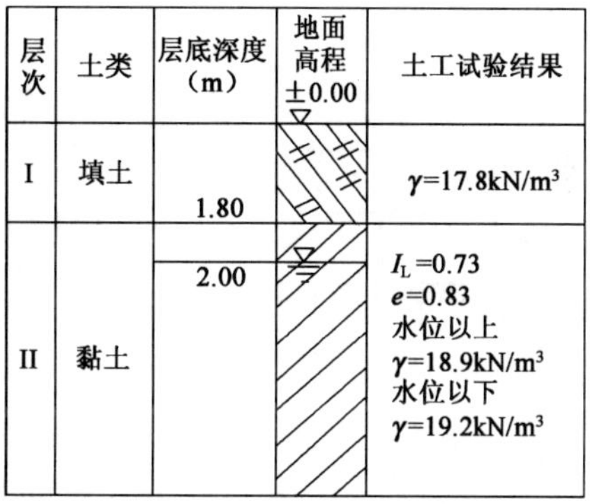

【解】 (1)查表确定地基容许承载力$[\sigma_0]$
由 $e_0 = 0.85$,$I_L = 0.7$,查表 2-10 得 $[\sigma_0] = 195$kPa。
(2)求修正后的地基容许承载力$[\sigma]$
由表 2-12 查得修正系数 $k_1 = 0$,$k_2 = 1.5$。

图 2-18 例 2-2 图

$$[\sigma] = [\sigma_0] + k_1 \gamma_1 (b-2) + k_1 \gamma_2 (h-3)$$

$$= 195 + 0 + 1.5 \times 27 \times (4.8-3) = 267.9 \text{kPa}$$

第六节 地基承载力的验算及基础底面尺寸的确定

在一般情况下,基础底面尺寸事先并不知道,需在确定基础类型和埋置深度后,根据地基承载力来设计基础底面尺寸。

以下基础底面尺寸设计计算主要参照《建筑地基基础设计规范》(GB 50007—2002)。

一、地基承载力的验算

1. 持力层承载力验算
(1)轴心荷载作用

当基础上仅有竖向荷载作用,且荷载通过基础底面形心时,基础承受轴心荷载作用。假定基底反力呈均匀分布,如图 2-19 所示,则持力层地基承载力验算必须满足下式:

$$p_k = \frac{F_k + G_k}{A} \leqslant f_a \tag{2-19}$$

式中：p_k——相应于荷载效应标准组合时，基础底面处的平均压力值；

f_a——修正后的地基承载力特征值；

F_k——上部结构传至基础顶面的竖向荷载标准组合值，kN；

G_k——基础自重和基础上的土重，kN，$G_k=\gamma_G Ad$；

γ_G——基础与基础上土的平均重度，kN/m³，可近似按20kN/m³ 计算；

A——基础底面积，m²；

d——基础埋深，m。

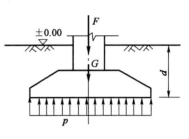

图 2-19 轴心荷载作用的基础

把 $G_k=\gamma_G Ad$ 代入式(2-19)，此时式(2-19)可改写为：

$$\frac{F_k}{A}+\gamma_G d \leqslant f_a \tag{2-20}$$

（2）偏心荷载作用

当传到基础顶面的荷载除轴心荷载 F_k 外，还有弯矩 M_k 或水平力 Q_k 作用时，基底反力将呈梯形分布，如图 2-20 所示。当偏心荷载作用时，除应符合式(2-19)要求外，还应符合下式要求：

$$p_{kmax} \leqslant 1.2 f_a \tag{2-21}$$

相应于荷载效应标准组合时，基底最大压力 p_{kmax} 和最小压力 p_{kmin} 可按下式计算：

$$p_{kmax \atop kmin}=\frac{F_k+G_k}{lb} \pm \frac{M_{kx}}{W_x} \pm \frac{M_{ky}}{W_y} \tag{2-22}$$

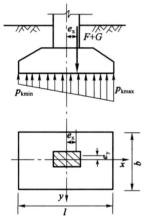

图 2-20 偏心荷载作用的基础

或：

$$p_{kmax \atop kmin}=\frac{F_k+G_k}{lb}\left(1 \pm \frac{6e_y}{b} \pm \frac{6e_x}{l}\right) \tag{2-23}$$

式中：l——矩形基础底面的 x 方向的边长，m；

b——矩形基础底面的 y 方向的边长，m；

M_{kx}、M_{ky}——相应于荷载效应标准组合时，分别为作用于基础底面对 x 轴和对 y 轴的力矩值；

W_x、W_y——分别为基础底面对 x 轴和对 y 轴的截面模量，m³；

$$W_x=\frac{lb^2}{6};W_y=\frac{bl^2}{6} \tag{2-24}$$

e_x、e_y——分别为荷载离 y 轴和离 x 轴的偏心距，m。

$$\left.\begin{array}{l}e_x=\dfrac{M_{ky}}{F_k+G_k} \\[2mm] e_y=\dfrac{M_{kx}}{F_k+G_k}\end{array}\right\} \tag{2-25}$$

若 $e_y=0$,即 $M_{kx}=0$,则式(2-23)和式(2-24)分别变为：

$$p_{kmax \atop kmin} = \frac{F_k+G_k}{lb} \pm \frac{M_{ky}}{W_y} \qquad (2\text{-}26)$$

或：

$$p_{kmax \atop kmin} = \frac{F_k+G_k}{lb}\left(1 \pm \frac{6e_x}{l}\right) \qquad (2\text{-}27)$$

地基基础设计时,p_{kmax} 和 p_{kmin} 不宜相差太大,否则在软土地基中会造成基础较大的不均匀沉降。此外,原则上地基与基础底面不应出现脱离的现象,也即 p_{kmin} 不应小于 0；但在某些特定情况下,也可能出现 p_{kmin} 小于 0 的情况。

当 $p_{kmin}<0$,即偏心距 $e>l/6$ 时(图 2-21)。由于基础底面不可能出现拉应力,根据图 2-21 中的基底三角形分布压力之和与竖向荷载平衡可推导得到 p_{kmax} 的计算公式如下：

$$p_{kmax} = \frac{2(F_k+G_k)}{3ab} \qquad (2\text{-}28)$$

式中：b——垂直于力矩作用方向的基础底面边长；
　　　a——合力作用点至基础底面最大压力边缘的距离。

2. 软弱下卧层承载力验算

土层大多是成层的。通常,土层的强度随深度而变化,而外荷载引起的附加应力则随深度而减小,因此,只要基础底面持力层承载力满足设计要求就可以了。但也有不少情况,持力层不厚,在持力层以下受力层范围内存在软土层(即称软弱下卧层),软弱下卧层的承载力比持力层小得多。如我国沿海地区表层"硬壳层"下有很厚一层(厚度在 20m 左右)软弱的淤泥质土层,这时只满足持力层的要求是不够的,还须验算软弱下卧层的强度,要求传递到软弱下卧层顶面处的附加应力和土的自重应力之和不超过软弱下卧层的承载力特征值,即：

$$\sigma_z + \sigma_{cz} \leqslant f_{az} \qquad (2\text{-}29)$$

式中：σ_z——相应于荷载效应标准组合时,软弱下卧层顶面处的附加压力值,kPa；
　　　σ_{cz}——软弱下卧层顶面处土的自重应力标准组合值,kPa；
　　　f_{az}——软弱下卧层顶面处经深度修正后的地基承载力特征值,kPa。

为简化计算,可以按照简单的应力扩散原理来计算软弱下卧层顶面处的附加压力值。如图 2-22 所示,作用在基底面处的附加压力 $p_0=p_k-\sigma_c$ 以扩散角 θ 向下传递,均匀地分布在下卧层上。扩散后作用在下卧层顶面处的合力与扩散前在基底处的合力应相等,即：

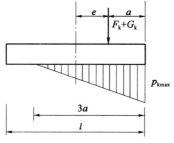
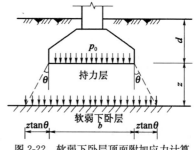

图 2-21　偏心荷载($e>l/6$)下基底压力计算示意
　　　　　(l 为力矩作用方向的基础底面边长)
图 2-22　软弱下卧层顶面附加应力计算

$$p_0 A = \sigma_z A' \tag{2-30}$$

式中：A——基础底面积，m^2；

A'——基础底面积以扩散角 θ 扩散到下卧层顶面处的面积，m^2。

从而可求得软弱下卧层顶面处附加应力 σ_z 的计算公式为：

$$\sigma_z = \frac{p_0 A}{A'} \tag{2-31}$$

对于矩形面积基础，有：

$$\sigma_z = \frac{(p_k - \sigma_c)bl}{(b + 2z\tan\theta)(l + 2z\tan\theta)} \tag{2-32}$$

对于条形面积基础，有：

$$\sigma_z = \frac{(p_k - \sigma_c)b}{b + 2z\tan\theta} \tag{2-33}$$

式中：b、l——分别为基础的宽度和长度，若为条形基础，l 取 1m，长度方向应力不扩散，m；

σ_c——基础底面处土的自重应力标准值，kPa；

z——基础底面到软弱下卧层顶面的距离，m；

θ——压力扩散角，可按表 2-13 采用。

压力扩散角 θ 表 2-13

E_{s1}/E_{s2}	$z=0.25b$	$z=0.50b$
3	6°	23°
5	10°	25°
10	20°	30°

注：① E_{s1} 为上层土压缩模量，E_{s2} 为下层土压缩模量。
② $z<0.25b$ 时，取 $\theta=0°$，必要时宜由试验确定；$z/b>0.50$ 时，θ 值不变。

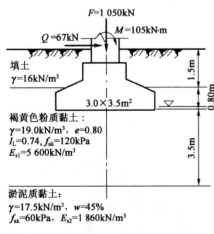

图 2-23 例 2-4 图

按双层地基中应力分布的概念，若地基中有坚硬的下卧层，则地基中的应力分布，较之均匀地基将向荷载轴线方向集中；反之，若地基中有软弱的下卧层，则地基中的应力分布，较之均匀地基将向四周更为扩散。也就是说，持力层与下卧层的模量之比 E_{s1}/E_{s2} 愈大，应力将愈扩散，即 θ 值愈大。另外按均匀弹性体应力扩散的规律，应力的扩散程度随深度的增加而增加。表 2-13 中的扩散角 θ 的大小就是根据上述规律确定的。

【例 2-4】 某柱基础，作用在设计地面处的柱荷载标准组合值、基础尺寸、埋深及地基条件如图 2-23 所示，偏心方向的基础边长为 3.5m，试验算持力层和软弱下卧层的强度。

【解】（1）持力层承载力验算

因 $b=3$m，$d=2.3$m，$e=0.80<0.85$，$I_L=0.74<0.85$，所以查表 2-9，得 $\eta_b=0.3$，$\eta_d=1.6$。

$$\gamma_m = \frac{1.6 \times 1.5 + 19 \times 0.8}{2.3} = 17.0 \text{kN/m}^3$$

$$f_a = f_{ak} + \eta_b \gamma(b-3) + \eta_d \gamma_m(d-0.5)$$
$$= 120 + 0.3 \times (19-10) \times (3-3) + 1.6 \times 17 \times (2.3-0.5)$$
$$= 120 + 0 + 49 = 169 \text{kPa}$$

基底平均压力：

$$p_k = \frac{F_k + G_k}{A} = \frac{1050 + 3 \times 3.5 \times 2.3 \times 20}{3 \times 3.5} = 146 \text{kPa} < f_a = 169 \text{kPa}(满足)$$

基底最大压力：

$$\sum M_k = 105 + 67 \times 2.3 = 259.1 \text{kN} \cdot \text{m}$$

$$p_{kmax} = \frac{F_k + G_k}{A} + \frac{M_k}{W}$$

$$= 146 + \frac{259.1}{3 \times 3.5^2/6} = 188.3 \text{kPa} < 1.2 f_a = 1.2 \times 169 = 202.8 \text{kPa}(满足)$$

所以，持力层地基承载力满足。

(2) 软弱下卧层承载力验算

下卧层承载力特征值计算：

因为下卧层系淤泥质土，所以查表 2-9 得 $\eta_b = 0, \eta_d = 1.0$。

下卧层顶面埋深 $d' = d + z = 2.3 + 3.5 = 5.8 \text{m}$，土的平均重度 γ_m 为：

$$\gamma_m = \frac{16 \times 1.5 + 19 \times 0.8 + (19-10) \times 3.5}{1.5 + 0.8 + 3.5} = \frac{70.7}{5.8} = 12.19 \text{kN/m}^3$$

$$f_{az} = f_{ak} + \eta_b \gamma(b-3) + \eta_d \gamma_m(d-0.5)$$
$$= 60 + 0 + 1.0 \times 12.19 \times (5.8 - 0.5) = 124.6 \text{kPa}$$

下卧层顶面处应力：

自重应力 $\sigma_c = 16 \times 1.5 + 19 \times 0.8 + (19-10) \times 3.5 = 70.7 \text{kPa}$

附加应力按扩散角计算，$E_{s1}/E_{s2} = 3$，因为 $0.5b = 0.5 \times 3 = 1.5 \text{m} < z = 3.5 \text{m}$，查表 2-13，得 $\theta = 23°$。

$$\sigma_z = \frac{(p_k - \sigma_c)bl}{(b + 2z\tan\theta)(l + 2z\tan\theta)}$$

$$= \frac{[146 - (16 \times 1.5 + 19 \times 0.8)] \times 3 \times 3.5}{(3 + 2 \times 3.5 \times \tan23°) \times (3.5 + 2 \times 3.5 \times \tan23°)}$$

$$= \frac{106.8 \times 3 \times 3.5}{5.97 \times 6.47} = 29.03 \text{kPa}$$

作用在软弱下卧层顶面处的总应力为：

$$\sigma_z + \sigma_c = 29.03 + 70.7 = 99.73 \text{kPa} < f_{az} = 124.6 \text{kPa}(满足)$$

所以，软弱下卧层地基承载力也满足。

二、基础底面尺寸的确定

1. 轴心荷载作用下基础底面尺寸的确定

根据地基承载力验算要求，式(2-19)经过变换得：

$$A \geq \frac{F_k}{f_a - \gamma_G d} \tag{2-34}$$

式(2-34)就是基础底面积设计的公式,其中 f_a 为经过深度和宽度修正后的地基承载力特征值。

对于条形基础,可沿基础长度方向取单位长度 1m 进行计算。荷载也同样按单位长度计算,条形基础宽度则为:

$$b \geqslant \frac{F_k}{f_a - \gamma_G d} \tag{2-35}$$

在利用式(2-34)和式(2-35)计算时,由于基础尺寸还没有确定,可先按未经宽度修正的承载力特征值进行计算,初步确定基础底面尺寸。根据第一次计算得到的基础底面尺寸,再对地基承载力进行修正和验算,直至设计出最佳的基础底面尺寸。

2. 偏心荷载作用下基础底面尺寸的确定

受偏心荷载作用,基础底面尺寸不能用公式直接写出,通常的计算方法如下:

(1)按轴心荷载作用条件,利用式(2-34)初步估算所需的基础底面积 A;

(2)根据偏心距的大小,将基础的底面积增大 10%~30%,并以适当的比例确定基础底面的长度 l 和宽度 b;

(3)由调整后的基础底面尺寸按式(2-22)或式(2-23)计算基底最大压力和最小压力,并使其满足式(2-20)和式(2-21)的要求。这一计算过程可能要经过几次试算方能最后确定合适的基础底面尺寸。

【例 2-5】 某厂房墙基,上部轴心荷载 $F_k=180\text{kN/m}$,埋深 1.1m,地基为粉质黏土,$\gamma=20\text{kN/m}^3$,$e=0.85$,$I_L=0.75$,地基承载力特征值为 $f_{ak}=200\text{kPa}$。地面以下砖台墙厚 38cm,基础用砖砌体,试确定基础所需的宽度。

【解】 (1)用地基承载力特征值设计基础底面尺寸,墙基是条形基础,根据式(2-35):

$$b \geqslant \frac{F_k}{f_a - \gamma_G d} = \frac{180}{200 - 20 \times 1.1} = 1.01\text{m}$$

可取 $b=1\text{m}$。

(2)计算修正后的地基承载力特征值:

查表 2-9,$I_L=0.75<0.85$,$e=0.80<0.85$,得 $\eta_b=0.3$,$\eta_d=1.6$。

$b<3\text{m}$,按 $b=3\text{m}$ 计算,故:

$$\begin{aligned}f_a &= f_{ak} + \eta_b \gamma(b-3) + \eta_d \gamma_m(d-0.5) \\ &= 200 + 0 + 1.6 \times 20 \times (1.1 - 0.5) = 219.2\text{kPa}\end{aligned}$$

(3)地基承载力验算:

$$\begin{aligned}p_k &= \frac{F_k}{A} + \gamma_G d = \frac{180}{1 \times 1} + 20 \times 1.1 \\ &= 202\text{kPa} < f_a = 219.2\text{kPa}(满足)\end{aligned}$$

基础用砖砌体属于无筋扩展基础,而无筋扩展基础尚需对基础的宽高比进行验算,其具体验算方法详见第三章。

【例 2-6】 已知厂房作用在基础上的柱荷载如图 2-24 所示,地基土为粉质黏土,$\gamma=19\text{kN/m}^3$,地基承载力特征值 $f_{ak}=230\text{kPa}$,试设计矩形基础底面尺寸。

【解】 (1)按轴心荷载初步确定基础底面积,根据式(2-34)得:

$$A_0 \geqslant \frac{F_k}{f_k - \gamma_G \cdot d} = \frac{1\,800 + 220}{230 - 20 \times 1.8} = 10.4\text{m}^2$$

考虑偏心荷载的影响,将 A_0 增大 30%,即:
$$A = 1.3A_0 = 1.3 \times 10.4 = 13.5 \text{ m}^2$$

设长宽比 $n = \dfrac{l}{b} = 2$,则 $A = l \cdot b = 2b^2$,从而进一步有:

$$b = \sqrt{\dfrac{A}{n}} = \sqrt{\dfrac{13.5}{2}} = 2.6\text{m}$$
$$l = 2b = 2 \times 2.6 = 5.2\text{m}$$

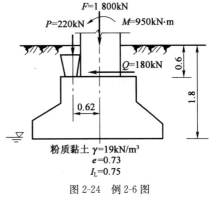

图 2-24 例 2-6 图

(2)计算基底最大压力 $p_{k\max}$:

基础及回填土重 $G = \gamma_G A d = 20 \times 2.6 \times 5.2 \times 1.8 = 487\text{kN}$

基底处竖向力合力 $\sum F_k = 1\,800 + 220 + 487 = 2\,507\text{kN}$

基底处总力矩 $\sum M_k = 950 + 220 \times 0.62 + 180 \times (1.8 - 0.6) = 1\,302\text{kN} \cdot \text{m}$

偏心距 $e = \dfrac{\sum M_k}{\sum F_k} = \dfrac{1\,302}{2\,507} = 0.52\text{m} < \dfrac{l}{6} = 0.87\text{m}$

所以,偏心力作用点在基础截面内。

基底最大压力:

$$p_{k\max} = \dfrac{\sum F_k}{lb}\left(1 + \dfrac{6e}{l}\right) = \dfrac{2\,507}{5.2 \times 2.6} \times \left(1 + \dfrac{6 \times 0.52}{5.2}\right) = 296.7\text{kPa}$$

(3)地基承载力特征值及地基承载力验算:

根据 $e = 0.73$,$I_L = 0.75$,查表 2-9,得 $\eta_b = 0.3$,$\eta_d = 1.6$。

$$\begin{aligned}
f_a &= f_{ak} + \eta_b \gamma (b - 3) + \eta_d \gamma_m (d - 0.5) \\
&= 230 + 0 + 1.6 \times 19 \times (1.8 - 0.5) = 269.5\text{kPa}
\end{aligned}$$

$$p_{k\max} = 296.7\text{kPa} < 1.2 f_a = 1.2 \times 269.5 = 323.4\text{kPa}(满足)$$

$$p_k = \dfrac{\sum F_k}{lb} = \dfrac{2\,507}{5.2 \times 2.6} = 185.4\text{kPa} < f_a = 269.5\text{kPa}(满足)$$

所以,基础采用 5.2m×2.6m 底面尺寸是合适的。

第七节 地基的变形验算

地基在荷载或其他因素的作用下,要发生变形(均匀沉降或不均匀沉降),变形过大可能危害到建筑物结构的安全,或影响建筑物的正常使用。在软土地基上建造房屋,在强度和变形两个条件中,变形条件显得更加重要。为防止建筑物不致因地基变形或不均匀沉降造成建筑物的开裂与损坏,以保证正常使用,必须对地基的变形特别是不均匀沉降加以控制。对于较为次要的建筑物按地基承载力特征值计算设计时,若已满足地基变形要求,可不进行沉降计算。对于设计等级为甲级和乙级的建筑物以及部分丙级建筑物,不但要满足地基承载力要求,还必须进行地基变形验算,要求地基的变形在允许的范围以内,即:

$$\Delta \leqslant [\Delta] \tag{2-36}$$

式中:Δ——地基最终变形量,目前最常用的计算方法就是分层总和法,《建筑地基基础设计规范》(GB 50007—2002)给出了考虑经验系数修正的计算方法;

[Δ]——地基的允许变形值,它是根据建筑物的结构特点、使用条件和地基土的类别而确定的。

地基变形引起基础沉降可分为沉降量、沉降差、倾斜、局部倾斜四类。对应这四个基础沉降类型,是相应的四类地基变形特征,参见表 2-14。其中最基本的是沉降量计算,其他变形特征或沉降类型均可由沉降量推出。各变形特征或沉降类型意义如下:

(1)沉降量是指独立基础或刚性特别大的基础中心的沉降量;
(2)沉降差是指相邻两个单独基础的沉降量之差;
(3)倾斜是指独立基础在倾斜方向两端点的沉降差与其距离的比值;
(4)局部倾斜是指砌体承重结构沿纵向 6~10m 内基础两点的沉降差与其距离的比值。

地基变形特征的类型　　　　表 2-14

地基变形特征	图　例	计 算 方 法
沉降量		s
沉降差		$\Delta_s = s_1 - s_2$
倾斜		$\tan\theta = \dfrac{s_1 - s_2}{b}$
局部倾斜		$\tan\theta_i = \dfrac{s_1 - s_2}{L}$

建筑物的结构类型不同,起控制作用的沉降类型或地基变形特征也不一样:对于砌体承重结构,应由局部倾斜控制;对于框架结构和单层排架结构,应由相邻柱基础的沉降差控制;对于多层或高层建筑和高耸结构,应由倾斜值控制;必要时尚应控制平均沉降量。表 2-15 列出了建筑物的地基变形允许值。从表 2-15 可见,因建筑物结构特点和使用要求的不同、对不均匀沉降敏感程度的不同及对结构安全储备要求的不同,从而对地基的变形允许值有不同的要求。

建筑物的地基变形允许值　　　　　　　　　　　　　表 2-15

变 形 特 征	地 基 土 类 别	
	中、低压缩性土	高压缩性土
砌体承重结构基础的局部倾斜	0.002	0.003
工业与民用建筑相邻柱基的沉降差		
框架结构	0.002L	0.003L
砖石墙填充的边排柱	0.000 7L	0.001L
当基础不均匀沉降时不产生附加应力的结构	0.005L	0.005L
单层排架结构(柱距为 6m)柱基的沉降量(mm)	(120)	200
桥式吊车轨面的倾斜(按不调整轨道考虑)		
纵向	0.004	
横向	0.003	
多层和高层建筑基础的倾斜：$H_0 \leqslant 24$	0.004	
$24 < H_0 \leqslant 60$	0.003	
$60 < H_0 \leqslant 100$	0.002 5	
$H_0 > 100$	0.002	
体型简单的高层建筑基础的平均沉降量(mm)	200	
高耸结构基础的倾斜：$H_0 \leqslant 20$	0.008	
$20 < H_0 \leqslant 50$	0.006	
$50 < H_0 \leqslant 100$	0.005	
$100 < H_0 \leqslant 150$	0.004	
$150 < H_0 \leqslant 200$	0.003	
$H_0 > 200$	0.002	
高耸结构基础的沉降量(mm)：$H_0 \leqslant 100$	400	
$100 < H_0 \leqslant 200$	300	
$200 < H_0 \leqslant 250$	200	

注：①本表数值为建筑物地基实际最终变形允许值。
　　②有括号者仅适用于中压缩性土。
　　③L 为相邻柱基的中心距离(mm)，H_0 为自室外地面起算的建筑物高度(m)。

混合结构房屋对地基的不均匀沉降是很敏感的，墙体极易产生呈 45°左右的斜裂缝，如图 2-25 所示。如果中部沉降大，墙体发生正向弯曲，裂缝与主拉应力垂直，裂缝呈正八字形开展[图 2-25a)]；反之，两端沉降大，墙体反向弯曲，则裂缝呈倒八字形[图 2-25b)]。裂缝首先在墙体刚度削弱的窗角发生，而窗洞则是裂缝的组成部分。

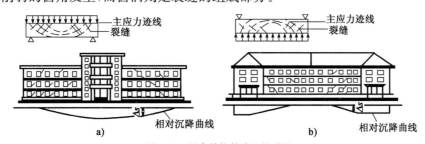

图 2-25　混合结构外墙上的裂缝
a)墙体正向弯曲；b)墙体反向弯曲

进行地基变形验算，防止建筑物产生有危害性的沉降和不均匀沉降，是建筑物设计中很重要的环节。但是影响地基变形验算精度的因素很多，除了地基变形允许值的确定，主要就是目前采用的地基变形值的计算方法还不完善。由于地基变形计算方法误差较大,理论计算结果常和实际产生的沉降有出入。对于重要的、新型的、体型复杂的房屋和结构物,或使用上对不均匀沉降有严格控制的房屋和结构物,还应进行系统的沉降观测。一方面它能观测沉降发展的趋势并预估最终沉降量,以便及时研究加固及处理措施;另一方面也可以验证地基基础设计计算的正确性,以完善设计规范。

沉降观测点的布置,应根据建筑物体型、结构、工程地质条件等综合考虑,一般设在建筑物四周的角点、转角处、中点以及沉降缝和新老建筑物连接处的两侧,或地基条件有明显变化区段内。测点的间隔距离为 8~12m。

沉降观测应从施工时就开始,民用建筑每增高一层观测一次。工业建筑应在不同的荷载阶段分别进行观测,完工后逐渐拉开观测间隔时间直至沉降稳定为止,稳定标准为半年的沉降量不超过 2mm。当工程有特殊要求时,应根据要求进行观测。

在必要情况下,需要分别预估建筑物在施工期间和使用期间的地基变形值,以便预留建筑物有关部分之间的净空,并考虑连接方法和施工顺序。一般多层建筑物在施工期间完成的沉降量,对于砂土可认为其最终沉降量已完成 80% 以上,对于其他低压缩性土可认为已完成最终沉降量的 50%~80%,对于中压缩性土可认为已完成 20%~50%,对于高压缩性土可认为已完成 5%~20%。

第八节 地基基础的稳定性验算

一般来说,对于平整地基上的建筑物,竖向荷载导致地基基础失稳的情况很少见,只要基础具有必需的埋深以保证其承载力,就不会由于倾覆或滑移而导致破坏,所以满足地基承载力的一般建筑物不需要进行地基基础稳定性验算。但是对于经常承受水平荷载的建筑物,如水工建筑物、挡土结构物以及高层建筑和高耸结构,以及建在斜坡上的建筑物等,地基基础的稳定性可能成为设计中的主要问题。因此,对经常受水平荷载作用的建筑物或建在斜坡上的建筑物,应进行地基基础稳定性验算。

当建筑物承受较大的水平荷载和偏心荷载时,则有可能发生沿基底面的滑动、倾斜或与深层土层一起滑动。前者称为基础的稳定性,而后者则称为地基的稳定性。目前,稳定性验算仍采用单一安全系数的方法。

一、基础的稳定性验算

基础的稳定性验算包括倾覆稳定性验算和滑动稳定性验算(图 2-26),其验算方法与挡土墙的稳定性验算基本相同。

1. 基础的倾覆稳定性验算

抗倾覆稳定系数 K_0 可按下式计算:

$$K_0 = \frac{抗倾力矩}{倾覆力矩} = \frac{\sum N_i \cdot y}{\sum N_i \cdot e_i + \sum H_i \cdot h_i}$$
$$= \frac{\sum N_i \cdot y}{\sum M_i} = \frac{\sum N_i \cdot y}{\sum N_i \cdot e} = \frac{y}{e} \quad (2\text{-}37)$$

式中:N_i、H_i——各竖向力和各水平力;

e_i——各竖向力至基底形心的力臂;

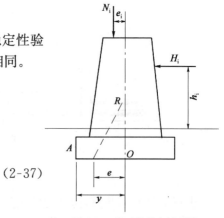

图 2-26 基础的稳定性验算

h_i——各水平力至基底的力臂;

y——基底形心至倾覆轴 A 的距离;

e——外力合力 R 在基底的作用点至基底形心的距离。

在不同的设计规范中,不同的荷载组合对抗倾覆稳定系数 K_0 均有不同的要求值。一般在主要荷载组合时,要求高些,$K_0 \geqslant 1.5$;在各种附加荷载组合时,K_0 可相应降低,$K_0=1.1\sim1.3$。

2. 基础的滑动稳定性验算

抗滑动稳定系数 K_c 可按下式计算:

$$K_c = \frac{\sum N_i \cdot \mu}{\sum H_i} \qquad (2\text{-}38)$$

其中,μ 为基底与持力层间的摩擦系数。在无实测资料时,可参见相关规范,如表 2-16 所示。一般要求抗滑动稳定系数 $K_c=1.2\sim1.3$。

摩 擦 系 数 μ　　　　表 2-16

土 类	软 塑	硬 塑	粉质黏土、黏质粉土、半坚硬黏土	砂类土	碎卵石类土	岩 石	
						软质	硬质
μ	0.25	0.3	0.3~0.4	0.4	0.5	0.4~0.6	0.6~0.7

二、地基的稳定性验算

对地基进行稳定性分析,最常用的方法就是圆弧滑动面法,通常可采用滑动稳定安全系数 K 来验算地基的稳定性。滑动稳定安全系数 K 是指最危险滑动面上诸力对滑动圆弧的圆心所产生的抗滑力矩和滑动力矩之比,要求不小于 1.2,即:

$$K = \frac{抗滑力矩}{滑动力矩} \geqslant 1.2 \qquad (2\text{-}39)$$

三、土坡坡顶上建筑物的地基稳定性

关于建造在斜坡上的建筑物的地基稳定性问题,理论计算比较复杂,且难以全部求解。若土坡自身是稳定的,对于建筑物基础较小的情况,通过对地基中附加应力的分析,给出了保证其稳定的限定范围。位于稳定土坡坡顶上的建筑物,当垂直于坡顶边缘线的基础底面边长小于或等于 3m 时,其基础底面外边缘线到坡顶的水平距离 a 可按式(2-40)、式(2-41)计算(图 2-27),但不得小于 2.5m。

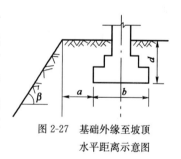

图 2-27　基础外缘至坡顶水平距离示意图

条形基础:

$$a \geqslant 3.5b - \frac{d}{\tan\beta} \qquad (2\text{-}40)$$

矩形基础:

$$a \geqslant 2.5b - \frac{d}{\tan\beta} \qquad (2\text{-}41)$$

式中:b——垂直于坡顶边缘线的基础底面边长,m;

d——基础埋置深度,m;

β——边坡坡角。

·当坡角大于45°,坡高大于8m时,应进行土坡稳定验算。

对于较宽大的基础建造在斜坡上的地基稳定问题,尚在研究中,若b大于3m,a值不满足式(2-40)和式(2-41)时,可根据基底平均压力,按圆弧滑动面法进行土坡稳定计算,用以确定基础的埋深和基础距坡顶边缘的距离。

第九节 减轻不均匀沉降危害的措施

前面变形验算一节中讲述过,建筑物的不均匀沉降过大,将使建筑物开裂损坏并影响其使用。特别对于高压缩性土、膨胀土、湿陷性黄土以及软硬不均等不良地基上的建筑物,由于总沉降量大,其不均匀沉降相应也大。如何防止或减轻不均匀沉降的危害,是设计中必须认真思考的问题。通常的方法有三大类:①采用桩基础或其他深基础,以减少总沉降量;②对地基进行处理,以提高原地基的承载力和压缩模量;③在建筑、结构和施工中采取措施。总之,一方面是减少建筑物的总沉降量,相应也就减少了其不均匀沉降;另一方面则是增强上部结构对沉降和不均匀沉降的适应能力。下面主要介绍通常在建筑、结构和施工中所采取的措施。

一、建筑措施

1. 建筑物的体型力求简单

建筑物的体型指的是其平面形状和立面高差(包括荷载差)。建筑师考虑使用功能和建筑物美观要求,使建筑物的体型设计比较复杂,如平面上多转折,而且立面高差明显。在软弱地基上,复杂体型常常会削弱建筑物的整体刚度,并导致地基产生不均匀变形。

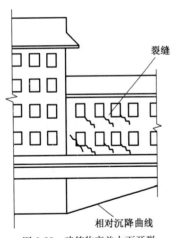

图 2-28 建筑物高差大而开裂

复杂体型的平面若呈"L"、"T"、"山"形等,建筑物在建筑单元纵横交叉处,基础密集,地基的附加应力相互重叠,造成这部分的沉降大于其他部位。如果这类建筑物的整体刚度较差,很容易因不均匀沉降引起建筑物开裂破坏。

建筑物的高低变化悬殊,地基各部分所受的荷载轻重不同,必然会加大不均匀沉降。根据调查,软土地基上紧邻高差一层以上而不用沉降缝断开的混合结构房屋,轻低部分墙面往往有很多开裂(图 2-28)。故在软弱地基上建造建筑物时,应注意建筑物层数的高差问题,同时建筑物体型应力求简单。

当高度差异或荷载差异较大时,可将两者隔开一定距离,两者之间用能自由沉降的连接体或简支、悬挑结构相连接(图 2-29),来减轻建筑物的不均匀沉降的危害。

2. 增强结构的整体刚度

建筑物的长度与高度的比值称为长高比。它是衡量建筑物结构刚度的一个指标。长高比越大,整体刚度就越差,抵抗弯曲变形和调整不均匀沉降的能力也就越差。图 2-30 为长高比达 7.6 的超长建筑物纵墙开裂的实例。根据软土地基的经验,砖石承重的混合结构建筑物,长高比控制在 3 以内,一般可避免不均匀沉降引起的裂缝。若房屋的最大沉降小于或等于 120mm 时,长高比可适当增大些。

合理布置纵横墙,也是增强砖石混合结构整体刚度的重要措施之一。砖石混合结构房屋的纵向刚度较弱,地基的不均匀沉降主要损害纵墙。内外墙的中断转折都将削弱建筑物的纵向刚度。为此,在软弱地基建造砖石混合结构房屋,应尽量使内外纵墙都贯通。缩小横墙的间距,能有效改善整体性,进而增强了调整不均匀沉降的能力。不少小开间集体宿舍,尽管沉降较大,由于其长高比较小,内外纵墙贯通,而横墙间距较小,房屋结构仍能保持完好无损。所以可以通过控制长高比和合理布置墙体来增强房屋结构的刚度。

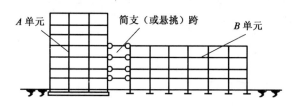

图 2-29 用简支(或悬挑)跨连接单元示意

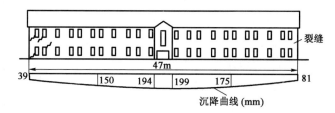

图 2-30 长高比达 7.6 的过长建筑物纵墙开裂实例

3. 设置沉降缝

沉降缝不同于温度伸缩缝,它将建筑物连同基础分割为两个或更多个独立的沉降单元。分割出沉降单元应具备体型简单、长高比较小、结构类型单一以及地基比较均匀等条件,即每个沉降单元的不均匀沉降均很小。建筑物的下列部位宜设置沉降缝:

(1)复杂建筑平面的转折部位;
(2)长高比过大的建筑物的适当部位;
(3)建筑物的高度(或荷载)差异处;
(4)地基土的压缩性或土层构造有显著差异处;
(5)建筑结构类型(包括基础)截然不同处;
(6)分期建造房屋的交接处;
(7)拟设置伸缩缝处(沉降缝可兼作伸缩缝)。

沉降缝的构造见图 2-31。缝内不能填塞材料,在寒冷地区为了防寒,可填塞松软材料。由于沉降缝不能消除地基中应力重叠,沉降太大时,若沉降缝的宽度不够或缝内被坚硬杂物堵塞,有可能造成沉降单元上方顶住,造成局部挤压破坏甚至整个单元竖向受弯的破坏事故。软弱地基上沉降缝的宽度见表 2-17。沉降缝的造价颇高,且要增加建筑及结构上处理的困难,所以不宜轻率多用。

房屋沉降缝宽度 表 2-17

房屋层数	沉降缝宽度(mm)
2~3	50~80
4~5	80~120
5 层以上	不小于 120

注:当沉降缝两侧单元层数不同时,缝宽按层数大者取用。

4. 相邻建筑物基础间应有合适的净距

由于地基附加应力的扩散作用,使相邻建筑物近端的沉降均增加。在软弱地基上,同时建造的两座新、老建筑物之间,如果距离太近,均会产生附加的不均匀沉降,从而造成建筑物的开裂(图 2-32)或互倾,甚至使房屋整体横倾大大增加。

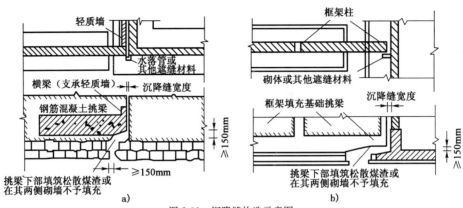

图 2-31 沉降缝构造示意图
a)砖墙混合结构沉降缝；b)框架结构沉降缝图

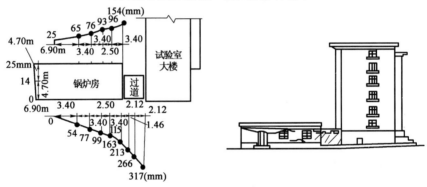

图 2-32 相邻建筑物影响实例

为了避免相邻建筑物影响的危害,软弱地基上的相邻建筑物,要有一定的距离。间隔的距离与影响建筑物的规模和质量及被影响建筑物的刚度有关,可按表 2-18 确定。

相邻高耸结构(或对倾斜要求严格的构筑物)的间隔距离,可根据允许值计算确定。

相邻建筑物基础间净距(m) 表 2-18

影响建筑物的预估平均沉降量 s (mm)	被影响建筑物的长高比		影响建筑物的预估平均沉降量 s (mm)	被影响建筑物的长高比	
	$2.0 \leqslant \dfrac{L}{H_f} < 3.0$	$3.0 \leqslant \dfrac{L}{H_f} < 5.0$		$2.0 \leqslant \dfrac{L}{H_f} < 3.0$	$3.0 \leqslant \dfrac{L}{H_f} < 5.0$
70～150	2～3	3～6	260～400	6～9	9～12
160～250	3～6	6～9	>400	9～12	≥12

注：①表中 L 为建筑物长度或沉降缝分隔单元长度(m)；H_f 为自基础底面起算的建筑物高度。

②当被影响建筑的长高比为 $1.5 \leqslant \dfrac{L}{H_f} < 2.0$ 时,其间隔净距可适当缩小。

5. 调整某些设计高程

过大的建筑物沉降,使原有高程发生变化,严重时将影响建筑物的使用功能。根据可能产生的沉降量,采取适当的预防措施：

(1)室内地坪和地下设施的高程,应根据预估沉降量予以提高。建筑物各部分(或设备之间)有联系时,可将沉降较大者的高程适当提高。

(2)建筑物与设备之间,应留有足够的净空。有管道穿过建筑物时,应预留足够尺寸的空洞,或采用柔性的管道接头等。

二、结构措施

1. 设置圈梁增强建筑物的刚度

对于砖石承重墙房屋,不均匀沉降的损害主要表现为墙体的开裂。因此,常在墙内设置钢筋混凝土圈梁来增强其承受弯曲变形的能力。当墙体弯曲时,圈梁主要承受拉应力,弥补了砌体抗拉强度不足的弱点,增加了墙体刚度,能防止出现裂缝及阻止裂缝的开展。

圈梁的设置通常是,多层房屋在基础和顶层各设置一道,其他各层可隔层设置,必要时也可层层设置。圈梁常设在窗顶或楼板下面。

对于单层工业厂房、仓库,可结合基础梁、连系梁、过梁等酌情设置。

每道圈梁应设置在外墙、内纵墙和主要内横墙上,并应在平面内形成封闭系统。当开洞过大使墙体削弱时,宜在削弱部位按梁通过计算适当配筋或采用构造柱及圈梁加强。

现浇的钢筋混凝土圈梁,梁宽一般同墙厚,梁高不应小于 120mm,混凝土强度等级不低于 C15,纵向钢筋不宜少于 $4\phi 8mm$,箍筋间距不宜大于 300mm。

2. 选用合适的结构形式

选用当支座发生相对变位时不会在结构内引起很大附加应力的结构形式,如排架、三铰拱(架)等非敏感性结构。例如,采用三铰门架结构做小型仓库和厂房,当基础倾斜时,上部结构内不产生次应力,可以取得较好的效果。

必须注意,采用这些结构后,还应当采取相应的防范措施,如避免用连续吊车梁及刚性屋面防水层,墙内加设圈梁等。

3. 减轻建筑物和基础的自重

在基底压力中,建筑物自重(包括基础及覆土重)所占比例很大,据估计,工业建筑物占1/2左右,民用建筑物可达 3/5 以上。为此,对于软弱地基上的建筑物,减轻其自重能有效减少沉降,同时也可减少不均匀建筑的重、高部位的地基沉降。减轻建筑物和基础自重的措施主要有如下几种方法。

(1)采用轻型结构。如预应力钢筋混凝土结构、轻型屋面板、轻型钢结构及各种轻型空间结构。

(2)减少墙体质量。如采用空心砌块、轻质砌块、多孔砖以及其他轻质高强度墙体材料,非承重墙可用轻质隔墙代替。

(3)减少基础及覆土的质量。可选用自重轻、回填土少的基础形式,如壳体基础、空心基础等。如室内地坪高程较高时,可用架空地板代替室内厚填土。

4. 减小或调正基底附加压力

(1)设置地下室(或半地下室)。利用挖取的土重补偿一部分甚至全部建筑物的质量,使基底附加压力减小,达到减小沉降的目的。有较大埋深的箱形基础或具有地下室的筏板基础便是理想的基础形式。局部地下室应设置在建筑物的重、高部位以下。如某地图书馆大楼的书库比阅览室重得多,在书库下设地下室,并与阅览室用沉降缝隔断,建筑物各部分的沉降就比较均匀。

(2)改变基础底面尺寸。对不均匀沉降要求严格的建筑物,可通过改变基础底面尺寸来获得不同的基底附加压力,对不均匀沉降进行调整。

5. 加强基础刚度

对于建筑体型复杂、荷载差异较大的上部结构,可采用加强基础刚度的方法,如采用箱基、厚度较大的筏基、桩箱基础以及桩筏基础等,以减少不均匀沉降。

三、施工措施

在软弱地基上进行工程建设时,合理安排施工程序,注意施工方法,也能减小或调整部分不均匀沉降。

1. 遵照先建重(高)建筑,后建轻(低)建筑的程序

当拟建的相邻建筑物之间轻(低)重(高)相差悬殊时,一般应先建重(高)建筑物,后建轻(低)建筑物;有时甚至需要在重(高)建筑物竣工后,间歇一段时间,再建造轻而低的裙房建筑物。

2. 建筑物施工前使地基预先沉降

活荷载较大的建筑物,如料仓、油罐等,条件许可时,在施工前采用控制加载速率的堆载预压措施,使地基预先沉降,以减少建筑物施工后的沉降及不均匀沉降。

3. 注意沉桩、降水对邻近建筑物的影响

在拟建的密集建筑群内若有采用桩基础的建筑物,沉桩工作应首先进行;若必须同时建造,则应采取合理的沉桩路线,控制沉桩速率、预钻孔等方法来减轻沉桩对邻近建筑物的影响。在开挖深基坑并采用井点降水措施时,可采用坑内降水、坑外回灌或采用能隔水的围护结构(如水泥土搅拌桩)等措施,以减轻深基坑开挖对邻近建筑物的不良影响。

4. 基坑开挖坑底土的保护

基坑开挖时,要注意对坑底土的保护,特别是坑底土为淤泥和淤泥质土时,应尽可能不扰动土的原状结构,通常在坑底保留20cm厚的原状土,待浇捣混凝土垫层时才予以挖除,以减少坑底土扰动产生的不均匀沉降。当坑底土为粉土或粉砂时,可采用坑内降水和合适的围护结构,以避免产生流沙现象。

习 题

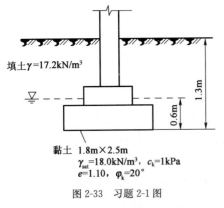

图 2-33 习题 2-1 图

【2-1】 如图 2-33 所示地质土性和独立基础尺寸的资料,地下水位在填土和黏土界面处,试用承载力公式计算持力层的承载力。若地下水位稳定由 0.7m 降至 1.7m 处,承载力有何变化?

【2-2】 某砖墙承重房屋,采用素混凝土条形基础,基础顶面处砌体宽度 $b_0=490$mm,基础埋深 $d=1.2$m,传到设计地面的荷载 $F_k=220$kN/m,地基土承载力特征值 $f_{ak}=144$kPa,试确定条形基础的最小宽度 b。

【2-3】 某钢筋混凝土条形基础和地基土情况如图 2-34 所示。已知条形基础宽度 $b=1.65$m,上部结构荷载 $F_k=220$kN/m,试验算地基承载力。

【2-4】 某工业厂房柱基采用钢筋混凝土独立基础(图 2-35)。$F_k=2\,200$kN,黏性土地基的承载力特征值 $f_{ak}=250$kPa,试确定基础底面尺寸。

【2-5】 工业厂房柱基采用钢筋混凝土独立基础,在图 2-36 中列出了荷载位置及有关尺寸。已知图示荷载:$F_k=1\,850$kN,$P_k=159$kN,$M_k=112$kN·m,$Q_k=20$kN,黏性土的地基承

载力特征值 $f_{ak}=240\text{kPa}$,试确定矩形基础底面尺寸(假定 $l:b=5:3$)。

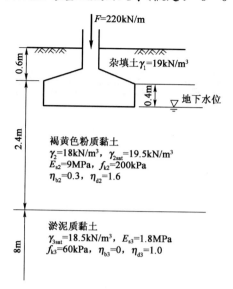

图 2-34 习题 2-3 图

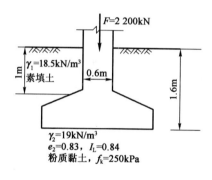

图 2-35 习题 2-4 图

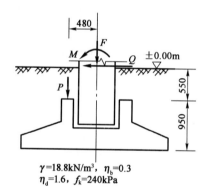

图 2-36 习题 2-5 图(尺寸单位:mm)

思 考 题

【2-1】 试述无筋扩展基础和钢筋混凝土扩展基础的区别。

【2-2】 何谓基础的埋置深度？影响基础埋深的有哪些因素？

【2-3】 何谓补偿基础？

【2-4】 地基基础设计原理是什么？

【2-5】 确定地基承载力的方法有哪些？

【2-6】 何谓软弱下卧层？试述验算软弱下卧层强度的要点。

【2-7】 什么情况下需进行地基变形验算？变形控制特征有哪些？

【2-8】 由于地基不均匀变形引起的建筑物裂缝有什么规律？

【2-9】 减轻建筑物不均匀沉降危害的措施有哪些？

第三章 浅基础结构设计

第一节 概 述

浅基础是一个承上启下的结构,其上为上部结构,其下为支承基础的地基,上部结构的荷载通过基础传递至地基。浅基础除受到来自上部结构的荷载作用外,同时还受到地基反力的作用,其截面内力(弯矩、剪力、扭矩等)是这两种荷载共同作用的结果。浅基础的结构设计内容主要就是设计基础的截面尺寸和截面配筋,以保证基础内产生的压应力、拉应力和剪应力都不超过材料强度的设计值;另外,还要使设计的基础结构满足构造要求。

根据浅基础的建造材料不同,其结构设计及验算内容也有所不同。由砖、石、素混凝土等材料建造的无筋扩展基础,因其截面抗压强度高而抗拉、抗剪强度低,在进行设计时采用控制基础宽高比的方法使基础主要承受压应力,并保证基础内产生的拉应力和剪应力都不超过材料强度的设计值。由钢筋混凝土材料建造的基础,其截面的抗拉、抗剪强度较高,基础的形状布置也比较灵活。截面设计验算的内容主要包括截面高度和截面配筋等,基础高度由混凝土的抗剪切抗冲切条件确定,而基础的受力钢筋配筋量则由基础验算截面的抗弯能力确定。

简而言之,浅基础的结构设计工作主要就是使基础结构满足内力要求和构造要求。其中,基础的截面内力计算是关键。基础截面内力的计算方法主要有三大类:第一类方法是不考虑上部结构—基础—地基三者共同作用的计算方法,可简称为不考虑共同作用分析法。该类方法是力学分析中的隔离体法,即将上部结构、基础、地基三者分离开来,按隔离体分别进行计算。第二类方法是考虑基础—地基两者共同作用的计算方法,可简称为部分共同作用分析法。该类方法是将上部结构与地基基础分离开来,只将地基基础作为一个连续变形的整体进行计算。第三类方法是考虑上部结构—基础—地基三者共同作用的计算方法,可简称为全部共同作用分析法或共同作用设计方法。该类方法是将上部结构—基础—地基三者作为一个连续变形的整体来进行计算。

在目前工程设计中,通常把上部结构与地基基础分离开来进行计算,在上部结构的计算中,视上部结构底端为固定支座或固定铰支座,不考虑荷载作用下各墙柱端部的相对位移,并按此进行上部结构内力分析;在地基基础计算中,有不考虑或考虑地基基础两者相互作用两种情况。这样的分析与设计方法通常称为常规设计方法,即不考虑共同作用分析法和部分共同作用分析法。实际上,上部结构、基础和地基之间是互相影响、互相制约的,基础内力和地基变形除与基础刚度、地基土性质等有关外,还与上部结构的荷载和刚度有关。它们在荷载作用下一般满足变形协调条件,即原来互相连接或接触的部位,在各部分荷载、位移和刚度的综合影响下,一般仍然保持连接或接触,如墙柱底端的位移与该处基础的变位及地基表面的沉降三者相一致。这种考虑上部结构与地基基础相互影响并满足变形协调条件的设计方法即为共同作用设计方法,它是今后地基基础设计的发展方向。

共同作用设计方法已取得许多成果,但尚未推广使用于工程设计中,对重要工程可用其理论指导分析和设计,而一般工程中使用的还是常规设计方法。本章首先介绍有关共同作用的基本概念,然后主要学习浅基础的常规设计计算方法。

第二节 地基基础与上部结构共同作用概念

一、基本概念

不考虑共同作用方法是将上部结构、基础与地基三者分离出来作为独立的结构体系进行力学分析。如图 3-1 所示,分析上部结构时用固定支座来代替基础,并假定支座没有任何变形,以求得结构的内力和变形以及支座反力;然后将支座反力作用于基础上,用材料力学的方法求得线性分布的地基反力,进而求得基础的内力和变形;再把地基反力作用于地基验算其承载力和沉降。这种计算方法存在很大弊端,即上部结构、基础、地基沿接触点(面)分离后,虽然满足静力平衡条件,但却完全忽略了三者之间受荷前后的变形连续性。忽视上部结构、基础和地基在接触部位的变形协调条件,其后果是导致底层和边跨梁柱的实际内力大于计算值,而基础的实际内力则比计算值小很多。

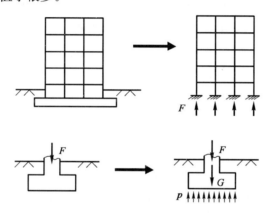

图 3-1 不考虑共同作用的分析计算方法

实际上,上部结构通过墙、柱与基础相连接,基础底面直接与地基接触,三者是相互联系成整体来承担荷载而共同发生变形的。三者在接触处既传递荷载,又相互约束和相互作用。三部分将按各自的刚度对变形产生相互制约的作用,从而使整个体系的内力(包括柱脚和基底的反力)和变形(包括基础的沉降)发生变化。可见三者是共同工作的,因此,合理的设计方法应将三者作为一个整体,考虑接触部位的变形协调来计算其内力和变形。

综上所述,所谓共同作用是指上部结构、基础与地基三者是一个共同工作的整体,三者通过各自的刚度在体系的共同工作中发挥作用。三者之间既满足静力平衡条件,还满足变形协调条件。共同作用分析方法就是按共同作用概念来分析三者的内力和变形的方法。

二、上部结构与基础的共同作用

1. 上部结构为绝对刚性结构

若上部结构刚度很大,而基础为刚度较小的柱下条形或筏形基础,当地基变形时,由于上部结构不发生弯曲,各柱比较均匀地下沉,约束基础不能发生整体弯曲。这种情况,基础犹如倒置的连续梁或板,基础柱位处相当于不动铰支座,地基反力为荷载。此时,基础仅在支座间发生局部弯曲,如图 3-2a)所示。

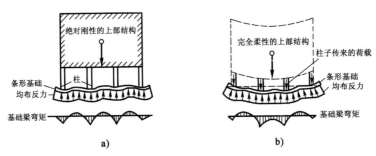

图 3-2 结构刚度对基础变形的影响
a)上部结构绝对刚性;b)上部结构完全柔性

2. 上部结构为完全柔性结构

若上部结构刚度很小,基础也是刚度较小的柱下条形或筏形基础,这时上部结构对基础的变形没有或仅有很小的约束作用,因而可以完全随着地基而变形,上部结构和基础都将发生较大的整体弯曲,同时基础因受地基反力作用在跨间还产生局部弯曲,如图 3-2b)所示。

实际工程中并不存在绝对刚性结构或完全柔性结构,任何结构都具有一定的刚度。在地基、基础及荷载不变的情况下,显然,随着上部结构刚度的增加,基础挠曲和内力将减小,同时上部结构因柱端的位移而产生的附加应力将更大。因此,在基础设计时,应按共同作用分析思想,考虑上部结构刚度的影响,恰当选择上部结构类型以适应地基变形,并满足基础强度要求。

三、地基与基础的共同作用

1. 完全柔性基础

完全柔性基础抗弯刚度很小,可以随地基的变形而任意弯曲,对地基的变形无约束作用,基础上任一点的荷载就像直接作用在地基上一样。缺乏刚度的基础,由于无力调整基底的不均匀沉降,不可能使传至基底的荷载改变原来的分布情况。即完全柔性基础与地基变形一致,基底反力分布与作用在基础上的荷载分布也完全一致,见图 3-3。

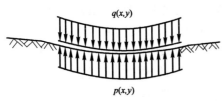

图 3-3 完全柔性基础上作用均布荷载情况

2. 绝对刚性基础

假定绝对刚性基础上作用有均布荷载或竖向轴心集中荷载,基础沉降时基底将不会发生挠曲变形,基底始终保持平面。而地基自由变形时的沉降曲线是中间大两边小的碟形弧面,如图 3-3 所示。但地基基础是共同变形的,即变形必须保持一致,因地基相对刚度小,其变形将受基础的约束。此时,基础将调整基底压力的分布,使基底压力由中部向边缘转移,以使地基中间变形减小,两边变形增大,迫使地基表面变形均匀以适应基础的沉降。可见,刚性基础对荷载的传递和地基的变形要起调整与约束作用。

若把地基土视为完全弹性体,当绝对刚性基础上作用均布荷载时,基底的反力分布将呈如图 3-4a)所示的抛物线分布形式。实际上,地基土仅具有有限的强度,基础边缘处的应力太大,土要屈服以至破坏,此时部分应力将向中间转移,于是基底反力分布呈如图 3-4b)所示的马鞍形分布。就承受剪应力的能力而言,基础下中间部位的土体高于边缘处的土体,因此当荷载继续增加时,基础下面边缘处土体的破坏范围不断扩大,基底反力进一步从边缘向中间转移,其分布形式将呈如图 3-4c)所示的倒抛物线分布形式及如图 3-4d)所示的钟形分布。

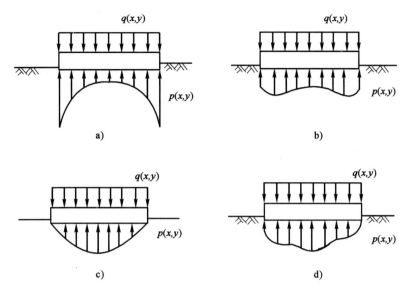

图 3-4 绝对刚性基础上作用均布荷载情况

图 3-5 为绝对刚性基础上作用竖向轴心集中荷载情况。比较图 3-4 及图 3-5 可看出,刚性基础具有"架越作用",即刚性基础能把中心集中荷载调整到基础边缘。刚性基础基底反力的分布只与基础荷载合力的大小和作用点有关,而与荷载的分布情况无关。

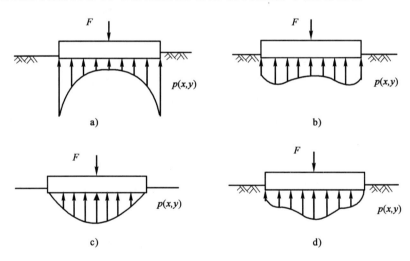

图 3-5 绝对刚性基础上作用竖向轴心集中荷载情况

实际工程中的基础并非绝对刚性的,而是有限刚性体。在上部结构传来的荷载和地基反力的作用下,基础会产生一定程度的挠曲,同时地基土在基底反力作用下产生相应的变形。根据地基和基础变形协调的原则,理论上可以根据两者的刚度求出反力分布曲线。显然,反力分布曲线的性状决定于基础与地基的相对刚度。基础的刚度愈大、地基的刚度愈小,则基底反力向边缘集中的程度愈高,随着地基土中塑性区的扩大,基底反力的分布逐渐趋于均匀。

由上述上部结构—基础—地基之间的共同作用分析可知,这三部分将按各自的刚度对变形产生相互制约的作用,从而使整个体系的内力(包括柱脚和基底的反力)和变形(包括基础的沉降)发生变化。

合理的地基基础计算方法应考虑三者的共同作用和相互影响。但是,按三者静力平衡和变形协调同时满足的原则来进行整体的共同作用分析是非常复杂的。主要存在两个问题:(1)需建立能正确反映结构刚度影响的分析理论与计算方法;(2)需建立能合理反映土的变形特性的地基计算模型及参数。随着计算机技术及计算理论的发展,共同作用分析方法现在已有较大的进展。有限元分析中的子结构法不仅可以解决大型结构与计算机存储量小的矛盾,而且能明确表达上部结构刚度与荷载的凝聚过程,即结构刚度逐步变化对共同作用的影响。各国学者对于地基本构关系的理论与试验研究也一直在不断地进行着。虽然目前共同作用分析方法主要是处于理论研究阶段,还未真正用于工程设计;但大量实测资料和理论研究成果丰富了人们对共同作用的认识,设计人员正在不断地从共同作用概念设计方面指导常规设计,从而使设计更趋于合理。

四、基底反力的分布形式与计算方法

通过以上对地基与基础共同作用的分析可以看到,基础相对刚度对基底反力分布有很大的影响。在常规设计中,一般是把上部结构隔离出去,不考虑上部结构刚度的影响,只考虑地基与基础的共同作用。

当然,影响基底反力分布的因素除了基础的相对刚度之外,还有基础尺寸、基础埋深、基础上荷载的大小与分布、地基土的性质等,但基础的相对刚度是影响基底反力分布的主要因素。

当基础相对刚度很小时,基础"架越作用"弱,基底反力与基础上荷载分布形式较一致,如图 3-6a)所示。

当基础相对刚度很大时,基础"架越作用"强,基底反力与荷载的分布形式无关,只与荷载合力的大小及作用点位置有关。基底反力分布形式随荷载增大呈马鞍形-线形-抛物线形-钟形分布。为计算方便,工作荷载下的基底反力可近似视为线形分布,如图 3-6c)所示。一般可按材料力学中心受压和偏心受压公式计算,这称为基底压力的简化计算,对应的基础设计方法也常称为刚性设计。

当基础相对刚度中等时,基础"架越作用"介于上述两者之间,基底反力的分布也介于上述两者之间,如图 3-6b)所示。基底反力的计算需考虑地基与基础的共同作用,按静力平衡及变形协调两个条件列方程求解,例如本章将要学习的弹性地基梁板法。

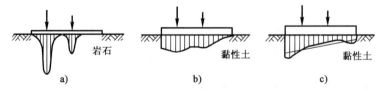

图 3-6 基础相对刚度对架越作用的影响
a)相对刚度小;b)相对刚度中等;c)相对刚度大

所以在常规设计中,基底反力的计算有两类方法。第一类方法是适用于基础相对刚度较大的情况。假定基底压力线性分布,采用材料力学公式进行简化计算,这种方法只考虑地基与基础间的静力平衡,而不考虑地基与基础间的变形协调,属于不考虑共同作用的方法。第二类方法是适用于基础相对刚度较小的情况。基底反力及基础内力的计算需考虑地基与基础的共

同作用,按静力平衡及变形协调两个条件列方程求解,属于部分共同作用分析方法,如弹性地基梁板法。对于无筋扩展基础(刚性基础)及钢筋混凝土扩展基础,基底反力计算采用的就是不考虑共同作用的简化计算方法。对于柱下条形及筏形基础,计算时视基础相对刚度的大小,选择简化计算方法或弹性地基梁板法。

对于基底压力或基底反力的取值,在承载力验算和确定基础底面尺寸时,应考虑设计地面以下基础及其上覆土重力的作用,即取基底总压力;在沉降验算时,应取基底附加压力;而在进行基础截面设计(基础高度的确定、基础底板配筋)时,应采用不计基础与上覆土重力作用时的地基净反力来计算基础内力。这三种情况的荷载组合也是不同的,承载力验算时不仅是基底总压力,而且是标准组合;沉降计算时,不仅是附加压力,而且是准永久组合;基础截面设计时,不仅是净反力,而且是基本组合。

第三节 无筋扩展基础

一、无筋扩展基础结构设计原则

无筋扩展基础又称刚性基础。无筋扩展基础通常是由砖、块石、毛石、素混凝土、三合土和灰土等材料建造的,这些材料具有抗压强度高而抗拉、抗剪强度低的特点,所以在进行无筋扩展基础设计时必须使基础主要承受压应力,并保证基础内产生的拉应力和剪应力都不超过材料强度的设计值。具体设计中主要通过对基础的外伸宽度与基础高度的比值进行验算来实现。同时,其基础宽度还应满足地基承载力的要求。

无筋扩展基础的台阶宽高比(图 3-7),一般应满足下式要求:

$$\frac{b_i}{H_i} \leqslant \tan\alpha \tag{3-1}$$

式中:b_i——无筋扩展基础任一台阶的宽度;

H_i——相应 b_i 的台阶高度;

$\tan\alpha$——无筋扩展基础台阶宽高比的允许值(表 3-1),其中 α 又称为基础的刚性角。

满足刚性角要求的基础,各台阶的内缘应落在与墙边或柱边铅垂线成 α 角的斜线上。若台阶内缘在斜线以外,基础断面则不够安全;若台阶内缘在斜线以内,基础断面则不够经济。

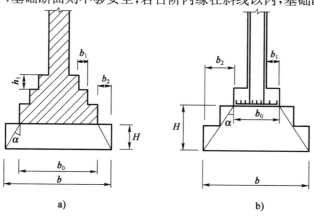

图 3-7 无筋扩展基础验算

a)墙下无筋扩展基础;b)柱下无筋扩展基础

无筋扩展基础(刚性基础)台阶宽高比的允许值　　　　表3-1

基础材料	质量要求	台阶宽高比的允许值		
		$p_k \leq 100$	$100 < p_k \leq 200$	$200 < p_k \leq 300$
混凝土基础	C15混凝土	1:1.00	1:1.00	1:1.25
毛石混凝土基础	C15混凝土	1:1.00	1:1.25	1:1.50
砖基础	砖不低于MU10，砂浆不低于M5	1:1.50	1:1.50	1:1.50
毛石基础	砂浆不低于M5	1:1.25	1:1.50	—
灰土基础	体积比为3:7或2:8的灰土，其最小干密度： 粉土 $1.55 \times 10^3 \text{kg/m}^3$ 粉质黏土 $1.05 \times 10^3 \text{kg/m}^3$ 黏土 $1.45 \times 10^3 \text{kg/m}^3$	1:1.25	1:1.50	—
三合土基础	体积比为1:2:4～1:3:6(石灰:砂:集料) 每层约虚铺220mm，夯至150mm	1:1.50	1:2.00	—

注：表中 p_k 为荷载效应标准组合时基底处地基平均压力，kPa。

二、无筋扩展基础的构造要求

根据建造材料的不同，无筋扩展基础又可分为砖基础、混凝土基础、毛石混凝土基础、毛石浆砌基础、石灰三合土基础、灰土基础等，在设计无筋扩展基础时应按其材料特点满足相应的构造要求。

1. 砖基础

砖基础是应用最为广泛的无筋扩展基础形式。标准砖的规格为240mm×115mm×53mm，标准砖加灰缝的尺寸约为240mm×120mm×60mm。砖基础各部分的尺寸应符合砖的模数。砖基础一般做成台阶式，俗称"大放脚"。砖基础顶层及底层一般应为两皮砖(高度为120mm)，每层收进1/4砖长(60mm)，见图3-8。砖基础(大放脚)的砌法有两种：第一种为"二、一间隔收"或"三皮两收"，见图3-8a)，台阶宽高比为1/1.5；第二种为"两皮一收"，见图3-8b)，台阶宽高比为1/2。上述两种砌法都能满足式(3-1)的要求，其中"二、一间隔收"较节省材料。

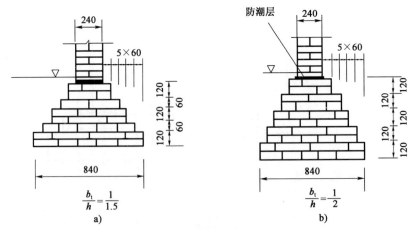

图3-8　砖基础砌法(尺寸单位：mm)
a)二、一间隔收；b)两皮一收

砖基础采用的砖强度等级应不低于MU10,砂浆不低于M5,在地下水位以下或地基土潮湿时应采用水泥砂浆砌筑。为保证砖基础的砌筑质量,在砖基础底面以下先做垫层。垫层材料可选用灰土、三合土或混凝土。垫层每边伸出基础底面50mm,厚度一般为100mm。设计时,垫层的混凝土强度等级一般为C10,垫层不作为基础结构考虑。因此,垫层的宽度和高度均不计入基础的宽度和埋深中。

但有些情况下,无筋扩展基础是由两种材料叠合组成的,如上层为砖砌体,下层为素混凝土。若下层混凝土的高度在200mm以上,且符合表3-1的要求,则混凝土层可作为基础结构部分考虑。

2. 混凝土基础

混凝土基础一般用C15以上的素混凝土做成。混凝土基础可以做成台阶形或阶梯形断面,见图3-9。做成台阶形时,每层台阶高度不宜大于500mm,一般不超过三层台阶。基础总高度 H ≤350mm时做一层台阶,350mm< H ≤900mm时做两层台阶, H >900mm时做三层台阶。

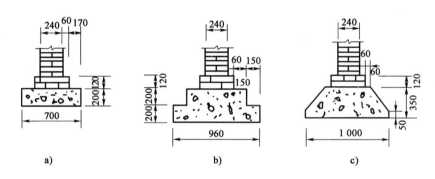

图3-9 素混凝土基础(尺寸单位:mm)
a)一层台阶;b)两层台阶;c)锥形断面

3. 毛石混凝土基础

毛石混凝土基础是在混凝土基础中埋入20%~30%(体积比)的毛石形成,因此可以节约大量水泥。所用石块尺寸一般不得大于基础宽度的1/3,同时石块的直径也不得超过300mm。毛石混凝土基础剖面为台阶形,每阶高度一般为500mm。

4. 毛石浆砌基础

毛石基础采用未加工或仅稍作修整的未风化的硬质岩石,高度一般不小于20cm。当毛石形状不规则时,其高度应不小于15cm。砌筑时,在地下水位以上用混合砂浆,水位以下用水泥砂浆。毛石基础剖面一般为台阶形,每阶高度≥400mm,每步伸出宽度<200mm。

5. 三合土、灰土基础

三合土基础由石灰、砂和集料(矿渣、碎砖或碎石)加适量的水充分搅拌均匀后,铺在基槽内分层夯实而成。三合土的配合比(体积比)为1∶2∶4或1∶3∶6,在基槽内每层虚铺22cm,夯实至15cm。

灰土基础由熟化后的石灰和黏土按比例拌和并夯实而成。常用的配合比(体积比)有3∶7和2∶8,铺在基槽内分层夯实,每层虚铺22~25cm,夯实至15cm。其最小干重度要求为:粉土15.5 kN/m³、粉质黏土15.0 kN/m³、黏土14.5 kN/m³。

三合土基础、灰土基础一般与砖、毛石、混凝土等材料配合使用,做在基础的下部,见图3-10。三合土基础、灰土基础的厚度通常为300~450mm,台阶宽高比应满足刚性角要求。由

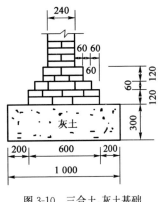

图 3-10 三合土、灰土基础
(尺寸单位:mm)

于基槽边角处不容易夯实,所以这类基础实际的施工宽度应该比计算宽度每边各放出 50mm 以上。

三、无筋扩展基础的设计计算步骤

(1)初步选定基础高度 H。

砖基础的高度应符合砖的模数,一般为 60 的倍数(mm);混凝土基础的高度不宜小于 200mm;对于石灰三合土基础和灰土基础,基础高度应为 150 的倍数(mm)。

(2)根据地基承载力条件确定基础所需最小宽度 b_{min}。

(3)根据基础台阶宽高比的允许值确定基础的上限宽度 b_{max}:

$$b_{max} = b_0 + 2H\tan\alpha \quad (3-2)$$

其中,$\tan\alpha$ 为基础台阶宽高比的允许值,$\tan\alpha = \left[\dfrac{b_2}{H}\right]$ 可按表 3-1 选用;H、b_0、b_2 分别为基础的高度、顶面砌体宽度和外伸长度,如图 3-7 所示。

(4)在最小宽度 b_{min} 与上限宽度 b_{max} 之间选定一个合适的值为设计基础宽度。如出现 $b_{min} > b_{max}$ 情况,则应调整基础高度重新验算,直至满足要求为止。

(5)当无筋扩展基础由不同材料叠合而成时,若下部材料强度小于上部材料时,应对接触部分做抗压验算。

(6)对混凝土基础,当基础底面平均压力超过 300kPa 时,尚应对台阶高度变化处的断面进行抗剪验算。

【例 3-1】 某承重砖墙基础的埋深为 1.5m,砖墙厚为 240mm,上部结构传来的荷载标准组合为轴向压力 $F_k = 200$kN/m。持力层为粉质黏土,其天然重度 $\gamma = 17.5$kN/m³,孔隙比 $e = 0.943$,液性指数 $I_L = 0.76$,地基承载力特征值 $f_{ak} = 150$kPa,地下水位在基础底面以下。拟采用大放脚与混凝土基础叠合,试设计此基础。

【解】 (1)地基承载力特征值的深宽修正

先按基础宽度 $b < 3$m 考虑,不作宽度修正。由于持力层土的孔隙比及液性指数均小于 0.85,查表 2-9,得 $\eta_d = 1.6$。

$$\begin{aligned} f_a &= f_{ak} + \eta_d \gamma_0 (d - 0.5) \\ &= 150 + 1.6 \times 17.5 \times (1.5 - 0.5) \\ &= 178.0 \text{kPa} \end{aligned}$$

(2)按承载力要求初步确定基础宽度

$$b_{min} = \dfrac{F_k}{f_a - \gamma_G d} = \dfrac{200}{178 - 20 \times 1.5} = 1.35\text{m}$$

初步选定基础宽度为 1.40 m。

(3)基础剖面布置

初步选定混凝土基础高度 $H = 0.3$m。大放脚采用标准砖"两皮一收"法砌筑,共砌五阶,每阶宽度收进 60mm,每阶高度 120mm,大放脚的底面宽度 $b_0 = 240 + 2 \times 5 \times 60 = 840$mm,如图 3-11 所示。

(4)按台阶的宽高比要求验算基础的宽度

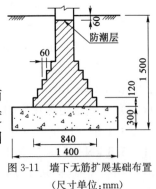

图 3-11 墙下无筋扩展基础布置
(尺寸单位:mm)

基础采用C10素混凝土砌筑,而基底的平均压力为:

$$p_k = \frac{F_k + G_k}{A} = \frac{200 + 20 \times 1.4 \times 1.5}{1.4 \times 1.0} = 172.8 \text{kPa}$$

查表3-1,得混凝土基础台阶的允许宽高比 $\tan\alpha = \frac{b_2}{H} = 1.0$,于是:

$$b_{\max} = b_0 + 2H\tan\alpha = 0.84 + 2 \times 0.3 \times 1.0 = 1.44 \text{m}$$

取基础宽度为1.4m,满足设计要求。

第四节 墙下条形基础

一、墙下条形基础结构设计原则

墙下钢筋混凝土条形基础的内力计算一般可按平面应变问题处理,在长度方向可取单位长度计算。截面设计验算的内容主要包括基础底面宽度 b、基础的高度 h 及基础底板配筋等。基底宽度应根据地基承载力要求确定,基础高度由混凝土的抗剪切条件确定,基础底板的受力钢筋配筋则由基础验算截面的抗弯能力确定。

进行基础截面设计(基础高度的确定、基础底板配筋)时,应采用不计基础与上覆土重力作用时的地基净反力来计算基础内力。

二、基础截面设计计算步骤

1. 计算地基净反力

仅由基础顶面的荷载设计值所产生的地基反力,称为地基净反力,并以 p_j 表示。条形基础底面地基净反力 p_j(kPa)为:

$$p_{j\min}^{j\max} = \frac{N}{b} \pm \frac{6M}{b^2} \tag{3-3}$$

其中,荷载 N(kN/m)、M(kN·m/m)为单位长度数值,b 为基础宽度(m)。

2. 基础验算截面选取及其剪力计算

设 b_I 为验算截面 I 距基础边缘的距离。如图3-12所示,当墙体材料为混凝土时,验算截面 I 在墙脚处,b_I 等于基础边缘至墙脚的距离 a;当墙体材料为砖墙且墙脚伸出不大于1/4砖长时,验算截面 I 在墙面处,$b_I = a + 1/4$ 砖长 $= a + 0.06$m。

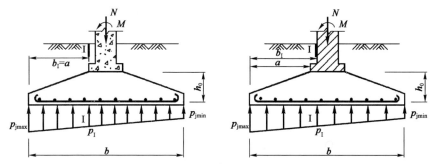

图3-12 墙下条形基础的计算
a)混凝土墙情况;b)砖墙情况

基础验算截面 I 的剪力设计值 V_I(kN/m)为:

$$V_I = \frac{b_I}{2b}[(2b - b_I)p_{j\max} + b_I p_{j\min}] \tag{3-4}$$

当轴心荷载作用时,基础验算截面Ⅰ的剪力设计值 $V_Ⅰ$ 可简化为如下形式:

$$V_Ⅰ = \frac{b_Ⅰ}{b}F \tag{3-5}$$

3. 基础高度的确定

基础有效高度 h_0 由基础验算截面的抗剪切条件确定,即:

$$V_Ⅰ \leqslant 0.7\beta_h f_t h_0 \tag{3-6}$$

式中: $\beta_h = \left(\frac{800}{h_0}\right)^{1/4}$;

β_h——截面高度影响系数,按《混凝土结构设计规范》(GB 50010—2002),当 $h_0<800$mm 时,取 $h_0=800$mm;当 $h_0>2\,000$mm 时,取 $h_0=2\,000$mm;

f_t——混凝土轴心抗拉强度设计值;

h_0——基础截面有效高度。

基础高度 h 为有效高度 h_0 加上混凝土保护层厚度。

4. 基础底板的配筋

基础验算截面Ⅰ的弯矩设计值 $M_Ⅰ$(kN·m/m)可按下式计算:

$$M_Ⅰ = \frac{b_Ⅰ^2}{6b}[p_{jmax}(3b-b_Ⅰ) + p_{jmin}b_Ⅰ] \tag{3-7a}$$

当轴心荷载作用时,基础验算截面Ⅰ的弯矩设计值 $M_Ⅰ$ 可简化为如下形式:

$$M_Ⅰ = \frac{1}{2}V_Ⅰ b_Ⅰ \tag{3-7b}$$

配筋计算应符合《混凝土结构设计规范》(GB 50010—2002)正截面受弯承载力计算公式。一般可按简化矩形截面单筋板,由式(3-8)计算每延米墙长的受力钢筋截面面积为:

$$A_s = \frac{M_Ⅰ}{0.9f_y h_0} \tag{3-8}$$

式中: A_s——钢筋面积;

f_y——钢筋抗拉强度设计值。

三、墙下条形基础的构造要求

墙下条形基础一般采用梯形截面,其边缘高度一般不宜小于200mm,坡度 $i \leqslant 1:3$。基础高度小于250mm时,也可做成等厚度板。

基础混凝土的强度等级不应低于C20。

基底下宜设C10素混凝土垫层,垫层厚度一般为100mm。

底板受力钢筋的最小直径不宜小于10mm,间距不宜大于200mm,也不宜小于100mm。当有垫层时,混凝土的保护层厚度不小于40mm,无垫层时不小于70mm。底板纵向分布钢筋的直径不小于8mm,间距不大于300mm。

当地基软弱时,为了减小不均匀沉降的影响,基础截面可采用带肋梁的板,肋梁的纵向钢筋和箍筋按经验确定,如图3-13所示。

【例3-2】 某厂房采用钢筋混凝土条形基础,墙厚240mm,上部结构传至基础顶部的荷载基本组合为:轴心荷载 $N=350$kN/m,弯矩 $M=28.0$kN·m/m,如图3-14所示。条形基础底面宽度 b 已由地基承载力条件确定为2.0m,试设计此基础的高度并进行底板配筋。

【解】 (1)选用混凝土的强度等级为C20,查《混凝土结构设计规范》(GB 50010—2002)

得 $f_t=1.1$ MPa,底板受力钢筋采用 HRB335 级钢筋,查得 $f_y=300$ MPa;纵向分布钢筋采用 HPB235 级钢筋。

(2)基础边缘处的最大和最小地基净反力:

$$p_{j\min}^{\max}=\frac{N}{b}\pm\frac{6M}{b^2}=\frac{350}{2.0}\pm\frac{6\times28.0}{2.0^2}$$

$$=\frac{217.0}{133.0}\text{kPa}$$

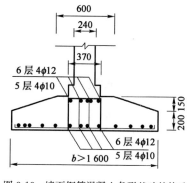

图 3-13 墙下钢筋混凝土条形基础的构造
(尺寸单位:mm)

(3)验算截面 I 距基础边缘的距离:

$$b_I=\frac{1}{2}\times(2.0-0.24)=0.88\text{m}$$

(4)验算截面的剪力设计值:

$$V_I=\frac{b_I}{2b}[(2b-b_I)p_{j\max}+b_Ip_{j\min}]$$

$$=\frac{0.88}{2\times2.0}\times[(2\times2.0-0.88)\times217.0+0.88\times133.0]$$

$$=174.7\text{kN/m}$$

(5)基础的计算有效高度:

$$h_0\geqslant\frac{V_I}{0.7f_t}=\frac{174.7}{0.7\times1.1}=226.9\text{mm}$$

基础边缘高度取 200mm,基础高度 h 取 300mm,混凝土保护层厚度取 40mm,则基础有效高度 $h_0=300-40=260\text{mm}>226.9\text{mm}$,合适。

(6)基础验算截面的弯矩设计值:

$$M_I=\frac{b_I^2}{6b}[p_{j\max}(3b-b_I)+p_{j\min}b_I]=\frac{0.88^2}{6\times2}\times[217\times(3\times2-0.88)+133\times0.88]$$

$$=79.3\text{kN}\cdot\text{m/m}$$

(7)基础每延米的受力钢筋截面面积:

$$A_s=\frac{M_I}{0.9f_yh_0}=\frac{79.3}{0.9\times300\times260}\times10^6=1\,130\text{mm}^2$$

选配受力钢筋 ϕ 16mm@170mm,$A_s=1\,183\text{mm}^2$,沿垂直于砖墙长度的方向配置。在砖墙长度方向配置 ϕ8mm@250mm 的分布钢筋。基础配筋图如图 3-15 所示。

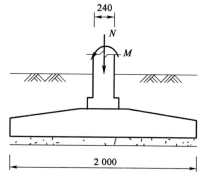

图 3-14 墙下条形基础计算简图(尺寸单位:mm)

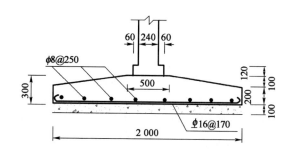

图 3-15 墙下条形基础配筋图(尺寸单位:mm)

第五节 柱下独立基础

一、柱下独立基础结构设计原则

与墙下条形基础一样,在进行柱下独立基础设计时,一般先由地基承载能力确定柱下独立基础的底面尺寸,然后根据其截面内力计算结果进行截面的设计验算。基础截面设计验算的主要内容包括基础截面的抗冲切验算和纵、横方向的抗弯验算,并由此确定基础的高度和底板纵、横两方向的配筋量。

二、基础截面设计计算

1. 基础截面的抗冲切验算与基础高度的确定

对钢筋混凝土单独基础而言,其抗剪强度一般均能满足要求,故基础高度由柱与基础交接处以及基础变阶处的抗冲切破坏要求确定(图3-16)。设计时可先假设一个基础高度 h,然后按下列公式验算抗冲切能力。

$$F_l = p_j A_l \leqslant 0.7\beta_{hp} f_t a_m h_0 \tag{3-9}$$

式中:β_{hp}——受冲切承载力截面高度影响系数,当 h 不大于 800mm 时,β_{hp} 取 1.0;当 $h \geqslant 2000$mm时,β_{hp} 取 0.9;中间值可线性内插得到;

f_t——混凝土抗拉强度设计值,kPa;

h_0——基础冲切破坏锥体的有效高度,m;

a_m——基础冲切破坏锥体最不利一侧的计算长度,$a_m = \dfrac{(a_t + a_b)}{2}$,m;

a_t——基础冲切破坏锥体最不利一侧斜截面的上边长,在验算柱与基础交接处的抗冲切能力时,取柱宽 a;在验算柱与基础变阶处的抗冲切能力时,取上阶宽;

a_b——基础冲切破坏锥体最不利一侧斜截面在基础底面积范围内的下边长,当冲切破坏锥体的底面落在基础底面以内[图 3-16b)],计算柱与基础交接处的受冲切承载力时,a_b 取柱宽 a 加 2 倍基础有效高度 h_0;计算基础变阶处的受冲切承载力时,a_b 取上阶宽加该处的 2 倍基础有效高度,当冲切破坏锥体的底面在 l 方向落在基础底面以外[图 3-16c)],即 $a + 2h_0 \geqslant l$ 时,$a_b = l$;

p_j——扣除基础自重及其上土重后相应于荷载效应基本组合时的地基土单位面积净反力,偏心受压时可取基础边缘最大地基土单位面积净反力,kPa;

A_l——考虑冲切荷载时取用的多边形面积,m^2,如图 3-16b)中的阴影面积 $ABCDEF$ 或图 3-16c)中的阴影面积 $ABCD$;

F_l——相应于荷载效应基本组合时在 A_l 上的地基土净反力设计值,kN。

2. 基础截面的抗弯验算和底板配筋

柱下独立基础受基底反力作用,产生双向弯曲。其内力计算常采用简化计算方法:将独立基础的底板视为固定在柱子周边的四面挑出的悬臂板,近似将地基反力按对角线划分,选取验算截面,长宽两方向验算截面上的弯矩分别等于梯形基底面积上地基净反力所产生的力矩(图3-17)。

在轴心荷载或单向偏心荷载作用下,当台阶的宽高比不大于 2.5 及偏心距不大于 b/6(b

为偏心方向的边长),柱下独立基础在纵向和横向两个方向的任意截面I-I和II-II的弯矩可按式(3-10)计算。

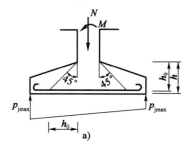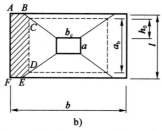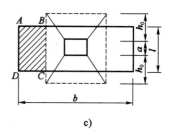

图 3-16 柱下独立基础的抗冲切验算
a)基础剖面;b)$l \geqslant a+2h_0$情况;c)$l < a+2h_0$情况

$$\begin{cases} M_{\mathrm{I}} = \dfrac{1}{12}a_{\mathrm{I}}^2 \left[(2l+a')(p_{\mathrm{jmax}}+p_{\mathrm{jI}}) + (p_{\mathrm{jmax}}-p_{\mathrm{jI}})l \right] \\ M_{\mathrm{II}} = \dfrac{1}{48}(l-a')^2(2b+b')(p_{\mathrm{jmax}}+p_{\mathrm{jmin}}) \end{cases} \qquad (3\text{-}10)$$

式中:p_{jmax}、p_{jmin}——分别为对应于荷载效应基本组合时基底边缘最大与最小地基净反力设计值,kPa;
p_{jI}——计算截面I-I处的地基净反力设计值,kPa;
G——考虑荷载分项系数的基础自重及其上的土重,kN,当荷载由永久荷载控制时,$G=1.35G_{\mathrm{k}}$,G_{k}为基础自重及其上土重的标准值;
a_{I}——验算截面至基础边沿的距离,m;
l、b——基础底面的边长,其中b为偏心方向的边长,一般情况下,l、b分别为基础底面短边长度和长边长度,m。

柱下独立基础的抗弯验算截面通常可取在柱与基础的交接处,此时a'、b'取柱截面的宽度和长度;当对变阶处进行抗弯验算时,a'、b'取相应台阶的宽度和长度。

柱下独立基础的底板应在两个方向配置受力钢筋,底板长边方向和短边方向的受力钢筋面积A_{sI}和A_{sII}分别为:

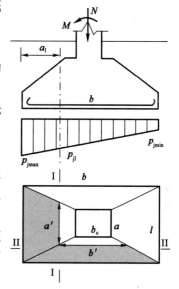

图 3-17 柱下独立基础的抗弯验算

$$\left. \begin{aligned} A_{\mathrm{sI}} &= \dfrac{M_{\mathrm{I}}}{0.9 f_{\mathrm{y}} h_0} \\ A_{\mathrm{sII}} &= \dfrac{M_{\mathrm{II}}}{0.9 f_{\mathrm{y}} (h_0 - d)} \end{aligned} \right\} \qquad (3\text{-}11)$$

式中:d——钢筋直径;
其余符号同前。

三、柱下独立基础的构造要求

柱下钢筋混凝土独立基础,除应满足墙下钢筋混凝土条形基础的一般要求外,尚应满足如下一些要求。

矩形独立基础底面的长边与短边的比值 l/b，一般取 $1\sim1.5$。阶梯形基础每阶高度一般为 $300\sim500\mathrm{mm}$。基础的阶数可根据基础总高度 H 设置，当 $H\leqslant500\mathrm{mm}$ 时，宜分为 1 阶；当 $500\mathrm{mm}<H\leqslant900\mathrm{mm}$ 时，宜分为 2 阶；当 $H>900\mathrm{mm}$ 时，宜分为 3 阶。锥形基础的边缘高度，一般不宜小于 $200\mathrm{mm}$，也不宜大于 $500\mathrm{mm}$；锥形坡度角一般取 $25°$，最大不超过 $35°$；锥形基础的顶部每边宜沿柱边放出 $50\mathrm{mm}$。

柱下钢筋混凝土单独基础的受力钢筋应双向配置。当基础宽度大于或等于 $2.5\mathrm{m}$ 时，基础底板受力钢筋可取基础边长或宽度的 0.9，并宜交错布置。

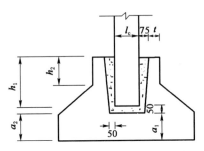

图 3-18 柱与杯口基础的连接（尺寸单位：mm）

对于现浇柱基础，如基础与柱不同时浇注，则柱内的纵向钢筋可通过插筋锚入基础中，插筋的根数和直径应与柱内纵向钢筋相同。插筋的锚固长度以及插筋与柱纵向钢筋的连接方法，应符合《混凝土结构设计规范》(GB 50010—2002) 的规定。插筋的下端宜做成直钩放在基础底板钢筋网上。

预制钢筋混凝土柱与杯口基础的连接，应符合下列要求（图 3-18）。

(1) 柱的插入深度可按《建筑地基基础设计规范》(GB 50007—2002) 表 8.2.5-1 选用，同时应满足钢筋锚固长度的要求和吊装时柱的稳定性。

(2) 基础的杯底厚度和杯壁厚度可按《建筑地基基础设计规范》(GB 50007—2002) 表 8.2.5-2 选用。

(3) 当柱为轴心或小偏心受压且 $\dfrac{t}{h_2}\geqslant0.65$ 时，或大偏心受压且 $\dfrac{t}{h_2}\geqslant0.75$ 时，杯壁可不配筋。当柱为轴心或小偏心受压且 $0.5\leqslant\dfrac{t}{h_2}<0.65$ 时，杯壁可按表 3-2 所列的构造配筋。其他情况下应计算配筋。

杯 壁 构 造 配 筋　　　　　表 3-2

柱截面长边尺寸(mm)	$h<1\,000$	$1\,000\leqslant h<1\,500$	$1\,500\leqslant h\leqslant2\,000$
钢筋直径(mm)	$\phi8\sim10$	$\phi10\sim12$	$\phi12\sim16$

注：表中钢筋置于杯口顶部，每边 2 根。

【例 3-3】 某柱下锥形独立基础的底面尺寸为 $2\,200\mathrm{mm}\times3\,000\mathrm{mm}$，上部结构柱荷载的基本组合值为 $N=750\mathrm{kN}$，$M=110\mathrm{kN\cdot m}$，柱截面尺寸为 $400\mathrm{mm}\times400\mathrm{mm}$，基础采用 C20 级混凝土和 HPB235 级钢筋。试确定基础高度并进行基础配筋。

【解】 (1) 设计基本数据

根据构造要求，可在基础下设置 $100\mathrm{mm}$ 厚的混凝土垫层，强度等级为 C10。

假设基础高度为 $h=500\ \mathrm{mm}$，混凝土保护层厚度为 $50\mathrm{mm}$，则基础有效高度 $h_0=0.5-0.05=0.45\mathrm{m}$。从相关规范中可查得 C20 级混凝土 $f_t=1.1\times10^3\mathrm{kPa}$，HPB235 级钢筋 $f_y=210\mathrm{MPa}$。

(2) 基底净反力计算

$$p_{j\min}^{\max}=\dfrac{N}{A}\pm\dfrac{M}{W}=\dfrac{750}{3.0\times2.2}\pm\dfrac{110}{\dfrac{1}{6}\times2.2\times3.0^2}$$

$$=\genfrac{}{}{0pt}{}{150.0}{80.3}\mathrm{kPa}$$

(3)基础高度验算

基础短边长度 $l=2.2$m,柱截面的宽度和高度 $a=b_c=0.4$m。

$$\beta_{hp}=1.0, a_t=a=0.4\text{m}, a_b=a+2h_0=1.3\text{ m}<l=2.2\text{m}$$

$$a_m=\frac{(a_t+a_b)}{2}$$

$$=(0.4+1.3)/2=0.85\text{m}$$

由于 $l>a+2h_0$,于是:

$$A_l=\left(\frac{b}{2}-\frac{b_c}{2}-h_0\right)l-\left(\frac{l}{2}-\frac{a}{2}-h_0\right)^2$$

$$=\left(\frac{3.0}{2}-\frac{0.4}{2}-0.45\right)\times 2.2-\left(\frac{2.2}{2}-\frac{0.4}{2}-0.45\right)^2=1.68\text{m}^2$$

$$p_{jmax}A_l=150.0\times 1.68=252\text{kN}$$

$$0.7\beta_{hp}f_t a_m h_0=0.7\times 1.0\times 1.1\times 10^3\times 0.85\times 0.45=294.5\text{kN}$$

满足 $F_l\leqslant 0.7\beta_{hp}f_t a_m h_0$ 条件,选用基础高度 $h=500$mm 合适。

(4)内力计算与配筋

设计控制截面在柱边处,此时相应的 a'、b'、a_I、p_{jI} 值分别为:

$$a'=0.4\text{m}, b'=0.4\text{m}, a_I=\frac{3.0-0.4}{2}=1.3\text{m}$$

$$p_{jI}=80.3+(150.0-80.3)\times\frac{3.0-1.3}{3.0}=119.8\text{kPa}$$

长边方向:

$$M_I=\frac{1}{12}a_I^2[(2l+a')(p_{jmax}+p_{jI})+(p_{jmax}-p_{jI})l]$$

$$=\frac{1}{12}\times 1.3^2\times[(2\times 2.2+0.4)\times(150.0+119.8)+(150.0-119.8)\times 2.2]$$

$$=191.7\text{kN}\cdot\text{m}$$

短边方向:

$$M_{II}=\frac{1}{48}(l-a')^2(2b+b')(p_{jmax}+p_{jmin})$$

$$=\frac{1}{48}\times(2.2-0.4)^2\times(2\times 3.0+0.4)\times(150.0+80.3)=99.5\text{kN}\cdot\text{m}$$

长边方向配筋:$A_{sI}=\dfrac{191.7}{0.9\times 450\times 210}\times 10^6=2\,254\text{mm}^2$

选用 $\phi 16$mm@180mm($A_{sI}=2\,413\text{ mm}^2$)。

短边方向配筋:$A_{sII}=\dfrac{99.5}{0.9\times(450-16)\times 210}\times 10^6=1\,213\text{mm}^2$

选用 $\phi 12$mm@200mm($A_{sII}=1\,696\text{mm}^2$)。

基础的配筋布置如图 3-19 所示。

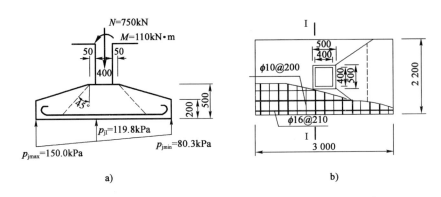

图 3-19 柱下独立基础的计算与配筋(尺寸单位:mm)
a)基础剖面与受力;b)基础配筋

第六节 柱下条形基础

一、柱下条形基础的受力特点

柱下条形基础在其纵、横两个方向均产生弯曲变形,故在这两个方向的截面内均存在剪力和弯矩。柱下条形基础的横向剪力与弯矩通常可考虑由翼板的抗剪、抗弯能力承担,其内力计算与墙下条形基础相同。柱下条形基础纵向的剪力与弯矩则一般由基础梁承担,基础梁的纵向内力通常可采用简化法(直线分布法)或弹性地基梁法计算。

二、基础梁的纵向内力计算

当地基持力层土质均匀,各柱距相差不大(<20%),柱荷载分布较均匀,建筑物整体(包括基础)相对刚度较大时,地基反力可认为符合线性分布,基础梁的内力可按简化的线性分布法计算;当不满足上述条件时,宜按弹性地基梁法计算。前者不考虑地基基础的共同作用,而后者则考虑了地基基础的共同作用。

(一)线性分布法

根据上部结构的刚度与变形情况,可分别采用静定分析法和倒梁法。

1. 静定分析法

静定分析法是按基底反力的直线分布假设和整体静力平衡条件求出基底净反力,并将其与柱荷载一起作用于基础梁上,然后按一般静定梁的内力分析方法计算各截面的弯矩和剪力。

静定分析法适用于上部为柔性结构,且基础本身刚度较大的条形基础。本方法未考虑基础与上部结构的相互作用,计算所得的不利截面上的弯矩绝对值一般较大。

2. 倒梁法

倒梁法的基本思路是:以柱脚为条形基础的不动铰支座,将基础梁视作倒置的多跨连续梁,以地基净反力及柱脚处的弯矩当作基础梁上的荷载,用弯矩分配法或弯矩系数法来计算其内力,如图 3-20a)所示。由于此时支座反力 R_i 与柱子的作用力 P_i 不相等,因此应通过逐次调整的方法来消除这种不平衡力。

各柱脚的不平衡力为:

$$\Delta P_i = P_i - R_i \tag{3-12}$$

将各支座的不平衡力均匀分布在相邻两跨的各 $\frac{1}{3}$ 跨度范围内,如图 3-20b)所示。均匀分布的调整荷载 ΔP_i 按如下方法计算。

对边跨支座:

$$\Delta q_1 = \frac{\Delta P_1}{\left(l_0 + \frac{1}{3}l_1\right)} \tag{3-13}$$

对中间支座:

$$\Delta q_i = \frac{\Delta P_i}{\left(\frac{1}{3}l_{i-1} + \frac{1}{3}l_i\right)} \tag{3-14}$$

式中:l_0——边跨长度;

l_{i-1}、l_i——分别为支座左、右跨长度,m。

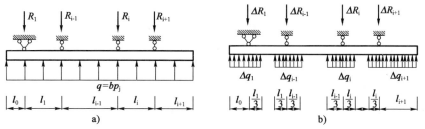

图 3-20 倒梁法计算图
a)倒梁法计算简图;b)调整荷载计算简图

继续用弯矩分配法或弯矩系数法计算调整荷载 ΔP_i 引起的内力和支座反力,并重复计算不平衡力,直至其小于计算容许的最小值(此值一般取不超过荷载的 20%)。将逐次计算的结果叠加,即为最终的内力计算结果。

倒梁法适用于上部结构刚度很大,各柱之间沉降差异很小的情况。这种计算模式只考虑出现于柱间的局部弯曲,忽略了基础的整体弯曲,计算出的柱位处弯矩与柱间最大弯矩较均衡,因而所得的不利截面上的弯矩绝对值一般较小。

【例 3-4】 柱下条形基础的荷载分布如图 3-21a)所示,基础埋深为 1.5m,地基土承载力设计值 $f=160$ kPa,试确定其底面尺寸,并用倒梁法计算基础梁的内力。

【解】 (1)基础底面尺寸的确定

基础的总长度 $l = 2 \times 1.0 + 3 \times 6.0 = 20.0$ m

基底的宽度 $b = \dfrac{\Sigma N}{l(f-20d)} = \dfrac{2 \times (850+1\,850)}{20 \times (160-20 \times 1.5)} = 2.08$ m

取基础宽度 $b = 2.1$ m

(2)计算基础沿纵向的地基净反力

$$q = bp_j = \frac{\Sigma N}{l} = \frac{5\,400}{20.0} = 270.0 \text{ kN/m}$$

采用倒梁法将条形基础视为 q 作用下的三跨连续梁,如图 3-21b)所示。

(3)用弯矩分配法计算梁的初始内力和支座反力

弯矩:$M_A^0 = M_D^0 = 135.0$ kN·m,$M_{AB中}^0 = M_{CD中}^0 = -674.5$ kN·m

$M_B^0 = M_C^0 = 945.0$ kN·m,$M_{BC中}^0 = -270.0$ kN·m

剪力：$Q_{A左}^0 = -Q_{D右}^0 = 270.0 \text{ kN}, Q_{A右}^0 = -Q_{D左}^0 = -675.0 \text{ kN}$

$Q_{B左}^0 = -Q_{C右}^0 = 945.0 \text{ kN}, Q_{B右}^0 = -Q_{C左}^0 = -810.0 \text{ kN}$

支座反力：$R_A^0 = R_D^0 = 270.0 + 675.0 = 945.0 \text{ kN}$

$R_B^0 = R_C^0 = 945.0 + 810.0 = 1755.0 \text{ kN}$

(4) 计算调整荷载

由于支座反力与原柱荷载不相等，需进行调整，将差值折算成分布荷载 Δq：

$$\Delta q_1 = \frac{850.0 - 945.0}{(1.0 + 6.0/3)} = -31.7 \text{kN/m}$$

$$\Delta q_2 = \frac{1850 - 1755}{(6.0/3 + 6.0/3)} = 23.75 \text{kN/m}$$

调整荷载的计算简图如图 3-21c)所示。

(5) 计算调整荷载作用下的连续梁内力与支座反力

弯矩：$M_A^1 = M_D^1 = -15.9 \text{ kN} \cdot \text{m}, M_B^1 = M_C^1 = 24.3 \text{ kN} \cdot \text{m}$

剪力：$Q_{A左}^1 = -Q_{D右}^1 = -31.7 \text{ kN}, Q_{A右}^1 = -Q_{D左}^1 = 51.5 \text{ kN}$

$Q_{B左}^1 = -Q_{C右}^1 = 35.7 \text{ kN}, \quad Q_{B右}^1 = -Q_{C左}^1 = -47.6 \text{ kN}$

支座反力：$R_A^1 = R_D^1 = -31.7 - 51.5 = -83.2 \text{ kN}$

$R_B^1 = R_C^1 = 35.7 + 47.6 = 83.3 \text{ kN}$

将两次计算结果叠加：

$R_A = R_D = R_A^0 + R_A^1 = 945.0 - 83.2 = 861.8 \text{ kN}$

$R_B = R_C = R_B^0 + R_B^1 = 1755 + 83.3 = 1838.3 \text{ kN}$

这些结果与柱荷载已经非常接近，可停止迭代计算。

(6) 计算连续梁的最终内力

弯矩：$M_A = M_D = M_A^0 + M_A^1 = 135.0 - 15.9 = 119.1 \text{ kN} \cdot \text{m}$

$M_B = M_C = M_B^0 + M_B^1 = 945.0 + 24.3 = 969.3 \text{ kN} \cdot \text{m}$

剪力：$Q_{A左} = -Q_{D右} = Q_{A左}^0 + Q_{A左}^1 = 270.0 - 31.7 = 238.3 \text{ kN}$

$Q_{A右} = -Q_{D左} = Q_{A右}^0 + Q_{A右}^1 = -675.0 + 51.5 = -623.5 \text{ kN}$

$Q_{B左} = -Q_{C右} = Q_{B左}^0 + Q_{B左}^1 = 945.0 + 35.7 = 980.7 \text{ kN}$

$Q_{B右} = -Q_{C左} = Q_{B右}^0 + Q_{B右}^1 = -810.0 - 47.6 = -857.6 \text{ kN}$

最终的弯矩与剪力见图 3-21d)、3-21e)。

(二) 弹性地基梁法

当上部结构刚度及基础刚度都不大时，应考虑地基基础的共同作用，即在建立能反映主要力学性状的地基模型的前提下，根据地基与基础间的静力平衡条件与变形协调条件来求解基础梁的内力及地基反力。由于地基基础问题的复杂性，各类地基模型都有其局限性，最常用的还是弹性地基模型，相应的基础梁计算方法称为弹性地基梁法。

弹性地基模型中最简单的是文克勒(Winkler)地基模型和半无限弹性空间地基模型。相应的计算弹性地基梁内力的方法称为基床系数法和半无限弹性体法。

基床系数法以文克勒地基模型为基础，假定地基每单位面积上所受的压力与其相应的沉降量成正比，而地基是由许多互不联系的弹簧所组成，某点的地基沉降仅由该点上作用的荷载所产生。通过求解弹性地基梁的挠曲微分方程，可求出基础梁的内力。基床系数法适用于抗剪强度很低的软黏土地基或塑性区相对较大土层上的柔性基础；此外，厚度不超过梁或板的短边宽度之半的薄压缩层地基上的柔性基础也适用于该方法。

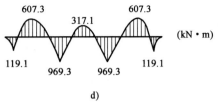

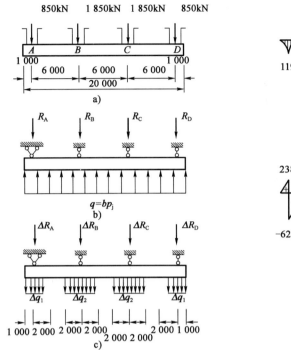

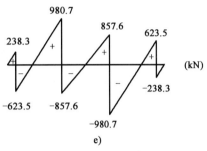

图 3-21 柱下条形基础计算实例
a)基础荷载分布；b)倒梁法计算简图；c)调整荷载计算简图；d)最终弯矩图；e)最终剪力图

半无限弹性体法假定地基为半无限弹性体，将柱下条形基础看作放在半无限弹性体表面上的梁，而基础梁在荷载作用下，满足一般的挠曲微分方程。在应用弹性理论求解基本挠曲微分方程时，引入基础与半无限弹性体满足变形协调的条件及基础的边界条件，求出基础的位移和基底压力，进而求出基础的内力。半无限弹性体法适用于压缩层深度较大的一般土层上的柔性基础，当作用于地基上的荷载不大，地基处于弹性变形状态时，用这种方法计算才符合实际。

半无限弹性体法的求解一般需要采用有限单元法等数值方法，计算相对比较复杂，工程设计中最常用的还是基床系数法。下面主要介绍基床系数法，即文克勒地基上梁的计算。其有解析法和数值法两种方法。

1. 文克勒地基梁的解析法

图 3-22a)为文克勒地基上的基础梁，沿梁长 x 方向取微分段梁 dx 进行分析。其上作用分布荷载 q 和地基反力 p。微分梁单元左右截面上的内力如图 3-22b)所示。

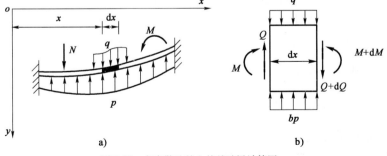

图 3-22 文克勒地基上的基础梁计算图
a)基础梁的受力与变形；b)梁单元截面内力

设梁的宽度为 b,根据微分梁单元上力的平衡 $\Sigma y=0$,则:
$$Q-(Q+\mathrm{d}Q)+pb\mathrm{d}x-q\mathrm{d}x=0$$

故:
$$\frac{\mathrm{d}Q}{\mathrm{d}x}=bp-q$$

梁的挠曲微分方程为:
$$EI\frac{\mathrm{d}^2w}{\mathrm{d}x^2}=-M$$

或:
$$EI\frac{\mathrm{d}^4w}{\mathrm{d}x^4}=-\frac{\mathrm{d}^2M}{\mathrm{d}x^2}$$

根据截面剪力与弯矩的相互关系,即 $\frac{\mathrm{d}^2M}{\mathrm{d}x^2}=\frac{\mathrm{d}Q}{\mathrm{d}x}$,则:

$$EI\frac{\mathrm{d}^4w}{\mathrm{d}x^4}=-bp+q \tag{3-15}$$

引入文克勒地基模型及地基沉降 s 与基础梁的挠曲变形协调条件 $s=w$,可得:
$$p=ks=kw \tag{3-16}$$

将式(3-16)代入式(3-15),即得文克勒地基上梁的挠曲微分方程为:
$$EI\frac{\mathrm{d}^4w}{\mathrm{d}x^4}+bkw=q$$

当梁上的分布荷载 $q=0$ 时,梁的挠曲微分方程变为齐次方程:
$$EI\frac{\mathrm{d}^4w}{\mathrm{d}x^4}+bkw=0 \tag{3-17}$$

令 $\lambda=\sqrt[4]{\frac{kb}{4EI}}$,$\lambda$ 称为基础梁的柔度指标,其国际单位为 m^{-1}。λ 的倒数 $1/\lambda$ 值称为特征长度,$1/\lambda$ 值愈大,梁对地基的相对刚度愈大。

式(3-17)可写成如下形式:
$$\frac{\mathrm{d}^4w}{\mathrm{d}x^4}+4\lambda^4w=0 \tag{3-18}$$

式(3-18)微分方程的通解为:
$$w=\mathrm{e}^{\lambda x}(C_1\cos\lambda x+C_2\sin\lambda x)+\mathrm{e}^{-\lambda x}(C_3\cos\lambda x+C_4\sin\lambda x) \tag{3-19}$$

式中:C_1、C_2、C_3、C_4——待定参数,根据荷载及边界条件确定;

λx——无量纲量,当 $x=l$(l 为基础长度),λl 称为柔性指数,它反映了相对刚度对内力分布的影响。

弹性地基梁可按 λl 值的大小分为下列三种类型:

$\lambda l\leqslant\frac{\pi}{4}$ 短梁(刚性梁);

$\frac{\pi}{4}<\lambda l<\pi$ 有限长梁(有限刚度梁);

$\lambda l\geqslant\pi$ 无限长梁(柔性梁)。

下面分别讨论无限长梁、半无限长梁以及有限长梁在文克勒地基上受到集中力或集中力矩作用时的解答。

(1)无限长梁解

梁的挠度随加荷点的距离增加而减小,当梁端离加荷点距离为无限远时,梁端挠度为0。在实际应用时,只要 $\lambda l \geq \pi$,可将其当作无限长梁处理,视梁端挠度为0。

①无限长梁受集中力 P_0 的作用(向下为正)。

设集中力作用点为坐标原点 o,当 $x \to \infty$ 时,$w \to 0$,从式(3-19)可得 $C_1 = C_2 = 0$。于是梁的挠度方程为:

$$w = e^{-\lambda x}(C_3 \cos\lambda x + C_4 \sin\lambda x) \tag{3-20}$$

由于荷载和地基反力对称于原点,且梁也对称于原点,所以当 $x=0$ 时,$\left(\dfrac{dw}{dx}\right)_{x=0} = 0$,由此可得:

$$-(C_3 - C_4) = 0$$

即:

$$C_3 = C_4$$

令 $C_3 = C_4 = C$,则式(3-20)可改写为:

$$w = Ce^{-\lambda x}(\cos\lambda x + \sin\lambda x)$$

在 o 点右侧 $x=0+\varepsilon$(ε 为无限小量)处把梁切开,则作用于梁右半部截面上的剪力 Q 等于地基总反力之半,其值为 $P_0/2$,并指向下方,即:

$$Q = -EI\left(\dfrac{d^3w}{dx^3}\right)_{x=0+\varepsilon} = -\dfrac{P_0}{2}$$

由此可得:

$$C = \dfrac{P_0 \lambda}{2kb}$$

这样,得到受集中力 P_0 作用时无限长梁的挠度 w 为($x \geq 0$):

$$w = \dfrac{P_0 \lambda}{2kb} e^{-\lambda x}(\cos\lambda x + \sin\lambda x) \tag{2-21}$$

分别对挠度 w 求一阶、二阶和三阶导数,就可以求得梁截面的转角 $\theta = \dfrac{dw}{dx}$,弯矩 $M = -EI\dfrac{d^2w}{dx^2}$ 和剪力 $Q = -EI\dfrac{d^3w}{dx^3}$。计算式可归纳如表3-3($x \geq 0$ 情况)所示。

表3-3 中 A_x、B_x、C_x、D_x 四个系数均是 λx 的函数,其值也可由表3-4查得。

无限长梁与半无限长梁的变形、内力计算表($x \geq 0$ 时) 表3-3

荷载	无限长梁		半无限长梁		计 算 系 数
	竖向集中力 P_0 作用 (向下)	集中力偶 M_0 作用 (顺时针方向)	竖向集中力 P_0 作用 (向下)	集中力偶 M_0 作用 (顺时针方向)	
挠度 w	$\dfrac{P_0\lambda}{2bk}A_x$	$\dfrac{M_0\lambda^2}{bk}B_x$	$\dfrac{2P_0\lambda}{bk}D_x$	$-\dfrac{2M_0\lambda^2}{bk}C_x$	$A_x = e^{-\lambda x}(\cos\lambda x + \sin\lambda x)$ $B_x = e^{-\lambda x}\sin\lambda x$ $C_x = e^{-\lambda x}(\cos\lambda x - \sin\lambda x)$ $D_x = e^{-\lambda x}\cos\lambda x$ (可查表3-4)
转角 θ	$-\dfrac{P_0\lambda^2}{bk}B_x$	$\dfrac{M_0\lambda^3}{bk}C_x$	$-\dfrac{2P_0\lambda^2}{bk}A_x$	$\dfrac{4M_0\lambda^3}{bk}D_x$	
弯矩 M	$\dfrac{P_0}{4\lambda}C_x$	$\dfrac{M_0}{2}D_x$	$-\dfrac{P_0}{\lambda}B_x$	$M_0 A_x$	
剪力 Q	$-\dfrac{P_0}{2}D_x$	$-\dfrac{M_0\lambda}{2}A_x$	$-P_0 C_x$	$-2M_0\lambda B_x$	

弹性地基梁计算系数 A_x、B_x、C_x、D_x、E_x、F_x 函数表　　　　表 3-4

λx	A_x	B_x	C_x	D_x	E_x	F_x
0.00	1.000 00	0.000 00	1.000 00	1.000 00	∞	$-\infty$
0.02	0.999 61	0.019 60	0.960 40	0.980 00	382 156	$-382\,105$
0.04	0.998 44	0.038 24	0.921 60	0.960 02	48 802.6	$-48\,776.6$
0.06	0.996 54	0.056 47	0.993 60	0.940 07	14 851.3	$-14\,738.0$
0.08	0.993 93	0.073 77	0.846 39	0.920 16	6 354.30	$-6\,340.76$
0.10	0.990 65	0.090 33	0.809 98	0.900 32	3 321.06	$-3\,310.01$
0.12	0.986 72	0.106 18	0.774 37	0.880 54	1 962.18	$-1\,952.78$
0.14	0.982 17	0.121 31	0.739 54	0.860 85	1 261.70	$-1\,253.45$
0.16	0.977 02	0.135 76	0.705 50	0.841 26	863.174	-855.840
0.18	0.971 31	0.149 54	0.672 24	0.821 78	619.176	-612.524
0.20	0.965 07	0.162 66	0.639 75	0.802 41	461.078	-454.971
0.22	0.958 31	0.175 13	0.608 04	0.783 18	353.904	-348.240
0.24	0.951 06	0.186 98	0.577 10	0.764 08	278.526	-273.229
0.26	0.943 36	0.198 22	0.546 91	0.745 14	223.862	-218.874
0.28	0.935 22	0.208 87	0.517 48	0.726 35	183.183	-178.457
0.30	0.926 66	0.218 93	0.488 80	0.707 73	152.233	-147.733
0.35	0.903 60	0.241 64	0.420 33	0.661 96	101.318	$-97.264\,6$
0.40	0.878 44	0.261 03	0.356 37	0.617 40	71.791 5	$-68.062\,8$
0.45	0.851 50	0.277 35	0.296 80	0.574 15	53.371 1	$-49.887\,1$
0.50	0.823 07	0.290 79	0.241 49	0.532 28	41.214 2	$-37.918\,5$
0.55	0.793 43	0.301 56	0.190 30	0.491 86	32.824 3	$-29.675\,4$
0.60	0.762 84	0.309 88	0.143 07	0.452 95	26.820 1	$-23.786\,5$
0.65	0.731 53	0.315 94	0.099 66	0.415 59	22.392 2	$-19.449\,6$
0.70	0.699 72	0.319 91	0.059 90	0.379 81	19.043 5	$-16.172\,4$
0.75	0.667 61	0.321 98	0.023 64	0.345 63	16.456 2	$-13.640\,9$
$\pi/4$	0.644 79	0.322 40	0.000 00	0.322 40	14.967 2	$-12.183\,4$
0.80	0.635 38	0.322 33	$-0.009\,28$	0.313 05	14.420 2	$-11.647\,7$
0.85	0.603 20	0.321 11	$-0.039\,02$	0.282 09	12.792 4	$-10.051\,8$
0.90	0.571 20	0.318 48	$-0.065\,74$	0.252 73	11.472 9	$-8.754\,91$
0.95	0.539 54	0.314 58	$-0.089\,62$	0.224 96	10.390 5	$-7.687\,04$
1.00	0.508 33	0.309 56	$-0.110\,79$	0.198 77	9.493 05	$-6.797\,24$
1.05	0.477 66	0.303 54	$-0.129\,43$	0.174 12	8.742 07	$-6.047\,80$
1.10	0.447 65	0.296 66	$-0.145\,67$	0.150 99	8.108 50	$-5.410\,38$
1.15	0.418 36	0.289 01	$-0.159\,67$	0.129 34	7.570 13	$-4.863\,35$
1.20	0.389 86	0.280 72	$-0.171\,58$	0.109 14	7.109 76	$-4.390\,02$
1.25	0.362 23	0.271 89	$-0.181\,55$	0.090 34	6.713 90	$-3.977\,35$
1.30	0.335 50	0.262 60	$-0.289\,70$	0.072 90	6.371 86	$-3.615\,00$

续上表

λx	A_x	B_x	C_x	D_x	E_x	F_x
1.35	0.309 72	0.252 95	−0.196 17	0.056 78	6.075 08	−3.294 77
1.40	0.284 92	0.243 01	−0.201 10	0.041 91	5.816 64	−3.010 03
1.45	0.261 13	0.232 86	−0.204 59	0.028 27	5.590 88	−2.755 41
1.50	0.238 35	0.222 57	−0.206 79	0.015 78	5.393 17	−2.526 52
1.55	0.216 62	0.212 20	−0.207 79	0.004 41	5.219 65	−2.319 74
$\pi/2$	0.207 88	0.207 88	−0.207 88	0.000 00	5.153 82	−2.239 53
1.60	0.195 92	0.201 81	−0.207 71	−0.005 90	5.067 11	−2.132 10
1.65	0.176 25	0.191 44	−0.206 64	−0.015 20	4.932 83	−1.961 09
1.70	0.157 62	0.181 16	−0.204 70	−0.023 54	4.814 54	−1.804 64
1.75	0.140 02	0.170 99	−0.201 97	−0.030 97	4.710 26	−1.660 98
1.80	0.123 42	0.160 98	−0.198 53	−0.037 56	4.618 34	−1.528 65
1.85	0.107 82	0.151 15	−0.194 48	−0.043 33	4.537 32	−1.406 38
1.90	0.093 18	0.141 54	−0.189 89	−0.048 35	4.465 96	−1.293 12
1.95	0.079 50	0.132 17	−0.184 83	−0.052 67	4.403 14	−1.187 95
2.00	0.066 74	0.123 06	−0.179 38	−0.056 32	4.347 92	−1.090 08
2.05	0.054 88	0.114 23	−0.173 59	−0.059 36	4.299 46	−0.998 85
2.10	0.043 88	0.105 71	−0.167 53	−0.061 82	4.257 00	−0.913 68
2.15	0.033 73	0.097 49	−0.161 24	−0.063 76	4.219 88	−0.834 07
2.20	0.024 38	0.089 58	−0.154 79	−0.065 21	4.187 51	−0.759 59
2.25	0.015 80	0.082 00	−0.148 21	−0.066 21	4.159 36	−0.689 87
2.30	0.007 96	0.074 76	−0.141 56	−0.066 80	4.134 95	−0.624 57
2.35	0.000 84	0.067 85	−0.134 87	−0.067 02	4.113 87	−0.563 40
$3\pi/4$	0.000 00	0.067 02	−0.134 04	−0.067 02	4.111 47	−0.556 10
2.40	−0.005 62	0.061 28	−0.128 17	−0.066 89	4.095 73	−0.506 11
2.45	−0.011 43	0.055 03	−0.121 50	−0.066 47	4.080 19	−0.452 48
2.50	−0.016 63	0.049 13	−0.114 89	−0.065 76	4.066 92	−0.402 29
2.55	−0.021 27	0.043 54	−0.108 36	−0.064 81	4.055 68	−0.355 37
2.60	−0.025 36	0.038 29	−0.101 93	−0.063 64	4.046 18	−0.311 56
2.65	−0.028 94	0.033 35	−0.095 63	−0.062 28	4.038 21	−0.270 70
2.70	−0.032 04	0.028 72	−0.089 48	−0.060 76	4.031 57	−0.232 64
2.75	−0.034 69	0.024 40	−0.083 48	−0.059 09	4.026 08	−0.197 27
2.80	−0.036 93	0.020 37	−0.077 67	−0.057 30	4.021 57	−0.164 45
2.85	−0.038 77	0.016 63	−0.072 03	−0.055 40	4.017 90	−0.134 08
2.90	−0.040 26	0.013 16	−0.066 59	−0.053 43	4.014 95	−0.106 03
2.95	−0.041 42	0.009 97	−0.061 34	−0.051 38	4.012 59	−0.080 20
3.00	−0.042 26	0.007 03	−0.056 31	−0.049 29	4.010 74	−0.056 50
3.10	−0.043 14	0.001 87	−0.046 88	−0.045 01	4.008 19	−0.015 05

续上表

λx	A_x	B_x	C_x	D_x	E_x	F_x
π	−0.043 21	0.000 00	−0.043 21	−0.043 21	4.007 48	0.000 00
3.20	−0.043 07	−0.002 38	−0.038 31	−0.040 69	4.006 75	0.019 10
3.40	−0.040 79	−0.008 53	−0.023 74	−0.032 27	4.005 63	0.068 40
3.60	−0.036 59	−0.012 09	−0.012 41	−0.024 50	4.005 33	0.096 93
3.80	−0.031 38	−0.013 69	−0.004 00	−0.017 69	4.005 01	0.109 69
4.00	−0.025 83	−0.013 86	−0.001 89	−0.011 97	4.004 42	0.111 05
4.20	−0.020 42	−0.013 07	0.005 72	−0.007 35	4.003 64	0.104 68
4.40	−0.015 46	−0.011 68	0.007 91	−0.003 77	4.002 79	0.095 34
4.60	−0.011 12	−0.009 99	0.008 86	−0.001 13	4.002 00	0.079 96
$3\pi/2$	−0.008 98	−0.008 98	0.008 98	0.000 00	4.001 61	0.071 90
4.80	−0.007 48	−0.008 20	0.008 92	0.000 72	4.001 34	0.065 61
5.00	−0.004 55	−0.006 46	0.008 37	0.001 91	4.000 85	0.051 70
5.50	0.000 01	−0.002 88	0.005 78	0.002 90	4.000 20	0.023 07
6.00	0.001 69	−0.000 69	0.003 07	0.000 60	4.000 03	0.005 54
2π	0.001 87	0.000 00	0.001 87	0.001 87	4.000 01	0.000 00
6.50	0.001 79	0.000 32	0.001 14	0.001 47	4.000 01	−0.002 59
7.00	0.001 29	0.000 60	0.000 09	0.000 69	4.000 01	−0.004 79
$9\pi/4$	0.001 20	0.000 60	0.000 00	0.000 60	4.000 01	−0.004 82
7.50	0.000 71	0.000 52	−0.000 33	0.000 19	4.000 01	−0.004 15
$5\pi/2$	0.000 39	0.000 39	−0.000 39	0.000 00	4.000 00	−0.003 11
8.00	0.000 28	0.000 33	−0.000 38	−0.000 05	4.000 00	−0.002 66

对于梁的左半部（$x<0$）可利用对称关系求得，其中挠度 w、弯矩 M 和地基反力 p 是关于原点 o 对称的，而转角 θ 剪力 Q 是关于原点反对称的，如图 3-23a）所示。

②无限长梁受集中力偶 M_0 的作用（顺时针方向为正）。

以集中力偶 M_0 作用点为坐标原点 o，当 $x \to \infty$ 时，$w \to 0$，同样从式（3-19）可得 $C_1=C_2=0$。由于在 M_0 作用下，地基反力对于原点是反对称的，故 $x=0$ 时，$w=0$，由此得到 $C_3=0$。于是式（3-20）可改写成：

$$w = C_4 e^{-\lambda x} \sin\lambda x$$

在 o 点右侧 $x=0+\varepsilon$（ε 为无限小量）处把梁切开，则作用于梁右半部该截面上的弯矩等于外力矩的一半，即：

$$M = -EI\left(\frac{d^2 w}{dx^2}\right)_{x=0+\varepsilon} = \frac{M_0}{2}$$

由此可得：

$$C_4 = \frac{M_0 \lambda^2}{kb}$$

这样，得到受集中力偶 M_0 作用时无限长梁的挠度 w 为（$x \geq 0$）：

$$w = \frac{M_0 \lambda^2}{kb} e^{-\lambda x} \sin\lambda x \tag{3-22}$$

其余各分量的计算式归纳如表 3-3($x \geqslant 0$ 情况)所示。

对于梁的左半部，同样可利用图 3-23b)所示的对称关系求得。

若有多个荷载作用于无限长梁时，可用叠加原理求得其内力。

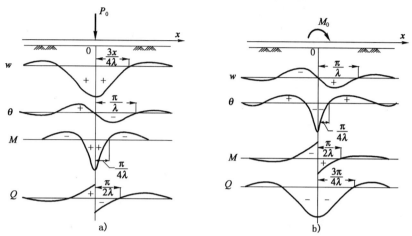

图 3-23　无限长梁的挠度 w、转角 θ、弯矩 M、剪力 Q 分布图
a)竖向集中力作用下；b)集中力偶作用下

(2) 半无限长梁解

在实际工程中，基础梁还存在一端为有限梁端，另一端为无限长，此种基础梁称为半无限长梁，如条形基础的梁端作用有集中力 P_0 和集中力偶 M_0 的情况。对半无限长梁，可将坐标原点 o 取在受力端，当 $x \rightarrow \infty$ 时，$w \rightarrow 0$，从式(3-19)可得 $C_1 = C_2 = 0$。当 $x = 0$ 时，$M = M_0$，$Q = -P_0$，由此可求得：

$$\begin{cases} C_3 = \dfrac{2\lambda}{kb} P_0 - \dfrac{2\lambda^2}{kb} M_0 \\ C_4 = \dfrac{2\lambda^2}{kb} M_0 \end{cases}$$

进一步同样可得到文克勒地基上半无限长梁的变形和内力计算式，见表 3-3。

(3) 有限长梁解

对于有限长梁，荷载作用对梁端的影响不可忽略。此时可利用无限长梁解和叠加原理求解。如图 3-24 所示，将有限长梁 I 由 A、B 两端向外延伸到无限，形成无限长梁 II。

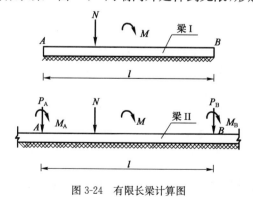

图 3-24　有限长梁计算图

按无限长梁的解答，可计算出在已知荷载下无限长梁 II 上相应于梁 I 两端 A、B 截面上引起的弯矩 M_a、M_b 和剪力 Q_a、Q_b。由于实际上梁 I 的 A、B 两端是自由界面，不存在任何内力，

为了要利用无限长梁Ⅱ求得相应于原有限长梁Ⅰ的解答,就必须设法消除发生在梁Ⅱ中A、B两截面的弯矩和剪力。为此,可在梁Ⅱ的A、B两点外侧分别施加一对虚拟的集中荷载M_A、P_A和M_B、P_B,并要求这两对附加荷载在A、B两截面中产生的内力分别为$-M_a$、$-Q_a$和$-M_b$、$-Q_b$,以抵消A、B两端内力。按这一条件可列出方程组:

$$\begin{cases} \dfrac{P_A}{4\lambda} + \dfrac{P_B}{4\lambda}C_1 + \dfrac{M_A}{2} - \dfrac{M_B}{2}D_1 = -M_a \\ -\dfrac{P_A}{2} + \dfrac{P_B}{2}D_1 - \dfrac{\lambda M_A}{2} - \dfrac{\lambda M_B}{2}A_1 = -Q_a \\ \dfrac{P_A}{4\lambda}C_1 + \dfrac{P_B}{4\lambda} + \dfrac{M_A}{2}D_1 - \dfrac{M_B}{2} = -M_b \\ -\dfrac{P_A}{2}D_1 + \dfrac{P_B}{2} - \dfrac{\lambda M_A}{2}A_1 - \dfrac{\lambda M_B}{2} = -Q_b \end{cases}$$

由此可求得梁ⅡA、B两点的虚拟集中荷载P_A、M_A和P_B、M_B为:

$$\begin{cases} P_A = (E_1 + F_1 D_1)Q_a + \lambda(E_1 - F_1 A_1)M_a - (F_1 + E_1 D_1)Q_b + \lambda(F_1 - E_1 A_1)M_b \\ M_A = -(E_1 + F_1 C_1)\dfrac{Q_a}{2\lambda} - (E_1 - F_1 D_1)M_a + (F_1 + E_1 C_1)\dfrac{Q_b}{2\lambda} - (F_1 - E_1 D_1)M_b \\ P_B = (F_1 + E_1 D_1)Q_a + \lambda(F_1 - E_1 A_1)M_a - (E_1 + F_1 D_1)Q_b + \lambda(E_1 - F_1 A_1)M_b \\ M_B = (F_1 + E_1 C_1)\dfrac{Q_a}{2\lambda} + (F_1 - E_1 D_1)M_a - (E_1 + F_1 C_1)\dfrac{Q_b}{2\lambda} + (E_1 - F_1 D_1)M_b \end{cases} \quad (3\text{-}23)$$

其中$E_1 = E_x|_{x=1}$,$F_1 = F_x|_{x=1}$,而$E_x = \dfrac{2e^{\lambda}\sinh\lambda x}{\sinh^2\lambda x - \sin^2\lambda x}$,$F_x = \dfrac{2e^{\lambda x}\sin\lambda x}{\sin^2\lambda x - \sinh^2\lambda x}$,其值也可根据$\lambda x$值从表3-4中查得。

当有限长梁上的荷载对称时,式(3-23)可简化为:

$$\begin{cases} P_A = P_B = (E_1 + F_1)[(1 + D_1)Q_a + \lambda(1 - A_1)M_a] \\ M_A = -M_B = -(E_1 + F_1)\left[(1 + C_1)\dfrac{Q_a}{2\lambda} + (1 - D_1)M_a\right] \end{cases} \quad (3\text{-}24)$$

当在无限长梁Ⅱ上A、B两截面外侧施加了附加荷载P_A、M_A和P_B、M_B后,正好抵消了无限长梁Ⅱ在外荷载作用下A、B两截面处的内力Q_a、M_a和Q_b、M_b,其效果相当于把梁Ⅱ在A和B处切断。因此,有限长梁Ⅰ的内力与无限长梁Ⅱ在外荷载和附加荷载作用下叠加的结果相当。

具体的计算步骤如下:

把有限长梁Ⅰ无限延长,计算无限长梁Ⅱ上相应于梁Ⅰ的两端A和B截面由于外荷载引起的内力Q_a、M_a和Q_b、M_b;按式(3-23)计算梁端的附加荷载P_A、M_A和P_B、M_B;再按叠加原理计算在已知荷载和虚拟荷载共同作用下梁Ⅱ上相应于梁Ⅰ各点的内力。这就是有限长梁Ⅰ的解。

2. 文克勒地基梁的有限单元法

如图3-25所示,将梁以结点1、2、$\cdots$、n分成长度为L的$n-1$个梁单元(对条形基础,每一跨径一般可分成4~6个单元)。每个单元有i、j两个结点。每个结点有两个自由度,即挠度w和转角θ(图3-26)。相应的结点力为剪力Q和弯矩M。此时,梁与地基的接触面亦被分割成n个子域。其长度a_i为各结点相邻单元长度之和的一半,即$a_i = \dfrac{1}{2}(L_{i-1} + L_i)$。设各子域的地基反力$p_i$为均匀分布,梁宽度为$b_i$,则每个单元上的地基反力合力为$R_i = a_i b_i p_i$,并将其以集中反力的形式作用于结点$i$上。联系结点力$\{F\}_e$与结点位移$\{\delta\}_e$的单元刚度矩阵$[k]_e$可以用伽辽金(Galerkin)原理建立如下：

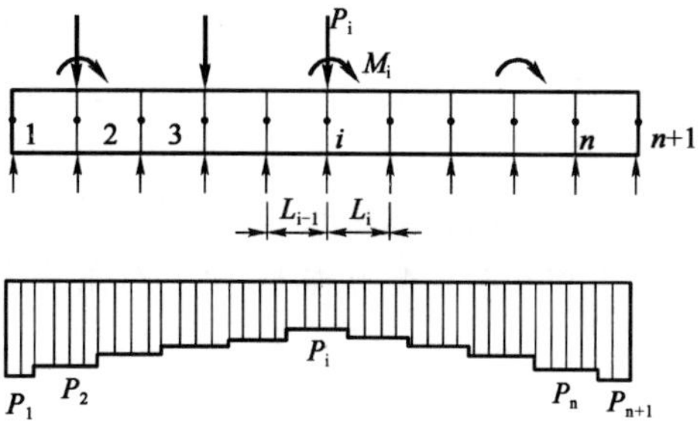

$$[k]_e = \frac{EI}{L^2}\begin{bmatrix} 12 & 6L & -12 & 6L \\ & 4L^2 & -6L & 2L^2 \\ & \text{对} & 12 & -6L \\ & \text{称} & & 4L^2 \end{bmatrix} \quad (3\text{-}25)$$

式中：E——梁单元材料的弹性模量，kPa；
I——梁单元截面惯性矩，m。

而梁单元结点力$\{F\}_e$与结点位移$\{\pmb{\delta}\}_e$之间的关系如下：

$$\{F\}_e = [k]_e\{\pmb{\delta}\}_e \quad (3\text{-}26)$$

或：

$$\begin{Bmatrix} Q_i \\ M_i \\ Q_j \\ M_j \end{Bmatrix} = \begin{bmatrix} k_{ii} & k_{ij} \\ k_{ji} & k_{jj} \end{bmatrix}\begin{Bmatrix} w_i \\ \theta_i \\ w_j \\ \theta_j \end{Bmatrix}$$

图 3-25 基础梁的有限单元划分

把所有的单元刚度矩阵根据对号入座的方法集合成梁的整体刚度矩阵$[K]$，它是对称的带状矩阵。同时将单元荷载列向量集合成总荷载列向量$\{F\}$，单元结点位移集合成位移列向量$\{U\}$，于是梁的整体平衡方程为：

$$[K]\{U\} = \{F\} = \{P\} - \{R\} \quad (3\text{-}27)$$

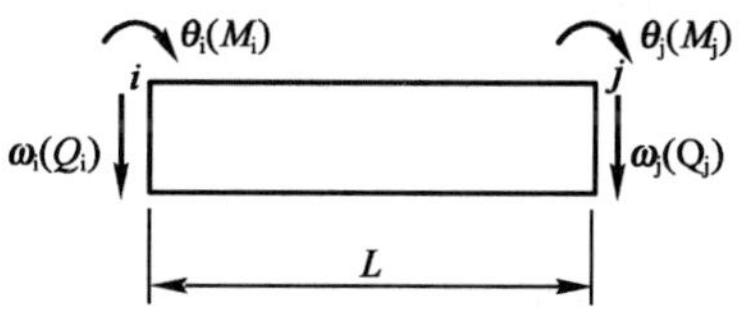

式中：$\{P\}$——外荷载列向量，$\{P\} = \{P_1 \ M_1 \ \cdots P_i \ M_i \ \cdots P_n \ M_n\}^T$；

$\{R\}$——增广后(阶数扩大1倍)的地基反力列向量，$\{R\} = \{R_1 \ 0\cdots R_i \ 0\cdots R_n \ 0\}^T$。

图 3-26 梁的单元

为了求取$\{R\}$，通常可引入基床系数假说，即 $p_i = k_i s_i$。将单元结点处地基沉降集合成沉降列向量$\{s\}$，即$\{s\} = \{s_1 \ 0 \ \cdots \ s_i \ 0 \ \cdots \ s_n \ 0\}^T$，则$\{R\}$可由下式表示：

$$\{R\} = [K_s]\{s\} \quad (3\text{-}28)$$

其中，$[K_s]$为地基刚度矩阵，对位于均质土地基上的等宽度基础梁，$[K_s]$如下式所示：

$$[K_s] = bLk\begin{bmatrix} \frac{1}{2} & & & & & & \\ & 0 & & & & & \\ & & 1 & & & 0 & \\ & & & 0 & & & \\ & & & & \ddots & & \\ & & & & & \ddots & \\ & & 0 & & & 1 & \\ & & & & & & 0 \\ & & & & & & & \frac{1}{2} \\ & & & & & & & & 0 \end{bmatrix} \quad (3\text{-}29)$$

其中，k为地基的基床系数，b为基础梁的宽度。

考虑地基沉降$\{s\}$与基础挠度$\{w\}$之间的位移连续性条件即$\{s\} = \{w\}$，将$\{w\}$加入转角项增扩为位移列向量$\{U\}$，并将其代替$\{s\}$代入(3-28)式，则下式成立：

$$\{R\} = [K_s]\{U\} \tag{3-30}$$

将式(3-30)代入式(3-27),得梁与地基的共同作用方程:

$$([K] + [K_s])\{U\} = \{P\} \tag{3-31}$$

对于自由支承在地基上的条形基础,其边界条件为 $Q_1 = M_1 = 0$,$Q_n = M_n = 0$。因此在端结点 1 和 n 的平衡方程中,使主对角元为 1,并划行划列。在右端项的相应位置上以 w_1、θ_1 和 w_n、θ_n 代替,即表示已考虑了全部的边界条件。

求解共同作用方程式(3-31),可得到任意截面处的挠度 w_i 和转角 θ_i,回代到式(3-26)即可计算出相应的弯矩和剪力分布。

3. 基床系数 k 的确定方法

基床系数 k 的确定方法如第一章所述,主要有载荷试验法和理论与经验公式方法。

基床系数 k 也可根据地基、基础及荷载的实际情况适当选用表 1-1 的数值,对软弱土地基及基础宽度较大时宜选用表中的低值,对瞬时荷载情况可按正常数值提高 1 倍采用。

根据地基沉降计算结果估算地基的基床系数 k 时,s_m 可采用分层总和法算得基底下若干点沉降后求其平均值,或在求出基底中点的地基沉降 s_0 后按式(3-32)折算成 s_m。

$$s_m = \left(\frac{\omega_m}{\omega_0}\right)s_0 \tag{3-32}$$

其中,ω_0、ω_m 为沉降影响系数,见表 3-5。

沉降影响系数 ω_0、ω_m 表 3-5

基底形状	圆形	方形	矩形									
l/b	—	1.0	1.5	2.0	3.0	4.0	5.0	6.0	7.0	8.0	9.0	10.0	100
ω_0	1.00	1.12	1.36	1.53	1.78	1.96	2.10	2.22	2.32	2.40	2.48	2.54	4.01
ω_m	0.85	0.95	1.15	1.30	1.50	1.70	1.83	1.96	2.04	2.12	2.19	2.25	3.70

【例 3-5】 图 3-27 为一承受对称柱荷载的条形基础,基础的抗弯刚度为 $EI = 4.3 \times 10^6$ kN·m^2,基础底板宽度 $b = 2.5$m,长度 $l = 17$m。地基土的压缩模量 $E_s = 10$MPa,压缩层在基底下 5m 的范围内。用地基梁解析法计算基础梁中点 C 处的挠度、弯矩和地基的净反力。

【解】 (1)确定地基的基床系数和梁的柔度指数

基底的附加压力近似按地基的平均净反力考虑,则:

$$p = \frac{\sum N}{bl} = \frac{(1\,200 + 2\,000) \times 2}{2.5 \times 17} = 150.6 \text{kPa}$$

基础中心点的沉降计算,取 $\Psi_s = 1.0$,$z_{i-1} = 0$,$z_i = 5.0$m,基底中心的平均附加应力系数 C_i 则可按地基附加应力计算方法查有关表格求得为 0.602 4。于是:

$$s_0 = \psi_s \frac{p}{E_s} z_i C_i = 1.0 \times \frac{150.6}{10\,000} \times 5 \times 0.602\,4 = 0.045\,4 \text{m}$$

查表 3-5 可求得沉降影响系数 ω_0、ω_m 分别为 2.31 和 2.02。

基础的平均沉降 $s_m = \dfrac{2.02}{2.31} \times 0.045\,4 = 0.039\,7$ m

基床系数 $k_s = \dfrac{150.6}{0.039\,7} = 3\,800$ kN/m^3

集中基床系数 $bk_s = 2.5 \times 3\,800 = 9\,500$ kPa

柔度指数 $\lambda = \sqrt[4]{\dfrac{9\,500}{4 \times 4.3 \times 10^6}} = 0.153\,3$ m^{-1}

柔性指数 $\lambda l = 0.1533 \times 17 = 2.61$

$\dfrac{\pi}{4} < \lambda l < \pi$ 故属有限长梁。

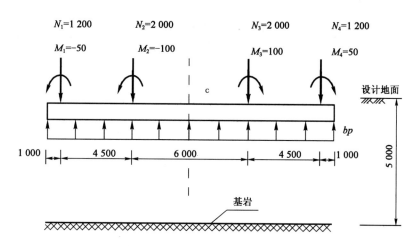

荷载单位 $N(kN), M(kN \cdot m)$

图 3-27 柱下条形基础计算图

(2)按无限长梁计算基础梁左端 A 处的内力,见表 3-6。

(3)计算梁端的边界条件力

按 $\lambda l = 2.606$ 查表 3-4 得:$A_1 = -0.02579, C_1 = -0.10117, D_1 = -0.06348, F_1 = 4.04522, F_1 = -0.30666$。

代入式(3-24)得:

$$P_A = P_B = (E_1 + F_1)[(1+D_1)Q_a + \lambda(1-A_1)M_a]$$
$$= (4.04522 - 0.30666)[(1-0.06348) \times 729.6 + (1+0.02579) \times 0.1533 \times 433.9]$$
$$= 2810.0 \text{kN}$$

$$M_A = -M_B = -(E_1 + F_1)\left[(1+C_1)\dfrac{Q_a}{2\lambda} + (1-D_1)M_a\right]$$
$$= -(4.04522 - 0.30666)\left[(1-0.10117) \times \dfrac{729.6}{2 \times 0.1533} + (1+0.06348) \times 33.9\right]$$
$$= -9721.5 \text{kN}$$

按无限长梁计算的基础梁左端 A 处内力值 表 3-6

外荷载	与 A 点距离(m)	M_a(kN·m)	Q_a(kN)
P_1	1.0	1402.7	508.7
M_1	1.0	21.2	3.8
P_2	5.5	−114.6	286.2
M_2	5.5	14.3	4.7
P_3	11.5	−656.0	−32.8
M_3	11.5	1.6	−1.0
P_4	16.0	−237.0	−39.9
M_4	16.0	1.7	−1.0
总计		433.9	729.6

(4)计算 C 点处的挠度、弯矩和地基的净反力

先计算半边荷载引起 C 点处的内力,然后根据对称原理计算叠加得出 C 点处的挠度 w_C、弯矩 M_C 和地基的净反力 p_C,见表 3-7。

C 点处的弯矩与挠度计算表 表 3-7

外荷载与边界条件力	与 C 点距离(m)	$M_C/2$ (kN·m)	$w_C/2$ (cm)
P_1	7.5	−312.3	0.405
M_1	7.5	−3.2	−0.004
P_2	3.0	931.2	1.365
M_2	3.0	−28.3	−0.007
P_A	8.5	−871.2	0.757
M_A	8.5	−349.3	−0.630
总计		−633.1	1.886

于是:
$$M_C = 2 \times (-633.1) = -1266.2 \text{kN} \cdot \text{m}$$
$$w_C = 2 \times 0.0189 = 0.0377 \text{m}$$
$$p_C = k_s w_C = 3800 \times 0.0377 = 143.3 \text{kPa}$$

三、柱下条形基础的设计计算步骤

(1)求荷载合力重心位置。

柱下条形基础的柱荷载分布如图 3-28a)所示,其合力作用点距点 N_1 的距离为:
$$x = \frac{\sum N_i x_i + \sum M_i}{\sum N_i} \tag{3-33}$$

(2)确定基础梁的长度和悬臂尺寸。

选定基础梁从左边柱轴线的外伸长度为 a_1,则基础梁的总长度 L 和从右边柱轴线的外伸长度 a_2 分别如下。

$$\left. \begin{array}{l} \text{当 } x \geqslant \dfrac{a}{2} \text{ 时:} \quad L = 2(x + a_1), \quad a_2 = L - a - a_1 \\ \text{当 } x < \dfrac{a}{2} \text{ 时:} \quad L = 2(a + a_2 - x), \quad a_1 = L - a - a_2 \end{array} \right\} \tag{3-34}$$

如此处理后,则荷载重心与基础形心重合,计算简图可变为图 3-28b)。

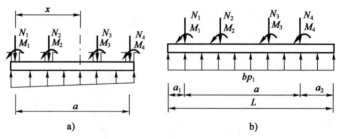

图 3-28 柱下条形基础内力计算
a)基础荷载分布;b)基础计算简图

(3)按地基承载力设计值计算所需的条形基础底面积 A,进而确定底板宽度 b。

(4)按墙下条形基础设计方法确定翼板厚度及横向钢筋的配筋。

(5)计算基础梁的纵向内力与配筋。

根据柱下条形基础的计算条件,选用简化法或弹性地基梁法计算其纵向内力,再根据纵向内力计算结果,按一般钢筋混凝土受弯构件进行基础纵向截面验算与配筋计算,同时应满足设计构造要求。

四、柱下条形基础的构造要求

柱下条形基础的构造除了要满足一般扩展基础的构造要求以外,尚应符合下列要求。

(1)柱下条形基础的肋梁高度由计算确定,一般宜为柱距的 1/4~1/8(通常取柱距的 1/6)。翼板厚度不宜小于 200mm。当翼板厚度为 200~250mm 时,宜用等厚度翼板;当翼板厚度大于 250mm 时,宜用变厚度翼板,其坡度小于或等于 1:3。

(2)柱下条形基础的混凝土强度等级可采用 C20。

(3)现浇柱下的条形基础沿纵向可取等截面,当柱截面边长较大时,应在柱位处将肋部加宽,使其与条形基础梁交接处的平面尺寸不小于图 3-29a)、b)、c)中的规定。

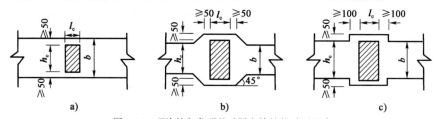

图 3-29 现浇柱与条形基础梁交接处的平面尺寸
a)$h_c<600$mm 且 $h_c<b$;b)$h_c\geqslant600$mm 且 $h_c>b$;c)$h_c\geqslant600$mm 且 $h_c<b$

(4)条形基础的两端应向边柱外延伸,延伸长度一般为边跨跨距的 0.25~0.30。当荷载不对称时,两端伸出长度可不相等,以使基底形心与荷载合力作用点尽量一致。

(5)基础梁顶面和底面的纵向受力钢筋由计算确定,最小配筋率为 0.2%,同时应有 2~4 根通长配筋,且其面积不得少于纵向钢筋总面积的 1/3。当梁高大于 700mm 时,应在肋梁的两侧加配纵向构造钢筋,其直径不小于 14mm 并用 ϕ8mm@400mm 的 S 形构造箍筋固定。在柱位处,应采用封闭式箍筋,箍筋直径不小于 8mm。当肋梁宽度小于或等于 350mm 时宜用双肢箍,当肋梁宽度在 350~800mm 时宜用四肢箍,大于 800mm 时宜采用六肢箍。条形基础非肋梁部分的纵向分布钢筋可用 ϕ8mm@200mm 或 ϕ10mm@200mm。

(6)翼板的横向受力钢筋由计算确定,其直径不应小于 10mm,间距不大于 250mm。

第七节 十字交叉条形基础

柱下十字交叉条形基础是由柱网下的纵横两组条形基础组成的空间结构,柱网传来的集中荷载与弯矩作用在两组条形基础的交叉点上。十字交叉条形基础的内力计算比较复杂,目前在设计中一般采用简化方法,即将柱荷载按一定原则分配到纵横两个方向的条形基础上,然后分别按单向条形基础进行内力计算与配筋。

一、节点荷载的初步分配

1. 节点荷载的分配原则

节点荷载一般按下列原则进行分配。

(1)满足静力平衡条件,即各节点分配在纵、横基础梁上的荷载之和,应等于作用在该节点上的荷载。

$$N_i = N_{ix} + N_{iy} \quad (3\text{-}35)$$

式中:N_i——i 节点的竖向荷载;

N_{ix}——x 方向基础梁在 i 节点的竖向荷载;

N_{iy}——y 方向基础梁在 i 节点的竖向荷载。

节点上的弯矩 M_x、M_y 直接加于相应方向的基础梁上,不必再作分配,不考虑基础梁承受扭矩。

(2)满足变形协调条件,即纵、横基础梁在交叉节点上的位移相等。

$$w_{ix} = w_{iy} \quad (3\text{-}36)$$

式中:w_{ix}——x 方向基础梁在 i 节点处的竖向位移;

w_{iy}——y 方向基础梁在 i 节点处的竖向位移。

为简化计算,节点竖向位移采用文克勒地基梁的解析解,并且假定该节点处的竖向位移 w_{ix}、w_{iy} 分别由该结点处的荷载 N_{ix}、N_{iy} 引起,而与该方向梁上的其他荷载无关。

2.节点荷载的分配方法

(1)内柱节点[图 3-30b)]

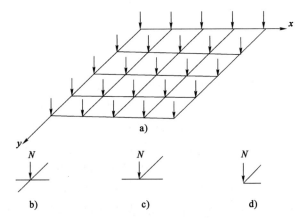

图 3-30 柱下交梁基础节点荷载分布
a)平面分布;b)内柱节点;c)边柱节点;d)角柱节点

对 x 方向的梁,节点处作用着集中荷载 N_x,节点处的竖向位移为 w_x;对 Y 方向的梁,节点处作用着集中荷载 N_y,节点处的竖向位移为 w_y。对内柱节点,两方向的梁都视为无限长梁,则:

$$w_x = \frac{N_x}{8\lambda_x^3 EI_x} \quad w_y = \frac{N_y}{8\lambda_y^3 EI_y} \quad (3\text{-}37)$$

根据节点荷载的分配原则,可联立得到:

$$\begin{cases} N = N_x + N_y \\ w_x = w_y \end{cases} \quad (3\text{-}38)$$

解上述方程组可得:

$$N_x = \frac{b_x S_x}{b_x S_x + b_y S_y} N \\ N_y = \frac{b_y S_y}{b_x S_x + b_y S_y} N \Bigg\} \tag{3-39}$$

式中：b_x、b_y——分别为 x、y 方向的基础梁底面宽度；

S_x、S_y——分别为 x、y 方向的基础梁弹性特征长度：

$$S_x = \sqrt[4]{\frac{4EI_x}{k_s b_x}}, \quad S_y = \sqrt[4]{\frac{4EI_y}{k_s b_y}} \tag{3-40}$$

k_s——地基的基床系数；

E——基础材料的弹性模量；

I_x、I_y——分别为 x、y 方向的基础梁截面惯性矩。

(2)边柱节点[图 3-30c]

对边柱节点，两方向的梁分别视为无限长梁和半长梁，则可得到：

$$N_x = \frac{4b_x S_x}{4b_x S_x + b_y S_y} N \\ N_y = \frac{b_y S_y}{4b_x S_x + b_y S_y} N \Bigg\} \tag{3-41}$$

(3)角柱节点[图 3-30d]

对角柱节点，两方向的梁都视为半长梁，其节点荷载分配计算公式与内柱节点相同。

二、节点荷载的调整

通过以上方法计算出分配到纵横两个方向的节点集中力 N_x 和 N_y，然后分别按纵横两方向的单向条形基础梁进行计算。但是，实际基础是不分开的交叉条形，这样，节点区域的面积在纵横两方向的梁中做了重复计算（基底面积增大了），从而使计算的地基反力比实际地基反力小，使计算结果偏于不安全，所以应进行调整，使地基反力与实际反力大小相一致。

调整方法是先计算因重叠基底面积而引起的基底压力的减小量 Δp，然后增加节点荷载增量 ΔN，使基底反力增加至实际反力大小。具体调整计算如下：

(1)调整前的平均基底压力计算值为(有重叠基底面积)：

$$p = \frac{\sum N}{A + \sum \Delta A} \tag{3-42}$$

式中：$\sum N$——基础梁上竖向荷载的总和；

A——基础梁支撑总面积；

$\sum \Delta A$——基础梁节点处重叠面积之和。

(2)平均基底压力实际值为(无重叠基底面积)：

$$p^0 = \frac{\sum N}{A} \tag{3-43}$$

(3)基底压力变化量为：

$$\Delta p = p^0 - p = \frac{\sum \Delta A}{A} p \tag{3-44}$$

(4)节点 i 处应增加的荷载为：

$$\Delta N_i = \Delta A_i \cdot \Delta p \tag{3-45}$$

(5) i 节点在 x、y 两方向应分配的节点力增量：

$$\left.\begin{aligned} \Delta N_{xi} &= \frac{N_{xi}}{N_i}\Delta N_i = \frac{N_{xi}}{N_i}\Delta A_i \cdot \Delta p \\ \Delta N_{yi} &= \frac{N_{yi}}{N_i}\Delta N_i = \frac{N_{yi}}{N_i}\Delta A_i \cdot \Delta p \end{aligned}\right\} \quad (3\text{-}46)$$

(6) 调整后纵横梁的节点荷载分别为：

$$\left.\begin{aligned} N'_{xi} &= N_{xi} + \Delta N_{xi} \\ N'_{yi} &= N_{yi} + \Delta N_{yi} \end{aligned}\right\} \quad (3\text{-}47)$$

然后根据调整后的节点荷载，在纵、横两方向分别按柱下条形基础进行计算。

第八节 筏形基础

筏形基础按其与上部结构联系的方式可分为墙下筏形基础与柱下筏形基础；按其自身结构特点可分为平板式筏形基础和梁板式筏形基础两种形式。筏形基础的设计一般包括基础梁的设计与板的设计两部分，其中梁的设计计算方法同前述柱下条形基础。这里仅介绍板的设计计算内容，主要包括筏形基础的地基计算、筏板内力分析、筏板截面强度验算与板厚和配筋量确定等。

一、地基计算

1. 地基承载力验算

筏形基础地基承载力的确定与验算同扩展基础，验算中的基底压力可简化为线性分布（见第二章内容），即：

中心荷载时
$$p = \frac{F+G}{A} \quad (3\text{-}48a)$$

偏心荷载时
$$p_{\substack{\max \\ \min}} = \frac{F+G}{A} \pm \frac{M_x}{W_x} \pm \frac{M_y}{W_y} \quad (3\text{-}48b)$$

式中： F——上部结构传至基础顶面的竖向荷载，kN；

G——基础自重和基础上的土重，kN， $G_k = \gamma_G \cdot A \cdot d$；

γ_G——基础与基础上土的平均重度，kN/m³，可近似按 20kN/m³ 计算；地下水位以下取浮重度；

A——基础底面积，m²；

M_x、M_y——分别为作用于基础底面对 x 轴和对 y 轴的荷载力矩值；

W_x、W_y——分别为基础底面对 x 轴和对 y 轴的截面模量，m³。

基底压力应满足承载力要求，即：

$$\begin{cases} p \leqslant f \\ p_{\max} \leqslant 1.2f \end{cases} \quad (3\text{-}49)$$

式中： f——地基承载力特征值，kPa。

另外，偏心距应满足如下要求：

(1)按荷载效应准永久组合计算时：

$$e \leqslant 0.1 \frac{W}{A} \tag{3-50a}$$

(2)考虑地震作用时,对高宽比大于 4 的建筑物：

$$e \leqslant \frac{1}{6} \frac{W}{A} \quad (即\ p_{\min} \geqslant 0) \tag{3-50b}$$

对其他建筑物,可允许基底出现小范围的零应力区,具体参见设计规范。若基础下有软弱下卧层时,应进行软弱下卧层承载力验算,验算方法见第二章。

2. 地基变形验算

筏形基础和箱形基础都具有基底面积大、埋置深、有补偿作用、施工时间相对较长等特点,在基础施工和建筑物荷载作用下,地基土变形将经历卸载回弹、加载再压缩和加载压缩三个过程。若基底总压力小于或等于该处的自重应力,地基的变形量为卸载回弹后的再压缩变形;若基底总压力大于该处的自重应力,地基变形量由两部分组成,一部分是相当于自重应力的那部分基底压力所引起的再压缩变形量,另一部分是减去自重应力的那部分基底压力(即基底附加压力)所引起的正常压缩变形量。

《高层建筑箱形与筏形基础技术规范》(JGJ 6—99)推荐的地基沉降计算式为：

$$s = \sum_{i=1}^{n} \left(\psi' \frac{p_c}{E'_{si}} + \psi_s \frac{p_o}{E_{si}} \right) (z_i \bar{\alpha}_i - z_{i-1} \bar{\alpha}_{i-1}) \tag{3-51}$$

式中：s——基础最终沉降量；

ψ'——考虑回弹影响的沉降经验系数,无经验时取 $\psi'=1$；

ψ_s——沉降计算经验系数,按地区经验采用,缺乏地区经验时按国家标准《建筑地基基础设计规范》(GB 50007—2002)有关规定采用；

p_c——基础底面处地基土的自重压力标准值；

p_o——长期效应组合下的基础底面处的附加压力标准值；

E'_{si}、E_{si}——基础底面下第 i 层土的回弹再压缩模量和压缩模量；

n——沉降计算深度范围内所划分的地基土层数；

$\bar{\alpha}_i$、$\bar{\alpha}_{i-1}$——基础底面至第 i 层、第 $i-1$ 层底面范围内的平均附加应力系数,按规范采用；

z_i、z_{i-1}——基础底面至第 i 层、第 $i-1$ 层底面距离。

筏形基础和箱形基础上的高层建筑,一般挠曲变形量不大,但对整体倾斜很敏感,因此需控制其倾斜。在非地震区要求满足：

$$\theta \leqslant \frac{1}{100} \frac{b}{H} \tag{3-52a}$$

式中：θ——基础横向整体倾斜的计算角,$\theta = \arctan \frac{s_A - s_B}{b}$；

s_A、s_B——分别基础横向两端点的沉降量；

b——基础宽度；

H——建筑物高度。

在地震区,容许的 θ 值应适当降低,要求为满足：

$$\theta \leqslant \left(\frac{1}{150} \sim \frac{1}{200} \right) \frac{b}{H} \tag{3-52b}$$

二、筏板的内力计算

根据上部结构刚度及筏形基础刚度的大小,筏板的内力计算方法,通常有刚性法和弹性地基板法两大类。前者是不考虑地基基础共同作用的方法,而后者则是考虑地基基础共同作用的方法。

1. 刚性法

当柱距均匀,相邻柱荷载差异不超过 20%,地基土均匀且压缩性较大(压缩模量 $E_s \leqslant 4\text{MPa}$),建筑物整体(包括基础)的相对刚度较大时,基底反力的分布可以不考虑地基基础的共同作用,而视为线性分布。此时,基础底面的地基净反力可按式(3-53)计算。

$$\begin{matrix} p_{j\max} \\ p_{j\min} \end{matrix} = \frac{\sum N}{A} \pm \frac{\sum N \cdot e_y}{W_x} \pm \frac{\sum N \cdot e_x}{W_y} \tag{3-53}$$

式中:$p_{j\max}$、$p_{j\min}$——分别为基底的最大和最小净反力;

$\sum N$——作用于筏形基础上的竖向合荷载;

e_x、e_y——分别为 $\sum N$ 在 x 方向和 y 方向上与基础形心的偏心距;

W_x、W_y——分别为筏形基础底面对 x 轴 y 轴的截面抵抗矩;

A——筏板基础底面面积。

按线性分布计算基底反力,然后计算筏板的内力和挠度,此类方法称为刚性法,亦称线性分布法。

筏板在荷载作用下的内力由两部分组成,一是由于地基沉降,筏板产生整体弯曲所引起的内力;二是柱间或肋梁间的筏板受地基反力作用产生局部挠曲所引起的内力。若上部结构属于柔性结构,而筏板较厚,相对于地基可视为刚性板,这种情况下的内力分析可以只考虑筏板承担整体弯曲的作用,采用静定分析法(即下述的刚性板条法),将柱荷载和线性分布的地基反力作为板条上的荷载,直接求截面的内力;若上部结构刚度较大,筏板刚度较小,整体弯曲产生的内力大部分由上部结构承担,筏板主要承受局部弯曲作用,此时可采用倒楼盖法计算筏板内力。

采用刚性法计算时,在算出基底的地基净反力后,根据上部结构的刚度,可用倒楼盖法或刚性板条法计算筏板的内力。

(1)倒楼盖法

倒楼盖法计算基础内力的步骤是将筏板作为楼盖,地基净反力作为荷载,底板按连续单向板或双向板计算。采用倒楼盖法计算基础内力时,在两端第一、第二开间内,应按计算增加 10%~20%的配筋量且上下均匀配置。

(2)刚性板条法

刚性板条法计算筏板内力的步骤如下。

先将筏板在 x、y 方向从跨中到跨中分成若干条带,如图 3-31 所示,而后取出每一条带进行分析。值得注意的是,按以上方法计算时,由于没有考虑条带之间的剪力,每一条带柱荷的总和与基底净反力总和不平衡,因而必需进行调整。设某条带的宽度为 b,长度为 L,条带内柱的总荷载为 $\sum P$,条带内地基净反力平均值为 $\overline{p_j}$,则地基净反力的总和为 $\overline{p_j}bL$,其

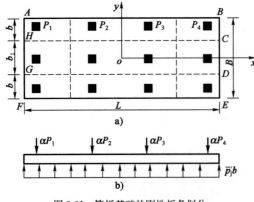

图 3-31 筏板基础的刚性板条划分

值不等于柱荷载总和$\sum P$,计算二者的平均值$\overline{P}$为：

$$\overline{P} = \frac{\sum P + \overline{p_j} \cdot bL}{2} \tag{3-54}$$

计算柱荷载的修正系数α,并按修正系数调整柱荷载。

$$\alpha = \frac{\overline{P}}{\sum P} \tag{3-55}$$

各柱荷载的修正值分别为αP_1、αP_2、αP_3、αP_4。修正后的基底平均净反力可以按式(3-56)计算。

$$\overline{p_j}' = \frac{\overline{P}}{bL} \tag{3-56}$$

最后采用调整后的柱荷载及基底净反力,按独立的柱下条形基础计算基础内力。

2. 弹性地基板法

当上部结构刚度与筏形基础刚度都较小时,应考虑地基基础共同作用的影响。此时筏板内力可采用弹性地基板法计算,即将筏板看成弹性地基上的薄板,采用数值方法计算其内力。下面介绍目前较常用的弹性地基板有限单元法。

采用有限单元法计算筏板内力时,一般将其划分成矩形板单元,如图3-32所示。矩形板单元有四个节点i、j、k、l,相邻单元通过这些节点联结,它既能传递剪应力,又能传递弯曲应力。每个节点有三个自由度,即挠度w和转角θ_x、θ_y。相应的节点力为剪力Q和弯矩M_x、M_y。以节点i为例,其节点力$\{F_i\}$与节点位移$\{\delta_i\}$如下。

$$\begin{aligned}\{\boldsymbol{\delta}_i\} &= \{w_i \quad \theta_{xi} \quad \theta_{yi}\}^T \\ \{\boldsymbol{F}_i\} &= \{Q_i \quad M_{xi} \quad M_{yi}\}^T\end{aligned} \tag{3-57}$$

而单元节点力$\{F\}_e$与节点位移$\{\delta\}_e$则可表示为：

$$\begin{aligned}\{\boldsymbol{\delta}\}_e &= \{\delta_i \quad \delta_j \quad \delta_k \quad \delta_l\}^T \\ \{\boldsymbol{F}\}_e &= \{F_i \quad F_j \quad F_k \quad F_l\}^T\end{aligned} \tag{3-58}$$

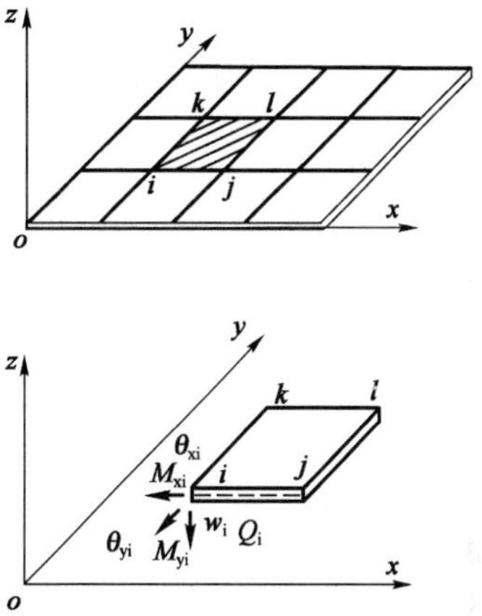

图 3-32 弹性地基板的单元划分

由薄板的弯曲理论可知,板内的应力、应变均可以用挠度w来表示,故需假定挠度w为单元坐标的某种函数即位移模式。由于一个矩形薄板单元有12个节点位移分量,故可取单元内任一点挠度w的位移模式为12个参数的函数。其表达式为：

$$\begin{aligned}w = &a_1 + a_2 x + a_3 y + a_4 x^2 + a_5 xy + a_6 y^2 + a_7 x^3 + a_8 x^2 y + \\ &a_9 xy^2 + a_{10} y^3 + a_{11} x^3 y + a_{12} xy^3\end{aligned} \tag{3-59}$$

其中,a_1、a_2、a_3、$\cdots$、a_{12}为待定参数。

单元内任一点的转角θ_x、θ_y也可根据几何关系$\theta_x = \frac{\partial w}{\partial x}$与$\theta_y = -\frac{\partial w}{\partial y}$求得相应的表达式。设板单元的长度和宽度分别为$a$和$b$,若将坐标原点置于矩形板单元的中心,则$i$、$j$、$k$、$l$四个节点的坐标已知。将四个节点的坐标分别代入上述位移模式表达式,可得到相应的节点位移与12个待定参数的关系,由此共获得节点位移与待定参数之间的12个联立方程。求解此方程组,可将12个待定参数由单元节点位移来表示。于是单元内任一点挠度w也可采用如下节点位移的表示形式。

$$w = [\boldsymbol{N}]\{\boldsymbol{\delta}\}_e \tag{3-60}$$

其中，$[N]$称为形函数矩阵，可表达为：

$$[N] = [N_i \quad N_{xi} \quad N_{yi} \quad N_j \quad N_{xj} \quad N_{yj} \quad N_k \quad N_{xk} \quad N_{yk} \quad N_l \quad N_{xl} \quad N_{yl}]^T$$

其中，N_i、N_{xi}、N_{yi}……为 x、y 的四次多项式：

$$[N_i \quad N_{xi} \quad N_{yi}] = \frac{X_1 Y_1}{16}[X_1 Y_1 - X_2 Y_2 + 2X_1 X_2 + 2Y_1 Y_2 - 2aX_1 X_2 - 2bY_1 Y_2]$$

$$[N_j \quad N_{xj} \quad N_{yj}] = \frac{X_2 Y_1}{16}[X_2 Y_1 - X_1 Y_2 + 2X_1 X_2 + 2Y_1 Y_2 - 2aX_1 X_2 - 2bY_1 Y_2]$$

$$[N_k \quad N_{xk} \quad N_{yk}] = \frac{X_2 Y_2}{16}[X_2 Y_2 - X_1 Y_1 + 2X_1 X_2 + 2Y_1 Y_2 - 2aX_1 X_2 - 2bY_1 Y_2] \quad (3\text{-}61)$$

$$[N_l \quad N_{xl} \quad N_{yl}] = \frac{X_1 Y_2}{16}[X_1 Y_2 - X_2 Y_1 + 2X_1 X_2 + 2Y_1 Y_2 - 2aX_1 X_2 - 2bY_1 Y_2]$$

其中，$X_1 = 1 - \frac{x}{a}$，$X_2 = 1 + \frac{x}{a}$，$Y_1 = 1 - \frac{y}{b}$，$Y_2 = 1 + \frac{y}{b}$。

记筏板单元的弯矩向量（单位宽度上的力矩）为 $\{M\}_e = [M_x \quad M_y \quad M_{xy}]^T$，根据薄板弯曲理论，$\{M\}_e$ 与节点位移 $\{\delta\}_e$ 的关系如下：

$$\{M\}_e = [D][B]\{\delta\}_e \quad (3\text{-}62)$$

再引入虚功原理，可以推导筏板单元节点力 $\{F\}_e$ 与节点位移 $\{\delta\}_e$ 之间的关系为：

$$\{F\}_e = [k]\{\delta\}_e \quad (3\text{-}63)$$

其中，$[k]$ 为薄板单元的刚度矩阵，$[k] = \iint [B]^T[D][B] \mathrm{d}x\mathrm{d}y$。

$$[D] = \frac{Et^3}{12(1-\mu^2)}\begin{bmatrix} 1 & \mu & 0 \\ \mu & 1 & 0 \\ 0 & 0 & \dfrac{1-\mu}{2} \end{bmatrix}$$

$$[B] = -\begin{bmatrix} \dfrac{\partial^2 N_i}{\partial x^2} & \dfrac{\partial^2 N_{xi}}{\partial x^2} & \dfrac{\partial^2 N_{yi}}{\partial x^2} & \cdots\cdots & \dfrac{\partial^2 N_{yl}}{\partial x^2} \\ \dfrac{\partial^2 N_i}{\partial y^2} & \dfrac{\partial^2 N_{xi}}{\partial y^2} & \dfrac{\partial^2 N_{yi}}{\partial y^2} & \cdots\cdots & \dfrac{\partial^2 N_{yl}}{\partial y^2} \\ 2\dfrac{\partial^2 N_i}{\partial xy} & 2\dfrac{\partial^2 N_{xi}}{\partial xy} & 2\dfrac{\partial^2 N_{yi}}{\partial xy} & \cdots\cdots & 2\dfrac{\partial^2 N_{yl}}{\partial xy} \end{bmatrix}$$

薄板单元的刚度矩阵求得后，可按单元对号入座方式集合成地基板的总刚度矩阵 $[K_B]$。设总位移向量为 $\{U\}$，总节点力列向量为 $\{F\}$，外荷载列向量为 $\{P\}$，单元结点处的地基反力向量为 $\{R\}$，则筏板基础总体平衡方程为：

$$[K_B]\{U\} = \{F\} = \{P\} - \{R\} \quad (3\text{-}64)$$

引入文克勒地基模型和变形协调条件：

$$\{R\} = [K_s]\{s\} = [K_s]\{U\} \quad (3\text{-}65)$$

其中，$\{s\}$ 为单元结点处的地基土沉降向量，$[K_s]$ 为地基的刚度矩阵。由于地基与基础之间没有转角的相容条件，只有竖向位移协调条件，为便于 $[K_s]$ 与 $[K_B]$ 的叠加，可将 $[K_s]$ 的阶数加以扩充，使相应于转角 θ_x、θ_y 项的元素充零。这样 $[K_s]$ 与 $[K_B]$ 就可以相加，而筏板基础的总体平衡方程变为：

$$\{P\} = ([K_B] + [K_s])\{U\} \quad (3\text{-}66)$$

或：

$$\{P\} = [K]\{U\} \tag{3-67}$$

其中，$[K]$称为筏板基础的总刚度矩阵，$[K]=[K_s]+[K_B]$。

求解式(3-67)可得节点位移$\{U\}$，回代到式(3-65)可求得地基土反力$\{R\}$，再代入式(3-64)可求得节点力$\{F\}$，最后由式(3-62)求出基础板的内力$\{M\}_e$。

三、截面强度验算与配筋计算

选用合适的内力计算方法计算出筏板基础内力后，可按《混凝土结构设计规范》(GB 50010—2002)中的抗剪与抗冲切强度验算方法确定筏板厚度，由抗弯强度验算确定筏板的纵向与横向配筋量。对含基础梁的筏板基础，其基础梁的计算及配筋可采用与条形基础梁相同的方法进行。

四、筏形基础的构造与基本要求

(1)筏板基础设计时应尽可能使荷载合力点位置与筏基底面形心相重合。当偏心距较大时，可将筏板适当向外悬挑，但挑出长度不宜大于2.0m，同时宜将肋梁挑至筏板边缘。悬臂板如做成坡度，其边缘厚度不应小于200mm。

(2)平板式筏基的厚度不宜小于200mm。肋梁式筏板的厚度宜大于计算区段内最小板跨的1/20，一般取200~400mm。肋梁高度宜大于或等于柱距的1/6。

(3)筏板配筋率一般在0.5%~1.0%为宜。受力钢筋最小直径不宜小于8mm，一般不小于12mm，间距100~200mm。分布钢筋直径取8~10mm，间距200~300mm。当板厚≤250mm时，可选取ϕ8mm@250mm；当板厚>250mm时，可选取ϕ10mm@200mm。

除计算配筋外，纵横方向支座钢筋尚应有一定配筋率(对墙下筏板，纵向为0.15%，横向为0.10%；对柱下筏板，两个方向均为0.15%)的连通；跨中钢筋应按实际配筋率全部连通。对无外伸肋梁的双向外伸筏板角底面，应配置5~7根辐射状的附加钢筋。附加钢筋的直径与边跨板的主筋相同，钢筋外端间距不大于200mm，且内锚长度(从肋梁外边缘起算)应大于板的外伸长度。

(4)不埋式筏板的四周必须设置边梁。

(5)筏板的混凝土强度等级可采用C20，地下水位以下的地下室底板应考虑抗渗，并进行抗裂度验算。

第九节 箱 形 基 础[❶]

箱形基础是由底板、顶板、外侧墙及一定数量纵横较均匀布置的内隔墙构成的整体刚度很好的箱式结构。箱形基础的设计计算包括地基计算、基础内力分析、基础截面强度验算及构造要求等方面，其中箱形基础的地基计算(包括地基承载力验算和地基变形验算)与筏形基础基本相同。基础截面强度验算及构造要求可参见相关钢筋混凝土结构设计书籍。下面主要介绍箱形基础结构设计中的两个关键问题：①基底反力的分布与大小；②根据上部结构、基础和地基的相对刚度选用内力计算方法。

箱形基础与上部结构组成整体，同时也与地基相连，因此其荷载的传递与基底反力的分布，

[❶]箱形基础现应用不多，故本节内容可选修。

不仅与上部结构、基础、地基各自的条件有关,而且还取决于三者的共同作用状态。由于问题的复杂性,在实际应用中,对于基底反力的计算以及箱基内力计算,常采用不考虑共同作用的简化方法。

一、箱形基础的基底反力分布与计算

原位实测资料表明,一般土质地基上箱形基础底面的反力分布基本上是边缘略大于中间的马鞍形分布形式,如图 3-33 所示。只有当地基土很软弱、基础边缘处发生塑性破坏的范围较大时,基底反力才可能出现中间比边缘大的现象。

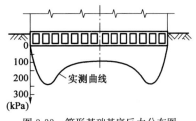

图 3-33 箱形基础基底反力分布图

箱形基础的基底反力可根据《高层建筑箱形与筏形基础技术规范》(JGJ 6—99)提供的实用方法计算:对于地基土比较均匀,上部结构为框架结构且荷载比较均称,基础底板悬挑部分不超出 0.8m,不考虑相邻建筑物的影响以及满足各项构造要求的单幢建筑物箱形基础,可以将基础底面划分成 40 个区格(纵向 8 格,横向 5 格)。某 i 区格的基底反力按式(3-68)确定。

$$p_i = \frac{\sum P}{BL}\alpha_i \tag{3-68}$$

式中:$\sum P$——上部结构竖向荷载加箱形基础重;

B、L——分别为箱形基础的宽度和长度;

α_i——相应于 i 区格的基底反力系数,具体可见《高层建筑箱形与筏形基础技术规范》(JGJ 6—99)中的地基反力系数表。

当纵横方向荷载不很匀称时,应分别求出由于荷载偏心产生的纵横向力矩引起的不均匀基底反力,并将该不均匀反力与由反力系数表计算的反力进行叠加。力矩引起的基底不均匀反力按直线变化计算。对于不符合地基反力系数法适用条件的情况,可采用考虑地基与基础共同作用的方法计算。

二、箱形基础的内力分析

1. 框架结构中的箱形基础

箱基的内力应同时考虑整体弯曲和局部弯曲作用。局部弯曲产生的弯矩应乘以 0.8 的折减系数后叠加到整体弯曲的弯矩中。计算中基底反力可采用基底反力系数法确定。

(1)箱形基础的整体弯曲弯矩计算

箱形基础承担的整体弯曲弯矩 M_g 可以采用将整体弯曲产生的弯矩 M 按基础刚度占总刚度的比例分配的形式求出,即:

$$M_g = M \frac{E_g I_g}{E_g I_g + E_u I_u} \tag{3-69}$$

式中:M——由整体弯曲产生的弯矩,可将上部结构柱和钢筋混凝土墙当作箱基梁的支点,按静定梁方法计算;箱基的自重按柔性均布荷载处理,并取 $g = \dfrac{G}{L}$;

E_g——箱形基础的混凝土弹性模量;

I_g——箱形基础横截面的惯性矩,按工字形截面计算;上、下翼缘宽度分别为箱形基础顶板、底板全宽,腹板厚度为箱基在弯曲方向的墙体厚度总和;

E_uI_u——上部结构等效抗弯刚度,按下述方法计算:

对于等柱距或柱距相差不超过20%的框架结构,等效抗弯刚度E_uI_u为:

$$E_uI_u = \sum_{i=1}^{n}\left[E_bI_{bi}\left(1+\frac{K_{ui}+K_{li}}{2K_{bi}+K_{ui}+K_{li}}\cdot m^2\right)\right]+E_wI_w \tag{3-70}$$

式中:K_{ui}、K_{li}、K_{bi}——第i层上柱、下柱和梁的线刚度,其值分别为:

$$K_{ui}=\frac{I_{ui}}{h_{ui}}, \quad K_{li}=\frac{I_{li}}{h_{li}}, \quad K_{bi}=\frac{I_{bi}}{l} \tag{3-71}$$

I_{ui}、I_{li}、I_{bi}——分别为第i层上柱、下柱和梁的截面惯性矩;

h_{ui}、h_{li}——分别为上柱、下柱的高度;

l——框架结构的柱距;

E_b——梁、柱的混凝土弹性模量;

E_w、I_w——分别为在弯曲方向与箱形基础相连的连续钢筋混凝土墙的弹性模量和惯性矩,$I_w=\frac{1}{12}bh^3$(b、h分别为墙的厚度和高度);

m——建筑物弯曲方向的柱间距或开间数,$m=\frac{L}{l}$;

L——与箱基长度方向一致的结构单元总长度;

n——建筑物层数,不包括电梯机房、水箱间、塔楼的层数。

(2)局部弯曲弯矩计算

顶板按室内地面设计荷载计算局部弯曲弯矩。底板局部弯曲弯矩的计算荷载为扣除底板自重后的基底反力。计算局部弯曲弯矩时可将顶板、底板当作周边固定的双向连续板处理。

2.现浇剪力墙体系中的箱形基础

由于现浇剪力墙体系结构的刚度相当大,箱基的整体弯曲可不予考虑,箱基的顶板和底板内力仅按局部弯曲计算。考虑到整体弯曲可能产生的影响,钢筋配置量除符合计算要求外,纵、横方向支座钢筋尚应有0.15%和0.10%的配筋率连通配置,跨中钢筋按实际配筋率全部连通。

习 题

【3-1】 某砖墙承重房屋,采用C15素混凝土条形基础。基础顶面处砌体宽度$b_0=490$mm,传到设计地面处的荷载标准组合$N_k=220$kN/m,地基土的承载力特征值$f_k=120$kPa,基础埋深为1.2m,土的类别为黏性土,$e=0.75$,$I_L=0.65$。试确定此条形基础的截面尺寸并绘出基础剖面图。

【3-2】 某厂房采用钢筋混凝土条形基础,墙厚240mm,上部结构传至基础顶部的轴心荷载标准组合$N_k=360$kN/m,弯矩$M_k=25.0$kN·m/m,如图3-34所示。条形基础底面宽度b已由地基承载力条件确定为1.8m,试设计此基础的高度并进行底板配筋。

【3-3】 某工业厂房柱基采用钢筋混凝土独立基础。地基基础剖面如图3-35所示。已知上部结构荷载标准组合$N_k=2\,600$kN,基础采用C20混凝土,HRB335级钢筋,试确定此基础的底面尺寸并进行截面验算与配筋。

【3-4】 同上题,但上部结构荷载还有弯矩标准组合$M_k=450$kN·m作用。

【3-5】 试用倒梁法计算如图3-36所示柱下条形基础的内力。

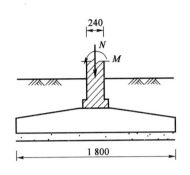

图 3-34 习题 3-2 图(尺寸单位:mm)

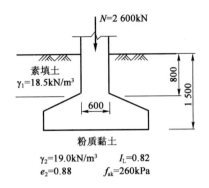

图 3-35 习题 3-3 图(尺寸单位:mm)

【3-6】 如图 3-37 所示承受对称柱荷载的钢筋混凝土条形基础的抗弯刚度 $EI=4.3\times 10^4 \mathrm{MPa \cdot m^4}$,地基基床系数 $k=3.8\times 10^3 \mathrm{kN/m^3}$,梁长 $l=18\mathrm{m}$,梁底宽 $b=2\mathrm{m}$。试计算基础中点 C 处的挠度、弯矩和基底净反力。

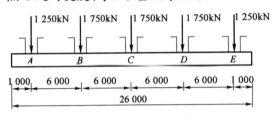

图 3-36 习题 3-5 图(尺寸单位:mm)

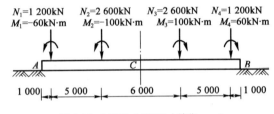

图 3-37 习题 3-6 图(尺寸单位:mm)

【3-7】 承受柱荷载的钢筋混凝土条形基础如图 3-38 所示。其梁高 $h=0.6\mathrm{m}$,底面宽度 $b=2.6\mathrm{m}$,梁的弹性模量 $E=21\,000\mathrm{MPa}$,$I=0.047\,5\mathrm{m^4}$,地基基床系数 $k=22\,000\mathrm{kN/m^3}$。试计算基础 C 点处的挠度、弯矩和基底净反力。

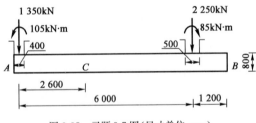

图 3-38 习题 3-7 图(尺寸单位:mm)

【3-8】 有一正方形片筏基础置于弹性地基上,片筏边长为 12.5m,厚度为 200mm。在板中心位置的 300mm×300mm 范围内作用有 $0.6\mathrm{N/m^2}$ 的均布荷载,试求板的挠度。已知地基变形模量 $E_0=80\mathrm{MPa}$,泊松比 $\mu_0=0.3$;板的弹性模量 $E=21\,000\mathrm{MPa}$,泊松比 $\mu=0.15$。

思 考 题

【3-1】 地基反力分布假设有哪些?其适用条件各是什么?

【3-2】 简述基础结构设计的主要内容。

【3-3】 试比较刚性基础、墙下条形基础与柱下条形基础在截面高度确定方法上的区别。

【3-4】 试述倒梁法计算柱下条形基础的过程和适用条件。

【3-5】 如何区分无限长梁和有限长梁?文克勒地基上无限长梁和有限长梁的内力是如何求得的?

【3-6】 简述用有限单元法计算弹性地基梁与弹性地基板内力与变形的主要步骤。

第四章 桩基础

第一节 概 述

如果建筑场地浅层的土质不能满足建筑物对地基承载力和变形的要求,而又不适宜采取地基处理措施时,就要考虑采用下部坚实土层或岩层作为持力层的深基础方案。相对于浅基础,深基础埋入地层较深,结构形式和施工方法也较浅基础复杂,在设计计算时需要考虑基础侧面土体的影响。深基础主要有桩基础、沉井和地下连续墙等类型,其中以历史悠久的桩基础应用最为广泛。本章着重讨论桩基础的设计计算方法,在第五章中将介绍沉井基础的设计计算方法。

桩基础是通过承台把若干根桩的顶部连接成整体,共同承受动静荷载的一种深基础。桩是设置于土中的竖直或倾斜的基础构件,其作用在于穿越软弱的高压缩性土层或水,将桩所承受的荷载传递到更硬、更密实或压缩性较小的地基持力层上。桩基础中的桩通常称之为基桩,如图 4-1a)所示。

随着近代科学技术的发展,桩的种类和桩基形式、施工工艺和设备以及桩基理论和设计方法等,都有了很大的发展。桩基础已成为在土质不良地区修建各类建筑物,特别是高层建筑、重型厂房、桥梁、码头和具有特殊要求的建筑物、构筑物所广泛采用的基础形式。

桩基础按承台位置可以分为低桩承台基础和高桩承台基础(简称低桩承台和高桩承台)。低桩承台的承台底面位于地面(或冲刷线)以下,如图 4-1a)所示;高桩承台的承台底面位于地面(或冲刷线)以上,其结构特点是基桩有部分桩身沉入土中,而部分桩身外露在地面以上(成为桩的自由长度),如图 4-1b)所示。

高桩承台由于承台位置较高或设在施工水位以上,可减少墩台的材料用量,并可避免或减少水下作业,施工较为方便,且更经济。然而,高桩承台基础刚度较小,在水平力作用下,由于承台及基桩露出地面的一段自由长度周围无土来共同承受水平外力,基桩的受力情况较为不利,桩身内力和位移都将大于在同样水平外力作用下的低桩承台,在稳定性方面低桩承台也较高桩承台好。

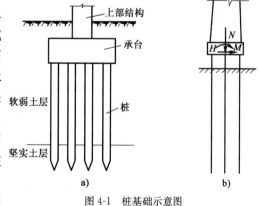

图 4-1 桩基础示意图
a)低承台桩基础;b)高承台桩基础

通常对于下列情况,可考虑采用桩基础方案:

(1)软弱地基或某些特殊性土上的各类永久性建筑物,不允许地基有过大沉降和不均匀沉降时;

(2)对于高重建筑物,如高层建筑、重型工业厂房和仓库、料仓等,地基承载力不能满足设计需要时；

（3）对桥梁、码头、烟囱、输电塔等结构物，需要采用桩基础以承受较大的水平力和上拔力时；

（4）对精密或大型的设备基础，需要减小基础振幅、减弱基础振动对结构的影响时；

（5）在地震区，以桩基础作为地震区结构抗震措施或穿越可液化土层时；

（6）水上基础、施工水位较高或河床冲刷较大，采用浅基础施工困难或不能保证基础安全时。

第二节　桩的类型及施工工艺

一、桩的分类

按施工工艺，桩可分为预制桩和灌注桩两大类。

1. 预制桩的种类

预制桩系指借助于专用机械设备将预先制作好的具有一定形状、刚度与构造的桩杆打入、压入或振入土中的桩型。

（1）预制钢筋混凝土桩

预制钢筋混凝土桩最常用的是实心方桩。该桩型质量可靠、制作方便、沉桩快捷，是近几十年来我国应用最普遍的一种桩型。其断面尺寸可从 200mm×200mm 到 600mm×600mm；桩长在现场制作时可达 25~30m，在工厂预制时一般不超过 12m。分节制作的桩应保证桩头的质量，满足桩身承受轴力、弯矩和剪力的要求。接桩的方法有：钢板角钢焊接、法兰盘螺栓和硫磺胶泥锚固等。当采用静压法沉桩时，也常采用管桩或空心方桩；在软土层中也有采用三角形断面的预制桩，以节省材料，增加侧面积和摩阻力。

（2）预应力钢筋混凝土桩

预应力钢筋混凝土桩是预先将钢筋混凝土桩的部分或全部主筋作为预应力张拉钢筋，可采用先张法或后张法对桩身混凝土施加预压应力，以提高桩的抗冲（锤）击能力与抗弯能力。预应力钢筋混凝土桩常简称为预应力桩。

预应力钢筋混凝土桩与普通钢筋混凝土桩比较，其强度质量比大，含钢率低，耐冲击、耐久性和抗腐蚀性能高，其穿透能力强，因此特别适合于用作超长桩（$L>50$m）和需要穿越夹砂层的情况，所以其是高层建筑的理想桩型之一，但制作工艺要求较复杂。

预应力桩按其制作工艺可分为两类：一类是普通立模浇制的，断面形状为含内圆孔的正方形，称为预应力混凝土空心方桩，或简称预应力空心桩；另一类是离心法旋制的，断面形状为圆环形的预应力高强混凝土管桩（Prestressed High Strength Concrete Tube-shaped Piles），简称 PHC 桩。

目前，预应力空心桩规格主要有：外边长 250mm×250mm~1 000mm×1 000mm，以每 50mm 为增量。PHC 桩主要有以下几种规格：外径 ϕ400mm、ϕ500mm、ϕ600mm、ϕ800mm、ϕ1 000mm，壁厚 90~130mm，桩段长 8~15m，钢板电焊或螺栓连接，混凝土强度达 C60~C80。

（3）钢桩

钢桩主要有钢管桩和 H 形钢桩两种类型。

钢管桩系由钢板卷焊而成，常见直径有 ϕ406mm、ϕ609mm、ϕ914mm 和 ϕ1 200mm 几种，壁

厚通常是按使用阶段应力设计的,约 10～20mm。

钢管桩具有强度高、抗冲击疲劳性能好、贯入能力强、抗弯曲刚度大、单桩承载力高、便于割接、质量可靠、便于运输、沉桩速度快以及挤土影响小等优点;但它的抗腐蚀性能较差,须做表面防腐蚀处理,且价格昂贵。因此,在我国一般只在必须穿越砂层或其他桩型无法施工和质量难以保证,或必须控制挤土影响,或工期紧迫等情况以及重要工程才选用。如上海浦东 88 层超高层金茂大厦采用的是 $\phi914mm\times20mm$ 钢管桩,入土深度为 83m。

H 形钢桩系一次轧制成型,与钢管桩相比,其挤土效应更弱、割焊与沉桩更便捷、穿透性能更强。H 形钢桩的不足之处是侧向刚度较弱,打桩时桩身易向刚度较弱的一侧倾斜,甚至产生施工弯曲。在这种情况下,采用钢筋混凝土或预应力混凝土桩身加 H 形钢桩尖的组合桩则是一种性能优越的桩型。实践证明,这种组合桩能顺利穿过夹块石的土层,亦能嵌入 $N_{63.5}>50$ 的风化岩层。

(4) 预制桩的施工工艺

预制桩的施工工艺包括制桩与沉桩两部分。沉桩工艺又随沉桩机械而变,主要有三种:锤击式、静压式和振动式。

锤击法的施工参数是不同深度的累计锤击数和最后贯入度,压桩法的施工参数是不同深度的压桩力。它们包含着桩身穿过土层的信息,在相似场地中积累了一定施工经验后,可以根据这些施工参数预估单桩承载力的大小,判断桩尖是否达到持力层的位置。如果场地内不同区域之间施工参数出现明显变化,则预示着地基不均匀;如果个别桩施工参数出现明显变化时,可能是桩遇到了障碍物或桩身已经损坏,因此设计确定的沉桩控制标准,往往要求设计高程和锤击贯入度双重控制。

2. 灌注桩的种类

灌注桩系指在工程现场通过机械钻孔、钢管挤土或人力挖掘等手段在地基土中形成的桩孔内放置钢筋笼并灌注混凝土而做成的桩。依照成孔方法不同,灌注桩可分为沉管灌注桩、钻孔灌注桩和挖孔灌注桩等几大类。

(1) 钻(冲)孔灌注桩

钻孔灌注桩与冲孔灌注桩是指在桩位上用机械方法钻进或冲击成孔的灌注桩。其施工顺序如图 4-2 所示,主要分三步:成孔、沉放钢筋笼、导管法浇灌水下混凝土成桩。钻孔灌注桩采用钻头回转钻进成孔,同时采用具有一定重度和黏度的泥浆进行护壁,通过泥浆不断地正循环或反循环,完成将钻渣携运出孔的任务;回转钻进对于卵砾石层、漂石、孤石和硬基岩较为困难,一般用冲击钻头先进行破碎,然后捞渣出孔。

这种成孔工艺可穿过任何类型的地层,桩长可达 100m,桩端不仅可进入微风化基岩而且可扩底;目前常用直径为 600mm 和 800mm,较大的可做到 2 000mm 以上的大直径桩,单桩承载力和横向刚度较预制桩大大提高。

钻孔灌注桩施工过程无挤土、无(少)振动、无(低)噪声,环境影响较小,在城市建设中获得了越来越广泛的运用。

(2) 人工挖孔灌注桩

人工挖孔灌注桩简称挖孔桩,是先用人力挖土形成桩孔,在向下掘进的同时,设孔壁衬砌以保证施工安全;在清理完孔底后,浇灌混凝土。这种方法可形成大尺寸的桩,满足了高层建筑对大直径桩的迫切需求,成本较低,且对周围环境也没有影响。挖孔桩在全国推广应用较快,成为一些地区高层建筑桩基础的一种常用桩型。

挖孔桩的护壁可有多种方式,最早用木板钢环梁或套筒式金属壳等。现在多用混凝土现浇,整体性和防渗性更好,构造形式灵活多变,并可做成扩底,如图4-3所示。当地下水位很低,孔壁稳固时,亦可无护壁挖土。由于工人在挖土时存在安全问题,挖孔桩挖深有限,最忌在含水砂层中开挖。挖孔桩主要适用于场地土层条件较好,在地表下不深的位置有硬持力层,而且上部覆土透水性较低或地下水位较低的条件。它可做成嵌岩端承桩或摩擦端承桩、直身桩或扩底桩、实心桩或空心桩。挖孔桩因为直径较大,当桩长较小时也称作为墩。

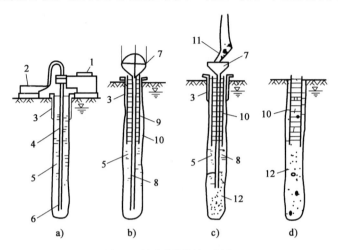

图4-2 钻孔灌注桩施工顺序
a)成孔;b)下导管和钢筋笼;c)浇灌水下混凝土;d)成桩
1-钻机;2-泥浆泵;3-护筒;4-钻杆;5-护壁泥浆;6-钻头;7-漏斗;8-混凝土导管;9-导管塞;10-钢筋笼;11-进料斗;12-混凝土

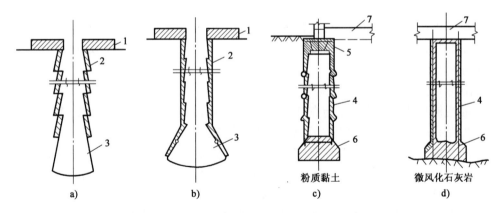

图4-3 挖孔桩的护壁形式和空心桩构造
a)阶梯式护壁;b)内叠式护壁;c)竹节式空心桩;d)直壁式空心桩
1-孔口护板;2-孔壁护圈;3-扩底;4-配筋护壁兼桩身;5-顶盖;6-混凝土封底;7-基础梁

(3)沉管灌注桩和沉管夯扩灌注桩

沉管灌注桩又称套管成孔灌注桩。这类灌注桩采用振动沉管打桩机或锤击沉管打桩机,将带有活瓣式桩尖,或锥形封口桩尖,或预制钢筋混凝土桩尖的钢管沉入土中,然后边灌注混凝土、边振动或边锤击、边拔出钢管而形成灌注桩。该方法具有施工方便、快捷、造价低的优点,是国内目前采用得较为广泛的一种灌注桩。

沉管灌注桩是最早出现的现场灌注桩,其施工程序一般包括四个步骤:沉管、放笼、灌注、拔管,如图4-4所示。沉管灌注桩的优点是在钢管内无水环境中沉放钢筋笼并浇灌混凝土,从而为桩身混凝土的质量提供了保障。

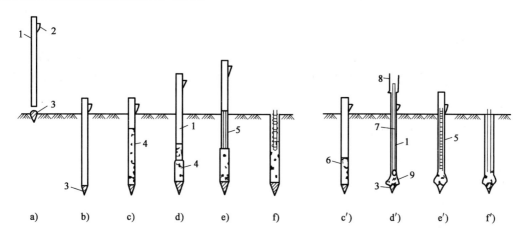

图 4-4 沉管灌注桩与夯扩桩的施工顺序

a)打桩机就位；b)沉管；c)浇灌混凝土；d)边拔管、边振动；e)安放钢筋笼,继续浇灌混凝土；f)成型夯扩桩工艺；c')浇灌扩底混凝土；d')内夯扩底；e')安放钢筋笼,继续浇灌混凝土；f')成型

1-桩管；2-混凝土注入口；3-预制桩尖；4-混凝土；5-钢筋笼；6-初灌扩底混凝土；7-夯锤；8-吊绳；9-扩大头

沉管夯扩灌注桩简称夯扩桩,是在锤击沉管灌注桩的机械设备与施工方法的基础上加以改进,增加一根内夯管,并按照一定的施工工艺,采用夯扩的方式将桩端现浇混凝土扩大成大头形的一种桩型。其通过扩大桩端截面积和挤密地基土,使桩端土的承载力有较大幅度提高,同时桩身混凝土在柴油锤和内夯管的压力作用下成型,避免了"缩颈"现象,使桩身质量得以保证。

沉管灌注桩常用桩径为 $\phi 325mm$、$\phi 377mm$、$\phi 425mm$,受机具限制,桩长一般不超过 30m,因此单桩承载力较低,主要适用于中小型的工业与民用建筑。近几年来,夯扩桩技术有了进一步的发展,研制出了 $\phi 500mm$、$\phi 600mm$、$\phi 700mm$ 大直径沉管夯扩灌注桩,最大施工长度超过 40m,并可利用基岩埋深较浅的地质条件,以强风化岩层为持力层,可以得到较高的单桩承载力,因此这类桩在高层建筑工程中也获得了推广与应用。

二、各类桩的主要特点

不同形式的桩,由于采用不同的施工工艺、材料和构造,其工作性能、对环境影响和适用条件等也均有所差异。下面就以下主要特性进行比较。

1. 振动、噪声

预制桩、沉管灌注桩在用锤击或振动法下沉时,施工噪声大,污染环境,不宜在居住区周围使用。预制桩用静压法施工可消除噪声污染,而且可降低桩身混凝土强度、含筋率,是城区预制桩的主要施工方法。钻孔灌注桩在施工过程中振动、噪声小,是城区建筑的常用桩型。

2. 挤土效应

预制钢筋混凝土桩、沉管灌注桩(无论打入、压入或振入)均属于挤土桩,在饱和软土中进行密集桩群施工将使土中超孔隙水压力剧增(可达上覆土重的 1.4 倍,甚至更高)、地表隆起(例如桩区内 50m,隆起总体积约为桩入土体积的 40%)、浅层土体水平位移(影响范围可达 1 倍桩长以上)、深层土体位移、先打设的桩被抬起和挤偏甚至弯曲和断裂。由此将造成各种危害,包括原有建筑物下沉或局部抬起以致结构损坏,邻近路面开裂以及地下管线位移或破坏。

钻孔灌注桩、挖孔灌注桩为非挤土桩，对邻近建筑物及地下管线危害很小。

有效控制和减轻沉桩的挤土影响已成为市区选用预制桩的前提条件。实践中已形成一些行之有效的方法，例如设置防振沟、挤土井、预钻孔、排水砂井、控制沉桩速度以及调整打桩流水等。也可采用端部开口或半闭口的管桩，沉桩时部分土进入桩管内，减小了挤土效应。这类桩为部分挤土桩，内径越大挤土效应就越不明显，但端部开口或半闭口的管桩的承载力较端部封闭式桩的承载力小。

3. 沉桩能力

受设备能力的限制，单节预制桩的长度不能过长，一般在 30m 以内，若更长时则需要接桩。预制钢筋混凝土桩不易穿透较厚的坚硬地层，沉桩困难时需采用射水辅助振动沉桩法、预钻孔法等方法。由于节长规格无法临时变更，沉桩无法达到设计高程时，就不得不截桩。因此除钢桩、嵌岩桩外，受沉桩能力的限制，预制混凝土桩、沉管灌注桩的桩径、桩长不可太大，单桩极限承载力一般不超过 6 000kN。

钻孔灌注桩直径可大至 2m 以上，桩长超过 100m，可适用于各种地层，桩端不仅可进入微风化基岩而且可扩底，挖孔灌注桩直径更可扩大至 2～3m，因此单桩的承载能力大，单桩极限承载力可达 15 000kN 以上。

4. 施工应力

预制桩的配筋往往是由搬运起吊和锤击时的施工工况所控制，远超过正常工作荷载对强度的要求，因此桩身混凝土强度等级高，含筋率也高，主筋要求通长配置，用钢量大。

灌注桩的优点是省去了预制桩的制作、运输、吊装和打入等工序，桩不承受这些过程中的弯折和锤击应力，从而节省了钢材和造价。其仅承受轴向压力时，可不用配置钢筋，或仅用少量的构造筋；需配置钢筋时，按工作荷载要求布置，通常只在上部配筋，不用接头，节约了钢的用量，也不需使用高强度等级混凝土，一般情况下比预制桩经济。

5. 质量稳定性

预制桩的接头常为桩身的薄弱环节。沉桩的挤土效应可使先打设的桩被抬起，如果接桩不牢固，可使上下两节桩脱开。沉管灌注桩的挤土效应也可能使混凝土尚未结硬的邻桩被剪断，对策是采取"跳打"顺序施工，待混凝土强度足够时再在它的近旁施打相邻桩。

与预制桩相比，灌注桩的主要缺点是桩身的混凝土质量不易控制和保证，在地下、水下灌注混凝土过程中容易出现离析、断桩、缩颈、露筋和夹泥的现象。

钻（冲）孔灌注桩在钻进过程中，采用泥浆防止孔壁坍塌，并利用泥浆的循环将孔内碎渣带出孔外，成孔过程中会使孔壁松弛并吸附泥皮，孔底沉淀钻渣，影响桩的承载能力。但严格的管理和成熟的工艺，可使这类缺点的影响得到有效控制。克服这一缺点的措施主要有：保证清孔质量，一般要求在沉放钢筋笼前后各进行一次清孔，孔底沉渣厚度控制在 10cm 以内；采用后压浆施工工艺，通过预埋注浆管在成桩后进行桩底注浆，使桩底沉渣、桩侧泥皮得以置换和加固，形成后压浆钻孔灌注桩；利用机械削土方法或挤压方法做成葫芦串式的多级扩径桩；或创造一个在无水环境下浇注混凝土的条件，例如套管护壁干取土施工工艺；或旋挖成孔，用可闭合开启的钻斗，旋转切挖土层，切挖下来的土层直接进入钻斗内，钻斗装满后提出孔外卸土，形成旋挖成孔灌注桩；或通过长螺旋钻孔至桩端位置，而后利用钻头自下而上压灌混凝土成桩，施工过程没有泥浆护壁问题。

挖孔桩的施工质量比钻孔桩更有保证。因为：①可在开挖面直接鉴别和检验孔壁和孔底的土质情况，弥补和纠正勘察工作的不足；②能直接测定与控制桩身与桩底的直径及形状等，克服了地下工程的隐蔽性;③挖土和浇灌混凝土都是在无水环境下进行的,避免了泥水对桩身质量和承载力的影响。

第三节 竖向荷载下的桩基础

一、单桩的荷载传递和荷载—沉降特性

(一)桩侧阻力和桩端阻力的荷载传递函数

桩顶不受力时,桩静止不动,桩侧阻力和桩端阻力为0;桩顶受力后,桩发生一定的沉降后达到稳定,桩侧阻力和桩端阻力总和与桩顶荷载平衡;随着桩顶荷载的不断增大,桩侧阻力和桩端阻力也相应地增大,当桩顶在某一荷载作用下,出现不停滞下沉时,桩侧阻力和桩端阻力才达到的极限值。这说明桩侧阻力和桩端阻力的发挥,需要一定的桩土相对位移,即桩侧阻力和桩端阻力是桩土相对位移的函数,通常称之为荷载传递函数。

荷载传递函数曲线的形状比较复杂,它与土层性质、埋深、施工工艺和桩径大小有关。荷载传递函数的主要特征参数为极限摩阻力 q_u 和对应的极限位移 s_u。对于加工软化型土(如密实砂、粉土、高结构性黄土等),所需 s_u 值较小,且摩阻力 q_s 达最大值后又随位移 s 的增大而有所减小;对于加工硬化型土(如非密实砂、粉土、粉质黏土等),所需 s_u 值更大,且极限特征点不明显(图4-5)。试验表明,桩底阻力的充分发挥需要有较大的位移值,在黏性土中约为桩底直径的25%,在砂性土中约为桩底直径的8%~10%;对于钻孔桩,由于孔底虚土、沉渣压缩的影响,发挥端阻极限值所需位移更大。而桩侧摩阻力只要桩土间有不太大的相对位移就能得到充分的发挥,就具体数量目前业内没有一致的意见,但一般认为黏性土为4~6mm,砂性土为6~

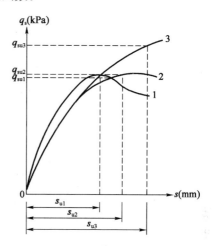

图4-5 荷载传递函数的曲线形状
1-加工软化型;2-非软化、硬化型;3-加工硬化型

10mm。对大直径的钻孔灌注桩,如果孔壁呈凹凸形,发挥侧摩阻力需要的极限位移较大,可达20mm以上,甚至40mm,约为桩径的2.2%;如果孔壁平直光滑,发挥侧摩阻力需要的极限位移较小,小至只有3~4mm,将影响桩侧摩阻力的发挥。

(二)极限桩侧阻力、桩端阻力的影响因素

1.深度效应

当桩端进入均匀持力层的深度 h 小于某一深度时,其端阻力一直随深度线性增大;当进入深度大于该深度后,极限端阻力基本保持恒定不变,该深度称为端阻力的临界深度 h_{cp},该恒定极限端阻力为端阻稳定值 q_{pl}。试验结果表明,临界深度 h_{cp} 随砂的相对密度 D_r 和桩径 d 的增大而增大,随上覆压力 p_0 的增大而减小。端阻稳定值 q_{pl} 随砂的相对密度 D_r 增大而增大,而与桩径 d 及上覆压力 p_0 无关。

当桩端持力层下存在软弱下卧层,且桩端与软弱下卧层的距离小于某一厚度时,端阻力将受软弱下卧层的影响而降低。该厚度称为端阻的临界厚度 t_c。临界厚度 t_c 主要随砂的相对密

度 D_r 和桩径 d 的增大而加大。

图 4-6 表示软土中密砂夹层厚度变化及桩端进入夹层深度变化对端阻的影响。当桩端进入密砂夹层的深度及离软卧层距离足够大时,其端阻力可达到密砂中的端阻稳值 q_{pl},这时要求夹层总厚度不小于 $h_{cp}+t_c$,如图 4-6 中的③;反之,当桩端进入夹层的厚度 $h<h_{cp}$ 或距软层顶面距离 $t_p<t_c$ 时,其端阻值都将减小,如图 4-6 中的①、②。

在上海、安徽蚌埠对桩端进入粉砂不同深度的打入桩进行了系列试验,可知临界深度 h_{cp} 在 $7d$ 以上,临界厚度 t_c 为 $5\sim7d$;硬黏性土中的临界深度与临界厚度接近相等,$h_{cp}\approx t_c\approx 7d$。

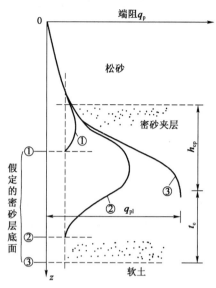

图 4-6 桩端进入夹层深度变化对端阻的影响

2. 成桩效应

(1) 挤土桩、部分挤土桩的成桩效应

非密实砂土中的挤土桩,在成桩过程中桩周土因挤压而趋于密实,导致桩侧、桩端阻力提高。对于桩群,桩周土的挤密效应更为显著。饱和黏土中的挤土桩,在成桩过程中桩周土受到挤压、扰动、重塑,产生超孔隙水压力,随后出现孔压消散、再固结和触变恢复,导致侧阻力、端阻力产生显著的时间效应,即软黏土中挤土摩擦型桩的承载力随时间而增长,距离沉桩时间越近,增长速度越快。

(2) 非挤土桩的成桩效应

非挤土桩(钻、冲、挖孔灌注桩),在成孔过程中由于孔壁侧向应力解除,出现侧向土松弛变形。孔壁土的松弛效应导致土体强度削弱,桩侧阻力随之降低。采用泥浆护壁成孔的灌注桩,在桩土界面之间将形成"泥皮"的软弱界面,导致桩侧阻力显著降低,泥浆越稀、成孔时间越长,"泥皮"越厚,桩侧阻力降低越多。如果形成的孔壁比较粗糙(凹凸不平),由于混凝土与土之间的咬合作用,接触面的抗剪强度受泥皮的影响较小,使得桩侧摩阻力能得到比较充分的发挥。对于非挤土桩,成桩过程桩中端土不仅不产生挤密,反而出现虚土或沉渣现象,因而使端阻力降低,沉渣越厚,端阻力降低越多。这说明钻孔灌注桩承载特性受很多施工因素的影响,施工质量较难控制。掌握成熟的施工工艺、加强质量管理,对保障工程的可靠性显得尤为重要。

(三) 桩土体系荷载传递的基本方程及解答

1. 荷载传递的基本方程

如图 4-7 所示,桩顶在竖向荷载作用下,深度 z 处桩身轴力为:

$$Q(z) = Q_0 - u\int_0^z q_s(z)\mathrm{d}z \tag{4-1}$$

相应的竖向沉降为:

$$s(z) = s_b + \frac{1}{E_p A_p}\int_z^l Q(z)\mathrm{d}z \tag{4-2}$$

从 $\mathrm{d}z$ 微单元体的竖向力的平衡可得:

$$q_s(z) = -\frac{1}{u}\cdot\frac{\mathrm{d}Q(z)}{\mathrm{d}z} \tag{4-3}$$

根据材料力学可得微段 dz 的变形为：

$$ds(z) = -\frac{Q(z)}{E_p A_p} dz \tag{4-4a}$$

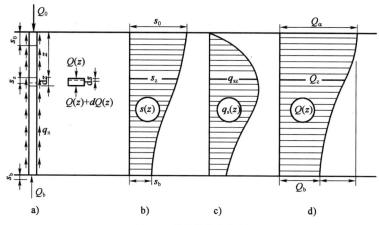

图 4-7 单桩荷载传递分析

所以：

$$Q(z) = -E_p A_p \cdot \frac{ds(z)}{dz} \tag{4-4b}$$

将(4-4b)代入式(4-3)，可得桩土体系荷载传递过程的基本微分方程为：

$$\frac{ds^2(z)}{dz^2} - \frac{u}{A_p \cdot E_p} \cdot q_s(z) = 0 \tag{4-5}$$

式中：$s(z)$——深度 z 处的桩身位移；

$q_s(z)$——深度 z 处的桩侧摩阻力；

u——桩身截面周长；

A_p——桩身截面积；

E_p——桩身弹性模量。

其中，$q_s(z)$ 是 $s(z)$ 的函数，方程的解即桩顶在竖向荷载作用下的位移反应，主要取决于荷载传递函数 $q_s(z)-s(z)$ 的形式。

2. 均质地基中桩顶的荷载 Q—沉降 s 曲线

由于土的工程性质的复杂，加上桩的施工工艺的多样性，荷载传递函数比较复杂，这就给求解上述方程带来了困难。为了便于研究单桩的荷载传递机理，佐腾悟(1965年)假定如下。

(1)传递函数是线弹性—塑性关系(图4-8)，即：

当 $s < s_u$ 时　　　　　$q_s = C_s s$

当 $s \geqslant s_u$ 时　　　　　$q_s = q_{su} = $ 常数 　　　(4-6)

(2)剪切变形系数 C_s 沿深度方向相同。

(3)桩端持力层垂直方向上的地基反力系数为 k_s，则 $Q(l) = k_s \cdot A_l \cdot s(l)$ (A_l 为桩端截面积，l 为桩长)。

将式(4-6)代入方程(4-5)，得：

$$\frac{ds^2(z)}{dz^2} - \frac{C_s \cdot u}{A_p \cdot E_p} \cdot s(z) = 0 \tag{4-7}$$

这是一个二阶线性微分方程，结合边界条件，可以得到桩顶的荷载 Q—沉降 s 曲线(图4-9)。

其 $Q-s$ 曲线可分为以下三个阶段。

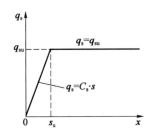

图 4-8 线弹性—塑性荷载传递函数

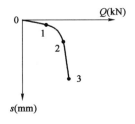

图 4-9 单桩的荷载 Q—沉降 s 的理想化曲线

(1)桩侧土弹性阶段

相当于 0—1 段(直线),桩身各点的摩阻力都小于极限侧阻力[$q_s(z)<q_{su}$]。

(2)桩侧土弹塑性阶段

相当于 1—2 段(曲线),当桩顶的侧阻力达到极限时(相当于 1 点),$Q-s$ 关系不再是直线,而是曲线,因为桩侧达到塑性状态后,就不再具有抗变形刚度($C_s=0$);随着桩顶荷载增加,桩侧土达到塑性状态的范围由浅到深不断扩大,桩顶的抗变形刚度也就不断下降,即 $\Delta Q/\Delta s$ 不断减小,直到桩长范围的桩侧土均达到塑性状态(2 点)。

(3)桩侧土完全塑性阶段

相当于 2—3 段(直线),新增加的荷重全部由桩端承担,直到持力层破坏($k_s s_1 \geqslant q_{bu}$)。此时,桩顶的抗变形刚度主要取决于持力层的地基反力系数 k_s。

图 4-9 的单桩荷载 Q—沉降 s 曲线是在假定均质地基、传递函数是线弹性—塑性关系基础上得到的,因此是一条理想化曲线。由于实际地基土层分布的复杂性及荷载传递函数的非线性,工程桩的 $Q-s$ 曲线也是很复杂的。

(四)单桩的荷载传递特性

桩的荷载传递特性大致可以表述如下。

1. 荷载传递过程

桩身轴力、位移在桩顶最大,自上而下逐步减小,因此,桩侧摩阻力发挥程度也总是在桩顶附近最高,然后向下不断减小。由于桩端阻力发挥所需的极限位移,明显大于桩侧阻力发挥所需的极限位移,一般桩侧摩阻力总是先于端阻力发挥。

2. 桩侧、桩端阻力的荷载分担比

桩侧、桩端阻力的荷载分担情况,除了与桩侧、桩端土的性质有关以外,还与桩土相对刚度、长径比 l/d 有关。桩土相对刚度越大,长径比 l/d 越小,桩端传递的荷载就越大。按桩侧阻力与桩端阻力的发挥程度和分担荷载比,可将桩分为摩擦型桩和端承型桩两大类和四个亚类。

(1)摩擦型桩

摩擦型桩是指在竖向极限荷载作用下,桩顶荷载全部或主要由桩侧阻力承受。根据桩侧阻力分担荷载的大小,摩擦型桩可分为摩擦桩和端承摩擦桩两类。

在深厚的软弱土层中,无较硬的土层作为桩端持力层,或桩端持力层虽然较坚硬但桩的长径比 l/d 很大,传递到桩端的轴力很小,以至在极限荷载作用下,桩顶荷载绝大部分由桩侧阻力承受,桩端阻力很小可忽略不计,该类型桩称其为摩擦桩。

当桩的 l/d 不很大,桩端持力层为较坚硬的黏性土、粉土或砂类土时,则桩除侧阻力外,还有一定的桩端阻力。桩顶荷载由桩侧阻力和桩端阻力共同承担,但大部分由桩侧阻力承受,称其为端承摩擦桩。这类桩所占比例很大。

对于钻(冲)孔灌注桩,桩侧与桩端荷载分担比还与孔底沉渣有关,一般为摩擦型桩。

(2)端承型桩

端承型桩是指在竖向极限荷载作用下,桩顶荷载全部或主要由桩端阻力承受,桩侧阻力相对桩端阻力而言较小,或可忽略不计的桩。根据桩端阻力发挥的程度和分担荷载的比例,其又可分为摩擦端承桩和端承桩两类。

桩端进入中密以上的砂土、碎石类土或中、微风化岩层,桩顶极限荷载由桩侧阻力和桩端阻力共同承担,但主要由桩端阻力承受,称其为摩擦端承桩。

当桩的 l/d 较小(一般小于 10),桩身穿越软弱土层,桩端设置在密实砂层、碎石类土层或微风化岩层中,桩顶荷载绝大部分由桩端阻力承受,桩侧阻力很小可忽略不计时,称其为端承桩。

桩端嵌入完整或较完整基岩的桩也称嵌岩桩。

3. 单桩的破坏模式

单桩的破坏模式同桩的荷载—沉降曲线和受力特点有关。如图 4-9 所示,对于摩擦型桩,桩端持力层的地基反力系数 k_s 值很小,2—3 直线段近似于竖直线,Q—s 曲线陡降,在点 2 处出现明显拐点,一般属刺入破坏;对于端承型桩,桩端阻力占承载力的比例较大,k_s 值较大,在点 2 处不出现明显拐点,而端阻破坏又需要很大位移,整个 Q—s 曲线呈缓变形;对于端承桩和桩身有缺陷的桩,在土阻力尚未充分发挥情况下,出现因桩身材料强度破坏而破坏,Q—s 曲线也呈陡降形。

二、单桩承载力确定

单桩竖向极限承载力是指单桩在竖向荷载作用下达到破坏状态前或出现不适于继续承载的变形所对应的最大荷载。确定单桩极限承载力的方法有静载荷试验法、经验参数法、静力计算法、静力触探法、高应变动测法等。本教材只介绍前两种方法。

(一)经验参数法

单桩极限承载力标准值由总桩侧摩阻力和总桩端阻力组成,即:

$$Q_{uk} = Q_{sk} + Q_{pk} = u\sum l_i q_{sik} + A_p q_{pk} \tag{4-8}$$

建筑物、构筑物使用时允许的桩顶荷载用承载力特征值表示,单桩竖向承载力特征值为:

$$R_a = Q_{uk}/K \tag{4-9}$$

式中:Q_{sk}、Q_{pk}——分别为单桩的总极限侧阻力标准值和总极限端阻力标准值;

q_{sik}、q_{pk}——分别为桩周第 i 层土的极限侧阻力标准值和桩端持力层极限端阻力标准值,如无当地经验时可按表 4-1 和表 4-2 选用;

u——桩周长;

l_i——按土层划分的第 i 层土桩长。

K——安全系数,一般取 $K=2$;

表 4-1 和表 4-2 是《建筑桩基技术规范》(JGJ 94—2008)给出的混凝土预制桩和灌注桩在常见土层中的摩阻力经验值。这是在对全国各地收集到的几百根试桩资料进行统计分析后得到的。由于全国各地的地基性质差别很大,这些表格用于指导各地的设计时有其局限性,而使

用各地方或各区域自己的承载力参数表则更合理些。目前全国许多省市的工程建设规范中已提供了这类参数表。

桩的极限侧阻力标准值 q_{sik} (kPa)　　　　表 4-1

土的名称	土的状态	混凝土预制桩	水下钻(冲)孔桩	干作业钻孔桩
填土		22~30	20~28	20~28
淤泥		14~20	12~18	12~18
淤泥质土		22~30	20~28	20~28
黏性土	$I_L>1$	24~40	21~38	21~38
	$0.75<I_L\leqslant1$	40~55	38~53	38~53
	$0.50<I_L\leqslant0.75$	55~70	53~68	53~66
	$0.25<I_L\leqslant0.5$	70~86	68~84	66~82
	$0<I_L\leqslant0.25$	86~98	84~96	82~94
	$I_L\leqslant0$	98~105	96~108	94~106
红黏土	$0.7<\alpha_w\leqslant1$	13~32	12~30	12~30
	$0.5<\alpha_w\leqslant0.7$	32~74	30~70	30~70
粉土	$e>0.9$	26~46	24~42	24~42
	$0.75<e\leqslant0.9$	46~66	42~62	42~62
	$e<0.75$	66~88	62~82	62~82
粉细砂	稍密	24~48	22~46	22~46
	中密	48~66	46~64	46~64
	密实	66~88	64~86	64~86
中砂	中密	54~74	53~75	53~72
	密实	74~95	72~94	72~94
粗砂	中密	74~95	74~95	76~98
	密实	95~116	95~116	98~120
砾砂	稍密	70~110	50~90	60~100
	中密、密实	116~138	116~135	112~130
圆砾	中密、密实	160~200	135~150	135~150
碎石、卵石	中密、密实	200~300	160~175	150~170

注：①对于尚未完成自重固结的填土和以生活垃圾为主的杂填土,不计算其侧阻力。
②$\alpha_w=w/w_L$,为含水比。

《建筑桩基技术规范》(JGJ 94—2008)还给出了后压浆灌注桩、大直径灌注桩、嵌岩桩、管桩等较为特殊桩型的承载力估算方法,限于篇幅本教材不再阐述。

(二)静载荷试验法

1. 试验装置

静载荷试验装置主要由加载系统和量测系统组成。如图 4-10a)所示单桩竖向静载荷试验法的锚桩横梁试验装置布置图。加载系统由千斤顶及其反力系统组成,后者包括主、次梁及锚桩,所能提供的反力应大于预估最大试验荷载的 1.2 倍。采用工程桩作为锚桩时,锚桩数量不能少于 4 根,并应对试验过程中的锚桩上拔量进行监测。反力系统也可以采用压重平台反力装置或锚桩压重联合反力装置。采用压重平台时[图 4-10b)],要求压重必须大于预估最大试验荷载的 1.2 倍,且压重应在试验开始前一次加上,并均匀稳固放置于平台上;压重施加于地基的压应力不宜大于地基承载力特征值的 1.5 倍。

桩的极限端阻力标准值 q_{pk} (kPa)

表 4-2

土的名称	桩型 土的状态	预制桩入土深度 l(m)				水下钻(冲)孔桩入土深度 l(m)				干作业钻孔桩入土深度 l(m)			
		$l \leq 9$	$9 < l \leq 16$	$16 < l \leq 30$	$l > 30$	$5 \leq l < 10$	$10 \leq l < 15$	$15 \leq l < 30$	$l \geq 30$	$5 \leq l < 10$	$10 \leq l < 15$	$l \geq 15$
黏性土	$0.75 < I_L \leq 1$	210~850	650~1 400	1 200~1 800	1 300~1 900	150~250	250~300	300~450	300~450	200~400	400~700	700~950
	$0.50 < I_L \leq 0.75$	850~1 700	1 400~2 200	1 900~2 800	2 300~3 600	350~450	450~600	600~750	750~800	500~700	800~1 100	1 000~1 600
	$0.25 < I_L \leq 0.50$	1 500~2 300	2 300~3 300	2 700~3 600	3 600~4 400	800~900	900~1 000	1 000~1 200	1 200~1 400	850~1 100	1 500~1 700	1 700~1 900
	$0 < I_L \leq 0.25$	2 500~3 800	3 800~5 500	5 500~6 000	6 000~6 800	1 100~1 200	1 200~1 400	1 400~1 600	1 600~1 800	1 600~1 800	2 200~2 400	2 600~2 800
粉土	$0.75 < e \leq 0.9$	950~1 700	1 400~2 100	1 900~2 700	2 500~3 400	300~500	500~650	650~750	750~850	800~1 200	1 200~1 400	1 400~1 600
	$e \leq 0.75$	1 500~2 600	2 100~3 000	2 700~3 600	3 600~4 400	650~900	750~950	900~1 100	1 100~1 200	1 200~1 700	1 400~1 900	1 600~2 100
粉砂	稍密	1 000~1 600	1 500~2 300	1 900~2 700	2 100~3 000	350~500	450~600	600~700	600~700	500~950	1 300~1 600	1 500~1 700
	中密、密实	1 400~2 200	2 100~3 000	3 000~3 800	3 800~4 600	700~800	800~900	900~1 100	1 100~1 200	900~1 000	1 700~1 900	1 700~1 900
细砂	中密、密实	2 500~4 000	3 600~4 800	4 400~5 700	5 300~6 500	1 000~1 200	1 200~1 400	1 300~1 500	1 400~1 500	1 200~1 400	2 100~2 400	2 400~2 700
中砂	中密、密实	4 000~6 000	5 100~6 300	6 300~7 200	7 000~8 000	1 300~1 600	1 600~1 700	1 700~2 200	2 000~2 200	1 800~2 000	2 800~3 300	3 300~3 500
粗砂	中密、密实	5 700~7 500	7 400~8 400	8 400~9 500	9 500~10 300	2 000~2 200	2 300~2 400	2 400~2 600	2 700~2 900	2 900~3 200	4 200~4 600	4 900~5 200
砾砂	中密、密实	6 000~9 500	6 000~9 500	9 500~10 500	9 500~10 500	1 400~2 000		2 000~3 200		3 500~5 000		
角砾、圆砾	中密、密实	7 000~10 000	7 000~10 000	9 500~11 500	9 500~11 500	1 800~2 200		2 200~3 600		4 000~5 500		
碎石、卵石	中密、密实	8 000~11 000	8 000~11 000	10 500~13 000	10 500~13 000	2 000~3 000		3 000~4 000		4 500~6 500		

注：①砂土和碎石类土中桩的极限端阻取值，要综合考虑土的密实度，桩端进入持力层的深度比 h_b/d，土愈密实，h_b/d 愈大，取值愈高。
②预制桩的岩石极限端阻力指桩端支撑于中、微风化基岩表面或进入强风化岩、软质岩一定深度条件下极限端阻力，本表未予列出。

量测系统主要由千斤顶上的精密压力表或荷载传感器(测荷载大小)及百分表或电子位移计(测试桩顶沉降)等组成。为准确测量桩的沉降,消除相互干扰,要求必须有基准系统。基准系统由基准桩、基准梁组成,且保证在试桩、锚桩(或压重平台支墩)与基准桩相互之间有足够的距离,一般应大于4倍桩直径并不小于2m。

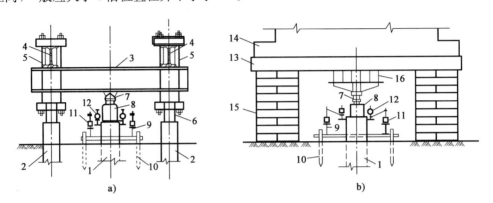

图4-10 单桩竖向静载荷试验装置
a)锚桩横梁反力装置;b)压重平台反力装置

1-试桩;2-锚桩;3-主梁;4-次梁;5-拉杆;6-锚筋;7-球座;8-千斤顶;9-基准梁;10-基准桩;11-磁性表座;12-位移计;13-载荷平台;14-压载;15-支墩;16-托梁

2. 试验方法

一般采用逐级等量加载,分级荷载一般按最大加载量或预估极限荷载的1/10施加,第一级荷载可加倍施加。每级加载后,按第5min、10min、15min、30min、45min、60min,以后按30min间隔测读桩顶沉降。当每小时沉降不超过0.1mm,并连续出现2次,则认为沉降已达到相对稳定,可加下一级荷载。符合下列条件之一时,可终止加载。

(1)某级荷载作用下,桩的沉降量为前一级荷载作用下沉降量的5倍;桩顶总沉降量小于40mm时,宜加载至总沉降量超过40mm。

(2)某级荷载作用下,桩的沉降量为前一级荷载作用下沉降量的2倍,且24h尚未达到相对稳定。

(3)桩顶加载达到设计规定的最大加载量。

(4)当工程桩作为锚桩时,锚桩上拔量已达到允许值。

(5)荷载—沉降曲线呈缓变形时,可加载至桩顶总沉降量60~80mm;特殊情况下可根据具体要求加载至桩顶总沉降量80mm以上。

终止加载后应进行卸载,每级卸载量按每级加载量的2倍控制,并按15min、30min、60min测读回弹量,然后进行下一级的卸载;全部卸载后,隔3~4h再测回弹量一次。

静载荷试验方法还有循环加卸载法(每级荷载相对稳定后卸载到零)和快速维持荷载法(每隔1h加一级荷载)。如果有选择地在桩身某些截面(如土层分界面的上与下)的主筋上埋设钢筋应力计,在静载荷试验时,可同时测得这些截面处主筋的应力和应变,进而可进一步得到这些截面的轴力、位移,从而根据式(4-3)算出两个截面之间的桩侧平均摩阻力。

3. 试验成果与承载力的确定

采用以上试验装置与方法进行试验,试验结果一般可整理成$Q—s$、$s—\lg t$等曲线。$Q—s$曲线表示桩顶荷载与沉降关系,$s—\lg t$曲线表示对应荷载下沉降随时间变化关系。

根据$Q—s$曲线和$s—\lg t$曲线可确定单桩极限承载力Q_u。满足终止加载条件(1)、(2)所对应的荷载可认为破坏荷载,其前一级荷载即为极限荷载(极限承载力)。

因此,陡降形 Q—s 曲线发生明显陡降的起始点对应的荷载或 s—$\lg t$ 曲线尾部明显向下弯曲的前一级荷载值即为单桩极限承载力。如图4-11和图4-12所示,某工程试桩的破坏荷载为7 480kN,尽管还未稳定,但满足终止加载条件(1)后便开始卸载,单桩极限承载力为6 800kN。

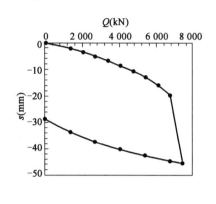 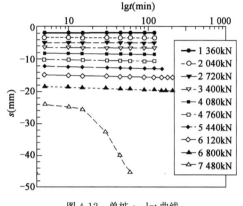

图4-11 单桩荷载—沉降(Q—s)曲线　　　　图4-12 单桩 s—$\lg t$ 曲线

对缓变形 Q—s 曲线,破坏荷载较难确定,一般取 $s=40$mm 对应的荷载作为单桩极限承载力;桩长大于40m时,宜考虑桩身弹性压缩量;对于大直径(不小于800mm)桩,可取 $s=0.05D$(D为桩端直径)对应的荷载。

当各试桩条件基本相同时,单桩竖向极限承载力标准值 Q_{uk} 可按下列统计方法确定:参加统计的试桩,当满足其极差不超过平均值的30%时,可取其平均值为单桩竖向极限承载力,对桩数为3根及3根以下的柱下桩基取最小值;当极差超过平均值的30%时,应查明原因,必要时宜增加试桩数。将单桩竖向极限承载力除以安全系数为2,即得单桩竖向承载力特征值 R_a。

4. 检测数量

对于甲级、乙级建筑和地质条件复杂、施工质量可靠性低的桩基础,必须进行单桩竖向静载荷试验。在同一条件下的试桩数量不宜小于总桩数的1%,且不应小于3根,工程总桩数在50根以内时不应小于2根。静载荷试验也可在工程桩中进行,此时,只要求加载到承载力特征值的2倍,而不需加载至破坏,以验证是否满足设计要求。

5. 从成桩到开始试验的间歇时间

对灌注桩应满足桩身混凝土养护所需的时间,一般宜为成桩后28d。对预制桩尽管施工时桩身强度已达到设计要求,但由于单桩承载力的时间效应,试桩的距沉桩时间也应该有尽可能长的休止期,否则试验得到的单桩承载力明显偏小。一般要求,对于砂类土不应少于7d,粉土不应少于10d,非饱和黏性土不应少于15d,饱和黏性土不应少于25d。

三、群桩承载力确定

1. 群桩效应的基本概念

群桩在竖向荷载作用下,由于承台、桩、土之间相互影响和共同作用,其工作性状趋于复杂,桩群中任一根桩即基桩的工作性状不同于孤立的单桩,承载力将不等于各单桩承载力之和,沉降也明显大于单桩。这种现象就是群桩效应。群桩效应可用群桩效率系数 η 和沉降比 ζ 表示。

群桩效率系数 η 是指群桩竖向极限承载力 P_u 与群桩中所有桩的单桩竖向极限承载力 Q_u 总和之比，即 $\eta=P_u/(nQ_u)$ （n 为群桩中的桩数）。沉降比 ζ 是指在每根桩承担相同荷载条件下，群桩沉降量 s_n 与单桩沉降量 s 之比，即 $\zeta=s_n/s$。群桩效率系数 η 越小、沉降比 ζ 越大，则表示群桩效应越强，也就意味着群桩承载力越低、沉降越大。

群桩效率系数 η 和沉降比 ζ 主要取决于桩距和桩数，其次与土质和土层构造、桩径、桩的类型及排列方式等因素有关。

由端承桩组成的群桩，通过承台分配到各桩桩顶的荷载，其大部分或全部由桩身直接传递到桩端。因而通过承台土反力、桩侧摩阻力传递到土层中的应力较小，桩群中各桩之间以及承台、桩、土之间的相互影响较小，其工作性状与独立单桩相近。因而端承型群桩的承载力可近似取为各单桩承载力之和，即群桩效率系数 η 和沉降比 ζ 可近似取为 1。

由摩擦桩组成的群桩，桩顶荷载主要通过桩侧摩阻力传递到桩周和桩端土层中，在桩端平面处产生应力重叠。承台土反力也传递到承台以下一定范围内的土层中，从而使桩侧阻力和桩端阻力受到干扰。就一般情况而言，在常规桩距（$3\sim4d$）下，黏性土中的群桩，随着桩数的增加，群桩效率系数明显下降，且 $\eta<1$，同时沉降比迅速增大，ζ 可从 2 增大到 10 以上；砂土中的挤土桩群，有可能 η 大于 1，而沉降比除了端承桩 $\zeta=1$ 外均大于 1；同时，低桩承台下土反力分担上部荷载可使群桩承载力增加。

2. 考虑承台效应系数确定基桩承载力

由于各影响因素对各群桩效应特性的影响效果不同，单一或各分项的群桩效率系数确定较为困难。大量的原位和室内试验表明，低桩承台土反力的分担荷载作用明显，不可忽视，因此计算群桩承载力时，《建筑桩基技术规范》（JGJ 94—2008）根据试验总结引入了承台效应系数 η_c，以考虑承台下土反力分担上部荷载的作用。η_c 与桩距、桩长、承台宽、桩排列、承台内外区面积有关。

考虑承台效应系数后，群桩竖向极限承载力标准值 P_{uk} 及复合基桩竖向承载力特征值 R 的表达式如下所示。

$$P_{uk}=nQ_{uk}+\eta_c(A-nA_p)f_{uk} \tag{4-10}$$

$$R=\frac{P_{uk}}{nK}=R_a+\eta_c f_a A_c \tag{4-11}$$

式中：P_{uk}——群桩竖向极限承载力标准值；

R——复合基桩竖向承载力特征值；

A、A_p、A_c——分别为承台底面积、基桩截面积和基桩所对应的承台底与土接触的净面积，$A_c=\frac{A}{n}-A_p$；

n——总桩数；

f_{uk}、f_a——分别为承台底 1/2 承台宽度深度范围（$\leqslant5m$）内地基土极限承载力标准值和特征值；

K——安全系数，$K\geqslant2$；

η_c——承台效率系数，可按表 4-3 取值，当计算基桩为非正方形排列时，$S_a=\sqrt{\frac{A}{n}}$，A 为承台总面积。

承台效应系数 η_c　　　　表 4-3

B_c/l ＼ S_a/d	3	4	5	6	>6
≤0.4	0.06～0.08	0.14～0.17	0.22～0.26	0.32～0.38	0.50～0.80
0.4～0.8	0.08～0.10	0.17～0.20	0.26～0.30	0.38～0.44	
>0.8	0.10～0.12	0.20～0.22	0.30～0.34	0.44～0.50	
单排桩条基	0.15～0.18	0.25～0.30	0.38～0.45	0.50～0.60	

注：①表中 S_a/d 为桩中心距与桩径之比，B_c/l 为承台宽度与桩长之比。当计算基桩为非正方形排列时，$S_a = \sqrt{A/n}$，A 为承台计算域面积，n 为总桩数。
②对于桩布置于墙下的箱、筏承台，η_c 可按单排桩条基取值。
③对于单排桩条形承台，当承台宽度小于 $1.5d$ 时，η_c 按非条形承台取值。
④对于采用后注浆灌注桩的承台，η_c 宜取低值。
⑤对于饱和黏性土中的挤土桩基、软土地基上的桩基承台，η_c 宜取低值的 80%。

与常规方法比较，桩基规范法的显著特点是考虑了承台底土分担荷载的作用。对于端承型桩基、桩数少于 4 根的摩擦型桩基，不考虑承台效应，其基桩竖向承载力特征值取单桩竖向承载力特征值。

当承台底面以下是可液化土、湿陷性黄土、高灵敏度软土、欠固结土、新填土或可能出现震陷、降水、沉桩过程产生高孔隙水压力和土体隆起时，土体的沉降会大于桩的沉降，承台底与地基土将会脱离，此时不能考虑承台效应，即取 $\eta_c = 0$。

3. 桩顶作用效应验算

竖向偏心荷载作用下，如果承台为绝对刚性，各桩相同，桩与承台铰接，则群桩中任一桩顶应力为：

$$\sigma_{ik} = \frac{F_k + G_k}{nA_p} \pm \frac{M_{xk}y_i}{A_p \sum y_j^2} \pm \frac{M_{yk}x_i}{A_p \sum x_j^2} \quad (4-12)$$

群桩中任一桩顶荷载为：

$$N_{ik} = \frac{F_k + G_k}{n} \pm \frac{M_{xk}y_i}{\sum y_j^2} \pm \frac{M_{yk}x_i}{\sum x_j^2} \quad (4-13)$$

式中：F_k——荷载效应标准组合时，作用于承台顶面的竖向力；
　　　G_k——承台与台上土的自重标准值，对稳定地下水位以下部分应扣除水的浮力；
M_{xk}、M_{yk}——荷载效应标准组合时，作用于承台底面对通过桩群中心的 x、y 轴的力矩；
　　x_i、y_i——第 i 根基桩 x、y 轴的坐标；
　　　N_{ik}——荷载效应标准组合时，作用在第 i 根复合基桩或基桩上的竖向力；
　　　n——桩基中的桩数。

在荷载效应标准组合情况下，桩基竖向承载能力应满足下列表达式。
轴心竖向力作用下：

$$N_{ik} \leqslant R \quad (4\text{-}14a)$$

在偏心竖向荷载作用下除满足上式外，尚应满足：

$$N_{ikmax} \leqslant 1.2R \quad (4\text{-}14b)$$

当 $N_{ikmin} \leqslant 0$ 时，尚需验算抗拔承载力。

上述单桩、群桩验算方法，为《建筑桩基技术规范》(JGJ 94—2008)、《建筑地基基础设计规范》(GB 50007—2002) 的规定；对于《公路桥涵地基及基础设计规范》(JTG D63—2007)，单桩承载力特征值则用单桩容许承载力表示,并不考虑承台效应。

4. 群桩软弱下卧层承载力验算

对于桩距不超过 6d 的群桩基础,当桩端平面以下荷载影响范围内存在承载力小于持力层承载力 1/3 的软弱下卧层时,可能会引起冲破硬持力层的冲剪破坏,如图 4-13 所示。为了防止上述情况的发生,需进行相应的群桩软弱下卧层承载力验算。验算原则为:扩散到软弱下卧层顶面的附加应力与软弱下卧层顶面土自重应力之和应小于软卧层的承载力特征值;传递至桩端平面的荷载,按扣除实体基础外侧表面总极限侧阻力的 3/4 考虑。

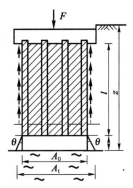

图 4-13 桩基软弱下卧层承载力验算

$$\sigma_z + \gamma_m z \leqslant f_{az} \quad (4\text{-}15)$$

$$\sigma_z = \frac{(F_k + G_k) - 3/2(A_0 + B_0) \cdot \sum q_{sik} l_i}{(A_0 + 2t \cdot \tan\theta)(B_0 + 2t \cdot \tan\theta)} \quad (4\text{-}16)$$

式中:σ_z——作用于软弱下卧层顶面的附加应力,见图 4-13;

γ_m——软弱下卧层顶面以上土层重度,对于分层地基,取按各土层厚度的加权平均值,在地下水位以下取浮重度;

z——地面至软弱下卧层顶面的深度;

f_{az}——软弱下卧层经深度修正的地基承载力特征值;

t——硬持力层厚度;

A_0、B_0——桩群外缘矩形面积的长、短边长;

θ——桩端硬持力层压力扩散角,可参照表 2-13 取值。

【例 4-1】 某钢筋混凝土桩基,如图 4-14 所示。已知柱子传来的标准组合荷载:$F_k = 2200\text{kN}$,$M_k = 600\text{kN} \cdot \text{m}$,$H_k = 50\text{kN}$。地质剖面及各项土性指标示于表 4-4 中。采用断面为 40cm×40cm 的钢筋混凝土预制桩,桩位布置如图 4-14b)所示,工程桩数 5 根,承台的平面尺寸为 3.0m×3.0m,入土深度 15m,承台埋深 2m。试进行单桩承载力验算。

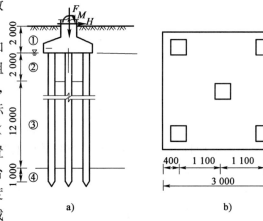

图 4-14 例题 4-1 图(尺寸单位:mm)

土层物理力学指标 表 4-4

层序	土层名称	重度 γ (kN/m³)	孔隙比 e	液性指数 I_L	压缩模量 E_s (MPa)	地基承载力特征值 f_a (kPa)
①	填土	17.0				
②	粉质黏土	18.5	0.92	0.8	2.8	120
③	淤泥质黏土	18.0	1.30	1.3	2.0	70
④	黏土	18.5	0.75	0.6	7.0	180

【解】 从表 4-2 中查得,$q_{pk} = 1800\text{kPa}$;从表 4-1 查得:②层土,$q_{sk} = 50\text{kPa}$;③层土,$q_{sk} = 22\text{kPa}$;④层土,$q_{sk} = 60\text{kPa}$;从图 4-14 和表 4-4 可知,承台底 1/2 承台宽度深度范围内地基土

承载力特征值 $f_a=120\mathrm{kPa}$。

单桩极限承载力标准值为：

$$Q_{uk}=Q_{sk}+Q_{pk}$$
$$=4\times0.4\times(50\times2+22\times12+60\times1)+1\,800\times0.4^2=678.4+288=966.4\mathrm{kN}$$

$$S_a=\sqrt{A/n}=\sqrt{(3\times3)/5}=1.34\mathrm{m}$$

边长 0.4m 方桩的等效桩径为 0.45m，5 根桩的群桩距径比为：

$$S_a/d=1.34/0.45=2.98\approx3$$

根据 $B_c/l=3/15=0.2$，查表 4-3 得承台效应系数为 $\eta_c=0.06$。考虑承台效应后的复合基桩承载力特征值为：

$$R=R_a+\eta_c f_a A_c=\frac{966.4}{2}+0.06\times120\times(3\times3/5-0.16)$$
$$=483.2+11.8=495.0\mathrm{kN}$$

承台自重为：

$$G_k=\gamma_G\cdot D\cdot A=20\times2\times3.0^2=360.0\mathrm{kN}$$

群桩中单桩的平均受力为：

$$N=\frac{F_k+G_k}{n}=\frac{2\,200.0+360.0}{5}=512.0\mathrm{kN}>R=495.0\mathrm{kN}(\text{不满足})$$

群桩中单桩最大受力为：

$$N_{kmax}=\frac{F_k+G_k}{n}+\frac{M_{yk}x_{max}}{\sum x_i^2}=512.0+\frac{(600+50\times2)\times1.1}{4\times1.1^2}$$
$$=671.1\mathrm{kN}>1.2R=594.0\mathrm{kN}(\text{不满足})$$

群桩中单桩最小受力为：

$$N_{kmin}=\frac{F_k+G_k}{n}-\frac{M_{yk}x_{max}}{\sum x_i^2}=512.0-\frac{(600+50\times2)\times1.1}{4\times1.1^2}$$
$$=352.9\mathrm{kN}>0$$

单桩承载力不能满足设计要求。

四、桩的负摩阻力

1. 负摩阻力产生的机理

(1) 负摩阻力产生的原因

在一般情况下，桩受轴向荷载作用后，桩相对于桩侧土体作向下位移，使土对桩产生向上作用的摩阻力，称正摩阻力[图 4-15a]。但是，当桩周土体因某种原因发生下沉，其沉降速率大于桩的下沉时，则桩侧土就相对于桩作向下位移，而使土对桩产生向下作用的摩阻力，称其为负摩阻力[图 4-15b]。

桩的负摩阻力的发生将使桩侧土的部分重力传递给桩，因此，负摩阻力不但不能成为桩承载力的一部分，反而变成施加在桩上的外荷载。对入土深度相同的桩来说，若有负摩阻力发生，则桩的外荷载增大，桩的承载力相对降低，桩基沉降加大，这在桩基设计中应予以注意。

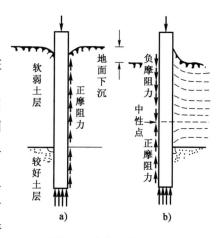

图 4-15 桩的正、负摩阻力
a) 正摩阻桩；b) 产生负摩阻的桩

桩的负摩阻力能否产生，主要看桩与桩周土的相对位移发展情况。桩的负摩阻力产生的原因主要有：

①在桩基础附近地面有大面积堆载，引起地面沉降，对桩产生负摩阻力。对于桥头路堤高填土的桥台桩基础、地坪大面积堆放重物的车间、仓库建筑桩基础，均要特别注意桩的负摩阻力问题。

②土层中抽取地下水或其他原因产生地下水位下降，使土层产生自重固结下沉。

③桩穿过欠固结土层（如填土）进入硬持力层，土层产生自重固结下沉。

④桩数很多的密集群桩打桩时，使桩周土中产生很大的超孔隙水压力，打桩停止后桩周土的再固结作用引起下沉。

⑤在黄土、冻土中的桩，因黄土湿陷、冻土融化产生地面下沉。

从上述可见，当桩穿过软弱高压缩性土层而支承在坚硬的持力层上时，最易发生桩的负摩阻力问题。要确定桩身负摩阻力的大小，就要先确定土层产生负摩阻力的范围和负摩阻力强度的大小。

(2) 中性点及其位置的确定

桩身负摩阻力并不一定发生于整个软弱压缩土层中，产生负摩阻力的范围就是桩侧土层对桩产生相对下沉的范围。它与桩侧土层的压缩、桩身弹性压缩变形和桩底下沉直接有关。桩侧土层的压缩决定于地表作用荷载（或土的自重）和土的压缩性质，并随深度逐渐减小；而桩在荷载作用下，桩底的下沉在桩身各截面都是定值；桩身压缩变形随深度逐渐减少，如图 4-16 中线 a、b、c 所示。因此，桩侧土下沉量有可能在某一深度处与桩身的位移量相等。在此深度以上，桩侧土下沉大于桩的位移，桩身受到向下作用的负摩阻力；在此深度以下，桩的位移大于桩侧土的下沉，桩身受到向上作用的正摩阻力。正、负摩阻力变换处的位置，称为中性点，如图 4-16 O_1 点所示。

中性点的位置取决于桩与桩侧土的相对位移，与作用荷载和桩周土的性质有关。当桩侧土层压缩变形大，桩底下土层坚硬，桩的下沉量小时，中性点位置就会下移。此外，由于桩侧土层及桩底下土层的性质和作用的荷载不同，其变形速度会不一样，中心点位置随着时间也会有变化。要精确地计算出中性点位置是比较困难的，可按表 4-5 的经验值确定。

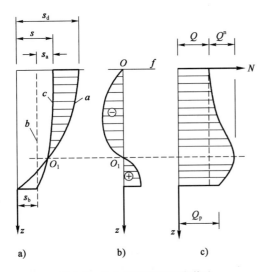

图 4-16 中心点的位置及荷载传递

a) 位移曲线；b) 桩侧摩阻力分布曲线；c) 桩身轴力分布曲线
s_d-地面沉降；s-桩的沉降；s_a-桩身压缩；s_b-桩底下沉；Q^n-由负摩阻力引起的桩身最大轴力；Q_p-桩端阻力

中性点深度 l_n　　　　表 4-5

持力层性质	黏性土、粉土	中密以上砂	砾石、卵石	基 岩
中性点深度比 l_n/l_0	0.5～0.6	0.7～0.8	0.9	1.0

注：① l_n、l_0 分别为中性点深度和桩周软弱土层下限深度。
② 桩穿越自重湿陷性黄土层时，按表列值增大 10%（持力层为基岩除外）。
③ 当桩周土层固结与桩基固结沉降同时完成时，取 $l_n=0$。
④ 当桩周土层计算沉降量小于 20mm 时，l_n 应按表列值乘以 0.4～0.8 折减。

2. 桩的负摩阻力计算

(1) 单桩负摩阻力

一般认为,桩土间的黏着力和桩的负摩阻力强度取决于土的抗剪强度;桩的负摩阻力虽有时效,但从安全角度考虑,可取用其最大值以土的强度来计算。桩侧负摩阻力按下列公式计算。

$$q_{si}^n = \sigma_i' K \tan\varphi' = \xi_{ni}\sigma_i' \quad (4-17)$$

式中:q_{si}^n——第 i 层土桩侧平均负摩阻力;

K——土的侧压力系数;

φ'——计算处桩土界面的有效内摩擦角;

ξ_{ni}——桩周土负摩阻力系数,可按表 4-6 取值;

σ_i'——桩周第 i 层土平均竖向有效应力。

负摩阻力系数 ξ_n 表 4-6

土 类	ξ_n	土 类	ξ_n
饱和软土	0.15～0.25	砂土	0.35～0.50
黏性土、粉土	0.25～0.40	自重湿陷性黄土	0.20～0.35

注:①在同一类土中,对于挤土桩取表中较大值,对于非挤土桩取表中较小值。
②填土按其组成取表中同类土的较大值。
③当 q_{si}^n 计算值大于正摩阻力时,取正摩阻力值。

当填土、自重湿陷性黄土沉陷、欠固结土层产生固结和地下水降低时:$\sigma_i' = \sigma_{\gamma i}'$。

当地面分布大面积荷载时:$\sigma_i' = p + \sigma_{\gamma i}'$。其中 $\sigma_{\gamma i}'$ 可按下式计算。

$$\sigma_{\gamma i}' = \sum_{k=1}^{i-1} \gamma_k \Delta z_k + \frac{1}{2}\gamma_i \Delta z_i \quad (4-18)$$

式中:$\sigma_{\gamma i}'$——由土自重引起的桩周第 i 层土平均竖向有效应力,桩群外围桩自地面算起,桩群内部桩自承台底算起;

γ_k、γ_i——分别为第 k 层土、第 i 层土的重度,地下水位以下取有效重度;

Δz_k、Δz_i——分别为第 k 层土、第 i 层土的厚度。

求得负摩阻力强度 q_{si}^n 后,将其乘以产生负摩阻力深度范围内桩身表面积,则可得到作用于桩身总的负摩阻力,即下拉荷载。

(2) 群桩负摩阻力

对于群桩,计算得到的单桩总的负摩阻力值不应大于单桩所分配承受的桩周下沉土重,即:

$$\pi \cdot d \cdot q_s^n \leqslant \left(s_{ax} \cdot s_{ay} - \frac{1}{4}\pi d^2\right) \cdot \gamma_m \quad (4-19)$$

群桩中任一基桩的下拉荷载可按下式计算:

$$Q_g^n = \eta_n \cdot u \sum_{i=1}^n q_{si}^n l_i \quad (4-20)$$

$$\eta_n = \frac{s_{ax} \cdot s_{ay}}{\pi d\left(\dfrac{q_s^n}{\gamma_m} + \dfrac{d}{4}\right)} \quad (4-21)$$

式中:n——中性点以上土层数;

l_i——中性点以上各土层的厚度;

η_n——负摩阻力桩群效应系数,当计算值大于 1,η_n 取 1;对于单桩,$\eta_n=1$;

s_{ax}、s_{ay}——分别为纵横向桩的中心距;

q_s^n——中性点以上桩的加权平均摩阻力标准值;

γ_m——中性点以上桩周土加权平均重度,地下水位以下取有效重度。

(3)负摩擦桩的承载力验算

对于摩擦型基桩,取桩身计算中性点以上侧阻力为 0,按式(4-14a)验算基桩承载力。

对于端承型基桩,除应满足上式要求外,尚应考虑负摩阻力引起基桩的下拉荷载 Q_g^n,按下式验算基桩承载力。

$$N_k + Q_g^n \leqslant R_a \tag{4-22}$$

其中,竖向承载力特征值 R_a 只计中性点以下部分摩阻力。

3. 消减负摩阻力的技术措施

消减与避免负摩阻力的技术措施主要有降低桩与桩侧土摩擦力、隔离法、预处理等方法。

(1)桩侧涂层法

在可能产生负摩阻力范围的桩段,采用在桩侧涂沥青或其他化合物的办法来降低土与桩身的摩擦系数,从而消减负摩阻力的方法称为涂层法。

(2)预钻孔法

在中性点的上桩位采用预钻孔,然后将桩插入,在桩周围灌入膨润土混合浆,达到消减负摩阻力的方法称为预钻孔法。该方法一般适用于黏性土地层。

(3)双层套管法

即在桩外侧设置套管,用套管承受负摩阻力的方法。

(4)设置消减负摩阻桩群法

即在工程桩基周围设置一排桩,用以承受负摩阻力,从而消减工程桩负摩阻力的方法。

(5)地基处理法

对于饱和软黏土层采用预压法、复合地基方法,对于松散土采用强夯法等,使土层充分固结、密实;对于湿陷性黄土采用浸水、强夯等方法消除湿陷,从而达到消减与避免负摩阻力产生的方法即为地基处理法。

(6)其他预防方法

在饱和软土地区,可选择非挤土桩或部分挤土桩。对挤土型桩,可适当增加桩距,选择合理的打桩流程,控制沉桩速率及打桩根数,打桩后休止一段时间后再施工基础及上部结构;对于周边有大面积抽吸地下水或降水情况,在桩群周围采取回灌等方法来达到消减或避免负摩阻力的产生。

五、桩基的抗拔承载力计算

当地下结构的重力小于所受的浮力(如地下车库、水池放空时),或高耸结构(如输电塔等)受到较大的倾覆弯矩时,就需要设置抗拔桩基础。基桩的抗拔极限承载力标准值也可通过现场单桩上拔载荷试验确定。单桩上拔静载荷试验方法与抗压静载荷试验方法相似,但桩的抗拔承载与抗压承载的机理有很大不同,例如抗拔桩的桩端不发挥作用。在无当地经验时,群桩基础及基桩的抗拔极限承载力标准值可按下列规定计算。

1. 单桩或群桩呈非整体破坏时

基桩的抗拔极限承载力标准值可按下式计算。

$$T_{uk} = \sum \lambda_i q_{sik} u_i l_i \quad (4\text{-}23a)$$

式中：T_{uk}——基桩抗拔极限承载力标准值；

u_i——破坏表面周长，对于等直径桩取 $u=\pi d$；对于扩底桩，当自桩底起算的长度 $l_i \leqslant (4\sim 10)d$ 时取 $u=\pi D$，当 $l_i > (4\sim 10)d$ 时取 $u=\pi d$，D、d 分别为扩底、桩身直径；l_i 取值随内摩擦角增大而增大，对于软土取低值，对于卵石、砾石取高值；

q_{sik}——桩侧表面第 i 层土的抗压极限侧阻力标准值，可按表 4-1 取值；

λ——抗拔系数，砂土取 $0.50\sim 0.70$，黏性土、粉土取 $0.70\sim 0.80$，桩长 l 与桩径 d 之比小于 20 时，λ 取小值。

2. 群桩呈整体破坏时

基桩的抗拔极限承载力标准值可按下式计算。

$$T_{gk} = \frac{1}{n} u_l \sum \lambda_i q_{sik} l_i \quad (4\text{-}23b)$$

式中：u_l——桩群外围周长。

3. 抗拔承载力验算

承载拔力的桩基，应按下列公式同时验算群桩基础及其基桩的抗拔承载力，并按《混凝土结构设计规范》(GB 50010—2002) 验算基桩材料的受拉承载力。

$$N_k \leqslant T_{uk}/2 + G_p \quad (4\text{-}24a)$$
$$N_k \leqslant T_{gk}/2 + G_{gp} \quad (4\text{-}24b)$$

式中：N_k——相应于荷载效应标准组合时的基桩上拔力；

G_p——基桩（土）自重设计值，地下水位以下取浮重度，对于扩底桩应按公式 (4-23a) 中 u_i 确定桩、土柱体周长，计算桩、土自重设计值；

G_{gp}——群桩基础所包围体积的桩土总自重设计值除以总桩数，地下水位以下取浮重度。

六、桩基沉降计算

桩基础的各种变形指标以及各种建筑物的变形控制指标与浅基础类似。各种建筑物桩基的允许变形值可参见有关规范。桩基础通过摩阻力的作用，将荷载传递到深层地基中，从而导致地基土中的附加应力分布特点与浅基础区别较大。

1. 群桩地基土中竖向附加应力分布的近似计算

盖德斯（Geddes，1966 年）根据半无限弹性体内作用一集中力的明德林（Mindlin，1936 年）课题，将作用于桩端土上的压应力简化为一集中荷载；将通过桩侧摩阻力作用于桩周土的剪应力简化为沿桩轴线的线性荷载，并假定桩侧摩阻力为沿深度呈矩形分布或正三角形分布（图 4-17），分别给出了各自的土中竖向应力表达式。

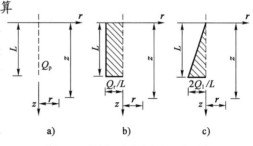

图 4-17 桩周土中应力解的基本图式

桩端集中力：

$$\sigma_{zp} = \frac{Q_p}{L^2} K_p \quad (4\text{-}25a)$$

$$K_p = \frac{1}{8\pi(1-\nu)}\left[-\frac{(1-2\nu)(m-1)}{A^3} + \frac{(1-2\nu)(m-1)}{B^3} - \frac{3(m-1)^3}{A^5} - \right.$$

$$\left.\frac{3(3-4\nu)m(m+1)^2-3(m+1)(5m-1)}{B^5}-\frac{30m(m+1)^3}{B^7}\right] \quad (4\text{-}25\text{b})$$

桩侧阻力呈矩形分布：
$$\sigma_{zr}=\frac{Q_r}{L^2}K_r \quad (4\text{-}26\text{a})$$

$$K_r=\frac{1}{8\pi(1-\nu)}\left[-\frac{2(2-\nu)}{A}+\frac{2(2-\nu)+2(1-2\nu)\frac{m}{n}\left(\frac{m}{n}+\frac{1}{n}\right)}{B}-\frac{(1-2\nu)2\left(\frac{m}{n}\right)^2}{F}+\right.$$

$$\frac{n^2}{A^3}+\frac{4m^2-4(1+\nu)\left(\frac{m}{n}\right)^2 m^2}{F^3}+\frac{4m(1+\nu)(m+1)\left(\frac{m}{n}+\frac{1}{n}\right)^2-(4m^2+n^2)}{B^3}+$$

$$\left.\frac{6m^2\left(\frac{m^4-n^4}{n^2}\right)}{F^5}+\frac{6m\left(mn^2-\frac{1}{n^2}(m+1)^5\right)}{B^5}\right] \quad (4\text{-}26\text{b})$$

桩侧阻力呈正三角形分布：
$$\sigma_{rt}=\frac{Q_t}{L^2}K_t \quad (4\text{-}27\text{a})$$

$$K_t=\frac{1}{4\pi(1-\nu)}\left[\frac{-2(2-\nu)}{A}+\frac{2(2-\nu)(4m+1)-2(1-2\nu)\left(\frac{m}{n}\right)^2(m+1)}{B}+\right.$$

$$\frac{2(1-2\nu)\frac{m^3}{n^2}-8(2-\nu)m}{F}+\frac{mn^2+(m-1)^3}{A^3}+$$

$$\frac{4\nu n^2 m+4m^3-15n^2 m-2(5+2\nu)\left(\frac{m}{n}\right)^2(m+1)^3+(m+1)^3}{B^3}+$$

$$\frac{2(7-2\nu)mn^2-6m^3+2(5+2\nu)\left(\frac{m}{n}\right)^2 m^3}{F^3}+\frac{6mn^2(n^2-m^2)+12\left(\frac{m}{n}\right)^2(m+1)^5}{B^5}-$$

$$\left.\frac{12\left(\frac{m}{n}\right)^2 m^5+6mn^2(n^2-m^2)}{F^5}-2(2-\nu)\ln\left(\frac{A+m-1}{F+m}\cdot\frac{B+m-1}{F+m}\right)\right] \quad (4\text{-}27\text{b})$$

式中：Q_p、Q_r、Q_t——分别为桩端荷载、矩形分布侧阻分担的荷载和正三角形分布侧阻分担的荷载；

K_p、K_r、K_t——分别为桩端集中力、桩侧阻力矩形分布、桩侧阻力三角形分布情况下的地基中任一点的竖向应力系数；

ν——土的泊松比。

$n=r/L, m=z/L, F^2=m^2+n^2, A^2=n^2+(m-1)^2, B^2=n^2+(m-1)^2$；$L$、$r$、$z$ 如图 4-17 所示。

当根据式(4-25)～式(4-27)计算土体中沿桩轴线($n=r/L=0$)的竖向应力时，取 $n=0.002$ 近似代替。这是因为若取 $n=0$，则在计算中将出现不连续性。

对于桩侧阻力为其他图式的分布，可采用以上矩形、正三角形分布竖向应力迭加求得。将作用于单桩桩顶的荷载 Q 分解为桩端荷载 $Q_p=\alpha Q$（α 为桩端荷载分担比）和桩侧荷载 Q_s，而 Q_s 又可根据其分布图式分解为矩形分布荷载 $Q_r=\beta Q$（β 为矩形分布侧阻分担荷载之比）和随深度线性增长的三角形分布荷载 $Q_t=(1-\alpha-\beta)Q$。

$$Q=Q_p+Q_s=Q_p+Q_r+Q_t \quad (4\text{-}28)$$

桩侧阻力呈随深度线性增长的梯形分布时,土中竖向应力表达式为:

$$\sigma_z = \frac{Q_p}{L^2} \cdot K_p + \frac{Q_r}{L^2} \cdot K_r + \frac{Q_t}{L^2} \cdot K_t = \frac{Q}{L^2}[\alpha K_p + \beta K_r + (1-\alpha-\beta)K_t] \quad (4\text{-}29)$$

若已知荷载分配的参数 α、β,则可利用式(4-29),采用分层总和法计算群桩的沉降。

2. 群桩沉降计算的简化方法

上述竖向附加应力的计算相当繁琐,一般需要编制计算机程序进行计算。为简化计算,通常将桩基础看作实体深基础,按类似浅基础那样用分层总和法计算沉降,再经过适当修正就可以确定桩基础的沉降。根据修正的方法、途径不同,现有多种简化计算方法。

(1)《建筑桩基技术规范》(JGJ 94—2008)推荐的方法

《建筑桩基技术规范》(JGJ 94—2008)推荐的方法为等效作用分层总和法,适用于桩中心距小于或等于6倍桩径的桩基,如图4-18所示。它不考虑桩基侧面应力扩散作用,将承台视作直接作用在桩端平面,即实体基础的长、宽视作等同于承台底长、宽,且作用在实体基础底面上的附加应力也取为承台底的附加应力,然后按矩形浅基础的沉降计算方法计算实体基础沉降。理论和实践表明,对于群桩基础下的地基土应力,按半无限体地表荷载作用的布西奈斯克解,将给出偏大的结果,因此规范将均质土中明德林解群桩沉降与等效作用面上布西奈斯克解之比值 ψ_e 作为等代实体基础基底附加应力的折减系数。

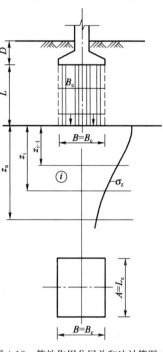

桩基最终沉降量按式(4-30)计算。

$$s = \psi \cdot \psi_e \cdot s' \quad (4\text{-}30)$$

式中: s'——按浅基础分层总和法算出的桩基沉降量;

图4-18 等效作用分层总和法计算图式

ψ——桩基沉降计算经验系数,当无当地经验时,桩基沉降计算经验系数 ψ 可按表4-7选用;

桩基沉降计算经验系数 ψ 表4-7

$\overline{E}_s$(MPa)	≤10	15	20	35	≥50
ψ	1.2	0.9	0.65	0.50	0.40

注:①$\overline{E}_s$ 为沉降计算深度范围内压缩模量的当量值,$\overline{E}_s = \frac{\sum A_i}{\sum \frac{A_i}{E_{si}}}$,$A_i$ 为第 i 层土附加压力系数沿土层厚度的积分值,可近似按分块面积计算。

②ψ 可根据 $\overline{E}_s$ 内插取值。

ψ_e——桩基等效沉降系数,按式(4-31)确定:

$$\psi_e = C_0 + \frac{n_b - 1}{C_1(n_b - 1) + C_2} \quad (4\text{-}31a)$$

$$n_b = \sqrt{\frac{n \cdot B_c}{L_c}} \quad (4\text{-}31b)$$

n_b——矩形布桩时短边布桩数,布桩不规则时按式(4-31b)近似计算,当计算值小于1时,取 $n_b = 1$;

L_c、B_c、n——分别为矩形承台的长、宽及总桩数;

$C_0 \setminus C_1 \setminus C_2$——参数,根据距径比(桩中心距与桩径之比)$S_a/d$、长径比$l/d$及基础长宽比$L_c/B_c$由表4-8查得;当布桩不规则时,距径比$S_a/d$按式(4-32)近似计算:

圆形桩　　$S_a/d = \sqrt{A_e}/(\sqrt{n} \cdot d)$　　　　　　　　　(4-32a)

方形桩　　$S_a/d = 0.886\sqrt{A_e}/(\sqrt{n} \cdot b)$　　　　　(4-32b)

A_e——桩基承台总面积;

b——方形桩截面边长。

按浅基础分层总和法算出的桩基沉降量时,承台底的附加压力按准永久组合考虑;地基压缩模量按自重应力至自重应力加附加应力阶段取值;计算深度按应力比法确定,应力比取0.2。

当桩基形状不规则时,可采用等代矩形面积计算桩基等效沉降系数。等效矩形的长宽比可根据实际尺寸形状计算。

(2)《建筑地基基础设计规范》(GB 50007—2002)推荐的方法

在《建筑地基基础设计规范》(GB 50007—2002)中,还推荐了两种类似的简化方法,其计算图式如图4-19所示。

图4-19a)表示考虑桩基侧面的应力扩散作用,其中φ表示桩长范围内土层内摩擦角的加权平均值。将承台视作作用在桩端平面,但实体基础底面的长、宽扩大了,在总附加荷载不变的情况下,作用在实体基础底面上的附加应力也相应得到了折减。

图4-19b)表示考虑桩基侧面的剪应力作用,其中S表示群桩外围侧面剪应力的合力,剪应力强度按库仑定律计算。当$F+G>S$时,在总附加荷载克服群桩外围侧面剪应力合力的情况下,将承台视作直接作用在桩端平面,作用在实体基础底面上的附加应力也相应得到了折减;当$F+G\leqslant S$时,将承台视作作用在桩顶平面,基底附加应力不变,基底下桩长范围内的压缩模量取考虑桩与土协同工作的复合地基模量。

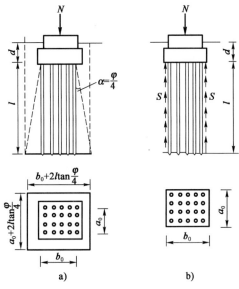

图4-19　两种简化实体深基础方法的计算图式

这两种简化方法与桩基规范的简化方法形式上类似,但由于等效折减的方法、幅度不同,对应的经验修正系数也将不同,需要不断积累经验。

【**例4-2**】　如果采用等效深基础法计算[例4-1]桩基础沉降,试确定该桩基础的等效沉降系数。

【**解**】　短边方向桩数:

$$n_b = \sqrt{n \cdot B_c/L_c} = \sqrt{5} = 2.236$$

根据[例4-1],等效距径比$S_a/d \approx 3$,边长0.4m方桩的等效直径$d=0.45$m,长径比$l/d=15/0.45=33.3$,承台长宽比$L_c/B_c=1$,查表4-8得$C_0=0.051$,$C_1=1.572$,$C_2=9.333$。

桩基等效沉降系数为:

$$\psi_e = C_0 + \frac{n_b - 1}{C_1(n_b - 1) + C_2} = 0.051 + \frac{2.236 - 1}{1.572 \times (2.236 - 1) + 9.333} = 0.161$$

可见,如果按浅基础方法计算桩基础沉降,计算结果偏大很多,必须进行修正。

桩基等效沉降系数的计算参数 C_0、C_1、C_2 表（$S_a/d=3$）　　　表 4-8a)

l/d	L_c/B_c 参数	1	2	3	4	5	6	7	8	9	10
5	C_0	0.203	0.318	0.377	0.416	0.445	0.468	0.486	0.502	0.516	0.528
	C_1	1.483	1.723	1.875	1.955	2.045	2.098	2.144	2.218	2.256	2.290
	C_2	3.679	4.036	4.006	4.053	3.995	4.007	4.014	3.938	3.944	3.948
10	C_0	0.125	0.213	0.263	0.298	0.324	0.346	0.364	0.380	0.394	0.406
	C_1	1.419	1.559	1.662	1.705	1.770	1.801	1.828	1.891	1.913	1.935
	C_2	4.861	4.723	4.460	4.384	4.237	4.193	4.158	4.038	4.017	4.000
15	C_0	0.093	0.166	0.209	0.240	0.265	0.285	0.302	0.317	0.330	0.342
	C_1	1.430	1.533	1.619	1.646	1.703	1.723	1.741	1.801	1.817	1.832
	C_2	5.900	5.435	5.010	4.855	4.641	4.559	4.496	4.340	4.300	4.267
20	C_0	0.075	0.138	0.176	0.205	0.227	0.246	0.262	0.276	0.288	0.299
	C_1	1.461	1.542	1.619	1.635	1.687	1.700	1.712	1.772	1.783	1.793
	C_2	6.879	6.137	5.570	5.346	5.073	4.958	4.869	4.679	4.623	4.577
25	C_0	0.063	0.118	0.153	0.179	0.200	0.218	0.233	0.246	0.258	0.268
	C_1	1.500	1.565	1.637	1.644	1.693	1.699	1.706	1.767	1.774	1.780
	C_2	7.822	6.826	6.127	5.839	5.511	5.364	5.252	5.030	4.958	4.899
30	C_0	0.055	0.104	0.136	0.160	0.180	0.196	0.210	0.223	0.234	0.244
	C_1	1.542	1.595	1.663	1.662	1.709	1.711	1.712	1.775	1.777	1.780
	C_2	8.741	7.506	6.680	6.331	5.949	5.772	5.638	5.383	5.297	5.226
40	C_0	0.044	0.085	0.112	0.133	0.150	0.165	0.178	0.189	0.199	0.208
	C_1	1.632	1.667	1.729	1.715	1.759	1.750	1.743	1.808	1.804	1.799
	C_2	10.535	8.845	7.774	7.309	6.822	6.588	6.410	6.093	5.978	5.883
50	C_0	0.036	0.072	0.096	0.114	0.130	0.143	0.155	0.165	0.174	0.182
	C_1	1.726	1.746	1.805	1.778	1.819	1.801	1.786	1.855	1.843	1.832
	C_2	12.292	10.168	8.860	8.284	7.694	7.405	7.185	6.805	6.662	6.543
60	C_0	0.031	0.063	0.084	0.101	0.115	0.127	0.137	0.146	0.155	0.163
	C_1	1.822	1.828	1.885	1.845	1.885	1.858	1.834	1.907	1.888	1.870
	C_2	14.029	11.486	9.944	9.259	8.568	8.224	7.962	7.520	7.348	7.206
70	C_0	0.028	0.056	0.075	0.090	0.103	0.114	0.123	0.132	0.140	0.147
	C_1	1.920	1.913	1.968	1.916	1.954	1.918	1.885	1.962	1.936	1.911
	C_2	15.756	12.801	11.029	10.237	9.444	9.047	8.742	8.238	8.038	7.871
80	C_0	0.025	0.050	0.068	0.081	0.093	0.103	0.112	0.120	0.127	0.134
	C_1	2.019	2.000	2.053	1.988	2.025	1.979	1.938	2.019	1.985	1.954
	C_2	17.478	14.120	12.117	11.220	10.325	9.874	9.527	8.959	8.731	8.540
90	C_0	0.022	0.045	0.062	0.074	0.085	0.095	0.103	0.110	0.117	0.123
	C_1	2.118	2.087	2.139	2.060	2.096	2.041	1.991	2.076	2.036	1.998
	C_2	19.200	15.442	13.210	12.208	11.211	10.705	10.316	9.684	9.427	9.211
100	C_0	0.021	0.042	0.057	0.069	0.079	0.087	0.095	0.102	0.108	0.114
	C_1	2.218	2.174	2.225	2.133	2.168	2.103	2.044	2.133	2.086	2.042
	C_2	20.925	16.770	14.307	13.201	12.101	11.541	11.110	10.413	10.127	9.886

注：L_c—群桩基础承台长度；B_c—群桩基础承台短度；l—桩长；d—桩径。

桩基等效沉降系数的计算参数 C_0、C_1、C_2 表($S_a/d=4$)　　　表 4-8b)

l/d	L_c/B_c 参数	1	2	3	4	5	6	7	8	9	10
5	C_0	0.203	0.354	0.422	0.464	0.495	0.519	0.538	0.555	0.568	0.580
	C_1	1.445	1.786	1.986	2.101	2.213	2.286	2.349	2.434	2.484	2.530
	C_2	2.633	3.243	3.340	3.444	3.431	3.466	3.488	3.433	3.447	3.457
10	C_0	0.125	0.237	0.294	0.332	0.361	0.384	0.403	0.419	0.433	0.445
	C_1	1.378	1.570	1.695	1.756	1.830	1.870	1.906	1.972	2.000	2.027
	C_2	3.707	3.873	3.743	3.729	3.630	3.612	3.597	3.500	3.490	3.482
15	C_0	0.093	0.185	0.234	0.269	0.296	0.317	0.335	0.351	0.364	0.376
	C_1	1.384	1.524	1.626	1.666	1.729	1.757	1.781	1.843	1.863	1.881
	C_2	4.571	4.458	4.188	4.107	3.951	3.904	3.866	3.736	3.712	3.693
20	C_0	0.075	0.153	0.198	0.230	0.254	0.275	0.291	0.306	0.319	0.331
	C_1	1.408	1.521	1.611	1.638	1.695	1.713	1.730	1.791	1.805	1.818
	C_2	5.361	5.024	4.636	4.502	4.297	4.225	4.169	4.009	3.973	3.944
25	C_0	0.063	0.132	0.173	0.202	0.225	0.244	0.260	0.274	0.286	0.297
	C_1	1.441	1.534	1.616	1.633	1.686	1.698	1.708	1.770	1.779	1.786
	C_2	6.114	5.578	5.081	4.900	4.650	4.555	4.482	4.293	4.246	4.208
30	C_0	0.055	0.117	0.154	0.181	0.203	0.221	0.236	0.249	0.261	0.271
	C_1	1.477	1.555	1.633	1.640	1.691	1.696	1.701	1.764	1.768	1.771
	C_2	6.843	6.122	5.524	5.298	5.004	4.887	4.799	4.581	4.524	4.477
40	C_0	0.044	0.095	0.127	0.151	0.170	0.186	0.200	0.212	0.223	0.233
	C_1	1.555	1.611	1.681	1.673	1.720	1.714	1.708	1.774	1.770	1.765
	C_2	8.261	7.195	6.402	6.093	5.713	5.556	5.436	5.163	5.085	5.021
50	C_0	0.036	0.081	0.109	0.130	0.148	0.162	0.175	0.186	0.196	0.205
	C_1	1.636	1.674	1.740	1.718	1.762	1.745	1.730	1.800	1.787	1.775
	C_2	9.648	8.258	7.277	6.887	6.424	6.227	6.077	5.749	5.650	5.569
60	C_0	0.031	0.071	0.096	0.115	0.131	0.144	0.156	0.166	0.175	0.183
	C_1	1.719	1.742	1.805	1.768	1.810	1.783	1.758	1.832	1.811	1.791
	C_2	11.021	9.319	8.152	7.684	7.138	6.902	6.721	6.338	6.219	6.120
70	C_0	0.028	0.063	0.086	0.103	0.117	0.130	0.140	0.150	0.158	0.166
	C_1	1.803	1.811	1.872	1.821	1.861	1.824	1.789	1.867	1.839	1.812
	C_2	12.387	10.381	9.029	8.485	7.856	7.580	7.369	6.929	6.789	6.672
80	C_0	0.025	0.057	0.077	0.093	0.107	0.118	0.128	0.137	0.145	0.152
	C_1	1.887	1.882	1.940	1.876	1.914	1.866	1.822	1.904	1.868	1.834
	C_2	13.753	11.447	9.911	9.291	8.578	8.262	8.020	7.524	7.362	7.226
90	C_0	0.022	0.051	0.071	0.085	0.098	0.108	0.117	0.126	0.133	0.140
	C_1	1.972	1.953	2.009	1.931	1.967	1.909	1.857	1.943	1.899	1.858
	C_2	15.119	12.518	10.799	10.102	9.305	8.949	8.674	8.122	7.938	7.782
100	C_0	0.021	0.047	0.065	0.079	0.090	0.100	0.109	0.117	0.123	0.130
	C_1	2.057	2.025	2.079	1.986	2.021	1.953	1.891	1.981	1.931	1.883
	C_2	16.490	13.595	11.691	10.918	10.036	9.639	9.331	8.722	8.515	8.339

注：L_c—群桩基础承台长度；B_c—群桩基础承台短度；l—桩长；d—桩径。

桩基等效沉降系数的计算参数 C_0、C_1、C_2 表($S_a/d=5$)　　表4-8c

l/d	L_c/B_c 参数	1	2	3	4	5	6	7	8	9	10
5	C_0	0.203	0.389	0.464	0.510	0.543	0.567	0.587	0.603	0.617	0.628
	C_1	1.416	1.864	2.120	2.277	2.416	2.514	2.599	2.695	2.761	2.821
	C_2	1.941	2.652	2.824	2.957	2.973	3.018	3.045	3.008	3.023	3.033
10	C_0	0.125	0.260	0.323	0.364	0.394	0.417	0.437	0.453	0.467	0.480
	C_1	1.349	1.593	1.740	1.818	1.902	1.952	1.996	2.065	2.099	2.131
	C_2	2.959	3.301	3.255	3.278	3.028	3.206	3.201	3.120	3.116	3.112
15	C_0	0.093	0.202	0.257	0.295	0.323	0.345	0.364	0.379	0.393	0.405
	C_1	1.351	1.528	1.645	1.697	1.766	1.800	1.829	1.893	1.916	1.938
	C_2	3.724	3.825	3.649	3.614	3.492	3.465	3.442	3.329	3.314	3.301
20	C_0	0.075	0.168	0.218	0.252	0.178	0.299	0.317	0.332	0.345	0.357
	C_1	1.372	1.513	1.615	1.651	1.712	1.735	1.755	1.818	1.834	1.849
	C_2	4.407	4.316	4.036	3.957	3.792	3.745	3.708	3.566	3.542	3.522
25	C_0	0.063	0.145	0.190	0.222	0.246	0.267	0.283	0.298	0.310	0.322
	C_1	1.399	1.517	1.609	1.633	1.690	1.705	1.717	1.781	1.791	1.800
	C_2	5.049	4.792	4.418	4.301	4.096	4.031	3.982	3.812	3.780	3.754
30	C_0	0.055	0.128	0.170	0.199	0.222	0.241	0.257	0.271	0.283	0.294
	C_1	1.431	1.531	1.617	1.630	1.684	1.692	1.697	1.762	1.767	1.770
	C_2	5.668	5.258	4.796	4.644	4.401	4.320	4.259	4.063	4.022	3.990
40	C_0	0.044	0.105	0.141	0.167	0.188	0.205	0.219	0.232	0.243	0.253
	C_1	1.498	1.573	1.650	1.646	1.695	1.689	1.683	1.751	1.746	1.741
	C_2	6.865	6.176	5.547	5.331	5.013	4.902	4.817	4.568	4.512	4.467
50	C_0	0.036	0.089	0.121	0.144	0.163	0.179	0.192	0.204	0.214	0.224
	C_1	1.569	1.623	1.695	1.675	1.720	1.703	1.868	1.758	1.743	1.730
	C_2	8.034	7.085	6.296	6.018	5.628	5.486	5.379	5.078	5.006	4.948
60	C_0	0.031	0.078	0.106	0.128	0.145	0.159	0.171	0.182	0.192	0.201
	C_1	1.642	1.678	1.745	1.710	1.753	1.724	1.697	1.772	1.749	1.727
	C_2	9.192	7.994	7.046	6.709	6.246	6.074	5.943	5.590	5.502	5.429
70	C_0	0.028	0.069	0.095	0.114	0.130	0.143	0.155	0.165	0.174	0.182
	C_1	1.715	1.735	1.799	1.748	1.789	1.749	1.712	1.791	1.760	1.730
	C_2	10.345	8.905	7.800	7.403	6.868	6.664	6.509	6.104	5.999	5.911
80	C_0	0.025	0.063	0.086	0.104	0.118	0.131	0.141	0.151	0.159	0.167
	C_1	1.788	1.793	1.854	1.788	1.827	1.776	1.730	1.812	1.773	1.737
	C_2	11.498	9.820	8.558	8.102	7.493	7.258	7.077	6.620	6.497	6.393
90	C_0	0.022	0.057	0.079	0.095	0.109	0.120	0.130	0.139	0.147	0.154
	C_1	1.861	1.851	1.909	1.830	1.866	1.805	1.749	1.835	1.789	1.745
	C_2	12.653	10.741	9.321	8.805	8.123	7.854	7.647	7.138	6.996	6.876
100	C_0	0.021	0.052	0.072	0.088	0.100	0.111	0.120	0.129	0.136	0.143
	C_1	1.934	1.909	1.966	1.871	1.905	1.834	1.769	1.859	1.805	1.755
	C_2	13.812	11.667	10.089	9.512	8.755	8.453	8.218	7.657	7.495	7.358

注：L_c—群桩基础承台长度；B_c—群桩基础承台短度；l—桩长；d—桩径。

桩基等效沉降系数的计算参数 C_0、C_1、C_2 表（$S_a/d=6$） 表 4-8d

l/d	参数 \ L_c/B_c	1	2	3	4	5	6	7	8	9	10
5	C_0	0.203	0.423	0.506	0.555	0.588	0.613	0.633	0.649	0.663	0.674
	C_1	1.393	1.956	2.277	2.485	2.658	2.789	2.902	3.021	3.099	3.179
	C_2	1.438	2.152	2.365	2.503	2.538	2.581	2.603	2.586	2.596	2.599
10	C_0	0.125	0.281	0.350	0.393	0.424	0.449	0.468	0.485	0.499	0.511
	C_1	1.328	1.623	1.793	1.889	1.983	2.044	2.096	2.169	2.210	2.247
	C_2	2.421	2.870	2.881	2.927	2.879	2.886	2.887	2.818	2.817	2.815
15	C_0	0.093	0.219	0.279	0.318	0.348	0.371	0.390	0.406	0.419	0.432
	C_1	1.327	1.540	1.671	1.733	1.809	1.848	1.882	1.949	1.975	1.999
	C_2	3.126	3.366	3.256	3.250	3.153	3.139	3.126	3.024	3.015	3.007
20	C_0	0.075	0.182	0.236	0.272	0.300	0.322	0.340	0.355	0.369	0.380
	C_1	1.344	1.513	1.625	1.669	1.735	1.762	1.785	1.850	1.868	1.884
	C_2	3.740	3.815	3.607	3.565	3.428	3.398	3.374	3.243	3.227	3.214
25	C_0	0.063	0.157	0.207	0.240	0.266	0.287	0.304	0.319	0.332	0.343
	C_1	1.368	1.509	1.610	1.640	1.700	1.717	1.731	1.796	1.807	1.816
	C_2	4.311	4.242	3.950	3.877	3.703	3.659	3.625	3.468	3.445	3.427
30	C_0	0.055	0.139	0.184	0.216	0.240	0.260	0.276	0.291	0.303	0.314
	C_1	1.395	1.516	1.608	1.627	1.683	1.692	1.699	1.765	1.769	1.773
	C_2	4.858	4.659	4.288	4.187	3.977	3.921	3.879	3.694	3.666	3.643
40	C_0	0.044	0.114	0.153	0.181	0.203	0.221	0.236	0.249	0.261	0.271
	C_1	1.455	1.545	1.627	1.626	1.676	1.671	1.664	1.733	1.727	1.721
	C_2	5.912	5.477	4.957	4.804	4.528	4.447	4.386	4.151	4.111	4.078
50	C_0	0.036	0.097	0.132	0.157	0.177	0.193	0.207	0.219	0.230	0.240
	C_1	1.517	1.584	1.659	1.640	1.687	1.669	1.650	1.723	1.707	1.691
	C_2	6.939	6.287	5.624	5.523	5.080	4.974	4.896	4.610	4.557	4.514
60	C_0	0.031	0.085	0.116	0.139	0.157	0.172	0.185	0.196	0.207	0.216
	C_1	1.581	1.627	1.698	1.662	1.706	1.675	1.645	1.722	1.697	1.672
	C_2	7.956	7.097	6.292	6.043	5.634	5.504	5.406	5.071	5.004	4.948
70	C_0	0.028	0.076	0.104	0.125	0.141	0.156	0.168	0.178	0.188	0.196
	C_1	1.645	1.673	1.740	1.688	1.728	1.686	1.646	1.726	1.692	1.660
	C_2	8.968	7.908	6.964	6.667	6.191	6.035	5.917	5.532	5.450	5.382
80	C_0	0.025	0.068	0.094	0.113	0.129	0.142	0.153	0.163	0.172	0.180
	C_1	1.708	1.720	1.783	1.716	1.754	1.700	1.650	1.734	1.692	1.652
	C_2	9.981	8.724	7.640	7.293	6.751	6.569	6.428	5.994	5.896	5.814
90	C_0	0.022	0.062	0.086	0.104	0.118	0.131	0.141	0.150	0.159	0.167
	C_1	1.772	1.768	1.827	1.745	1.780	1.716	1.657	1.744	1.694	1.648
	C_2	10.997	9.544	8.319	7.924	7.314	7.103	6.939	6.457	6.342	6.244
100	C_0	0.021	0.057	0.079	0.096	0.110	0.121	0.131	0.140	0.148	0.155
	C_1	1.835	1.815	1.872	1.775	1.808	1.733	1.665	1.755	1.698	1.646
	C_2	12.016	10.370	9.004	8.557	7.879	7.639	7.450	6.919	6.787	6.673

注：L_c—群桩基础承台长度；B_c—群桩基础承台短度；l—桩长；d—桩径。

七、沉降控制复合桩基设计的基本概念

在基础设计中,经常会遇到下述情况:如果用天然地基上浅基础方案,地基强度要求能基本满足或相差不大,但对于地基变形验算结果,往往沉降过大而无法满足设计要求,此时就可考虑采用沉降控制复合桩基(也称减少沉降量桩基、疏桩基础等)方案。它是一种介于天然地基上浅基础和常规桩基(按单桩设计承载力确定桩数)之间的一种基础类型。与常规桩基不同,沉降控制复合桩基主要根据建筑物容许沉降量要求确定桩数。

天然地基承载力能满足设计要求,但如果地基变形验算结果过大,此时就可使用少量的桩使基础沉降减小到建筑物容许的范围内;如果天然地基承载力与设计要求相差不大,也可使用少量的桩来弥补地基承载力不足部分,同时又能减小基础沉降。为了使桩与承台能共同承担外荷载,一般采用摩擦桩,其桩端持力层不十分坚硬,当承台产生一定沉降时,桩能充分发挥并始终保持其全部极限承载力,即有足够的"韧性"。因此,沉降控制复合桩基与常规桩基相比,在保证沉降满足设计要求并确保工程安全的前提下,桩数可有大幅度减少,能使工程造价最为经济。

1. 沉降控制复合桩基的承载力确定

由于桩数明显较少,沉降控制复合桩基的桩距则相应明显增大,工程中实际应用的平均桩距一般在 5～6 倍桩径以上,群桩效应作用也就不显著。一般可近似地认为,沉降控制复合桩基总的极限承载力等于沉降控制复合桩基中所有各单桩的极限承载力与承台下地基土无桩条件下的极限承载力之和。其承载力验算方法可参照本节中"二"、"三"的内容。

2. 沉降控制方法确定桩数

沉降控制复合桩基的沉降可按下列简化假设的原则进行计算。

(1) 当外荷载小于沉降控制复合桩基中各单桩极限承载力之和时 ($F+G \leqslant \sum Q_u$)

忽略承台分担作用,假定外荷载全部由桩承担。这时沉降控制复合桩基沉降由桩身的弹性压缩(一般可略去不计)和桩端平面至压缩层下限之间土层的压缩共同组成,其具体计算可按本节"六"所述的群桩沉降计算方法进行。

(2) 当外荷载超过沉降复合桩基中各单桩极限承载力之和时 ($F+G > \sum Q_u$)

桩与桩周土界面局部范围内土体发生屈服,这时群桩将始终保持承担荷载 $\sum Q_u$,而承台则承担荷载 "$F+G-\sum Q_u$",其中由群桩承担的荷载 $\sum Q_u$ 所产生的沉降计算方法同上,由承台承担的荷载 "$F+G-\sum Q_u$" 所产生的沉降则可按天然地基上浅基础的单向分层总和法计算;而复合桩基的总沉降应为上述两部分沉降之和。

初步确定承台底面积和平面布置后,则可按上述方法计算假定承台下有若干种不同桩数的布桩方案时相应的沉降量,如图 4-20 所示。

由图中的曲线形式可知,当桩数较少时,桩数的变化对桩基沉降量的影响是很敏感的,只需用少量的桩就可以大幅度减少沉降量。当桩数达到一定数量后,桩数的变化对桩基沉降量的影响就不再明显。这说明,此时若再增加桩数,对减少桩基沉降量的作用是不大的。因此,实际设计时应选择曲线趋于平缓时的拐

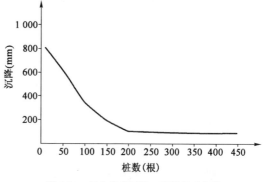

图 4-20　复合桩基沉降—桩数关系曲线

点后面附近某一点作为复合桩基用桩数量。当然,确定的桩数还要同时满足复合地基的承载力安全系数与建筑物容许沉降量的要求。

第四节 水平荷载下的桩基础

一、水平静载荷试验确定单桩水平承载力

水平静载荷试验是分析桩在水平荷作用下性状的重要手段,也是确定单桩水平承载力最可靠的方法。

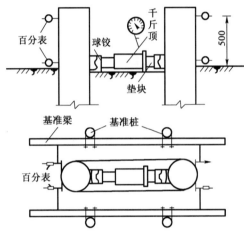

图 4-21 桩水平静载试验装置示意图

1. 试验装置

试验装置包括加荷系统和位移观测系统。加荷系统采用水平施加荷载的千斤顶,位移观测系统采用安装在基准支架上的百分表或电感位移计,如图 4-21 所示。

2. 试验方法

(1)单向多循环加卸载法

此加载方法主要模拟风浪、地震力、制动力、波浪冲击力和机器扰力等循环性动力水平荷载。

试验加载分级,一般取预估横向极限荷载的 $1/10 \sim 1/15$ 作为每级荷载的加载增量。根据桩径大小并适当考虑土层软硬,对于直径 $300 \sim 1000$mm 的桩,每级荷载增量可取 $2.5 \sim 20$kN。每级荷载施加后,恒载每 4min 测读横向位移,然后卸载至 0,停 2min 测读残余横向位移,至此完成一个加卸载循环。5 次循环后,开始加下一级荷载。当桩身折断或水平位移超过 $30 \sim 40$mm(软土取 40mm)时,终止试验。

(2)慢速连续加载法

此加载方法主要模拟桥台、挡墙等长期静止水平荷载的连续荷载试验,类似于垂直静载试验慢速法。

试验荷载分级同上种方法。每级荷载施加后维持其恒定值,并按 5min、10min、15min、30min……测读位移值,直至每小时位移小于 0.1mm,开始加下一级荷载。当加载至桩身折断或位移超过 $30 \sim 40$mm,便终止加载。卸载时按加载量 2 倍逐级进行,每 30min 卸载一级,并于每次卸载前测读一次位移。

(3)单向单循环恒速水平加载法(类似于垂直静载试验快速法)

此加载方法是加载每级维持 20min,第 0min、5min、10min、15min、20min 测读位移。卸载至零荷载维持 30min,第 0min、10min、20min、30min 测读位移。

3. 成果资料

常规循环荷载试验一般绘制"水平力—时间—位移"(H_0—t—x_0)曲线(图 4-22);连续荷载试验常绘制"水平力—位移"(H_0—x_0)曲线(图 4-23)和"水平力—位移梯度"(H_0—$\Delta x_0/\Delta H_0$)曲线(图 4-24)。利用循环荷载试验资料,取每级循环荷载下的最大位移值作为该荷载下的位移值,亦可绘制上述各种关系曲线。

4. 按试验结果确定单桩水平承载力

(1) 单桩水平临界荷载

单桩水平临界荷载 H_{cr} 是指桩断面受拉区混凝土退出工作前所受最大荷载,通常取单桩水平临界荷载为单桩水平承载力设计值。单桩水平临界荷载 H_{cr} 可按下列方法综合确定。

① 取循环荷载试验 $(H_0—t—x_0)$ 曲线突变点前一级荷载为 H_{cr} (图 4-22)。

② 取 $H_0—\Delta x_0/\Delta H_0$ 曲线第一直线段终点所对应的荷载为 H_{cr} (图 4-24)。

(2) 单桩水平极限荷载

单桩水平极限荷载 H_u 是指桩身材料破坏或产生结构所能承受最大变形前的最大荷载。单桩水平极限荷载可按下列方法综合确定。

① 取 $(H_0—t—x_0)$ 曲线明显陡降,即位移包络线向下弯曲的前一级荷载为 H_u (图 4-22)。

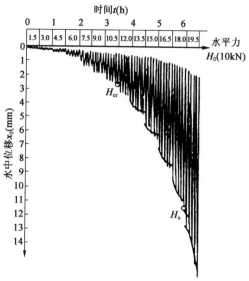

图 4-22 水平力—时间—位移 $(H_0—t—x_0)$ 曲线

② 取 $H_0—\Delta x_0/\Delta H_0$ 曲线第二直线段的终点所对应的荷载为 H_u (图 4-24)。

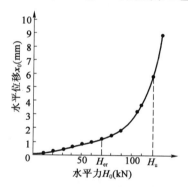

图 4-23 水平力—位移 $(H_0—x_0)$ 曲线

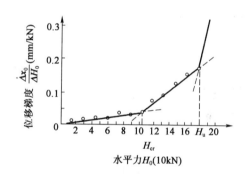

图 4-24 水平力—位移梯度 $(H_0—\Delta x_0/\Delta H_0)$ 曲线

采用水平静载试验确定单桩横向设计承载力时,还应注意按上述强度条件确定的极限荷载时的位移是否超过结构使用要求的水平位移,否则应按变形条件来控制。水平位移容许值可根据桩身材料强度、土发生横向抗力的要求以及墩台结构顶部使用要求来确定;可取试桩在地面处水平位移不超过 6～10mm,定为确定单桩横向承载力的判断标准,以满足结构物和桩、土变形条件安全度要求。

二、基桩内力和位移计算的基本概念

关于桩在横向荷载作用下桩身内力与位移计算,国内外学者提出了许多方法。现在普遍采用的是将桩作为文克勒弹性地基上的梁,简称弹性地基梁法。弹性地基梁的弹性挠曲微分方程的求解方法可用解析法、差分法及有限元法。本章主要介绍解析法。

弹性地基梁法的基本假定是认为桩侧土为文克勒离散线性弹簧,不考虑桩土之间的黏着力和摩阻力,桩作为弹性构件考虑;当桩受到水平外力作用后,桩土协调变形,任一深度 z 处所产生的桩侧土水平抗力与该点水平位移 x_z 成正比(图 4-25)。

$$\sigma_{zx} = Cx_z \tag{4-33}$$

式中：σ_{zx}——横向土抗力，kPa；

C——地基系数，表示单位面积土在弹性限度内产生单位变形时所需加的力，kN/m^3；

x_z——深度 z 处桩的横向位移，m。

1. 地基系数及其分布规律

大量的试验表明，地基系数 C 值不仅与土的类别及其性质有关，而且也随着深度而变化。由于实测的客观条件和分析方法不尽相同等原因，所采用的 C 值随深度的分布规律也各有不同。常采用的地基系数分布规律有如图 4-26 所示的几种形式，相应产生几种基桩内力和位移计算的方法。

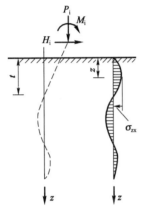

图 4-25 横向受荷桩的受力变形示意图

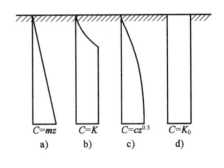

图 4-26 地基系数的几种分布形式

(1)"m"法

假定地基系数 C 值随深度成正比例增长，即 $C=mz$，如图 4-26a)所示。m 称为地基比例系数(kN/m^4)。

(2)"K"法

假定在桩身挠曲曲线第一挠曲零点(即图 4-25 所示深度 t 处)以上，地基系数 C 随深度增加呈凹形抛物线变化；在第一挠曲零点以下，地基系数 $C=K(kN/m^3)$，不再随深度变化而为常数[图 4-26b)]。

(3)"c 值"法

假定地基系数 C 随着深度成抛物线规律增加，即 $C=cz^{0.5}$，如图 4-26c)所示。c 为地基土比例系数($kN/m^{3.5}$)。

(4)"C"法(又称"张有龄法")

假定地基系数 C 沿深度为均匀分布，不随深度而变化，即 $C=K_0(kN/m^3)$ 为常数，如图 4-26d)所示。

上述四种方法均为按文克勒假定的弹性地基梁法，但各自假定的地基系数随深度分布规律不同，其计算结果是有差异的。大量试验与工程实践表明，桩在地面处的位移较小时，"m"法较为适用。本章介绍目前应用较广并列入《公路桥涵地基与基础设计规范》(JTG D63—2007)中的"m"法。

按"m"法计算时，地基土的比例系数 m 值可根据实测决定，无实测数据时可参考表 4-9 中的数值选用；对于岩石地基系数 C_0，认为不随岩层面的埋藏深度而变，可参考表 4-10 采用。

非岩石类土的比例系数 m 值表 表 4-9

序 号	土 的 分 类	m 或 m_0 (MN/m⁴)
1	软塑、流塑黏性土 $I_L>0.75$、淤泥	3～5
2	可塑黏性土 $0.75>I_L>0.25$、粉砂、稍密粉土	5～10
3	硬塑黏性土 $0.5>I_L>0$、细砂、中砂	10～20
4	坚硬、半坚硬黏性土 $I_L<0$、粗砂	20～30
5	砾砂、角砂、圆砾、碎石、卵石	30～80
6	密实粗砂夹卵石、密实漂卵石	80～120

注：①本表用于结构在地面处位移最大值不超过 6mm；位移较大时，适当降低。
②当基础侧面设有斜坡或台阶，且其坡度（横：竖）或台阶总宽与深度之比大于 1：20 时，表中 m 值应减小 50% 取用。
③当基础侧面为数种不同土层时（图 4-27），应将地面或局部冲刷下以下 $h_m=2(d+1)$(m) 深度内的各层土按下列算式换算成一个 m 值，作为整个深度的 m 值，式中 d 为桩的直径。对于刚性桩，h_m 采用整个深度 h，当 h_m 深度内存在两层不同土时（按抗力系数面积加权平均）；

$$m = \gamma m_1 + (1-\gamma)m_2 \quad (4-34)$$

$$\gamma = \begin{cases} 5(h_1/h_m)^2 & h_1/h_m \leq 0.2 \\ 1-1.25(1-h_1/h_m)^2 & h_1/h_m > 0.2 \end{cases} \quad (4-35)$$

④m_0 为"m"法相应于深度 h 处基础底面土的竖向地基系数（$C_0=m_0h$）随深度变化的比例系数，可按表 4-9 选用，当 $h\leq 10$m 时，$C_0=10m_0$。因为据研究分析认为，自地面至 10m 深度处土的竖向抗力几乎没有什么变化，当 $h>10$m 时土的竖向抗力几乎与水平抗力相等，所以 10m 以下取 $C_0=m_0h=mh$。

岩石地基系数 C_0 值 表 4-10

R_C(MPa)	C_0(MN/m³)	R_C(MPa)	C_0(MN/m³)
1	3×10^2	25	150×10^2

注：R_C 为岩石的单轴向抗压极限强度，当为中间值时，采用内插法求取。

2. 单桩、单排桩与多排桩

计算基桩内力应先根据作用在承台底面的外力 N、H、M，计算出作用在每根桩顶的荷载 P_i、H_i、M_i 值，然后才能计算各桩在荷载作用下的各截面的内力与位移。桩基础按其作用力 H 与基桩的布置方式之间的关系可归纳为单桩、单排桩及多排桩两类来计算各桩顶的受力，如图 4-28 所示。

所谓单桩、单排桩是指在与水平外力 H 作用面相垂直的平面上，由单根或多根桩组成的单根（排）桩的桩基础，如图 4-28a）、b）所示。

对于单桩来说，上部荷载全由其承担。

对于单排桩，如图 4-29 所示，对桥墩做纵向验算时，若作用于承台底面中心的荷载为 N、H、M_y，当 N 在承台桥横桥向无偏心时，则可以假定它是平均分布在各桩上的；当竖向力 N 在承台横桥向有偏心距 e 时，即 $M_x=N\cdot e$，每根桩上的竖向作用力可参照式（4-13）计算。

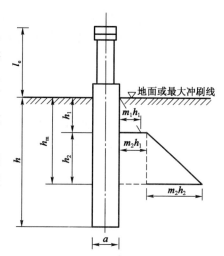

图 4-27 比例系数 m 的换算

多排桩是指在水平外力作用平面内有一根以上桩的桩基础[图 4-28c)]。对单排桩做横桥向验算时也属此情况,各桩顶作用力不能直接应用上述公式计算,应采用结构力学方法另行计算。

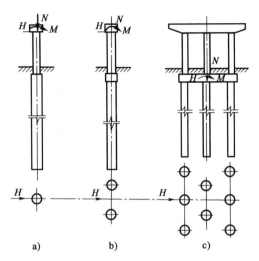

图 4-28 单桩、单排桩、多排桩

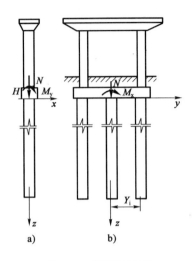

图 4-29 单排桩的计算

3. 桩的计算宽度

由试验研究分析得出,桩在水平外力作用下,除了桩身宽度内桩侧土受挤压外,在桩身宽度以外的一定范围内的土体都受到的一定程度的影响(空间受力),且对不同截面形状的桩,土受到的影响范围大小也不同。为了将空间受力简化为平面受力,并综合考虑桩的截面形状及多排桩桩间的相互遮蔽作用,可将桩的设计宽度(直径)换算成实际工作条件下相当的矩形截面桩的宽度 b_1。b_1 则称为桩的计算宽度。根据已有的试验资料分析,计算宽度的换算方法可用下式表示。

$$b_1 = K_f \cdot K_0 \cdot K \cdot b(\text{或 } d) \tag{4-36}$$

式中:b(或 d)——与水平外力 H 作用方向相垂直平面上桩的宽度(或直径);

K_f——形状换算系数,即在受力方向将各种不同截面形状的桩宽度换算为相当于矩形截面宽度,其值见表 4-11;

K_0——受力换算系数,即考虑到实际上桩侧土在承受水平荷载时为空间受力问题,简化为平面受力时的修正系数,其值见表 4-11;

K——桩间的相互影响系数,当桩基有承台连接,在外力作用平面内有数根桩时,各桩间的受力将相互产生影响,其影响与桩间的净距 L_1 的大小有关(图 4-30),可按以下方法确定:

对于 b(或 d)<1.0m,或单排桩,或 $L_1 \geqslant 0.6h_1$ 的多排桩,$K=1.0$;

对于 $L_1 < 0.6h_1$ 的多排桩,$K = b' + \dfrac{(1-b')}{0.6} \cdot \dfrac{L_1}{h_1}$;

L_1——桩间净距;

h_1——桩在地面或最大冲刷线下的计算深度,可按 $h_1=3(d+1)$(m),但不得大于 h;关于 d 值,对于钻孔桩为设计直径,对于矩形桩可采用受力面桩的边宽;

b'——与外力作用平面相互平行所验算的一排桩数 n 有关的系数,当 $n=1$ 时,$b'=$1.0;当 $n=2$ 时,$b'=0.6$;当 $n=3$ 时,$b'=0.5$;当 $n \geqslant 4$ 时,$b'=0.45$。

换 算 系 数 表
表 4-11

名 称	符号	基础平面形状			
		矩形	圆形	长圆形 B/d	长圆形 d/B
形状换算系数	K_f	1.0	0.9	$1-0.1\dfrac{d}{B}$	0.9
受力换算系数	K_0	$b \geqslant 1\text{m}$ 时,$1+\dfrac{1}{b}$；$b<1\text{m}$ 时,$1.5+\dfrac{0.5}{b}$	$d \geqslant 1\text{m}$ 时,$1+\dfrac{1}{d}$；$d<1\text{m}$ 时,$1.5+\dfrac{0.5}{d}$	$1+\dfrac{1}{B}$	$1+\dfrac{1}{d}$

注：表中基础,除了指桩外,还适用于承受水平荷载的沉井、承台。

在垂直于外力作用方向的 n 根桩柱的计算总宽度 nb_1 不得大于 $(B'+1)$；当 nb_1 大于 $(B'+1)$ 时,取 $(B'+1)$。B' 为垂直于外力作用方向的边桩外侧边缘之间的距离。

当桩基础平面布置中与外力作用方向平行的每排桩数不等,并且相邻桩中心距大于或等于 $(b+1)$ 时,则可按桩数最多一排桩计算其相互影响系数 K 值。

为了不致使计算宽度发生重叠现象,要求以上综合计算得出的 $b_1 \leqslant 2b$；当 b_1 大于 $2b$ 时,取 $2b$。

以上 b_1 的计算方法比较繁杂,理论和实践的根据也不是很充分,因此国内外有些规范建议简化计算,如《建筑桩基技术规范》(JGJ 94—2008)未考虑相互影响系数 K 的影响。

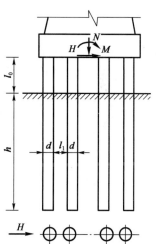

图 4-30 相互影响系数计算

三、弹性单桩、单排桩的内力和位移计算

在公式推导和计算中,取图4-31所示的坐标系统,并对力和位移的符号作如下规定:横向位移顺 x 轴正方向为正值,转角逆时针方向为正值,弯矩当左侧受拉时为正值,横向力顺 x 轴方向为正值。

1. 桩的挠曲微分方程及其解

若桩顶与地面平齐 ($z=0$),且已知桩顶作用有水平荷载 H_0 及弯矩 M_0,此时桩将发生弹性挠曲,桩侧土将产生横向抗力 σ_{zx},如图 4-32 所示。即桩的挠曲微分方程为：

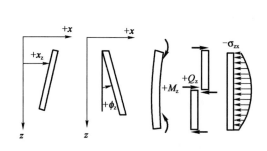

图 4-31 力与位移的符号规定

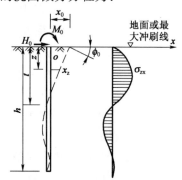

图 4-32 侧向受荷桩的分析模式

$$EI \frac{d^4 x}{dz^4} = -q = -\sigma_{zx} b_1 = -mzx_z b_1 \qquad (4\text{-}37)$$

式中：E、I——桩的弹性模量及截面惯性距；

σ_{zx}——桩侧土抗力，$\sigma_{zx} = Cx_z = mzx_z$，$C$ 为地基系数；

b_1——桩的计算宽度；

x_z——桩在深度 z 处的横向位移（即桩的挠度）。

将式(4-37)整理可得：

$$\frac{d^4 x_z}{dz^4} + \frac{mb_1}{EI} zx_z = 0$$

$$\frac{d^4 x_z}{dz^4} + \alpha^5 zx_z = 0 \qquad (4\text{-}38)$$

其中，α 为桩的变形系数，$\alpha = \sqrt[5]{\dfrac{mb_1}{EI}}$，$m^{-1}$。受弯构件计算变形时的截面刚度 EI 须乘以 0.80 的折减系数，即 $EI = 0.8 E_c I$。E_c 为桩的混凝土抗压模量。其余符号同式(4-37)。

（1）刚性桩和弹性桩

按照桩与土的柔性指数 αh，可将桩分为刚性桩和弹性桩两类，其中 h 为桩的入土深度。

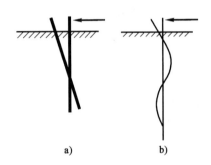

图 4-33　刚性桩、弹性桩在横向力作用下的变形
a) 刚性桩；b) 弹性桩

当 $\alpha h \leqslant 2.5$ 时，可按刚性桩计算。桩的长径比较小或周围土层较松软，即桩的刚度远大于土层刚度时，在横向受力作用下，桩身挠曲变形不明显，如同刚体一样围绕桩轴某一点转动，如图 4-33a) 所示。如果不断增大横向荷载，则可能由于桩侧土强度不够而失稳，使桩丧失承载的能力或破坏。因此，基桩的横向设计承载力由桩侧土的强度及稳定性决定。第五章将要介绍的沉井基础可看作刚性桩（构件）。

当 $\alpha h > 2.5$ 时，可按弹性桩来计算。长径比较大或周围土层较坚实，即桩的相对刚度较小时，由于桩土有足够大的抗力，桩身发生挠曲变形，其侧向位移随着入土深度增大而逐渐减小，以至达到一定深度后，几乎不受荷载影响，形成一端嵌固的地基梁，桩的变形呈图 4-33b) 所示的波状曲线。如果不断增大横向荷载，可使桩身在较大弯矩处发生断裂或使桩发生过大的侧向位移，并超过了桩或结构物的容许变形值。因此，基桩的横向设计承载力将由桩身材料的抗弯强度或侧向变形条件决定。一般情况下，桥梁桩基础的桩多属弹性桩。

（2）弹性桩变形与内力的基本解

式(4-38)为四阶线性变系数齐次常微分方程，可用幂级数展开的方法，并结合桩底的边界条件求出桩挠曲微分方程的解（具体解法可参考有关书籍）。

理论与实测成果表明，在水平荷载作用下，桩的变形与受力主要发生在上部，当 $\alpha z \geqslant 4$ 时，桩身的变形与内力很小，可以略去不计，土中应力区和塑性区的主要范围也在上部浅土层。因此，桩周土对桩的水平工作性状影响最大的是地表土和浅层土，改善浅部土层的工程性质可收到事半功倍的效果。

对于 $\alpha h \geqslant 4$ 的桩，桩底边界条件对桩的受力变形影响很小。各种类型的桩，包括摩擦桩和端承桩，可统一用以下公式计算桩身在地面以下任一深度处内力及位移。

$$x_z = \frac{Q_0}{\alpha^3 EI}A_x + \frac{M_0}{\alpha^2 EI}B_x \qquad (4\text{-}39\text{a})$$

$$\phi_z = \frac{Q_0}{\alpha^2 EI}A_\phi + \frac{M_0}{\alpha EI}B_\phi \qquad (4\text{-}39\text{b})$$

$$M_z = \frac{Q_0}{\alpha}A_m + M_0 B_m \qquad (4\text{-}39\text{c})$$

$$Q_z = Q_0 A_H + \alpha M_0 B_H \qquad (4\text{-}39\text{d})$$

其中，A_x、B_x、A_ϕ、B_ϕ、A_m、B_m、A_H、B_H 为无量纲系数，均为 αh 和 αz 的函数，有关手册已将其制成表格，以供查用。

在进行工程设计时，对桩身的每一个断面进行内力、变形验算是没有必要的，而只需要对几个控制断面进行验算，如最大位移和桩身最大弯矩截面。

2. 桩顶位移的计算公式

桩身最大位移出现在桩顶。如图 4-34 所示，已知桩露出地面长 l_0，若桩顶点为自由端，其上作用 H 及 M，顶端的位移可应用叠加原理计算。

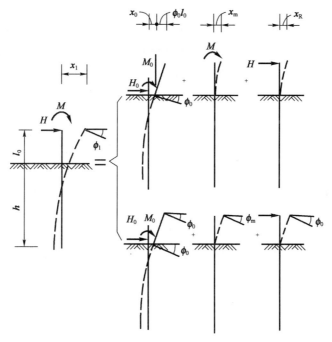

图 4-34 桩顶位移计算

设桩顶的水平位移为 x_1，它是由桩在地面处的水平位移 x_0、地面处转角 ϕ_0 所引起在桩顶的位移 $\phi_0 l_0$、桩露出地面段作为悬臂梁桩顶在水平力 H 作用下产生的水平位移 x_H 以及在 M 作用下产生的水平位移 x_m 组成，即：

$$x_1 = x_0 - \phi_0 l_0 + x_H + x_m \qquad (4\text{-}40\text{a})$$

因 ϕ_0 逆时针为正，故式中在 ϕ_0 前用负号。

桩顶转角 ϕ_1 则由地面处的转角 ϕ_0、桩顶在水平力 H 作用下引起的转角 ϕ_H 以及弯矩作用下所引起的转角 ϕ_m 组成，即：

$$\phi_1 = \phi_0 + \phi_H + \phi_m \qquad (4\text{-}40\text{b})$$

以上两式中的 x_0、ϕ_0，可按计算所得的 $M_0 = Hl_0 + M$ 及 $H_0 = H$ 分别代入式(4-39a)及式

(4-39b)求得,但需注意此时式中的无量纲系数均采用 $z=0$ 时的数值,则:

$$x_0 = \frac{H}{\alpha^3 EI}A_x + \frac{M+Hl_0}{\alpha^2 EI}B_x$$

$$\phi_0 = -\left(\frac{H}{\alpha^2 EI}A_\phi + \frac{M+Hl_0}{\alpha EI}B_\phi\right)$$

式(4-40)中的 x_H、x_m、ϕ_H、ϕ_m 是将露出段作为下端嵌固、跨度为 l_0 的悬臂梁计算而得,即:

$$\left.\begin{array}{ll} x_H = \dfrac{Hl_0^3}{3EI}, & x_m = \dfrac{Ml_0^2}{2EI} \\ \phi_H = \dfrac{-Hl_0^2}{2EI}, & \phi_m = \dfrac{-Ml_0}{EI} \end{array}\right\} \quad (4\text{-}41)$$

将 x_0、ϕ_0、x_H、ϕ_H、x_m、x_ϕ 代入式(4-40),经整理便可得到如下计算桩顶水平位移为 x_1 和桩顶转角 ϕ_1 的表达式。

$$\left.\begin{array}{l} x_1 = \dfrac{H}{\alpha^3 EI}A_{x_1} + \dfrac{M}{\alpha^2 EI}B_{x_1} \\ \phi_1 = -\left(\dfrac{H}{\alpha^2 EI}A_{\phi_1} + \dfrac{M}{\alpha EI}B_{\phi_1}\right) \end{array}\right\} \quad (4\text{-}42)$$

其中,A_{x_1}、$B_{x_1} = A_{\phi_1}$、B_{ϕ_1} 均为 αh 及 αl_0 的函数,当 $\alpha h \geqslant 4.0$ 时可查表4-12。

桩顶位移系数($\alpha h \geqslant 4.0$)　　　　　　　表4-12

αl_0	A_{x1}	$A_{\phi 1}=B_{x1}$	$B_{\phi 1}$	αl_0	A_{x1}	$A_{\phi 1}=B_{x1}$	$B_{\phi 1}$
0.0	2.440 66	1.621 00	1.750 58	4.0	64.751 27	16.623 32	5.750 58
0.2	3.161 75	1.991 12	1.950 58	4.2	71.633 29	17.793 44	5.950 58
0.4	4.038 89	2.401 23	2.150 58	4.4	78.991 35	19.003 55	6.150 58
0.6	5.088 07	2.851 35	2.350 58	4.6	86.841 47	20.253 67	6.350 58
0.8	6.325 30	3.341 46	2.550 58	4.8	95.199 62	21.543 78	6.550 58
1.0	7.766 57	3.871 58	2.750 58	5.0	104.081 83	22.873 90	6.750 58
1.2	9.427 90	4.441 70	2.950 58	5.2	113.504 08	24.244 02	6.950 58
1.4	11.315 26	5.051 81	3.150 58	5.4	123.482 37	25.654 13	7.150 58
1.6	13.474 68	5.701 93	3.350 58	5.6	134.032 71	27.104 36	7.350 58
1.8	15.892 14	6.392 04	3.550 58	5.8	145.171 10	28.594 36	7.550 58
2.0	18.593 65	7.122 16	3.750 58	6.0	156.913 54	30.124 48	7.750 58
2.2	21.595 20	7.892 28	3.950 58	6.4	182.274 55	33.304 71	8.150 58
2.4	24.912 80	8.702 39	4.150 58	6.8	210.243 75	36.644 94	8.550 58
2.6	28.562 45	9.552 51	4.350 58	7.2	240.949 13	40.145 18	8.950 58
2.8	32.560 14	10.442 62	4.550 58	7.6	274.518 69	43.805 41	9.350 58
3.0	36.921 88	11.372 74	4.750 58	8.0	311.080 45	47.625 64	9.750 58
3.2	41.663 67	12.342 86	4.950 58	8.5	361.185 40	52.625 93	10.250 58
3.4	46.801 50	13.352 97	5.150 58	9.0	416.415 64	57.876 22	10.750 58
3.6	52.351 38	14.403 09	5.350 58	9.5	477.021 17	63.376 51	11.250 58
3.8	58.329 30	15.493 20	5.550 58	10.0	543.251 99	69.126 80	11.750 58

3. 桩身最大弯矩位置 z_{Mmax} 和最大弯矩 M_{max} 的确定

将各深度 z 处的 M_z 值求出后绘制 z—M_z 图,即可从图中求得最大弯矩及所在位置;也可用如下简便方法求解。

$Q_z=0$ 处的截面即为最大弯矩所在的位置 z_{Mmax}，由式(4-39d)令：

$$Q_z = H_0 A_H + \alpha M_0 B_H = 0$$

则：

$$\frac{\alpha M_0}{H_0} = -\frac{A_H}{B_H} = C_H \quad \text{或} \quad \frac{H_0}{\alpha M_0} = -\frac{B_H}{A_H} = D_H \tag{4-43}$$

式中，C_H 及 D_H 也为与 αz 有关的系数。

当 $\alpha h \geqslant 4.0$ 时，从式(4-43)求得 C_H 及 D_H 值后，可查表 4-13 确定相应的 αz 值；因为 $\alpha = \sqrt[5]{\frac{mb_1}{EI}}$ 为已知，所以最大弯矩所在的位置 $z=z_{Mmax}$ 值即可确定。

由式(4-43)可得：

$$\frac{H_0}{\alpha} = M_0 D_H \quad \text{或} \quad M_0 = \frac{H_0}{\alpha} C_H$$

代入式(4-39c)则得：

$$M_{max} = M_0 D_H A_m + M_0 B_m = M_0 K_m \quad \text{或} \quad M_{max} = \frac{H_0}{\alpha} A_m + \frac{H_0}{\alpha} B_m C_H = \frac{H_0}{\alpha} K_H \tag{4-44}$$

式中，$K_m = A_m D_H + B_m$，$K_H = A_m + B_m C_H$，也均为 αz 的函数，也可按表 4-13 查用；然后代入式(4-44)即可得到 M_{max} 值；当 $\alpha h < 4.0$ 时可另查有关设计手册。

确定桩身最大弯矩及其位置的系数（$\alpha h \geqslant 4.0$） 表 4-13

αz	C_H	D_H	K_H	K_m
0.0	∞	0.000 00	∞	1.000 00
0.1	131.252 32	0.007 60	131.317 79	1.000 50
0.2	34.186 40	0.029 25	34.317 04	1.003 82
0.3	15.544 33	0.064 33	15.738 37	1.012 48
0.4	8.781 45	0.113 88	9.037 39	1.029 14
0.5	5.539 03	0.180 54	5.855 75	1.057 18
0.6	3.708 96	0.269 55	4.138 32	1.101 30
0.7	2.565 62	0.389 77	2.999 27	1.169 02
0.8	1.791 34	0.558 24	2.281 53	1.273 65
0.9	1.238 25	0.807 59	1.783 96	1.440 71
1.0	0.824 35	1.213 07	1.424 48	1.728 00
1.1	0.503 03	1.987 95	1.156 66	2.299 39
1.2	0.245 63	4.071 21	0.951 98	3.875 72
1.3	0.033 81	29.580 23	0.792 35	23.437 69
1.4	−0.144 79	−6.906 47	0.665 52	−4.596 37
1.5	−0.298 66	−3.348 27	0.563 28	−1.875 85
1.6	−0.433 85	−2.304 94	0.479 75	−1.128 38
1.7	−0.554 97	−1.801 89	0.410 66	−0.739 96
1.8	−0.665 46	−1.502 73	0.352 89	−0.530 30

续上表

αz	C_H	D_H	K_H	K_m
1.9	−0.767 97	−1.302 13	0.304 12	−0.396 00
2.0	−0.864 74	−1.156 41	0.262 54	−0.303 61
2.2	−1.048 45	−0.953 79	0.195 83	−0.186 78
2.4	−1.229 54	−0.813 31	0.145 03	−0.117 95
2.6	−1.420 38	−0.704 04	0.105 36	−0.074 18
2.8	−1.635 25	−0.611 53	0.074 07	−0.045 30
3.0	−1.892 98	−0.528 27	0.049 28	−0.026 03
3.5	−2.993 86	−0.334 01	0.010 27	−0.003 43
4.0	−0.044 50	−22.500 00	−0.000 08	+0.011 34

四、弹性多排桩基桩内力与位移计算

如图 4-35 所示多排桩基础，它具有一个对称面的承台，且外荷载 N、H、M 作用于此对称平面内。承台产生横轴向位移 a_0、竖轴向位移 b_0 及转角 β_0（a_0、b_0 以坐标轴正方向为正，β_0 以顺时针为正），相应的以 a_i、b_i、β_i 分别代表第 i 排桩桩顶处横向位移、轴向位移及转角。由于各桩与荷载的相对位置不尽相同，桩顶在外荷载作用下其变位就会不同，外荷载分配到各桩顶上的作用力 P_i、H_i、M_i 也就各异，因此，P_i、H_i、M_i 就不能用简单的计算方法进行计算。一般是将外力作用平面内的桩作为一平面框架，用结构位移法解出各桩顶上的作用力 P_i、H_i、M_i，然后即可应用单桩的计算方法来进行桩的承载力与强度验算。用结构位移法求解各桩顶上的作用力 P_i、H_i、M_i，首先需要得到桩顶的各种刚度系数，即建立桩顶各种位移与桩顶各种作用力之间的关系。

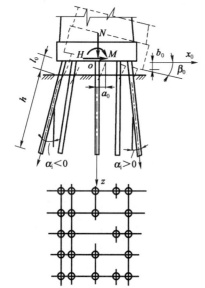

图 4-35 多排桩的受力变形图

1. 单桩桩顶刚度系数

计算单桩桩顶刚度系数，可首先设：

①当第 i 排桩桩顶处仅产生单位轴向位移（即 $b_i=1$）时，在桩顶引起的轴向力为 ρ_1；

②当第 i 排桩桩顶处仅产生单位横轴向位移（即 $a_i=1$）时，在桩顶引起的横轴向力为 ρ_2；

③当第 i 排桩桩顶处仅产生单位横轴向位移（即 $a_i=1$）时，在桩顶引起的弯矩为 ρ_3；或当桩顶产生单位转角（即 $\beta_i=1$）时，在桩顶引起的横轴向力为 ρ_3；

④当第 i 排桩桩顶处仅产生单位转角（即 $\beta_i=1$）时，第 i 排桩桩顶引起的弯矩为 ρ_4。

（1）ρ_1 的求解

桩顶受轴向力而产生的轴向位移包括（图 4-36）：桩身材料的弹性压缩变形 δ_c 及桩底处地基土的沉降 δ_K 两部分。

计算桩身弹性压缩变形时应考虑桩侧土摩阻力的影响。因此，桩顶在轴向力 P 作用下的

桩身弹性压缩变形 δ_c 为：

$$\delta_c = \frac{Pl_0}{EA} + \frac{1}{EA}\int_0^h P_z \mathrm{d}z = \frac{l_0 + \xi h}{EA} \cdot P \tag{4-45}$$

式中：ξ——侧摩阻力的影响系数，《公路桥涵地基与基础设计规范》(JTG D63—2007)对于打入桩和振动桩的桩侧摩阻力（假定为三角形分布）取 $\xi = \frac{2}{3}$，钻(挖)孔桩取 $\xi = \frac{1}{2}$，端承桩则取 $\xi = 1$；

A——桩身横截面积；

E——桩身受压弹性模量。

桩底平面处地基沉降采用近似计算的方法：假定外力借桩侧土的摩阻力和桩身作用自地面以 $\frac{\varphi}{4}$ 角扩散至桩底平面处的面积 A_0 上（φ 为土的内摩擦角），此面积若大于以相邻底面中心距为直径所得的面积，则 A_0 采用相邻桩底面中心距为直径所得的面积（参见图4-36）。因此，桩底地基土沉降 δ_K 为：

$$\delta_K = \frac{P}{C_0 A_0} \tag{4-46}$$

其中，C_0 为桩底平面的地基土竖向地基系数，$C_0 = m_0 h$（比例系数 m_0 按"m"法规定取用，见表4-9）。

因此，桩顶的轴向变形 $b_i = \delta_c + \delta_K$，即：

$$b_i = \frac{P(l_0 + \xi h)}{AE} + \frac{P}{C_0 A_0} \tag{4-47}$$

由式(4-47)知，当 $b_i = 1$ 时，求得的 P 值即为 ρ_1

$$\rho_1 = \frac{1}{\frac{l_0 + \xi h}{AE} + \frac{1}{C_0 A_0}} \tag{4-48}$$

(2) ρ_2、ρ_3、ρ_4 的求解

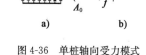

图4-36 单桩轴向受力模式

如果已知桩顶的横轴向位移为 $x_1 = a_i$ 及转角为 $\phi_1 = \beta_i$，代入式(4-42)，可得：

$$\left.\begin{array}{l} H = \dfrac{\alpha^3 EI B_{\phi_1} a_i - \alpha^2 EI B_{x_1} \beta_i}{A_{x_1} B_{\phi_1} - A_{\phi_1} B_{x_1}} \\[2mm] M = \dfrac{\alpha EI A_{x_1} \beta_i - \alpha^2 EI A_{\phi_1} a_i}{A_{x_1} B_{\phi_1} - A_{\phi_1} B_{x_1}} \end{array}\right\} \tag{4-49}$$

当桩顶仅产生单位横轴向位移 $a_i = 1$，而转角 $\beta_i = 0$ 时，代入上式可得 ρ_2 和 ρ_3。

$$\rho_2 = H = \frac{\alpha^3 EI B_{\phi_1}}{A_{x_1} B_{\phi_1} - A_{\phi_1} B_{x_1}} \tag{4-50a}$$

$$-\rho_3 = M = \frac{-\alpha^2 EI A_{\phi_1}}{A_{x_1} B_{\phi_1} - A_{\phi_1} B_{x_1}} \tag{4-50b}$$

当桩顶仅产生单位转角 $\beta_i = 1$ 而横轴向位移 $a_i = 0$ 时，代入式(4-49)可得 ρ_4。

$$\rho_4 = M = \frac{\alpha EI A_{x_1}}{A_{x_1} B_{\phi_1} - A_{\phi_1} B_{x_1}} \tag{4-50c}$$

令：

$$x_H = \frac{B_{\phi_1}}{A_{x_1} B_{\phi_1} - A_{\phi_1} B_{x_1}}, x_m = \frac{A_{\phi_1}}{A_{x_1} B_{\phi_1} - A_{\phi_1} B_{x_1}}, \phi_m = \frac{A_{x_1}}{A_{x_1} B_{\phi_1} - A_{\phi_1} B_{x_1}}$$

则(4-50)为：

$$\left.\begin{aligned} \rho_2 &= \alpha^3 EI x_H \\ \rho_3 &= \alpha^2 EI x_m \\ \rho_4 &= \alpha EI \phi_m \end{aligned}\right\} \qquad (4\text{-}51)$$

其中，x_H、x_m、ϕ_m 是无量纲系数，均是 αh 及 αl_0 的函数，当 $\alpha h \geqslant 4.0$ 时可查表 4-14；对于 $2.5 \leqslant \alpha h < 4$ 的桩另有表格，可在有关设计手册中查用。

多排桩计算系数($\alpha h \geqslant 4.0$) 表 4-14

αl_0	x_H	x_m	ϕ_m	αl_0	x_H	x_m	ϕ_m
0.0	1.064 23	0.985 45	1.483 75	4.0	0.059 89	0.173 12	0.674 33
0.2	0.885 55	0.903 95	1.435 41	4.2	0.054 27	0.162 27	0.653 27
0.4	0.736 49	0.822 32	1.383 16	4.4	0.049 32	0.152 38	0.633 41
0.6	0.613 77	0.744 53	1.328 58	4.6	0.044 95	0.143 36	0.614 67
0.8	0.513 42	0.672 62	1.273 25	4.8	0.041 08	0.135 09	0.596 94
1.0	0.431 57	0.607 46	1.218 58	5.0	0.037 63	0.127 50	0.580 17
1.2	0.364 76	0.549 10	1.165 51	5.2	0.034 55	0.120 53	0.564 29
1.4	0.311 05	0.498 75	1.117 13	5.4	0.031 80	0.114 10	0.549 21
1.6	0.265 16	0.451 25	1.066 37	5.6	0.029 33	0.108 17	0.534 89
1.8	0.228 07	0.410 58	1.020 81	5.8	0.027 11	0.102 68	0.521 28
2.0	0.197 28	0.374 62	0.978 01	6.0	0.025 11	0.097 59	0.508 33
2.2	0.171 57	0.342 76	0.937 88	6.4	0.021 65	0.088 47	0.484 21
2.4	0.150 00	0.314 50	0.900 32	6.8	0.018 80	0.082 56	0.462 22
2.6	0.131 78	0.289 36	0.865 19	7.2	0.016 42	0.073 66	0.442 11
2.8	0.116 33	0.266 94	0.832 33	7.6	0.014 43	0.067 60	0.423 64
3.0	0.103 14	0.246 91	0.801 58	8.0	0.012 75	0.062 25	0.406 63
3.2	0.091 83	0.228 94	0.772 79	8.5	0.010 99	0.056 41	0.387 18
3.4	0.082 08	0.212 79	0.745 80	9.0	0.009 54	0.051 35	0.369 47
3.6	0.073 64	0.198 22	0.720 49	9.5	0.008 32	0.046 94	0.353 30
3.8	0.066 30	0.185 05	0.696 70	10.0	0.007 32	0.043 07	0.338 47

2. 竖直对称多排桩的计算公式及其推导

(1) 桩顶作用力计算

为计算群桩在外荷载 N、H、M 作用下各桩桩顶的 P_i、H_i、M_i 的数值，假定绝对刚性承台变位后各桩顶之间的相对位置不变，各桩桩顶的转角与承台的转角相等。已知承台中心点 O 在外荷载 N、H、M 作用下，产生的横轴向位移 a_0、竖轴向位移 b_0 及转角 β_0（a_0、b_0 以坐标轴正方向为正，β_0 以顺时针为正），多排桩中的各桩竖直对称，则第 i 排桩桩顶处的竖轴向位移、横轴向位移及转角分别为：

$$\left.\begin{aligned} b_i &= b_0 + x_i \beta_0 \\ a_i &= a_0 \\ \beta_i &= \beta_0 \end{aligned}\right\} \qquad (4\text{-}52)$$

式中：x_i——第 i 排桩桩顶相对承台中心的水平坐标。

根据单桩的桩顶刚度系数可以计算 P_i、H_i、M_i 值。

$$\left.\begin{array}{l} P_i = \rho_1 b_i = \rho_1(b_0 + x_i \beta_0) \\ H_i = \rho_2 a_0 - \rho_3 \beta_0 \\ M_i = \rho_4 \beta_0 - \rho_3 a_0 \end{array}\right\} \quad (4\text{-}53)$$

因此，只要解出 a_0、b_0、β_0 后，即可以从上式求解出任意桩桩顶的 P_i、H_i、M_i 值，然后就可以利用单桩的计算方法求出桩的内力与位移。a_0、b_0、β_0 的求解，具体可见以下介绍的承台位移计算内容。

(2) 低承台桩的承台作用计算

承台埋入地面或最大冲刷线以下时（图 4-37），可考虑承台侧面土的水平抗力与桩和桩侧土共同抵抗和平衡水平外荷载的作用。

若承台埋入地面或最大冲刷线以下的深度为 h_n，z 为承台侧面任一点距底面距离（取绝对值），则 z 点的位移为 $a_0 + \beta_0 z$。承台侧面（计算宽度 B_1）土作用在单位宽度上的水平抗力 E_x 及其对 x 轴的弯矩 M_{E_x} 为：

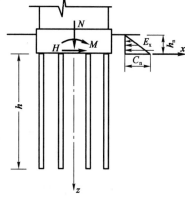

图 4-37　低承台桩的承台作用

$$\begin{aligned} E_x &= \int_0^{h_n} (a_0 + \beta_0 z) C \mathrm{d}z \\ &= \int_0^{h_n} (a_0 + \beta_0 z) \frac{C_n}{h_n}(h_n - z) \mathrm{d}z \\ &= a_0 \frac{C_n h_n}{2} + \beta_0 \frac{C_n h_n^2}{6} = a_0 F^c + \beta_0 S^c \end{aligned} \quad (4\text{-}54\mathrm{a})$$

$$M_{E_x} = \int_0^{h_n} (a_0 + \beta_0 z) C z \mathrm{d}z = a_0 \frac{C_n h_n^2}{6} + \beta_0 \frac{C_n h_n^3}{12} = a_0 S^c + \beta_0 I^c \quad (4\text{-}54\mathrm{b})$$

式中：C_n——承台底面处侧向土的地基系数；

F^c——图 4-37 中承台侧面地基系数 C 图形的面积，$F^c = \dfrac{C_n h_n}{2}$；

S^c——图 4-37 中承台侧面地基系数 C 图形的面积对于底面的面积矩，$S^c = \dfrac{C_n h_n^2}{6}$；

I^c——图 4-37 中承台侧面地基系数 C 图形的面积对于底面的惯性矩，$I^c = \dfrac{C_n h_n^2}{12}$。

在实际工程中，根据受力需要，桩可以非对称布置，也可以斜桩与竖直桩组合（图 4-35），有关这方面的计算内容可参考有关手册、规范。

(3) 承台位移计算

a_0、b_0、β_0 可按结构力学的位移法求得。根据承台作用力的平衡条件，即 $\Sigma N = 0$，$\Sigma H = 0$，$\Sigma M = 0$（对 O 点取矩）；当桩基中各桩直径相同时，可列出位移法的典型方程如下。

$$\left.\begin{array}{l} n\rho_1 b_0 = N \\ (n\rho_2 + B_1 F^c) a_0 - (n\rho_3 - B_1 S^c) \beta_0 = H \\ -(n\rho_3 - B_1 S^c) a_0 + (\rho_1 \Sigma x_i^2 + n\rho_4 + B_1 I^c) \beta_0 = M \end{array}\right\} \quad (4\text{-}55)$$

式中：n——桩的根数。

联立解式(4-55)，则可得承台位移 a_0、b_0、β_0 各值。

$$b_0 = \frac{N}{n\rho_1} \tag{4-56}$$

$$a_0 = \frac{(n\rho_4 + \rho_1 \sum_{i=1}^{n} x_i^2 + B_1 I^c) H + (n\rho_3 - B_1 S^c) M}{(n\rho_2 + B_1 F^c)(n\rho_4 + \rho_1 \sum_{i=1}^{n} x_i^2 + B_1 I^c) - (n\rho_3 - B_1 S^c)^2} \tag{4-57}$$

$$\beta_0 = \frac{(n\rho_2 + B_1 F^c) M + (n\rho_3 - B_1 S^c) H}{(n\rho_2 + B_1 F^c)(n\rho_4 + \rho_1 \sum_{i=1}^{n} x_i^2 + B_1 I^c) - (n\rho_3 - B_1 S^c)^2} \tag{4-58}$$

求得 ρ_1、ρ_2、ρ_3、ρ_4 及 a_0、b_0、β_0 后，可一并代入式(4-53)，即可求出各桩桩顶作用力 P_i、H_i、M_i 值，然后可按单桩来计算桩身内力与位移。如果是高承台桩或不考虑承台侧面土的作用，则 F^c、S^c、I^c 均为 0。

【例 4-3】 某桥墩高承台桩基础构造见图 4-38，采用直径为 60cm 的钻孔灌注桩，已知：

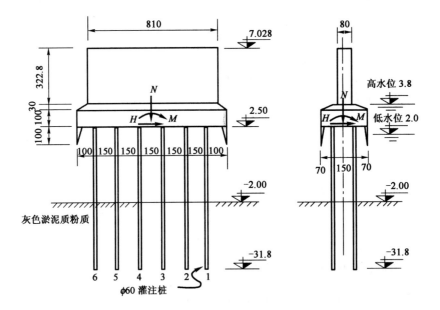

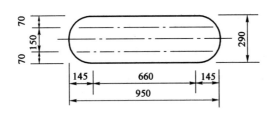

图 4-38 例题 4-3 图(高程单位：m；尺寸单位：cm)

(1)作用在承台底面中心的荷载组合(表 4-15)

荷 载 组 合　　　　　　　　　　　　　　　表 4-15

荷载方向	竖直力 N(kN)	水平力 H(kN)	弯矩 M(kN·m)
纵向(汽车行进方向)	6 025	160.5	670
横向	5 108	218.8	2 090

(2)地基土为淤泥质粉质黏土,其主要指标为:重度 $\gamma=18.9 \text{kN/m}^3$,内摩擦角 $\varphi=16°$,地基比例系数 $m=3\,000\text{kN/m}^4$。

(3)弹性模量:抗压时 $E_c=2.9\times10^7\text{kPa}$,抗弯时 $E=0.8E_c$。

要求计算:

(1)纵向荷载作用下在每根桩顶上的力 P、H、M;

(2)桩身最大弯矩 M_{max}。

[解] (1)每根桩桩顶上的力 P、H、M

①作用在每排桩的荷载(纵向多排桩的桩数为2根):

$$N=\frac{6\,025}{6}=1\,004.17 \text{ kN}$$

$$H=\frac{160.5}{6}=26.75 \text{ kN}$$

$$M=\frac{670}{6}=111.67 \text{ kN}\cdot\text{m}$$

②求桩的计算宽度 b_1。

已知 $d=0.6\text{m}$,查表4-11有:

圆形桩 $K_f=0.9$,$K_0=\left(1.5+\frac{0.5}{d}\right)=1.5+\frac{0.5}{0.6}=2.33$

由于 $d<1\text{m}$,取 $K=1.0$。

$b_1=K_fK_0Kd=0.9\times2.33\times1.0\times0.6=1.26\text{m}>2b=2\times0.6=1.2\text{m}$,取 $b_1=2b=1.2\text{m}$。

③求桩的变形系数 α。

取 $m=3\,000\text{kN/m}^4$

$$I=\frac{\pi d^4}{64}=\frac{\pi}{64}\times0.6^4=6.36\times10^{-3} \text{ m}^4$$

抗弯刚度 $EI=0.8\times2.9\times10^7\times6.36\times10^{-3}=1.47\times10^5 \text{ kN}\cdot\text{m}^2$

$$\alpha=\sqrt[5]{\frac{mb_1}{EI}}=\sqrt[5]{\frac{3\,000\times1.2}{1.47\times10^5}}=0.48 \text{ m}^{-1}$$

$\alpha h=0.48\times29.8=14.3>4$,为弹性桩。

④求 ρ_1、ρ_2、ρ_3、ρ_4 值。

已知:$l_0=4.5\text{m}$,$\xi=\frac{1}{2}$,$h=29.8\text{m}$,$E_c=2.9\times10^7\text{kN/m}^2$。

$A=\frac{\pi}{4}\times0.6^2=0.283 \text{ m}^2$,$C_0=m_0h=3\,000\times29.8=89\,400 \text{ kN/m}^3$

侧摩阻力以 $\varphi/4$ 角扩散至桩底平面得出的半径 $R=0.3+29.8\times\tan(16°/4)=2.33\text{m}$,大于桩间距1.5m的一半,因此 A_0 采用相邻桩底面中心距为直径所得的面积。

$$A_0=\frac{\pi}{4}\times1.5^2=1.77 \text{ m}^2$$

由式(4-48)得:

$$\rho_1=\frac{1}{\frac{4.5+\frac{1}{2}\times29.8}{0.283\times2.9\times10^7}+\frac{1}{89\,400\times1.77}}=1.135\times10^5=0.772EI$$

$$\alpha l_0 = 0.48 \times 4.5 = 2.2, \alpha h > 4$$

查表 4-14 得 $x_H = 0.17157, x_m = 0.34276, \phi_m = 0.93788$。

$$\rho_2 = \alpha^3 EI x_H = 0.49^3 \times 0.17157 EI = 0.0202 EI$$
$$\rho_3 = \alpha^2 EI x_m = 0.49^2 \times 0.34276 EI = 0.0823 EI$$
$$\rho_4 = \alpha EI \phi_m = 0.49 \times 0.93788 EI = 0.4596 EI$$

⑤求 a_0、b_0、β_0。

由式(4-56)得：
$$b_0 = \frac{N}{n\rho_1} = \frac{1004.17}{2 \times 0.772 EI} = \frac{650.37}{EI} = 4.42 \times 10^{-3} \text{m} = 4.42 \text{mm}$$

由式(4-57)得：
$$a_0 = \frac{(n\rho_4 + \rho_1 \sum x_i^2) H + n\rho_3 M}{n\rho_2 (n\rho_4 + \rho_1 \sum x_i^2) - n^2 \cdot \rho_3^2}$$
$$= \frac{(2 \times 0.4596 + 0.772 \times 2 \times 0.75^2) \times 26.75 + 2 \times 0.0823 \times 111.67}{[2 \times 0.0202 \times (2 \times 0.4596 + 0.772 \times 2 \times 0.75^2) - 2^2 \times 0.0823^2] \cdot EI}$$
$$= \frac{66.202}{0.0451 EI} = \frac{1467.89}{EI} = 0.010 \text{m}$$

由式(4-58)得：
$$\beta_0 = \frac{n\rho_2 M + n\rho_3 H}{n\rho_2 (n\rho_4 + \rho_1 \sum x_i^2) - n^2 \rho_3^2}$$
$$= \frac{2 \times 0.0202 \times 111.67 + 2 \times 0.0823 \times 26.75}{[2 \times 0.0202 \times (2 \times 0.4596 + 0.772 \times 2 \times 0.75^2) - 2^2 \times 0.0823^2] \cdot EI}$$
$$= \frac{8.915}{0.0451 EI} = \frac{197.67}{EI} = 1.34 \times 10^{-3}$$

⑥求桩顶作用力。
$$P_1 = \rho_1 (b_0 + x_i \beta_0) = 0.772 EI \left(\frac{650.37}{EI} + 0.75 \times \frac{197.67}{EI} \right) = 616.54 \text{ kN}$$
$$P_2 = \rho_1 (b_0 - x_i \beta_0) = 387.63 \text{kN}$$
$$H_i = \rho_2 a_0 - \rho_3 \beta_0 = 0.0202 \times 1467.89 - 0.0823 \times 197.67 = 13.38 \text{ kN}$$
$$M_i = \rho_4 \beta_0 - \rho_3 a_0 = 0.4596 \times 197.67 - 0.0823 \times 1467.89 = -29.96 \text{ kN} \cdot \text{m}$$
$$\sum P_i = 616.54 + 387.63 = 1004.17 \text{kN} = N$$
$$\sum H_i = 2 \times 13.38 = 26.76 \text{kN} = H$$
$$\sum M_i + \sum P_i x_i = -2 \times 29.96 + (616.54 - 387.63) \times 0.75 = 111.76 \text{kN} \cdot \text{m} = M$$

(2)桩身最大弯矩

在地表面处
$$H_0 = H_i = 13.38 \text{kN}$$
$$M_0 = M_i + H_0 \cdot l_0 = -29.96 + 13.38 \times 4.5 = 30.25 \text{ kN} \cdot \text{m}$$
$$C_H = \alpha \cdot \frac{M_0}{H_0} = 0.48 \times \frac{30.25}{13.38} = 1.085$$

查表 4-13 得 $\alpha z = 0.937$，$z_{max} = \frac{0.937}{0.48} = 1.952 \text{ m}$。

$$K_H = 1.651$$
$$M_{max} = \frac{H_0}{\alpha} \cdot K_H = \frac{13.38}{0.48} \times 1.651 = 46.02 \text{ kN} \cdot \text{m}$$

第五节 桩基础设计

一、桩型的选择

随着桩基施工技术的不断发展,桩型种类日益增多,工艺也日趋成熟。对于某一个工程,往往并非只有某一种桩型可以选用,设计时应根据结构荷载性质、桩的使用功能、地质环境、施工工艺设备、施工队伍水平和经验以及制桩材料供应等条件综合考虑,选择经济合理、安全适用的桩型和成桩工艺。

1. 环境条件

在居民生活、工作区周围应当尽量避免使用锤击、振动法沉桩的桩型。当周围环境存在市政管线或危旧房屋,对挤土效应较敏感时,就不能使用挤土桩;若必须选用预制桩,可采用静力压桩法沉桩,并采取减小挤土效应的措施。

2. 结构荷载条件

荷载的大小是选择桩型时应考虑的重要条件。受建筑物基础下布桩数量的限制,一般建筑层数越多,所需要的单桩承载力就越高。对于预制小方桩、沉管灌注桩,受桩身穿越硬土层能力和机具施工能力的限制,不能提供很大的单桩承载力,因此仅适用于多层、小高层建筑;而对于大直径钻孔(扩底)灌注桩、钢管桩、嵌岩桩等几种桩型,可以提供很大的竖向、侧向单桩承载力,可满足超高层建筑和桥梁、码头的要求。

预应力混凝土管桩不宜用于设防烈度大于7度的地区,且不宜作为抗拔桩。

3. 地质、施工条件

在选择桩型时,还要求所选定的桩型在该地质条件下是可以施工的,而且施工质量是有保证的,能够最大限度地发挥地基和桩身的潜在能力。

不同的打入桩,穿越硬土层的能力是不一样的。工程实践表明,普通钢筋混凝土桩一般只能贯入 $N_{63.5} \leqslant 50$ 击的土层或强风化岩上部浅层;钢管桩可贯入 $N_{63.5} \leqslant 100$ 击的土层或强风化岩;而H型钢组合桩则可嵌入 $N_{63.5} \leqslant 160$ 击的风化岩。钻孔灌注桩如要进入卵石层或微风化基岩较大的深度,也都可能给施工队伍现有的技术条件造成较大的障碍。

对于基岩或密实卵砾石层埋藏不深的情况,通常首先考虑桩的端承作用,采用扩底桩。如地下水位较深或覆盖层渗透系数很低,可采用大直径挖孔扩底桩;如需采用钻孔灌注桩,可进而采用后压浆工艺。

当基岩埋藏很深时,则只能考虑摩擦桩或摩擦端承桩;但如果建筑物上部结构要求不能产生过大的沉降,应使桩端支承于具有足够厚度且性能良好的持力层(中密以上的厚砂层或残积土层),这可从静力触探曲线上做出正确判断。

不同的桩型有不同的工艺特点,成桩质量的稳定性也差异较大,一般预制桩的质量稳定性要好于灌注桩。

在自重湿陷性黄土地基中,宜采用干作业法的钻、挖孔灌注桩;桥梁、码头的水上桩基础,宜采用预制桩和钻孔灌注桩。

软土中采用挤土桩、部分挤土桩时,应采取削减孔隙水压力和挤土效应的措施。挤土沉管灌注桩用于饱和软黏土时,为避免挤土效应对已打工程桩的不利影响,应局限于单排条基或桩数较少的独立柱基。

4. 经济条件

桩型的最后选定还要看技术经济指标。技术经济指标除考虑工程桩在内的总造价外,还应考虑承台(基础底板)的造价和整个桩基工程的施工工期,因为桩型也会影响筏板的厚度和工程桩的施工工期。如果某高层采用较低承载力的桩型,需要较多的桩,满堂布桩,就要有比较厚的基础底板,将上部荷载传递给桩顶;如果采用高承载力的桩型,只需要较少的桩,布置在墙下或柱下,仅仅需要较薄的基础底板,承受基底的水浮力和土压力。此外,一般项目投资,都需要银行贷款,工期越长,投资回报就越慢,因此缩短工期也可以带来可观的经济效益。在各种桩型当中,预制桩的施工速度要快于钻孔灌注桩。

二、基桩几何尺寸确定

基桩几何尺寸的确定也应综合考虑各种有关的因素。基桩几何尺寸受桩型的局限,选择桩型的一些影响因素同样也影响基桩几何尺寸的确定;除此之外,还应考虑如下几个方面。

(1)同一结构单元宜避免采用不同桩长的桩。

一般情况下,同一基础相邻桩的桩底高差,对于非嵌岩端承型桩,不宜超过相邻桩的中心距;对于摩擦型桩,在相同土层中不宜超过桩长的 $\frac{1}{10}$;但当同一建筑不同柱墙之间荷载差异较大时,为了控制不均匀沉降,经计算可以采用不同桩长。

(2)选择较硬土层作为桩端持力层。

根据土层的竖向分布特征,尽可能选定硬土层作为桩端持力层和下卧层,从而可初步确定桩长,这是桩基础要具备较好的承载变形特性所要求的。强度较高、压缩性较低的黏性土、粉土、中密或密实砂土、砾石土以及中风化或微风化的岩层,是常用的桩端持力层;如果饱和软黏土地基深厚,硬土层埋深过深,也可采用超长摩擦桩方案。

(3)桩端全断面进入持力层的深度。

桩端全断面进入持力层的深度,对于黏土、粉土不宜小于 $2d$,砂土不宜小于 $1.5d$,碎石类土不宜小于 $1d$。当存在软弱下卧层时,桩端以下硬持力层厚度不宜小于 $3d$。当硬持力层较厚且施工条件许可时,桩端全断面进入持力层的深度宜达到桩端阻力的临界深度;如果持力层较薄,下卧层土又较软,要谨慎对待下卧软土层的不利影响,这是由桩端承载性能的深度效应决定的。嵌岩桩的最佳嵌岩深度 $h_k=(3\sim6)d$,可以使桩端阻力和嵌岩段的侧阻力均能得到充分发挥。

(4)同一建筑物应该尽量采用相同桩径的桩基。

一般情况下,同一建筑物应该尽量采用相同桩径的桩基;但当建筑物基础平面范围内的荷载分布很不均匀时,可根据荷载和地质条件采用不同直径的基桩。各类桩型由于工程实践惯用以及施工设备条件限制等原因,均有其常用的直径,设计时要适当考虑。

(5)考虑经济条件。

当所选定桩型为端承桩而坚硬持力层又埋藏不太深时,应尽可能考虑采用大直径(扩底)单桩;对于摩擦桩,则宜用细长桩,以取得桩侧较大的比表面积,但要满足抗压能力的要求。

三、桩数确定及其平面布置

1. 桩数确定

任何情况下(竖向轴心荷载和竖向偏心荷载),桩数都可按下式估算。

$$n = \mu \frac{F+G}{R} \tag{4-59}$$

式中：F——作用于桩基承台顶面的竖向荷载；

G——桩基承台和承台上土自重；

μ——考虑偏心荷载时各桩受力不均而增加桩数的经验系数，可取 $\mu=1.0\sim1.2$。

2. 桩的中心距

《建筑桩基技术规范》（JGJ 94—2008）对桩的布置作了如下的规定：桩的最小中心距应符合表 4-16 的规定。对于大面积桩群，尤其是挤土桩，桩的最小中心距宜按表列值适当加大。

桩的最小中心距　　表 4-16

土类与成桩工艺		排数不少于 3 排且桩数不少于 9 根的摩擦型桩基	其 他 情 况
非挤土灌注桩		$3.0d$	$2.5d$
部分挤土桩		$3.5d$	$3.0d$
挤土桩	非饱和土、饱和非黏性土	$4.0d$	$3.5d$
	饱和黏性土	$4.5d$	$4.0d$
钻、挖孔扩底桩		$2D$ 或 $D+1.5\mathrm{m}$（当 $D>2\mathrm{m}$ 时）	$1.5D$ 或 $D+1\mathrm{m}$（当 $D>2\mathrm{m}$ 时）
沉管夯扩、钻孔挤扩桩	非饱和土、饱和非黏性土	$2.2D$ 且 $4.0d$	$2.0D$ 且 $3.5d$
	饱和黏性土	$2.5D$ 且 $4.5d$	$2.2D$ 且 $4.0d$

注：①d—圆桩直径或方桩边长；D—扩大端设计直径。

②当纵横向桩距不相等时，其最小中心距应满足"其他情况"一栏的规定。

③当为端承型桩时，非挤土灌注桩的"其他情况"一栏可减小至 $2.5d$。

3. 桩群的布置

排列基桩时，宜使桩群形心与长期荷载重心重合，并使桩基受水平力和力矩较大方向有较大的抵抗矩。

桩群的布置还应考虑优化基础结构的受力条件，尽量使桩接近于力的作用点，这样就可以避免在各根桩之间由很厚的承台来传递荷载。对于桩箱基础、剪力墙结构桩筏基础，宜将桩布置于墙下；对于大直径桩宜采用一柱一桩；对于框架—核心筒结构桩筏基础，应按荷载分布考虑相互影响，将桩相对集中布置于核心筒与柱下，外围框架柱宜采用复合桩基，有合适桩端持力层时桩长宜减小。

四、桩身结构强度验算

桩身结构强度验算需考虑整个施工阶段和使用阶段期间的各种最不利受力状态。在许多场合下，对于预制混凝土桩，在吊运和沉桩过程中所产生的内力往往在桩身结构计算中起到控制作用；而灌注桩在施工结束后才成桩，桩身结构设计由使用荷载确定。

1. 按材料强度确定单桩抗压承载力

上部结构的荷载通过桩身传递给桩侧土和桩端以下土层。为了保证荷载传递过程能顺利完成，桩身材料具有足够的强度和稳定性是必要的。对低桩承台下的单桩，理论和经验表明，有土的侧向约束，在竖向压力作用下，桩不会发生压屈失稳；对高桩承台下的单桩，由于地面以上没有侧向约束，则必须考虑桩的压屈稳定问题。

轴心受压钢筋混凝土桩的承载力应满足下式要求，对于偏心受压情况，可参见其他有关专著。

$$N \leqslant \varphi \varphi_c f_c A_P \tag{4-60}$$

式中：N——桩顶轴向压力设计值；

φ——稳定系数，对低桩承台，φ取 1.0，对高桩承台、桩周为可液化土或地基承载力小于 25kPa（或不排水抗剪强度小于 10kPa）的地基土，应考虑屈曲影响，稳定系数 φ 的取值可参照规范的有关规定；

φ_c——基桩混凝土施工工艺系数，对于预制桩、预应力管桩取 0.9，对于干作业非挤土灌注桩取 0.85，对于泥浆护壁和套管护壁非挤土灌注桩、部分挤土灌注桩、挤土灌注桩取 0.7～0.8，对于软土地区挤土灌注桩取 0.6；

f_c——混凝土轴心抗压强度设计值；

A_P——桩身截面面积。

2. 预制桩施工过程桩身结构计算

预制桩在施工过程中最不利的受力状况，主要出现在吊运和锤击沉桩的时候。

预制桩在吊运过程中的受力状态与梁相同，一般按两支点（桩长 $l\leqslant 18m$ 时）或三支点（桩长 $l>18m$ 时）起吊和运输，在打桩架下竖起时，按一点吊立。吊点的设置应使桩身在自重下产生的正负弯矩相等，如图 4-39 所示。图中最大弯矩计算式中的 q 为桩单位长度的自重；k 为反映桩在吊运过程中可能受到的冲撞和振动影响而采取的动力系数，一般取 $k=1.5$。按吊运过程中引起的内力对预制桩进行配筋验算，通常情况下它对预制桩的配筋起决定作用。

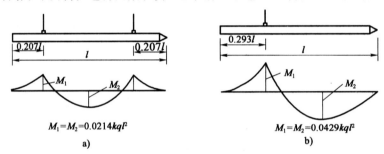

图 4-39 预制桩的吊点位置及弯矩图

沉桩常用的有锤击法和静力压桩法两种。静力压桩法在正常的沉桩过程中，其桩身应力一般小于吊运运输过程和使用阶段的应力，故不必验算。

锤击法沉桩在桩身中产生了应力波的传递，桩身受到锤击压应力和拉应力的反复作用，需要进行桩身结构的动应力计算。对于一级建筑桩基、桩身有抗裂要求和处于腐蚀性土质中的打入式预制混凝土桩、钢桩，锤击压应力应小于桩身材料的轴心抗压强度设计值（钢材为屈服强度值），锤击拉应力值应小于桩身材料的抗拉强度设计值。计算分析和工程实践都表明，预应力混凝土桩的主筋常取决于锤击拉应力。

预制桩内的主筋通常都是沿着桩长均匀分布，一般设 4 根（桩截面边长 $a<300mm$）或 8 根（$a=350～550mm$）主筋。主筋直径为 14～25mm。配筋率通过计算确定，一般为 1%左右，最小不得低于 0.8%；采用静压法施工时，最小配筋率不得低于 0.6%。箍筋直径取 6～8mm，间距不大于 200mm。桩身混凝土的强度等级一般不低于 C30，采用静压法施工时可适当降低，但不应低于 C20。打入桩桩顶 2～3d 长度范围内箍筋应加密，并设置钢筋网片。

《预制钢筋混凝土方桩》(JC 934—2004)、《先张法预应力混凝土管桩》(GB 13476—2009)和《先张法预应力混凝土薄壁管桩》(JC 888—2001)等规范，给出的配筋均已按桩在吊运、运输、就位过程产生的最大内力进行了强度和抗裂度验算，并满足构造要求。不过在套用其图集时要注意的是，只有当桩身混凝土强度达到设计强度 70%时方可起吊，达到 100%时才能运输。图集还给出了桩身构造的其他一些要求和接桩等施工的规定。当不能满足标准图集或产品所明确的规定与要求时,原则上应根据实际情况验算配筋。

3. 灌注桩

对于轴心受压灌注桩,若计算表明桩身混凝土强度能满足设计要求,受力桩头部分设构造配筋如下:一级建筑桩基,应配置桩顶与承台的连接钢筋笼,其主筋配筋率不小于0.2%,伸入桩身长度不小于10倍桩身直径d,且不小于承台下软弱土层层底深度;对于三级建筑桩基,还可进一步减少配筋。对于受水平荷载较大的桩、抗拔桩、嵌岩端承桩要通过计算确定配筋量。

对于端承桩、抗拔桩,应沿桩身通长配筋;摩擦型桩的配筋长度不宜小于$\frac{2}{3}$桩长,受水平荷载时(包括受地震作用),配筋长度尚不应小于$4.0/\alpha$(α为桩的变形系数),且应穿过可液化等软弱土层进入稳定土层;对于单桩竖向承载力较高的摩擦端承桩,宜沿深度分段变截面通长配筋;对承受负摩阻力和位于坡地岸边、深基坑内的基桩,应通长配筋。箍筋宜采用$\phi6\sim8mm@200\sim300mm$的螺旋式箍筋;受水平荷载较大、抗震桩基、桩身处于液化土层以及计算桩身受压承载力考虑主筋作用时,桩顶$5\sim10d$(软土层取大值)范围内箍筋应适当加密;当钢筋笼长度超过4m时,为加强其刚度,应每隔2m左右设一道$\phi12\sim18mm$焊接加劲箍筋。

混凝土强度等级一般不得低于C20,水下灌注混凝土时则不得低于C25,混凝土预制桩尖不得低于C30。为保证桩头具有设计强度,施工时应超灌50cm以上,以消除混凝土浇注面处的浮浆层。主筋的混凝土保护层厚度不应小于35mm,水下灌注混凝土桩的保护层厚度不得小于50mm。

五、承台设计和计算

根据建(构)筑物的体型和桩的布置,常用的承台类型有:柱下独立承台、墙下或柱下条形承台、井格形(十字交叉条形)承台、整片式承台、箱形承台和环形承台等。

承台设计计算的内容包括承台内力计算、配筋和构造要求等。作为一种位于地下的钢筋混凝土构件,承台内力计算包括局部承压强度计算、冲切计算、斜截面抗剪计算和正截面抗弯计算等,必要时还要对承台的抗裂性甚至变形进行验算。在此主要介绍矩形承台的内力计算分析方法,当内力确定后可按《混凝土结构设计规范》(GB 50010—2002)进行相应的配筋计算。

1. 承台的正截面抗弯计算

在对承台作正截面抗弯计算时,可将承台视作桩反力作用下的受弯构件进行计算。

(1)柱下独立矩形承台

如图4-40所示,计算截面取在柱边和承台高度变化处(杯口外侧或台阶边缘),按式(4-61)计算。

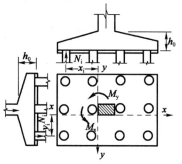

$$\left.\begin{array}{l}M_x = \sum N_i y_i \\ M_y = \sum N_i x_i\end{array}\right\} \quad (4\text{-}61)$$

图4-40 柱下独立矩形承台正截面抗弯计算

式中:M_x、M_y——垂直x轴和y轴方向计算截面处的弯矩设计值;

x_i、y_i——垂直y轴和x轴方向自桩轴线到相应计算截面的距离;

N_i——扣除承台和承台上土自重设计值后第i桩竖向净反力设计值;当不考虑承台效应时,则为第i桩竖向总反力设计值。

(2)箱形、筏形承台

对于箱形承台,当桩端持力层为基岩、密实的碎石类土、砂土,且较均匀时,或当上部结构为剪力墙,或12层以上框架,或框架—剪力墙体系且箱形承台的整体刚度较大时,箱形承台顶、底板可仅考虑局部弯曲作用按倒楼盖法计算。对于筏形承台,当桩端持力层坚硬均匀、上部结构刚度较好,且柱荷载及柱间距的变化不超过20%时,可仅考虑局部弯曲作用按倒楼盖法计算。当桩端以下有中、高压缩性土,非均匀土层,上部结构刚度较差,或柱荷载及柱间距变化较大时,应按弹性地基梁板进行计算。

2. 承台抗冲切计算

在对承台抗冲切计算时,一般有四种情况:柱对承台冲切、角桩对承台冲切、桩筏基础中隔墙对承台冲切和框筒对承台的冲切,分别如图4-41a)、b)、c)、d)所示。相应从柱边、角桩边、墙边和筒边按45°向承台冲切,验算45°斜面混凝土抗拉强度,可统一按式(4-62)验算。

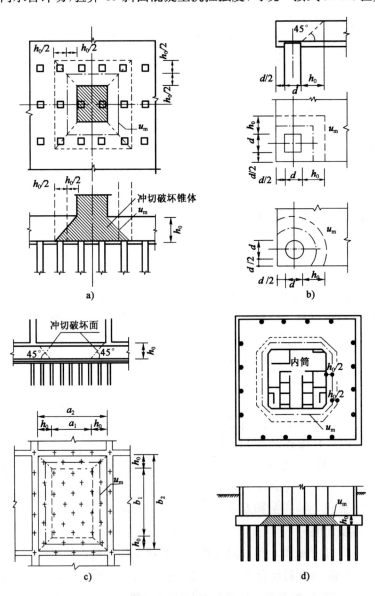

图4-41 承台抗冲切计算

a)柱对承台的冲切;b)角桩对承台的冲切;c)箱形承台的整体冲切;d)整片式承台剪力墙的整体冲切

$$F_l \leqslant \beta_0 \beta_{hp} f_t u_m h_0 \qquad (4\text{-}62)$$

式中：F_l——冲切破坏锥体外所有桩净反力设计值 N 的总和，包括桩中心位于冲切锥体底面边界线上的桩反力；

f_t——混凝土轴心抗拉设计强度；

h_0——冲切破坏锥体有效高度；

u_m——距柱(墙)底或桩顶周边处的冲切破坏锥体的平均周长；

β_0——冲切系数，柱对承台冲切系数为 $\beta_0 = \dfrac{0.84}{\lambda+0.2}$，桩对承台冲切系数为 $\beta_0 = \dfrac{0.56}{\lambda+0.2}$；

λ——冲跨比，$\lambda = a_0/h_0$，a_0 为冲跨，即柱(墙)边或承台变阶处到桩边的水平距离，当 $a_0 < 0.20 h_0$ 时取 $a_0 = 0.2 h_0$，当 $a_0 > h_0$ 时取 $a_0 = h_0$，λ 满足 $0.2 \sim 1.0$；

β_{hp}——受冲切承载力截面高度影响系数，当 $h_0 < 800$mm 时 β_{hp} 取 1.0，当 $h_0 > 2\,000$mm 时 β_{hp} 取 0.9，其余按线性内插法取用。

3. 承台斜截面抗剪计算

如图 4-42 所示，需验算承台通过柱边(墙边)和桩边连线形成的斜截面的抗剪承载力，其计算式如式(4-63)所示。

$$V \leqslant \beta_{hs} \beta f_t b_0 h_0 \qquad (4\text{-}63)$$

式中：V——扣除承台及其上填土自重后相应于荷载效应基本组合时斜截面的最大剪力设计值；

b_0——承台计算截面处的计算宽度；

h_0——计算宽度处的承台有效高度；

β——剪切系数，$\beta = \dfrac{1.75}{\lambda+1.0}$；

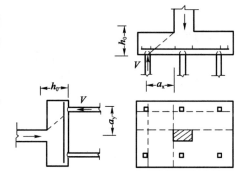

图 4-42 承台斜截面抗剪计算

λ——计算截面的剪跨比，$\lambda_x = \dfrac{a_x}{h_0}$，$\lambda_y = \dfrac{a_y}{h_0}$，$a_x$、$a_y$ 为柱边或承台变阶处至 x、y 方向计算一排桩的桩边的水平距离，当 $\lambda < 0.3$ 时取 $\lambda = 0.3$，当 $\lambda > 3$ 时取 $\lambda = 3$；

β_{hs}——受剪切承载力截面高度影响系数，$\beta_{hs} = (800/h_0)^{0.25}$，当 $h_0 < 800$mm 时取 800mm，当 $h_0 > 2\,000$mm 时取 2 000mm。

在进行承台斜截面抗剪计算时应注意以下几点。

(1) 当柱边(墙边)外有多排桩形成多个剪切斜截面时，需对每个截面进行验算；

(2) 对于阶梯形承台应分别在变阶处与柱边处进行斜截面受剪计算；

(3) 对于锥形承台需在承台顶斜面与平面交接位置进行斜截面受剪计算；

(4) 承台配有箍筋和弯起钢筋时，应根据规范考虑箍筋和弯起钢筋的抗剪承载力。

4. 承台局部受压计算

当承台的混凝土强度等级比柱子或桩的强度等级低时，应按《混凝土结构设计规范》(GB 50010—2002)进行承台的局部受压验算。

5. 承台构造要求

桩基承台的构造，除满足抗冲切、抗剪切、抗弯承载力和上部结构的需要外，尚应符合下列要求。

承台的最小宽度不应小于500mm。边桩中心至承台边缘的距离不宜小于桩的直径或者边长,且桩的外边缘至承台边缘的距离不应小于150mm;距条形承台梁边缘的距离不应小于75mm。

承台的最小厚度不应小于300mm;高层建筑平板式筏形承台的最小厚度不应小于400mm;梁板式筏形承台,对于12层以上建筑,其底板厚度与最大双向板格的短边净跨之比不应小于1/14,且不应小于400mm,梁高不宜小于平均柱距的1/6。

柱下单桩基础,宜按与柱和联系梁的连接构造要求,将联系梁高度范围内桩的圆形截面改变成方形截面。

承台混凝土强度等级应满足结构混凝土耐久性的要求,对设计使用年限为50年的承台不应低于C30。有抗渗要求时,混凝土的抗渗等级应符合有关标准要求。

筏形承台板或箱形承台板在计算中当仅考虑局部弯矩作用时,考虑到整体弯曲的影响,在纵横两个方向的支座钢筋(下层钢筋)尚应有$1/2 \sim 1/3$且配筋率不小于0.15%的钢筋贯通全跨配置;跨中钢筋(上层钢筋)应按计算配筋率全部连通。当筏板的厚度大于2 000mm时,宜在板厚中间部位设置直径不小于12mm、间距不大于300mm的双向钢筋网。

桩与承台的连接应符合下列要求:桩嵌入承台内的长度对中等直径桩不宜小于50mm,对大直径桩不宜小于100mm;混凝土桩的桩顶纵向主筋应锚入承台内,其锚入长度不宜小于30倍主筋直径,对于抗拔桩,桩顶纵向主筋的锚固长度应按《混凝土结构设计规范》(GB 50010—2002)确定。

习 题

【4-1】 表4-17给出一钻孔灌注桩试桩结果,请完成以下工作:①绘制$Q—s$曲线;②在半对数纸上,绘制$s—\lg t$曲线;③判定试桩的极限承载力Q_u,并简要说明理由;④根据试桩曲线及桩型判别该试桩破坏模式。

【4-2】 有一根悬臂钢筋混凝土预制方桩(图4-43),已知:桩的边长$b=40$cm,入土深度$h=10$m,桩的弹性模量(受弯时)$E=2\times 10^7$kPa,桩的变形系数$\alpha=0.5$m^{-1},桩顶A点承受水平荷载$Q=30$kN。试求:桩顶水平位移x_A、桩身最大弯矩M_{max}与所在位置。如果承受水平力时,桩顶弹性嵌固(转角$\phi=0$,但水平位移不受约束),桩顶水平位移x_A又为多少?

【4-3】 按[例4-3]所给的条件,求在横向荷载作用下,多排桩的桩顶位移和桩顶荷载及桩身的最大弯矩。

【4-4】 柱子传到地面的荷载为:$F=2\ 500$kN,$M=560$kN·m,$Q=50$kN。选用预制钢筋混凝土打入桩,桩的断面为30cm×30cm,桩长为11.4m,桩尖打入黄色粉质黏土内3m。承台底面在地面下1.2m处,见图4-44。地基土层的工程地质资料如表4-18所示。试进行下列计算:

(1)初步确定桩数及承台平面尺寸;
(2)进行桩顶作用效应验算;
(3)计算桩基沉降。

表 4-17

钻孔灌注桩试桩结果

Q(kN) ＼ t(min) → s(mm)	0	15	30	45	60	90	120	150	180	210	240	270	300	330	360	390	420	450	480	510
800	0	0.58	0.75	0.85	0.93	0.98	1.01				800									
1200	1.01	1.15	1.22	1.30	1.38	1.43	1.49	1.52			1200									
1600	1.52	1.58	1.62	1.71	1.79	1.86	1.93	1.98	2.02		1600									
2000	2.02	2.08	2.11	2.20	2.26	2.31	2.37	2.42	2.46		2000									
2400	2.46	2.55	2.61	2.68	2.75	2.81	2.86	2.92	2.97	3.01	2400									
2800	3.01	3.06	3.11	3.24	3.28	3.35	3.41	3.47	3.53	3.58	2800									
3200	3.62	3.73	3.88	4.01	4.06	4.10	4.16	4.22	4.27	4.33	3200									
3600	4.42	4.65	5.03	5.08	5.13	5.22	5.28	5.35	5.41	5.48	3600	5.53	5.59	5.64	5.68					
4000	5.68	6.02	6.48	6.78	6.98	7.32	7.46	7.58	7.70	7.80	4000	7.89	8.01	8.07	8.12	8.17	8.21			
4400	8.21	9.21	10.78	11.40	11.78	12.28	12.84	13.28	13.65	13.92	4400	14.20	14.48	14.62	14.81	14.99	15.08	15.13	15.18	15.22
4800	15.22	21.80	23.82	25.02	25.86	27.0	28.70	29.60	31.40	44.00	4800	54.20								
4000			54.00		53.80						4000									
3200			53.40		53.10						3200									
2400			52.55		52.30						2400									
1600			51.40		50.80						1600									
0			48.70		47.50	46.10	45.20				0									

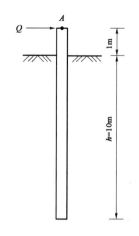

图 4-43 习题 4-2 图

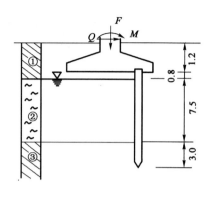

图 4-44 习题 4-4 图(尺寸单位:m)

工程地质资料 表 4-18

土层编号	土层名称	厚度 (m)	重度 γ (kN/m³)	含水率 $w(\%)$	液限 w_L	塑限 w_P	孔隙比 e	压缩系数 a_{1-2} (MPa^{-1})	黏聚力 c_k (kPa)	内摩擦角 φ_k (°)
1	黏土	2.0	18.2	41.0	48.0	23.0	1.09	0.49	21	18
2	淤泥	7.5	17.1	47.0	39.0	21.0	1.55	0.96	14	8
3	粉质黏土	未穿透	19.6	26.7	32.7	17.7	0.75	0.25	18	20

思 考 题

【4-1】 桩可以分为多少类？各类桩的优缺点和适用条件是什么？

【4-2】 轴向荷载沿桩身是如何传递的？影响桩侧、桩端阻力的因素有哪些？

【4-3】 产生负摩阻力的原因有哪些？如何削减桩的负摩阻力？

【4-4】 地基土的水平向土抗力大小与哪些因素有关？

【4-5】 "m"法为什么要分多排桩和单排桩，弹性桩和刚性桩？

【4-6】 什么叫"群桩效应"？请说明单桩承载力与群桩中一根桩的承载力有什么不同。

【4-7】 请用多排桩的计算公式推导竖向偏心荷载作用下的桩顶作用效应公式。

第五章 沉井基础

第一节 概 述

沉井基础是井筒状的结构物。它是从井内挖土,依靠自身重力克服井壁摩阻力后下沉到设计高程,然后经过混凝土封底并填塞井孔,使其成为桥梁墩台或其他结构物的基础(图5-1)。

沉井基础的特点是埋置深度可以很大,整体性强、稳定性好,有较大的承载面积,能承受较大的垂直荷载和水平荷载。沉井既是基础,又是施工时的挡土和挡水的围堰结构物。因其施工工艺并不复杂,目前已在桥梁工程中得到较广泛的应用,尤其是在河中有较大卵石不便桩基础施工以及需要承受巨大的水平力和上拔力时。如南京长江大桥9个桥墩中有6个采用了沉井基础方案;江阴长江大桥悬索桥主缆的北锚碇均采用了沉井基础方案,其中锚碇基础的长、宽、深分别为69m、51m、56m。

同时,沉井施工时对邻近建筑物影响较小且内部空间可以利用,因而常用作为工业建筑物的地下结构物,如矿用竖井、地下泵房、水池、油库、地下设备基础,盾构隧道、顶管的工作井和接收井等(图5-2)。

沉井的缺点是:施工期较长;对粉细砂类土在井内抽水易发生流沙现象,造成沉井倾斜;沉井下沉过程中若遇到大块石、树干或井底岩层表面倾斜过大时,均会给施工带来一定困难。

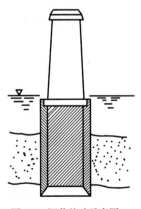

图 5-1 沉井基础示意图

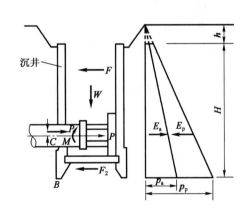

图 5-2 沉井作为顶管的工作井

第二节 沉井基础的构造及施工工艺

一、沉井的构造和组成

沉井按平面形状可分为圆形、矩形、圆端形等,根据井孔的布置方式又有单孔、双孔、多孔等类型(图 5-3)。沉井一般由下列各部分组成(图 5-4)。

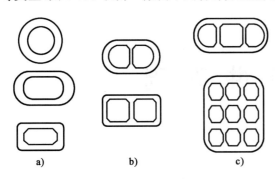

图 5-3 沉井的平面形状
a)单孔沉井;b)双孔沉井;c)多孔沉井

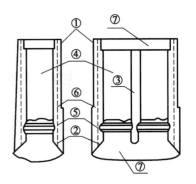

图 5-4 沉井构造示意图
1-井壁;2-刃脚;3-内隔墙;4-井孔;
5-凹槽;6-射水管;7-封底及底板

1. 井壁

在下沉过程中,沉井井壁必须承受水压力和土压力所引起的弯曲应力,要有足够的自重,以克服井壁摩阻力而顺利下沉到达设计高程。设计时通常先假定井壁厚度,再进行强度验算。井壁厚度一般为 0.4~1.2m。

井壁有等厚度的直壁式和阶梯式两种形式(图 5-5)。直壁式的优点是周围土层能较好地约束井壁,易于控制垂直下沉,井壁接高时亦能多次使用模板。阶梯式的优点是根据不同高程的水、土压力受力情况,设置不同厚度的井壁,能节约建筑材料。台阶设在每节沉井的施工接缝处,其宽度一般为 10~20cm。最下一级阶梯在 $h_1 = \left(\frac{1}{4} \sim \frac{1}{3}\right)H$ 高度处,h_1 过小不能起到导向作用,容易在下沉时倾斜。在阶梯面所形成的槽孔中,施工时应灌填黄砂或护壁泥浆,以减少井壁摩阻力并防止土体破坏过大。

当沉井下沉深度大,穿过的土质又较好,估计下沉会产生困难时,可在井壁中预埋射水管组(图 5-4 中⑥)。射水管应均匀布置,以利于控制水压和水量来调整下沉方向,一般水压不小于 600kPa;若使用泥浆润滑施工方法,则应有预埋的压射泥浆管路。

2. 刃脚

井壁刃脚底部应做成水平踏面和刀刃(图 5-6)。刃脚的作用是减少下沉时的端部阻力,

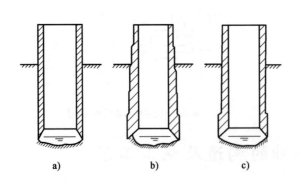

图 5-5 井壁的形式
a)外壁垂直无台阶式;b)、c)台阶式

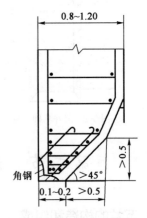

图 5-6 刃脚构造(尺寸单位:m)

其应具有一定强度(用角钢加固),以免下沉时损坏。踏面宽度一般为10~20cm,内侧的倾角一般为45°~60°。刃脚的高度,当沉井湿封底时取1.5m左右,干封底时取0.6m左右。

3. 内隔墙

内隔墙的主要作用是增加下沉时的沉井刚度,减小井壁跨径以改善井壁受力条件,使沉井分隔成多个取土井后挖土和下沉可较为均衡,以及便于纠偏。内隔墙的底面一般比井壁刃脚踏面高出0.5~1m,以免土顶住内墙妨碍下沉。隔墙的厚度一般为0.5m左右,隔墙下部应设0.8m×1.2m的过人孔。取土井的井孔尺寸应保证挖土机具能自由升降,一般不小于2.5m。取土井的布置应力求简单、对称。

4. 井孔

井孔是挖土排土的工作场所和通道。井孔尺寸应满足施工要求,宽度(直径)不宜小于3m。井孔布置应对称于沉井中心轴,便于对称挖土使沉井均匀下沉。

5. 封底及浇筑底板

当沉井下沉到设计高程,经检验和坑底清理后即可进行封底。封底可分为干封和湿封(水下浇灌混凝土),有时需在井底设有集水井后才进行封底。待封底素混凝土达到设计强度后,再在其上浇筑钢筋混凝土底板。为了使封底混凝土和底板与井壁间更好连接和传递地基反力,可在刃脚上方的井壁设置凹槽,槽高约1m,凹入深度约0.15~0.25m。

6. 底梁和框架

在较大型的沉井中,若由于使用要求而不能设置内隔墙时,则可在沉井底部增设底梁,构成框架以增加沉井的整体刚度。有时因沉井高度过大,常在井壁不同高度处设置若干道由纵横大梁组成的水平框架,以减少井壁(在顶、底部间)的跨度,使沉井结构受力合理。在松软地层中下沉沉井,底梁的设置尚可防止沉井"突沉"和"超沉",便于纠偏和分格封底;但纵横底梁不宜过多,以免施工费时和增加造价。

二、沉井的施工

沉井按施工方法一般可分为旱地沉井施工和水上沉井施工两类。

1. 旱地沉井施工

当在旱地上时,沉井可就地制造、挖土下沉、封底、充填井孔以及浇筑顶板。在这种情况下,一般较容易施工,其主要工序如下(图5-7)。

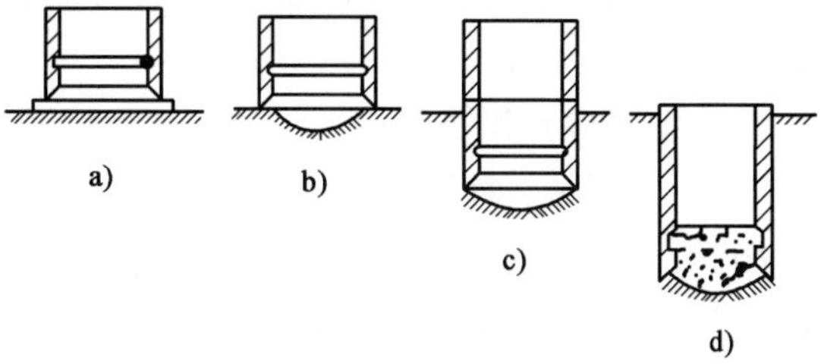

(1)整平场地

若天然地面土质较好,只需将地面杂物清掉并整平地面,就可在其上制造沉井。如果为了减小沉井的下沉深度也可在基础位置处挖一浅坑,然后在坑底制造沉井下沉。坑底应高出地下水面0.5~1.0m。若土质松软,应整平夯实或换土夯实。在一般情况下,应在整平场地上铺上不小于0.5m厚的砂层或砂砾层。

图5-7 沉井施工顺序图
a)制作第一节沉井;b)抽垫木、挖土下沉;c)沉井接高下沉;d)封底

(2)制造第一节沉井

由于沉井自重较大,刃脚踏面尺寸较小,应力集中,场地土往往承受不了如此大的压力。所以在整平场地后,应在刃脚踏面位置处对称地铺满一层垫木(可用200mm×200mm的方

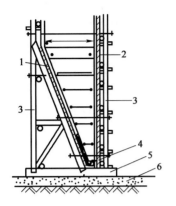

图 5-8 沉井刃脚立模
1-内模；2-外模；3-立柱；4-角钢；5-垫木；6-砂垫层

木），以加大支承面积，使沉井在垫木下产生的压应力不大于100kPa。垫木的位置应考虑抽除垫木方便（有时可用素混凝土垫层代替垫木）。然后在刃脚位置处放上刃脚角钢，竖立内模，绑扎钢筋，立外模，最后浇灌第一节沉井混凝土（图 5-8）。模板应有较大的刚度，以免发生挠曲变形；外模板应平滑以利沉井下沉。

(3) 拆模及抽垫

沉井混凝土达到设计强度70%时可拆除模板，强度达到设计强度后才能抽撤垫木。抽撤垫木应按一定的顺序进行，以免引起沉井开裂、移动或倾斜。其顺序是：先撤除内隔墙下的垫木，再撤除沉井短边下的垫木，最后撤除长边下的垫木。抽撤长边下的垫木时，以定位垫木（最后抽撤的垫木）为中心，对称地由远到近抽撤，最后抽除定位垫木。注意在抽垫木过程中，抽除一根垫木应立即用砂回填进去并捣实。

(4) 挖土下沉

沉井下沉施工可分为排水下沉与不排水下沉。当沉井穿过的土层较稳定，不会因排水而产生大量流沙时，可采用排水下沉。排水下沉常用人工挖土，它适用于土层渗水量不大且排水时不会产生涌土或流沙的情况；人工挖土可使沉井均匀下沉和清除井下障碍物，但应采取措施，确保施工安全。当排水下沉时，有时也用机械挖土，但不排水下沉一般都采用机械出土。挖土工具可以是抓土斗或水力吸泥机，若土质较硬，水力吸泥机则需配以水枪射水将土冲松。由于吸泥机是将水和土一起吸出井外，故需经常向井内加水以维持井内水位高出井外水位1～2m，以免发生涌土或流沙现象。

(5) 沉井接高

第一节沉井顶面下沉至距地面还剩1～2m时，应停止挖土，并接筑第二节沉井。接筑前应使第一节沉井位置正直，顶面凿毛，然后立模浇筑混凝土，待混凝土强度达到设计要求后再拆模继续挖土下沉。

(6) 地基检验和处理

当沉井沉至设计高程后，应进行基底检验，检验地基土质是否与设计相符、是否平整，并对地基进行必要的处理。如果是排水下沉的沉井可以直接进行检查，不排水下沉的沉井可由潜水员进行检查或钻取土样鉴定。地基为砂土或黏性土，可在其上铺一层砾石或碎石至刃脚底面以上200mm。地基为风化岩石，应将风化岩层凿掉；岩层倾斜时，应凿成阶梯形。在不排水情况下，可由潜水员清基或用水枪及吸泥机清基。若岩层与刃脚间局部有不大的孔洞，则由潜水员清除软层并用水泥砂浆封堵，待砂浆有一定强度后再抽水清基。总之要保证井底地基尽量平整，浮土及软土清除干净，以保证封底混凝土、沉井及地基紧密连接。

(7) 封底、充填井孔及浇筑井盖

地基经检验及处理符合要求后，应立即进行封底。如果封底是在不排水情况下进行，则可用导管法浇筑水下混凝土；若灌注面积大，可用多根导管，以先周围后中间，先低后高的次序进行灌注。待混凝土达到设计强度后，再抽干井孔中的水。如果沉井用以支承墩台，需在井内填筑强度较高的砖、石或混凝土等圬工材料；如果井孔中不填料或仅填以砾石，则井顶面应浇筑钢筋混凝土顶盖,以支承墩台。

2.水上沉井施工

水上施工沉井有两种方法,如果水的流速不大,水深在3m或4m以内,可用水中筑岛的方法(图5-9)。如果水深较大,筑岛法很不经济,且施工也困难,可改用浮运法施工(图5-10)。沉井在岸边做成,利用在岸边铺成的滑道滑入水中,然后用绳索引到设计墩位。

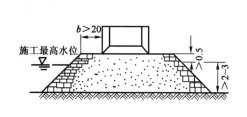

图5-9 水上筑岛下沉沉井(尺寸单位:m)　　图5-10 浮运沉井下水

如果预计沉井下沉困难,应采取措施尽量降低井壁侧面摩阻力。其方法一般有:将沉井井壁设计成阶梯形;在井壁内埋设高压射水管组,利用高压水流冲松井壁附近的土,且水流沿井壁上升而润滑井壁,使沉井摩阻力减小;也可采用壁外喷射高压空气或触变泥浆,这同样需要在井壁中预埋管道。

第三节 沉井的设计与计算

沉井如果被用作结构物的基础,则应按基础的使用要求进行各项验算;如果被用作工作井,则应按工作井的使用要求进行各项验算。但不管是作为基础的沉井还是作为地下结构的工作井,在施工过程中,沉井均是下部开口的挡土、挡水结构物,因而还要对沉井本身进行施工过程中各不利工况条件下的结构设计和计算。本节着重介绍作为深基础的沉井计算。

一、沉井作为整体深基础的设计与计算

沉井作为整体深基础设计,主要是根据上部结构特点、荷载以及水文、地质情况,结合沉井的构造要求及施工方法,拟订出沉井的平面尺寸、埋置深度,然后进行沉井基础的计算。

沉井基础的计算,根据它的埋置深度可有两种不同的计算方法。沉井在很多情况下是被用作为桥梁基础,对于桥梁基础的埋置深度,若受水流冲刷影响,由最大冲刷线算起;若没有水流冲刷,则由挖方后的地面算起。当沉井埋置深度在地面或最大冲刷线以下较浅仅数米时,这时可以不考虑基础侧面土的横向抗力影响,而按浅基础设计计算规定,分别验算地基强度、沉井基础的稳定性和沉降;当沉井基础埋置深度较大时,则不可忽略沉井周围土体的约束作用,因此在验算地基应力、变形及稳定性时,需要考虑基础侧面土体弹性抗力的影响。前者可按照第二章内容进行计算,本章将主要介绍后者。

沉井基础截面尺寸及刚度很大,在横向外力作用下只能发生转动而基本无挠曲变形,因此,可按刚性桩计算内力和土抗力,即相当于"m"法中 $\alpha h \leqslant 2.5$ 的情况。下面讨论这种计算方法。

1.非岩石地基上沉井基础的计算

沉井基础受到水平力 H 及偏心竖向力 N 作用时[图5-11a)],为了讨论方便,可以把这些

外力转变为中心荷载和水平力的共同作用。转变后的水平力 H 距离基底的作用高度 λ[(图 5-11b)]为：

$$\lambda = \frac{Ne + Hl}{H} = \frac{\sum M}{H} \tag{5-1}$$

先讨论沉井在水平力 H 作用下的情况。由于水平力的作用，沉井将围绕位于地面下深度 z_0 处的 A 点转动 ω 角（图 5-12）。地面下深度 z 处沉井基础产生的水平位移 Δx 和土的横向抗力 σ_{zx} 分别为：

$$\Delta x = (z_0 - z)\tan\omega \tag{5-2}$$

$$\sigma_{zx} = \Delta x \cdot C_z = m \cdot z(z_0 - z)\tan\omega \tag{5-3}$$

式中：z_0——转动中心 A 离地面的距离。

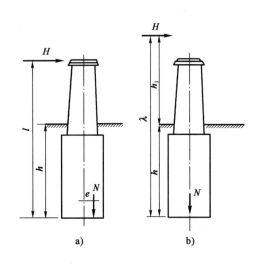

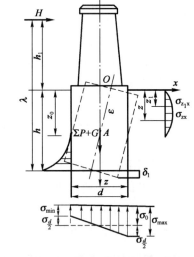

图 5-11 荷载作用情况

图 5-12 非岩石地基上沉井的受力、变形模式

从式(5-3)可见，土的横向抗力沿深度为二次抛物线变化。

基础底面处的压应力，考虑到该水平面上的竖向地基系数 C_0 不变，故其压应力图形与基础竖向位移图相似，即：

$$\sigma_{\frac{d}{2}} = C_0 \delta_1 = C_0 \frac{d}{2}\tan\omega \tag{5-4}$$

其中，C_0 不得小于 $10m_0$（见表 4-9 注）；d 为基底宽度或直径。

在上述三个公式中，有两个未知数 z_0 和 ω，要求解其值，可建立两个平衡方程式。

$\sum X = 0$：

$$H - \int_0^h \sigma_{zx} b_1 dz = H - b_1 m \tan\omega \int_0^h z(z_0 - z)dz = 0 \tag{5-5a}$$

$\sum M = 0$：

$$Hh_1 + \int_0^h \sigma_{zx} b_1 z dz - \sigma_{\frac{d}{2}} W = 0 \tag{5-5b}$$

式中：W——基底的截面模量。

联解以上两式,可得:

$$z_0 = \frac{\beta b_1 h^2(4\lambda - h) + 6dW}{2\beta b_1 h(3\lambda - h)} \tag{5-6}$$

$$\tan\omega = \frac{12\beta H(2h + 3h_1)}{mh(\beta b_1 h^3 + 18Wd)} \tag{5-7a}$$

或:

$$\tan\omega = \frac{6H}{Amh} = \frac{12\beta(3M - Hh)}{mh(\beta b_1 h^3 + 18Wd)} \tag{5-7b}$$

其中,$A = \frac{\beta b_1 h^3 + 18Wd}{2\beta(3\lambda - h)}$;$\lambda = h + h_1$;$\beta = \frac{C_h}{C_0} = \frac{mh}{C_0}$,$\beta$为深度$h$处沉井侧面的水平向地基系数与沉井底面的竖向地基系数的比值,其中m、m_0按表4-9采用。

将式(5-6)和式(5-7)代入式(5-3)及式(5-4),得:

$$\sigma_{zx} = \frac{6H}{Ah}z(z_0 - z) \tag{5-8}$$

$$\sigma_{\frac{d}{2}} = \frac{3dH}{A\beta} \tag{5-9}$$

当有竖向荷载N及水平力H同时作用时(图5-12),则基底边缘处的压应力为:

$$\sigma_{\max}^{\min} = \frac{N}{A_0} \pm \frac{3Hd}{A\beta} \tag{5-10}$$

式中:A_0——基础底面积。

离地面或最大冲刷线以下z深度处基础截面上的弯矩(图5-12)为:

$$\begin{aligned}
M_Z &= H(\lambda - h + z) - \int_0^z \sigma_{z_1 x} b_1(z - z_1) dz_1 \\
&= H(\lambda - h + z) - \int_0^z \frac{6H}{Ah} z_1(z_0 - z_1) \cdot b_1 \cdot (z - z_1) dz_1 \\
&= H(\lambda - h + z) - \frac{Hb_1 z^3}{2hA}(2z_0 - z)
\end{aligned} \tag{5-11}$$

式中:$\sigma_{z_1 x}$——深度z_1处的土抗力。

2. 基底嵌入基岩内沉井基础的计算

若沉井基底嵌入基岩内,在水平力和竖直偏心荷载作用下,可以认为基底不产生水平位移,则基础的旋转中心A与基底中心相吻合,即$z_0 = h$,为一已知值(图5-13)。这样,在基底嵌入处便存在一水平阻力P,由于P力对基底中心轴的力臂很小,一般可忽略P对A点的力矩。当基础有水平力H作用时,地面下z深度处产生的水平位移Δx和土的横向抗力σ_{zx}分别为:

$$\Delta x = (h - z)\tan\omega \tag{5-12}$$

$$\sigma_{zx} = mz\Delta x = mz(h - z)\tan\omega \tag{5-13}$$

基底边缘处的竖向应力为:

$$\sigma_{\frac{d}{2}} = C_0 \frac{d}{2}\tan\omega = \frac{mhd}{2\beta}\tan\omega \tag{5-14}$$

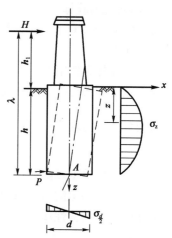

图5-13 基底嵌入基岩沉井的受力、变形模式

其中,岩石的C_0值可按表4-10查用。

上述公式中只有一个未知数ω,故只需建立一个弯矩平衡方程便可解出值ω。

$\Sigma M_A = 0$:

$$H(h+h_1) - \int_0^h \sigma_{zx} b_1(h-z)\mathrm{d}z - \sigma_{\frac{d}{2}}W = 0 \tag{5-15}$$

解上式得：

$$\tan\omega = \frac{H}{mhD} = \frac{12\beta\lambda H}{mh(b_1\beta h^3 + 6Wd)} = \frac{12\beta M}{mh(b_1\beta h^3 + 6Wd)} \tag{5-16}$$

其中：

$$D = \frac{b_1\beta h^3 + 6Wd}{12\lambda\beta}$$

将 $\tan\omega$ 代入式(5-13)和式(5-14)得：

$$\sigma_{zx} = (h-z)z\frac{H}{Dh} \tag{5-17}$$

$$\sigma_{\frac{d}{2}} = \frac{Hd}{2\beta D} \tag{5-18}$$

基底边缘处的应力为：

$$\sigma_{\min}^{\max} = \frac{N}{A_0} \pm \frac{Hd}{2\beta D} \tag{5-19}$$

根据 $\Sigma X=0$，可以求出嵌入处未知的水平阻力 P。

$$P = \int_0^h b_1\sigma_{zx}\mathrm{d}z - H = H\left(\frac{b_1 h^2}{6D} - 1\right) \tag{5-20}$$

离地面或最大冲刷线以下 z 深度处基础截面上的弯矩为：

$$M_z = H(\lambda - h + z) - \frac{b_1 H z^3}{12Dh}(2h - z) \tag{5-21}$$

3. 验算

(1) 基底应力验算

根据式(5-10)和式(5-19)所计算出的沉井基底最大压应力不应超过沉井底面处地基土的容许承载力 f_h，即：

$$\sigma_{\max} \leqslant f_h \tag{5-22}$$

式中：f_h——沉井底面处地基土的容许承载力。

(2) 横向抗力验算

由式(5-8)和式(5-17)所计算出的土的横向抗力 σ_{zx} 值应小于沉井周围土的极限抗力值，其计算方法如下。

当基础在外力作用下产生位移时，在深度 z 处基础一侧产生主动土压力强度 p_a，而被挤压一侧土就受到被动土压力强度 p_p，故其极限抗力以土压力差表达为：

$$\sigma_{zx} \leqslant p_p - p_a \tag{5-23a}$$

由朗金土压力理论可知：

$$\sigma_{zx} \leqslant \frac{4}{\cos\varphi}(\gamma z\tan\varphi + c) \tag{5-23b}$$

式中：γ——土的重度，地下水位以下取土的有效重度；

φ、c——分别为土的内摩擦角和黏聚力。

考虑到桥梁结构性质和荷载情况，并根据试验可知出现最大的横向抗力大致在深度 $z=\frac{h}{3}$ 和 $z=h$ 处，将 $z=\frac{h}{3}$ 和 $z=h$ 代入式(5-23b)，则有下列不等式：

$$\sigma_{\frac{h}{3}x} \leqslant \eta_1\eta_2\frac{4}{\cos\varphi}\left(\frac{\gamma h}{3}\tan\varphi + c\right) \tag{5-24a}$$

$$\sigma_{hx} \leqslant \eta_1\eta_2\frac{4}{\cos\varphi}(\gamma h\tan\varphi + c) \tag{5-24b}$$

式中：$\sigma_{\frac{h}{3}x}$——相应于深度 $z=\frac{h}{3}$ 处的土横向抗力，h 为基础的埋置深度；

σ_{hx}——相应于深度 $z=h$ 处的土横向抗力；

η_1——取决于上部结构形式的系数，一般 $\eta_1=1$，对于拱桥 $\eta_1=0.7$；

η_2——考虑恒载对基础底面重心所产生的弯矩 M_g 在总弯矩 M 中所占百分比的系数，即 $\eta_2=1-0.8\dfrac{M_g}{M}$。

(3) 墩台顶面水平位移验算

基础在水平力和力矩作用下，墩台顶面会产生水平位移 δ。它由地面处的水平位移 $z_0\tan\omega$、地面到墩台顶范围 h_2 内的水平位移 $h_2\tan\omega$，以及在 h_2 范围内墩台本身弹性挠曲变形引起的墩台顶水平位移 δ_0 三部分组成，即：

$$\delta=(z_0+h_2)\tan\omega+\delta_0 \quad (5\text{-}25)$$

考虑到沉井转角 ω 一般均很小，因此令 $\tan\omega=\omega$ 不会产生多大的误差。由于基础的实际刚度并非无穷大，上述计算结果可能略为偏小，如果沉井基底嵌入基岩内，则取 $z_0=h$。

墩台顶面的水平位移 δ 通常应符合：$\delta\leqslant 0.5\sqrt{L}\ (\text{cm})$，其中 L 为相邻跨中最小跨的跨度 (m)，当跨度 $L<25\text{m}$ 时，L 按 25m 计算。

【例 5-1】 某公路桥桥墩基础，上部构造为等跨等截面悬链线双曲拱桥，下部构造为重力式墩台及沉井基础。基础的平面、剖面尺寸及土质情况如图 5-14 所示。对沉井作为整体基础进行基底应力、横向抗力验算。

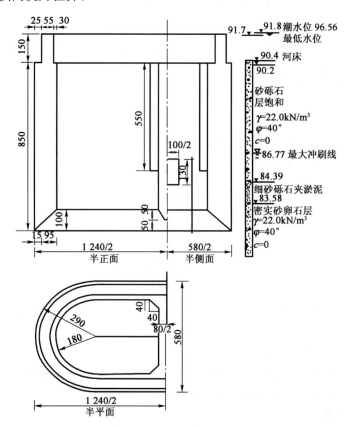

图 5-14 沉井半正面、半侧面、半平面图及地质剖面（尺寸单位：cm；高程单位：m）

设计资料:

单孔活载下传给沉井底面的纵向(汽车行进方向)附加组合荷载为:$N=34\,857.62\text{kN}$,$H=890.1\text{kN}$,$M=-15\,954.46\text{kN}\cdot\text{m}$($H$、$M$均由活载产生);最低水位高程91.8m,潮水位96.56m,河床高程90.4m,最大冲刷线86.77m;沉井底面处地基容许承载力$[\sigma]=920\text{kPa}$。

【解】 (1)基底应力验算

由图5-14可知,沉井顶高程为91.7m,沉井高为10m,则井底高程为91.7−10=81.7m。沉井自最大冲刷线至井底的埋置深度为:
$$h = 86.77 - 81.7 = 5.07\text{m}$$

考虑井壁侧面土的弹性抗力,由式(5-10),基底应力计算为:
$$\sigma_{\min}^{\max} = \frac{N}{A_0} \pm \frac{3Hd}{A\beta}$$

因为:
$$N = 34\,857.62\text{kN}$$
$$A_0 = \pi \times 2.9^2 + (12.4 - 2\times 2.9) \times 5.8 = 64.7\text{m}^2$$
$$d = 5.8\text{m}$$
$$H = 890.10\text{kN}$$
$$A = \frac{b_1\beta h^3 + 18dW}{2\beta(3\lambda - h)}$$

其中:
$$b_1 = \left(1 - 0.1\frac{d}{B}\right)\left(1 + \frac{1}{B}\right)B = \left(1 - 0.1\times\frac{5.8}{12.4}\right)\times\left(1 + \frac{1}{12.4}\right)\times 12.4 = 12.77\text{m}$$
$$h = 5.07\text{m}$$
$$\beta = \frac{C_h}{C_0} = \frac{mh}{10m_0} = \frac{5.07m}{10m} \approx 0.5\ (C_h = mh;\ h < 10\text{m},\ C_0 = 10m_0,\ 取 m_0 = m)$$
$$W = \frac{\pi d^3}{32} + \frac{1}{6}d^2 b = \frac{\pi}{32}\times 5.8^3 + \frac{1}{6}\times 5.8^2 \times 6.6 = 56.12\text{m}^3$$
$$\lambda = \frac{M}{H} = \frac{15\,954.46}{890.10} = 17.92\text{m}$$
$$A = \frac{12.77 \times 0.5 \times 5.07^3 + 18 \times 5.8 \times 56.12}{2 \times 0.5 \times (3\times 17.92 - 5.07)} = 137.42\text{m}^2$$

所以:
$$\sigma_{\min}^{\max} = \frac{N}{A_0} \pm \frac{3Hd}{A\beta} = \frac{34\,857.62}{64.70} \pm \frac{3\times 890.10 \times 5.8}{137.42 \times 0.5} = 538.76 \pm 225.41$$
$$= \begin{cases} 764.71\text{kPa} < [\sigma] = 920\text{kPa} \\ 313.35\text{kPa} \end{cases}$$

如果不考虑井壁侧土的弹性抗力作用,则按浅基础计算为:
$$\sigma_{\min}^{\max} = \frac{N}{A_0} + \frac{M}{W} = \frac{34\,857.62}{64.70} \pm \frac{15\,954.46}{56.12} = 538.76 \pm 284.29$$
$$= \begin{cases} 823.05\text{kPa} < [\sigma] = 920\text{kPa} \\ 254.47\text{kPa} \end{cases}$$

可以看出,考虑与不考虑井壁侧土的弹性抗力作用,均满足要求;但考虑井壁侧土的弹性抗力,可明显减小偏心弯矩产生的基底反力分布不均匀现象。

(2)横向抗力验算

在地面下深度z处,由式(5-8),井壁承受的侧土横向抗力为:

$$\sigma_{zx} = \frac{6H}{Ah}z(z_0 - z)$$

已知：$H=890.10\text{kN}$，$A=137.42\text{m}^2$，$h=5.07\text{m}$，则由式(5-6)得：

$$\begin{aligned}z_0 &= \frac{\beta b_1 h^2(4\lambda - h) + 6dW}{2\beta b_1 h(3\lambda - h)} \\ &= \frac{0.5 \times 12.77 \times 5.07^2(4 \times 17.92 - 5.07) + 6 \times 5.8 \times 56.12}{2 \times 0.5 \times 12.77 \times 5.07 \times (3 \times 17.92 - 5.07)} \\ &= \frac{12\,885.39}{3\,152.38} = 4.09\text{m}\end{aligned}$$

当 $z = \frac{1}{3}h = \frac{5.07}{3}$ 时，则：

$$\sigma_{\frac{h}{3}x} = \frac{6 \times 890.10}{137.42 \times 5.07} \times \frac{5.07}{3} \times \left(4.09 - \frac{5.07}{3}\right) = 31.06\text{kPa}$$

当 $z = h = 5.07\text{m}$ 时，则：

$$\sigma_{hx} = \frac{6 \times 890.10}{137.42 \times 5.07} \times 5.07 \times (4.09 - 5.07) = -38.09\text{kPa}$$

已知：$\gamma' = 22.0 - 10 = 12.00\text{kN/m}^3$，$h=5.07\text{m}$，$\varphi=40°$，$c=0$。

因桥梁上部构造为拱桥，故取 $\eta_1 = 0.7$；因恒载 $M_g = 0$，故 $\eta_2 = 1 - 0.8\frac{M_g}{M} = 1.0$。

在 $z = \frac{h}{3}$ 处，地基土的极限横向抗力为：

$$\begin{aligned}[\sigma_{\frac{h}{3}x}] &= \eta_1 \eta_2 \frac{4}{\cos\varphi}\left(\frac{\gamma h}{3}\tan\varphi + c\right) \\ &= 0.7 \times 1.0 \times \frac{4}{\cos 40°} \times \left(\frac{12.00 \times 5.07}{3} \times \tan 40°\right) \\ &= 62.21\text{kPa} > \sigma_{\frac{h}{3}} = 31.06\text{kPa}\end{aligned}$$

在 $z = h$ 处，地基土的极限横向抗力为：

$$\begin{aligned}[\sigma_{hx}] &= \eta_1 \eta_2 \frac{4}{\cos\varphi}(\gamma h \tan\varphi + c) \\ &= 0.7 \times 1.0 \times \frac{4}{\cos 40°} \times (12.00 \times 5.07 \times \tan 40°) \\ &= 186.64\text{kPa} > \sigma_h = 38.09\text{kPa}\end{aligned}$$

$\sigma_{\frac{h}{3}x}$ 和 σ_{hx} 均满足要求，故计算时可以考虑沉井侧面土的弹性抗力。

二、考虑施工过程的沉井结构设计

沉井也是一种预制构件，在施工过程中受到各种外力的作用，因此，沉井结构强度必须满足各阶段最不利受力情况的要求。沉井结构在施工过程中应主要进行下列验算。

(一)确定下沉系数 K_1、下沉稳定系数 K_1' 和抗浮安全系数 K_2

1. 下沉系数 K_1

在确定沉井主体尺寸后，即可计算出沉井自重，并应确保沉井在施工下沉时，能在自重作用下克服井壁摩阻力 R_f 而顺利下沉。其下沉系数 K_1 为：

$$K_1 = \frac{G - G_w}{R_f} \tag{5-26a}$$

式中：G——沉井在各种施工阶段时的总自重；
G_w——沉井结构在下沉过程中所受的总浮力；
R_f——井壁总摩阻力；
K_1——下沉系数，一般为 1.05～1.25，对于位于淤泥质土层中的沉井宜取小值，对于位于其他土层的沉井可取较大值。

2. 下沉稳定系数 K'_1

在下沉过程中，沉井重力和井壁摩阻力在不断变化，因此应跟踪整个下沉过程中下沉系数的变化规律，而不仅仅是最终状态的情况。沉井在软弱土层中接高时有突沉可能，应根据施工情况进行下沉稳定验算。

$$K'_1 = \frac{G - G_w}{R_f + R_1 + R_2} \quad (5\text{-}26b)$$

式中：K'_1——下沉稳定系数，一般取 0.8～0.9；
R_1——刃脚踏面及斜面下土的支承力；
R_2——隔墙和底梁下土的支承力。

井壁与土的单位面积摩阻力，在缺乏可靠资料时，可参考表 5-1 采用。

井 壁 摩 阻 力 值   表 5-1

土的名称	土与井壁间的摩阻力(kPa)	土的名称	土与井壁间的摩阻力(kPa)
黏性土	25～50	砾石	15～20
砂性土	12～25	软土	10～12
卵石	15～30	泥浆	3～5

3. 抗浮安全系数 K_2

当沉井沉到设计高程，在进行封底并抽除井内积水后，而内部结构及设备尚未安装，此时井外应按各个时期出现的最高地下水位验算沉井的抗浮稳定。

$$K_2 = \frac{G + R_f}{F} \quad (5\text{-}26c)$$

式中：K_2——抗浮安全系数，一般取 1.05～1.1，在不计井壁摩阻力时可取 1.05；
F——封底后沉井所受的总浮力。

(二)刃脚计算

沉井刃脚根部为井壁，两侧为井壁或内隔墙，相当于是三面固定、一面自由的双向板。为简化计算，一方面刃脚可看作固定在刃脚根部处的悬臂梁，梁长等于井壁刃脚斜面部分的高度；另一方面，刃脚又可看作为一个封闭的水平框架。因此，作用在刃脚侧面上的水平外力将由悬臂梁和框架来共同承担，即部分水平外力是垂直向传至刃脚根部，余下部分则由框架承担。其分配系数如下。

悬臂作用：

$$\alpha = \frac{0.1 l_1^4}{h_k^4 + 0.05 l_1^4} \quad (\alpha \text{ 不得大于 } 1) \quad (5\text{-}27a)$$

框架作用：

$$\beta = \frac{h_k^4}{h_k^4 + 0.05 l_2^4} \quad (5\text{-}27b)$$

式中：l_1——沉井外壁支承于内隔墙间的最大计算跨度；
l_2——沉井外壁支承于内隔墙间的最小计算跨度；
h_k——刃脚斜面部分的高度。

上述公式只适用于当内隔墙底面高出刃脚踏面不超过 0.5m，或当大于 0.5m 而有垂直埂肋时。悬臂部分的竖直钢筋应伸入悬臂根部以上 $0.5l_1$ 的高度，并在悬臂全高按剪力和构造设置箍筋。

1. 刃脚竖向受力分析

由于刃脚高度较小，刃脚自重和刃脚外侧摩阻力对于刃脚根部的内力值所占比重都很小，可忽略不计。

(1) 刃脚向外挠曲的计算 (配置内侧竖向钢筋)

假定沉井已下沉全部深度的一半，并且已接高其余各节井壁 [图 5-15a]，或当采用分节浇筑一次下沉的起始下沉时，并假定刃脚入土 1m。此时，刃脚斜面上土向外横推力 U 产生的向外弯矩最大，用以计算内侧竖向钢筋。此时可沿井壁周边取 1m 宽的截条作为计算单元，计算步骤如下。

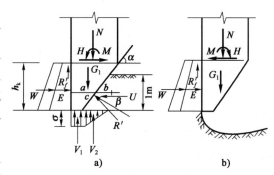

图 5-15 沉井刃脚计算

① 计算井壁自重 G_1——沿井壁单位周长上的沉井自重 (按全井高度计算)，不排水下沉时应扣浮力。

② 计算刃脚上外侧的水压力 W 和土压力 E (按朗金主动土压力理论计算)。

③ 计算刃脚下土的反力，即踏面上土反力 V_1 和斜面上土反力 R'。假定 R' 作用方向与斜面法线成 β 角 (即刃脚斜面与土之间的摩擦角，$\beta=10°\sim30°$)，并将 R' 分解成竖直和水平的两个分力 V_2 和 U (均假定为三角形分布)。

此时，刃脚下的土反力：

$$V_1+V_2 \approx G_1-R_{f1} \tag{5-28}$$

式中：R_{f1}——作用于单位周长井壁上的摩擦力。

由于：

$$\frac{V_1}{V_2}=\frac{a\sigma}{\frac{1}{2}b\sigma}=\frac{2a}{b} \tag{5-29}$$

式中：σ——刃脚踏面下土的平均反力分布；
a——刃脚踏面宽度；
b——刃脚斜面的水平投影宽度。

将式 (5-28) 和式 (5-29) 联立后解得：

$$V_2=\frac{b(G_1-R_{f1})}{2a+b} \tag{5-30}$$

从 V_2 在刃脚斜面上的作用点 c 可知，R' 和 U 的作用点在距刃脚地面 $\frac{1}{3}$ m 处，刃脚斜面部分土的水平反力按三角形分布，其合力的大小为：

$$U=V_2 \cdot \tan(\alpha-\beta) \tag{5-31}$$

式中：α——刃脚斜面与水平面所成的夹角(°)。

④确定刃脚内侧竖向钢筋。

按以上求得力的大小、方向和作用点后，即可在刃脚根部 h_k 处截面上得到轴向力 N、剪力 Q 和力矩 M，从而再计算刃脚内侧的竖向钢筋。

对于圆形沉井尚应计算环向拉力。在沉井下沉途中，由于刃脚内侧的土反力的作用，使圆形沉井的刃脚产生环向拉力 T，其值为：

$$T=UR \tag{5-32}$$

式中：U——按式(5-31)计算；

R——圆形沉井环梁轴线的半径。

(2)刃脚向内挠曲的计算（配置外侧竖向钢筋）

假定沉井下沉到设计高程，刃脚下的土已被掏空且尚未浇筑混凝土。此时，井壁外侧作用着最大的水、土压力，使刃脚产生最大的向内挠曲[图 5-15b)]。

刃脚向内挠曲计算中取决于刃脚外侧的水压力 W 和土压力 E，由此求得刃脚根部 N、Q 和 M 值，从而计算刃脚外侧的竖向钢筋。

若井壁刃脚附近设有槽口，而刃脚根部至槽口底的距离小于 2.5cm 时，则验算断面定在槽口底。

由于刃脚有悬臂作用及水平闭合框架的作用，故当刃脚作为悬臂考虑时，其所受水平力应乘以分配系数 α。

2.刃脚水平受力计算

刃脚水平向受力最不利的情况是沉井已下沉至设计高程，刃脚下的土已挖空，封底混凝土尚未浇筑的时候。作用于框架的水平力应乘以分配系数 β 后，其值作为水平框架上的外力，由此求出框架的弯矩及轴向力值，然后再计算框架所需的水平钢筋用量。

(三)井壁计算

1.竖向挠曲计算（沉井抽承垫木时计算）

一般沉井在制作第一节时，多用承垫木支承。当第一节沉井制成后抽承垫木开始下沉时，刃脚踏面下逐渐脱空，此时井壁在自重作用下会产生较大的应力，因此需要根据不同的支承情况进行验算。验算时采用的第一节沉井的支承点位置与沉井的施工方法有关，现分别叙述如下。

(1)排水挖土下沉

由于沉井是排水挖土下沉，所以不论在抽除刃脚下垫木以及在这个挖土下沉过程中，都能很好地控制沉井的支承点。为了使井体挠曲应力尽可能小些，支点距离可以控制在最有利的位置处。对于矩形及圆端形沉井而言，是使其支点和跨中点的弯矩大致相等。如沉井长宽比大于 1.5，支点设在长边上，支点间距可采用 $0.7l$[l 为沉井长度，如图 5-16a)所示]，以此验算沉井井壁顶部和下部弯曲抗拉的强度，防止开裂。对于圆形沉井，4 个支点可布置在两个相互垂直线上的端点处。

(2)不排水挖土下沉

由于井孔中有水，挖土可能不均匀，支点设置也难控制，沉井下沉过程中可能会出现最不利的支承情况。对于矩形及圆端形沉井，支点在长边的中点上[图 5-16b)]或在 4 个角上[图 5-16c)]；对于圆形沉井，2 个支点位于一直径上。

2.沉井均布竖向拉力计算（井壁竖直钢筋验算）

沉井下沉过程中，上部有可能被四周土体夹住，而刃脚下的土已被挖除。井壁阻力假定近

似呈倒三角形分布,此时最危险的截面在沉井入土深度的一半处。其竖向拉力 S_{max} 为:

$$S_{max} = \frac{1}{4}G \qquad (5\text{-}33)$$

式中:G——沉井的总重。

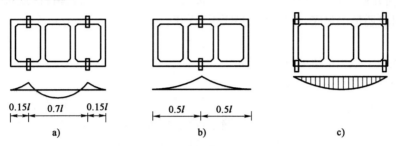

图 5-16 第一节沉井支承点布置示意

台阶式井壁在每段变阶处均应进行验算。

3. 沉井井壁水平应力计算(井壁水平钢筋计算)

作用在井壁上的水、土压力沿沉井深度是变化的,因此井壁水平应力的计算也应沿沉井高度分段计算(图 5-17)。对于刃脚根部以上,高度等于该处井壁厚度的一段井壁框架(图 5-17)是刃脚悬臂梁的固端,除承受框架本身高度范围内的水、土压力外,尚需承受由刃脚部分水、土压力传来的剪力 Q_1。

对作用于圆形沉井井壁任一高程上的水平侧压力,在理论上各处是相等的。此时圆环应当只承受轴向压力,而井壁内弯矩等于 0。但实际土质是不均匀的,沉井下沉过程中也可能发生倾斜,因而井壁外侧土压力也是不均匀分布的。为简化计算,假定井圈上互成 90°的两点处,土的内摩擦角的差值为 5°~10°。即计算 A 点土压力 p_A 时的内摩擦角值采用 $\varphi-(2.5°\sim5°)$,计算 B 点土压力 p_B 时的内摩擦角值采用 $\varphi+(2.5°\sim5°)$,以作为土压力的不均匀分布;并假定其他各点的土压力 p_a 按下式变化(图 5-18)。

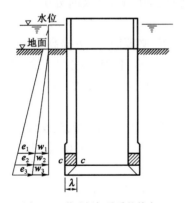

图 5-17 井壁框架承受的外力

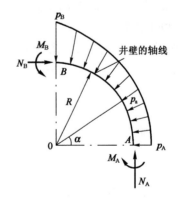

图 5-18 圆形沉井井壁土压力分布

$$p_a = p_A[1+(\omega-1)\sin\alpha] \qquad (5\text{-}34)$$

其中,$\omega = \dfrac{p_B}{p_A}$;作用于 A、B 截面上的轴向力和弯矩可查有关专著。

(四)封底混凝土的厚度计算

对于排水下沉的沉井,其基底处于不透水的黏土层中,虽可能有涌水和翻砂,但数量不大时,应力争采用干封底,以保证封底混凝土的质量。根据以往经验,封底混凝土厚度一般可取

0.6~1.2m,其顶面应高出刃脚根部(计刃脚斜面的顶点处)不小于0.5m；当工程地质和水文地质条件极为不利时,应采用水下混凝土封底(又称湿封底)。

沉井底板及封底混凝土与井壁间的连接,宜按铰支承考虑。当底板与井壁间有可靠的整体连接措施(由井壁内预留钢筋连接等)时,底板与井壁间的连接可按弹性固定端考虑。

无论干封底还是湿封底,作用在沉井底板上荷载 q 均为：

$$q = p - g \tag{5-35}$$

式中：p——底板下最大的静水压力,kPa；

g——封底板自重,kPa。

采用水下混凝土封底,虽其底板厚度已进行过静水压力的强度计算,但因水下封底混凝土质量不易保证,所以水下封底后常会出现漏水现象；再加上从井内抽水后,水下封底混凝土在持续高压水头压力的作用下,其渗水情况可能较以前加剧。因此,水下封底混凝土仅作为一种临时性的施工措施。设计钢筋混凝土底板时不考虑与水下封底混凝土的共同作用,仍应按底板高程以下的最大基底压力考虑,再按单向板或双向板计算底板的配筋。

(五)沉井下沉对周围的影响

沉井下沉过程中,不可避免会对沉井外四周土体产生不同程度的破坏,特别是在其影响范围内(即破坏棱体范围内)有建筑物或其他设施时,设计中应慎重考虑对原有建筑物及设施采取确保安全的有效措施后方能施工。

沉井下沉对周围的影响范围,一般根据可能破裂面的几何关系按下式确定。

$$L = \gamma_1 H \tan\left(45° - \frac{\varphi}{2}\right) \tag{5-36}$$

式中：L、H——分别为沉井下沉对四周的影响距离和沉井下沉深度,m；

φ——沉井四周土体的加权平均内摩擦角,°(采用固结快剪值)；

γ_1——影响范围内建筑物安全等级的重要性系数,一般取 1.8~2.5。

当沉井下沉对周围建筑、构筑物影响较大时,应加强现场监测,并及时分析处理；同时,应注意采取以下措施。

(1)沉井外土层有发生流沙可能时,可采用不排水下沉；必要时,还可提高井内的水头,使井外的流沙无法涌入井内。不排水下沉沉井最好由潜水员配合,使其开挖、下沉均匀。

(2)沉井周围塌陷较严重时,应及时进行回填,以防因沉井四周土压力不均匀,引起沉井过大倾斜。

(3)沉井等地下工程施工前应做好充分准备,施工时速度要快,沉井沉至设计高程后应尽快浇筑底板,以防土体暴露面因地基应力差和时间过长而产生蠕动和失稳,使土体破坏范围扩大。

(4)沉井下沉影响范围内的重要建筑物可采取地基加固或桩基等措施。

习 题

【5-1】 某桥墩矩形沉井基础如图 5-19 所示。已知：作用在基底中心的荷载 $N=21\,000$kN,$H=150$kN,$M=2\,400$kN·m,H、M 均由活载产生。沉井平面尺寸：$a=10$m,$b=5$m。沉井入土深度 $h=12$m。试问：

(1)若已知基底黏土层的容许承载力$[\sigma]=450\text{kPa}$,试按浅基础及深基础两种方法分别验算其强度是否满足。

(2)如果已知沉井侧面粉质黏土的黏聚力$c=15\text{kPa}$,$\varphi=20°$,$\gamma=18\text{kN/m}^3$,地下水位高出地面,试验算地基的横向抗力是否满足。

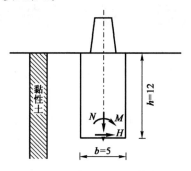

图 5-19　习题 5-1 图(尺寸单位:m)

思　考　题

【5-1】 沉井基础有什么特点?

【5-2】 当预计沉井基础下沉有困难时,可采取哪些措施?

【5-3】 沉井基础下沉过程中,预计什么时候容易出现突沉?

【5-4】 刃脚验算时,应考虑哪些最不利工况?

【5-5】 请推导井壁最大拉力的计算公式。

第六章 基坑支护结构

第一节 概　　述

基坑是为了修筑建筑物的基础或地下室、埋设市政工程的管道以及开发地下空间(如地铁车站、地下商场)等所开挖的地面以下的坑。基坑支护结构是为保证地下结构施工及基坑周边环境的安全,对基坑侧壁及周边环境所采取的支挡、加固与保护措施。

基坑工程是一个复杂的系统工程,构成的要素较多,包括支护结构、土体加固、基坑降水、土方开挖和基坑监测。

随着大量土建工程在地形、地质条件复杂地区兴建,特别是大、中城市高层建筑施工中深、大基坑工程的大量出现,基坑支护结构显得越来越重要,基坑支护结构的设计计算也将直接影响到工程的安全稳定和经济效益。

一、基坑支护结构的分类

基坑支护结构一般由挡土(挡水)和支撑拉锚两部分组成,前者称为挡土结构(或围护结构),后者称为支锚结构。基坑支护结构类型的划分方法较多,既可按挡土结构的刚度、平衡方式分类,也可按支锚结构形式分类,还可按组成基坑支护结构的建筑材料以及施工方法和所处环境条件等进行分类。

1. 按挡土结构的刚度分类

基坑支护结构按挡土结构的刚度可分为刚性支护结构和柔性支护结构。所谓刚性支护结构是挡土结构的刚度很大,在外荷作用下主要产生刚体位移的基坑支护结构,如重力式挡土墙、基坑工程中使用的水泥土桩墙等。刚性支护结构一般以重力作为其主要的平衡力。所谓柔性支护结构是指具有一定抗弯能力,在外荷作用下的变形以弹性变形为主的基坑支护结构。常见的柔性支护结构有板桩墙、钻孔灌注桩柱列式挡土墙和地下连续墙等。

2. 按挡土结构的力平衡方式分类

在基坑支护结构中常见的力平衡方式有重力式、悬臂式[图6-1a]及支锚式[图6-1b]。

3. 按支锚结构的形式分类

基坑支护结构的支锚形式有外支撑和内支撑之分。内支撑方式又可分为水平撑[图6-2a]、斜撑[图6-2b]及其组合形式;外支撑方式中常见的有锚杆式[图6-3a]、锚定板式[图6-3b]和土钉式[图6-3c]。

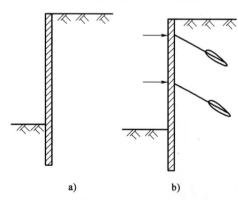

图6-1　基坑支护结构的力平衡方式分类
a)悬臂式;b)支锚式

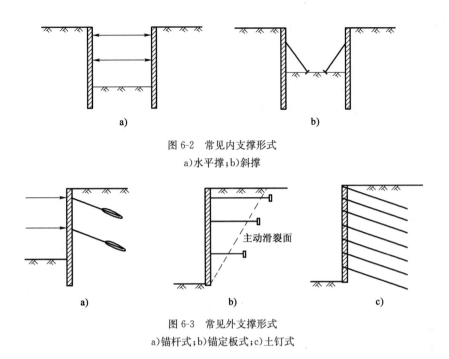

图 6-2 常见内支撑形式
a)水平撑;b)斜撑

图 6-3 常见外支撑形式
a)锚杆式;b)锚定板式;c)土钉式

二、基坑支护结构的形式

基坑在施工时,有的有支护措施,称之为有支护基坑工程;有的则没有支护措施,称之为无支护基坑工程。无支护基坑工程一般是在场地空旷、基坑开挖深度较浅、环境要求不高的情况下才能采用,如放坡开挖,这时主要应考虑边坡稳定和排水问题。但随着城市的发展,建筑物基础深度加大,建筑物及地下管线等也越来越密集,可施工的空间越来越狭小,而且周围环境要求更高,因此相应的基坑工程一般均需采用支护结构。本章主要介绍有支护基坑工程的支护结构形式及特点。

常见的基坑支护结构类型有水泥土墙、排桩或地下连续墙、土钉墙。

(一)水泥土墙支护结构

水泥土墙属重力式挡土墙,它是依靠挡土墙本身的自重来平衡坑内外土压力差。墙身材料通常采用水泥土搅拌桩、旋喷桩等(图 6-4)。由于墙体抗拉和抗剪强度较小,其墙身需做成厚而重的刚性墙,以确保其强度及稳定。

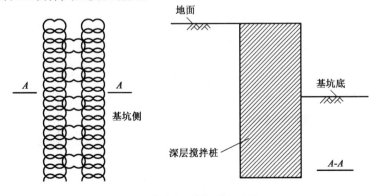

图 6-4 水泥土墙

水泥土墙具有结构简单、施工方便、施工噪声低、振动小、速度快、截水效果好、造价经济等优点;缺点是宽度大,需占用基地红线内一定面积,而且墙身位移较大。水泥土墙主要适用于软土地区、环境要求不高的情况。《建筑基坑支护技术规范》(JGJ 120—99)规定水泥土墙适用于基坑开挖深度不大于 6m 的情况;而《上海市基坑工程技术规范》(DG/T J08-61—2010)则规定,水泥土围护结构的基坑开挖深度一般不超过 7m。

(二)排桩、地下连续墙支护结构

排桩或地下连续墙式挡土结构又称板式支护结构,由围护桩墙和支锚结构组成。其材料一般为型钢或钢筋混凝土,能承受较大的内力,属柔性支护结构。

1. 板式支护结构的类型

(1)悬臂桩墙式挡土结构。不设置内支撑或土层锚杆等,基坑内施工方便。由于墙身刚度小,所以内力和变形均较大;当环境要求较高时,不宜用于开挖较深基坑(在软土场地中不宜大于 5m)。

(2)内支撑桩墙式挡土结构。设置单层或多层内支撑,可有效地减少围护墙体的内力和变形,通过设置多道支撑可用于开挖很深的基坑;但设置内支撑给土方的开挖以及地下结构的施工带来较大不便。内支撑可以是水平的,也可以是倾斜的。

(3)土层锚杆桩墙式挡土结构。通过固定于稳定土层内的单层或多层土层锚杆来减少围护墙体的内力与变形,设置多层锚杆,可用于开挖深度较大基坑。

2. 围护桩墙的类型及特点

(1)钢板桩

如图 6-5 所示,钢板桩截面形式有多种,如拉森 U 形、H 形、Z 形、钢管等。其优点是材料质量可靠,软土中施工速度快、简单,可重复使用,占地小,结合多道支撑,可用于较深基坑;缺点是价格较贵,施工噪声及振动大,刚度小,变形大,需注意接头防水,拔桩容易引起土体移动,导致周围环境发生较大沉降。

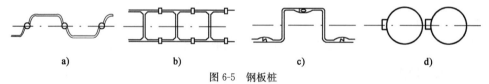

图 6-5 钢板桩
a)U 形钢板桩;b)H 形钢板桩;c)Z 形钢板桩;d)钢管桩

(2)钢筋混凝土板桩

如图 6-6 所示,截面有矩形榫槽结合、工字形薄壁和方形薄壁三种形式。矩形榫槽结合的截面形式厚度可达 50cm,长度可达 20m,宽度一般为 40~70cm。板桩两侧设置阴阳榫槽,打桩后可灌浆,堵塞接头渗漏。工字形及方形薄壁截面在 50cm×50cm 左右,壁厚 8~12cm,采用预制和现浇相结合的制作方式,此外在板桩中间需结合注浆进行防渗。

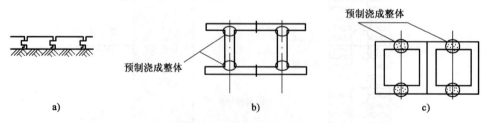

图 6-6 钢筋混凝土板桩
a)矩形榫槽结合;b)工字形薄壁;c)方形薄壁

钢筋混凝土板桩的优点是造价比钢板桩低。缺点是施工不便,工期长,施工噪声、振动大及挤土大,接头防水性能较差。其不宜在建筑密集的市区内使用,也不适用于在硬土层中施工。

(3)钻孔灌注桩

钻孔灌注桩作为围护桩的几种平面布置如图6-7所示,桩径一般在600～1 200mm。当地下水位较高时,相切搭接排列形式往往因施工中桩的垂直度不能保证以及桩体缩颈等原因,达不到自防水效果,因此常采用间隔排列与防水措施相结合的形式,可以采用深层搅拌桩、旋喷桩或注浆等作为防水措施。当地下水位较低时,包括间隔排列形式在内均无须采取防水措施。

钻孔灌注桩的优点是施工噪声低,振动小,对环境影响小,自身刚度和强度较大;缺点是施工速度慢,质量难控制,需处理泥浆,自防水性能差,需结合防水措施,整体刚度较差。在软土地区,其可用于开挖深度在5～12m(甚至更深)的基坑,但在砂砾层和卵石中施工应慎用。

其他如树根桩、挖孔灌注桩等与钻孔灌注桩相似。

图6-7 钻孔灌注桩

a)一字形相切排列;b)交错相切排列;c)一字形搭接排列;d)间隔排列及防水措施

(4)SMW工法

在水泥土搅拌桩内插入H型钢或其他种类的受拉材料,形成一种同时具有受力和防渗两种功能的复合结构形式,即劲性水泥土搅拌桩法,称为SMW工法。其平面布置形式有多种,如图6-8所示。优点是施工噪声低,对环境影响小,止水效果好,墙身强度高;缺点是应用经验不足,H型钢不易回收且其造价较高。凡适合应用水泥土搅拌桩的场合均可采用SMW工法,开挖深度可较大。

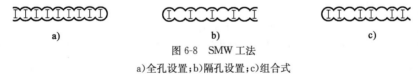

图6-8 SMW工法

a)全孔设置;b)隔孔设置;c)组合式

(5)地下连续墙

在基坑工程中,地下连续墙平面布置形式如图6-9所示。地下连续墙壁厚通常有60cm、80cm及100cm,深度可达数十米。优点是施工噪声低,振动小,整体刚度大,能自防渗,占地少,强度大;缺点是施工工艺复杂,造价高,需处理泥浆。其可以在建筑密集的市区施工,常用于开挖10m以上的深基坑,还可同时作为主体结构的组成部分。

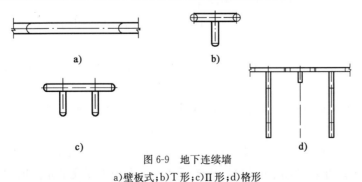

图6-9 地下连续墙

a)壁板式;b)T形;c)Ⅱ形;d)格形

(三)内支撑结构

1. 按材料分类

现浇钢筋混凝土:截面一般为矩形,具有刚度大、强度易保证、施工方便、整体性好、节点可靠等优点;但支撑浇筑及其养护时间长,导致围护结构暴露状态的时间长并影响工期,此外自重大,拆除支撑有难度且对环境影响大。

钢结构:截面一般为单股钢管、双股钢管;单根工字(或槽、H型)钢,组合工字(或槽、H型)钢等。优点是安装、拆卸方便,施工速度快,可周转使用,可加预应力,自重小;缺点是施工工艺要求较高,构造及安装相对较复杂,节点质量不易保证,整体性较差。

此外,有的基坑支撑采用钢支撑及钢筋混凝土支撑相结合的形式,因此可各取所长。

2. 按布置形式分类

内支撑的布置方式有多种,如图6-10所示。

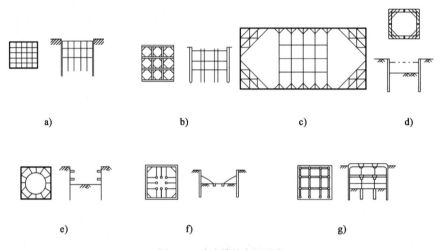

图6-10 内支撑的布置形式

a)纵横对撑构成的井字形;b)井字形集中式;c)角撑结合对撑;d)边桁架;e)圆形环梁;f)竖直向斜撑;g)逆筑法

纵横对撑构成的井字形:这种布置形式安全稳定,整体刚度大;缺点是土方开挖及主体结构施工困难,造价高。其往往在环境要求很高,基坑范围较大时采用。

井字形集中式布置:挖土及主体结构施工相对较容易;缺点是整体刚度及稳定性不及井字形布置。

角撑结合对撑:挖土及主体结构施工较方便;缺点是整体刚度及稳定性不及井字形布置的支撑,基坑范围较大以及坑角的钝角太大时不宜采用。

边桁架:挖土及主体结构施工较方便,但整体刚度及稳定性相对较差,基坑范围太大时不宜采用。

圆形环梁:较经济,受力较合理,可节省钢筋混凝土用量,挖土及主体结构施工较方便;但当坑周荷载不均匀、土性软硬差异大时慎用。

竖直向斜撑:优点是节省立柱及支撑材料;缺点是不易控制基坑稳定及变形,与底板及地下结构外墙连接处结构难处理。其适用于开挖面积大而挖深小的基坑。

逆筑法:优点是节省材料,基坑变形较小;缺点是对土方开挖及地下整个工程施工组织提出较高的技术要求。在施工场地受限制,或地下结构上方为重要交通道路时可采用此法。

(四)土层锚杆

如图 6-11 所示,土层锚杆体系由围檩、托架及锚杆三部分组成。围檩可采用工字钢、槽钢或钢筋混凝土结构。托架材料为钢材或钢筋混凝土。锚杆由锚杆头部、拉杆及锚固体三部分组成。锚杆头部将拉杆与围护墙牢固地连接起来,使支护结构承受的土侧向压力能可靠地传递到拉杆上去并将其传递给锚固体。锚固体将来自拉杆的力通过摩阻力传递至稳固的地层中去。

土层锚杆的优点是基坑开敞,坑内挖土及地下主体结构施工方便,造价经济。其适用于基坑周围有较好土层,以利于锚杆锚固,但需要具有锚杆施工范围内无障碍物、周围环境允许打设锚杆等条件。其稳定性及变形依赖于锚固的效果。

(五)土钉墙支护结构

土钉墙是以土钉作为主要受力构件的边坡支护技术。它由密集的土钉群、被加固的原位土体、喷射混凝土面层和必要的防水系统组成,如图 6-12 所示。

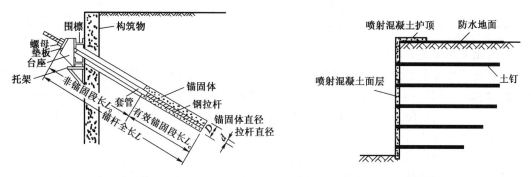

图 6-11　土层锚杆结构　　　　图 6-12　土钉支护截面构造示意图

土钉是用来加固或同时锚固现场原位土体的细长杆件,通常采用土中钻孔、放入变形钢筋(即带肋钢筋)并沿孔全长注浆的方法做成。土钉依靠与土体之间的界面黏结力或摩擦力,在土体发生变形的条件下被动受力,并主要承受拉力作用。土钉也可采用钢管、角钢等作为钉体,采用直接击入的方法置入土中。

三、支护结构上的土压力与特点

作用于基坑挡土结构上的土压力大小及分布与许多因素有关,这也是难以精确确定土压力的主要原因。这些因素主要有:土的类别及土的计算指标、计算理论、支护结构的刚度及位移、有无支点及支点的位置和反力大小、所开挖的基坑大小及几何形状、地下水位、施工方法、施工工序和施工过程、外界的荷载与温度变化等。

1. 土的类别及土的计算指标

根据朗金土压力计算公式,土压力的大小显然受土的天然重度和土类别的影响。土的天然重度越大,土压力也越大;同时,静止土压力系数 K_0 与土的有效内摩擦角相关,一般土的有效内摩擦力越大,土压力也越小。

2. 计算理论

现广泛应用的朗金土压力理论及库仑土压力理论,各有其理论成立的假设和使用条件。正是这些假设使其应用受到限制,而实际工程的条件往往与理想条件相差甚远,所以只能在理论计算的基础上结合具体工程的情况进行调整或修正。

3. 支护结构的刚度及位移

静止土压力是在挡土墙不发生位移的条件下的土压力。主动土压力是挡土墙发生离开土体方向的位移,且位移达到一定程度时的土压力。被动土压力是挡土墙在外力作用下,发生挤向土体的位移,当挡土墙的位移到达一定程度时的土压力。由此可见,土压力的大小与挡土墙(支护体)的位移方向及大小紧密相关,而实际工程中,几乎不存在这些极端的情况。表 6-1 给出了发生主动土压力和被动土压力时所需挡土墙(支护体)位移的经验数值。

发生主动土压力和被动土压力时的位移 表 6-1

土 类	应力状态	位移形式	所需位移量
砂土	主动	平移	$(0.001 \sim 0.005)H$
	被动	平移	$>0.05H$
	主动	转动	$(0.001 \sim 0.005)H$
	被动	转动	$>0.1H$
黏土	主动	平移	$(0.004 \sim 0.010)H$
	被动	转动	$(0.004 \sim 0.010)H$

注:H 为挡土墙高度。

4. 有无支点及支点的位置和反力大小

当基坑开挖深度不大时,挡土墙(支护体)不设支点,而是悬臂于基坑底;当基坑开挖深度较大时,则需要设置一道或多道支点。显然上述两种情况的挡土墙(支护体)抗侧移刚度有显著差异,支点的多少、位置和反力大小对挡土墙(支护体)的土压力分布也有不可忽视的影响。

5. 基坑大小及几何形状

朗金土压力理论及库仑土压力理论都是以平面应变为前提的。如长条形基坑,长边的中部较符合平面应变条件,而在边缘或基坑的短边方向,则存在着边缘效应;土压力的大小及分布与理论计算值差异较大,即土压力的大小具有显著的空间效应;许多基坑失稳实例显示,失稳多是在基坑的长边中部发生和发展的。

6. 地下水

地下水的存在一方面改变了土的重度及土的抗剪强度指标;另一方面,在土的透水性较好的情况下,挡土墙(支护体)不仅受到土压力的作用,而且受到水压力的作用。另外,基坑开挖过程中,对地下水的整治也是设计和施工中很重要的环节。

7. 施工方法、施工工序和施工过程

机械开挖不同于人工开挖,每层锚杆设置的位移以及锚固预拉力的大小等都会影响作用于挡土墙(支护体)上的土压力的大小与分布。同时,在施工过程中,土的力学参数也在发生变化。

8. 外界的荷载与温度变化

在施工场地受限时,在基坑周围经常要堆放一些原材料,设置一些临时设施(工棚、塔吊、搅拌机等)。这些原材料、临时设施都会通过土体对挡土墙(支护体)产生压力。

以上这些只是经常遇到的土压力影响因素,由于各工程现场条件、施工条件千差万别,还有很多不可忽视的其他影响因素,设计和施工中需要慎重考虑。

四、基坑支护结构的施工

(一)井点降水

井点降水是在基坑开挖前,在坑内四周预先埋入深于坑底的一系列井管,利用抽水设备连续抽水,在井管周围形成降水漏斗,使基坑内的地下水位低于坑底的降水方法。

1. 井点类型

表 6-2 列出了几种常用的井点降水类型及其适用条件,供选择井点类型时参照。

井点类型及其适用性 表 6-2

适用条件 井点类型	渗透系数 (cm/s)	降低水位深度 (m)	土 质 类 别
一(多)级轻型井点	$1\times10^{-5}\sim1\times10^{-2}$	3～6(6～10)	粉砂、砂质或黏质粉土、含薄层粉砂的粉质黏土
喷射井点	$1\times10^{-6}\sim1\times10^{-3}$	8～20	粉砂、砂质或黏质粉土、粉质黏土、含薄层粉砂夹层的黏土和淤泥质黏土
深井井点	$\geqslant1\times10^{-5}$	>10	粉砂、砂质粉土、含薄层粉砂的粉质黏土、富含薄层粉砂的黏土和淤泥质黏土
电渗井点	$<1\times10^{-6}$	根据选用的井点确定	粉质黏土、黏土

2. 降水观测

(1)流量观测

采用流量表或堰箱来观测,发现流量过大而水位降低缓慢甚至降不下去时,应考虑改用流量较大的离心泵;反之,则可改用小泵以免离心泵无水发热并节约电能。

(2)地下水位观测

可用井点管作观测井,在开始抽水时,每隔 4～8h 测一次,以观测整个系统的降水机能;3d 后或降水达到预定高程前,每日观测 1～2 次;地下水位降到预期高程后,可数日或一周测一次;但若遇下雨或暴雨时,须加强观测。

3. 井点管拔除

拔除井点管后的孔洞,应立即用砂土填实。对于穿过不透水层进入承压含水层的井管,拔除后应用黏土球填塞封死,杜绝井管位置发生管涌。

当坑底承压水头较高时,井点管宜保留至底板做完后再拔除。

(二)土方开挖

1. 挖土与支撑及浇垫层的关系

土方开挖应遵循"开槽支撑、先撑后挖、分层开挖、严禁超挖"的挖土原则。应尽量缩短基坑无支撑暴露时间,每一工况下挖至设计高程后,钢支撑的安装周期不宜超过 1d,钢筋混凝土支撑的完成时间不宜超过 2d。

土方开挖宜分块、分区、分层对称开挖。每次分层开挖的高度不宜过大,一般宜控制在 2.5m 以内。

除设计允许外,挖土机械和车辆不得直接在支撑上行走操作。采用机械挖土方式时,严禁挖土机械碰撞支撑、立柱、井点管、围护墙及工程桩。

坑底 200～300mm 厚的基土应采用人工挖土整平,以防止坑底土扰动。土方挖至设计高程后,立即浇筑垫层,工程桩桩头应在垫层浇筑后处理。

2. 开挖底高程不同时的处理

同一基坑当底高程有深浅不同时,土方开挖宜从浅基坑开始,待浅基坑底板浇筑后,再开始挖较深基坑的土方。对相邻两个同时施工的基坑工程,土方开挖宜首先从深基坑开始,待基坑底板浇筑后,再开始挖另一个较浅基坑的土方。

3. 中心岛盆式开挖

面积很大的基坑,不宜设置对撑式水平支撑时,可采用中心岛盆式开挖(先挖基坑中间部分土方),或采用留中心土墩开挖(先挖基坑边缘部分的土方)。

4. 其他注意事项

基坑开挖不宜采用水力机械开挖。基坑中间有局部加深的电梯井、水池等,土方开挖前应对其边坡做必要的加固处理。

五、基坑支护的监测及环境监护

监测是指在基坑工程施工过程中,对基坑围护结构及其周围地层、附近建筑物、地下管线等的受力和变形进行的量测。其目的主要在于确保基坑工程本身的安全,对基坑周围环境进行有效的保护,检验设计所采用参数及假定的正确性,并为改进设计、提高工程整体水平提供依据。

表6-3中列出了常见的监测技术方法与要求。根据基坑工程等级的不同,监测项目可按表6-4选择。

监测方法与技术要求　　　　　　　　　　表6-3

测点位置	监测项目	测试方法	精度要求
围护墙体	墙顶水平位移	埋设测点,用经纬仪测	1mm
	墙顶沉降	埋设测点,用水准仪测	1mm
	墙身水平位移	预埋测斜管,用测斜仪测	1mm
	墙侧土压力	埋设土压力盒,用土压力计测	1/100(F.S)及5kPa
墙周土体	墙外土体深层水平位移	埋设测斜管,用测斜仪测	1mm
	坑底土隆起	埋设分层沉降管,用沉降仪测	1mm
	孔隙水压力	埋设孔隙水压力计	1kPa
	地下水位	埋设水位管	1mm
支撑或锚杆	支撑轴力	预先安装轴力计	1/100(F.S)
	锚杆拉力	锚杆上预先安装钢筋计	1/100(F.S)
	立柱沉降	埋设测点,用水准仪测	1mm
坑外建筑物	沉降及倾斜度	埋设测点,用水准及经纬仪测	1mm
坑外地下管线	沉降及水平位移	安装测点于接头,用水准仪及经纬仪测	1mm

基坑监测项目表　　　　　　　　　　表6-4

监测项目	基坑侧壁安全等级		
	一级	二级	三级
支护结构水平位移	应测	应测	应测
周围建筑物、地下管线变形	应测	应测	宜测
地下水位	应测	应测	宜测
桩、墙内力	应测	宜测	可测
锚杆拉力	应测	宜测	可测
支撑轴力	应测	宜测	可测
立柱变形	应测	宜测	可测
土体分层竖向位移	应测	宜测	可测
支护结构面上侧向压力	宜测	可测	可测

每次现场监测的结果应及时计算整理,编成报表。报表应包括测点平、立面图,采用的测头和仪器的标定资料和型号、规格,资料整理所采用的计算公式和方法,监测期相应的工况各项测试项目的警戒值等。

报表应由记录人、校核人签字后上报现场监理和有关部门。对监测值的发展及变化情况应有评述,当接近报警值时应及时通报现场监理,提请有关部门关注。

第二节 支护结构上的土压力计算

库仑、朗金理论计算均采用极限平衡原理,属于静态设计。基坑开挖后土体属于动态平衡状态,开挖后土体松弛,且随时间增长,坑内环境会随开挖进程有所变化。表 6-5 给出了经典土压力与支护结构上土压力的区别。

经典土压力与支护结构上土压力的区别　　　　表 6-5

区 分 项 目	库仑、朗金土压力	支护结构上的土压力
土性	各向同性,均质	土类复杂
应力状态	先筑墙,后填土,填土过程是土应力增加的过程	先设桩(墙),后开挖,开挖过程土体应力释放的过程
结构使用要求	挡土墙是永久的	支护结构多数是临时的
土压力特性	挡土墙建成后,视土压力为定值	土压力的大小和分布随结构类型、刚度、支点而异,且随开挖过程及支护结构而动态变化
结构特性	挡土墙为刚体	支护结构多数为柔性结构
墙土间摩擦力	朗金理论假设无摩擦	实际存在摩擦力
空间效应	平面问题	呈现空间效应
时间效应	静态平衡	动态平衡(坑内环境变化,土体松弛,强度下降)
施工效应	计算参数采用定值	随排水引起的土体固结,打桩的挤土效应,土的力学参数改变
滑裂面	平面	曲面

由上表可见,经典土压力理论计算得到的土压力不能简单地直接用于计算支护结构上,应根据具体情况做必要的调整。总之,土压力的计算不是由精确的理论来保证其正确可靠,而是要通过现场测试和室内模型试验,并依此为基础,提出简单实用而尽可能合理的土压力计算模式。

一、作用在支护结构上的土压力

如前所述,用经典土压力理论计算土压力与作用于支护结构上的土压力具有一定差异,其差异大小与很多因素有关。图 6-13 为不同支点及不同变位时支护结构的土压力。下面分几种不同情况介绍作用在支护结构上的土压力及分布。

1. 自立式重力挡土支护结构上的土压力

自立式重力挡土支护结构的特点是刚度较大,位移较小,接近于库仑、朗金理论对挡土墙的假设条件,其土压力一般可近似按库仑、朗金理论计算。

2. 悬臂式柔性挡土支护结构上的土压力

实践表明,作用于悬臂式柔性挡土支护结构上的土压力按朗金理论计算存在误差,但通常仍按静止土压力及郎金理论公式进行估计,甚至被动区也同样采用被动土压力理论公式来估计,再根据实践经验进行适当的修正。根据一些模型试验和工程实测结果,软土地区中的悬臂式挡土支护结构的主动土压力呈三角形分布,其数值可按静止土压力计算。

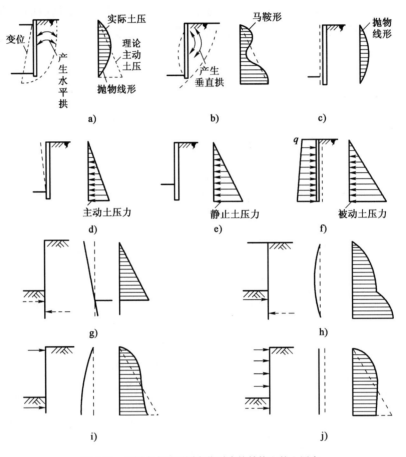

图 6-13 不同支点及不同变位时支护结构上的土压力

a)上端固定,下端向外移动;b)上、下两端固定;c)平行外移;d)绕下端向外倾斜;e)完全不移动;f)向内倾斜;g)悬臂式(下端固定);h)单道顶撑(下端固定);i)单道顶撑(下端插入深度较浅);j)多支点支撑

对于一般黏性土,实测主动土压力往往小于按朗金理论计算的结果。如图 6-14 所示某工程实测土压力与朗金理论计算结果的对比情况。可见,非挖土侧的主动土压力的合力值小于按朗金理论计算,并且前者的合力作用点也下移;被动区的上半段的土压力略大于按朗金理论的计算值,下半段的土压力则明显小于按朗金理论计算的结果。

3. 具有支撑的支护结构上的土压力

(1)单支点支护结构的土压力

单支点包括锚定板型单支点和锚杆型单支点。锚定板型单支点支护结构,其主动土压力由锚定板拉杆和入土部分的被动土压力共同承担。锚定板的拉杆和入土部分的被动土压力合力对支护结构构成两个支点。实测的主动土压力分布如图 6-15 中的实线所示,虚线表示按理论计算的土压力分布。由图可见,实线所构成的图形面积与虚线所构成的图形面积大致相等,只是分布不同,为简化起见仍可按三角形分布来计算。这样,总主动土压力的作用点比按朗金、库仑理论计算的作用点略向上移动,即锚定板型单支点支护结构的实际弯矩比按朗金、库仑理论的计算结果小一些,而锚定板拉杆的实际拉力则要大一些。

锚杆型单支点支护结构的主动土压力分布如图 6-15b)所示,锚杆以上部分(ab 段)的土压力基本与理论计算结果一致;而在锚杆以下部分(bd 段)的土压力分布则与锚定板型单支点支护结构相似。锚杆型单支点支护结构的实际弯矩与按朗金、库仑理论计算的弯矩值相比也是偏于安全的,而锚杆拉力则偏小。

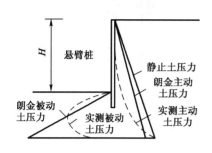

图 6-14 实测土压力与朗金理论计算对比

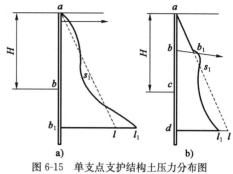

图 6-15 单支点支护结构土压力分布图
(实线为实测值,虚线为理论计算值)
a)锚定板型;b)锚杆型

(2)多支点柔性支护结构的土压力

对于开挖深度较大的基坑,常常需要设置多层锚杆或多层支撑。在一般的施工过程中,往往是开挖一定深度后,设置第一道锚杆或支撑;之后再开挖下一层,设置第二道锚杆或支撑,以此类推。在这些锚杆或支撑设置以前,挡土结构已经产生了一定量的位移,而要用锚杆或支撑使已经移位(变形)的挡土结构恢复到原来的位置,则需要很大的锚固力或支撑力,这样将引起土压力的增加。因此,土压力的大小受设计采用的每道锚杆的锚固力或支撑力以及挡土结构的实际变形大小影响。由此可见,多支点柔性挡土支护结构的土压力的计算是十分复杂和困难的,目前采用经验方法。

①太沙基(Terzaghi)和皮克(Peck)模式:

太沙基和皮克在柏林地铁工程进行的开挖实测结果如图 6-16 所示。该工程基坑深 11.5m,坑壁为细砂土,设置 4 道支撑。

美国西雅图的哥伦比亚大厦深基坑工程,深 34m,上半部分为黏性土,下半部分为砂、砾石、冰碛黏土及粉土与黏土互层。挡土桩为 2 根 36m 宽翼钢梁组合结构型钢板,间距 4m,桩间用钢筋混凝土挡板,支护结构为 20~30 层锚杆,锚杆直径为 310mm。该工程 E-10 号挡土压力实测值如图 6-17 所示。

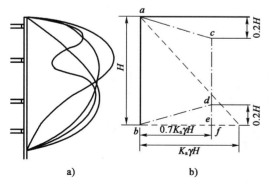

图 6-16 柏林地铁开挖实测及设计土压力图形
a)基坑实测土压力包络图;b)假定为梯形的土压力分布图

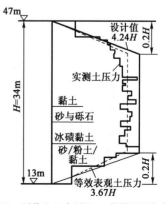

图 6-17 哥伦比亚大厦 E-10 号挡土压力实测图

太沙基和皮克根据理论计算及大量的工程实践于 1967 年提出了建议的土压力分布图,如图 6-18 所示。

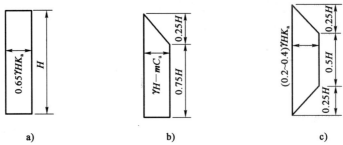

图 6-18 太沙基和皮克建议的土压力分布
（m 为修正系数,一般情况取 1,当基底下位软土时取 0.4）
a)砂土;b)软-中等黏土;c)硬-裂隙黏土

②崔勃泰里奥夫(Tschebotarioff)模式：

崔勃泰里奥夫于 1973 年提出如图 6-19 所示的土压力模式（适用于开挖深度 $H>16\text{m}$ 的基坑工程）。

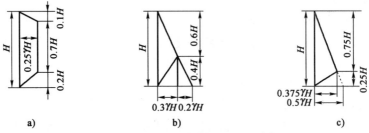

图 6-19 崔勃泰里奥夫建议的土压力分布
a)砂土;b)硬黏土中的临时支撑;c)中等黏土中的永久支撑

③日本铃木音彦模式：

日本的铃木音彦提出了如图 6-20 所示的土压力分布模式。

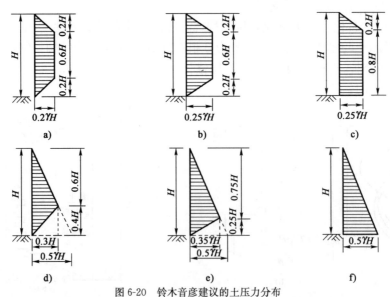

图 6-20 铃木音彦建议的土压力分布
a)密实砂土;b)中密砂土;c)松散砂土;d)坚硬黏土;e)中密黏土;f)软黏土

值得说明的是,图 6-18～图 6-20 建议的土压力分布模式并非表示某一工况的分布,而是实测资料中最大土压力的包络线图。按这些土压力分布模式,对于多支点支护结构的支撑或锚杆设计是偏于安全的。试图用一个对各类支护结构、各类土体都适用的统一的土压力分布图是不现实的,对不同刚度、不同变形条件和不同土类的支护结构应采用各自相应的土压力分布模式。

二、水平荷载与抗力计算

20 世纪 80 年代,随着建筑业的发展,深基坑开挖与支护所暴露的问题逐渐突出,由此导致的工程事故频发。在此时期,各地方在设计深基坑时无统一设计依据。《建筑基坑支护技术规范》(JGJ 120—99)作为强制性行业标准,于 1999 年编制完成并执行。下面介绍该规范中作用于支护结构上的水平荷载及抗力的计算方法。

1. 水平荷载标准值

支护结构水平荷载标准值 p_{ajk} 可按下列规定计算(图 6-21)。

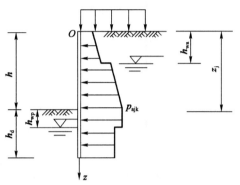

图 6-21 水平荷载标准值计算简图

(1)碎石土和砂土

当计算点(J 点)位于地下水位以上时:

$$p_{ajk} = \sigma_{ajk} K_{ai} - 2c_{ik}\sqrt{K_{ai}} \tag{6-1}$$

当计算点(J 点)位于地下水位以下时,需加上水压力,但在基坑开挖面以下,水平荷载标准值保持不变,即:

$$p_{ajk} = \sigma_{ajk} K_{ai} - 2c_{ik}\sqrt{K_{ai}} + [(z_j - h_{wa}) - (m_j - h_{wa})\eta_{wa} K_{ai}]\gamma_w \tag{6-2}$$

式中:σ_{ajk}——作用于深度 z_j 处的竖向应力标准值,可按式(6-4)计算;

K_{ai}——第 i 层土的主动土压力系数,$K_{ai} = \tan^2\left(45° - \dfrac{\varphi_{ik}}{2}\right)$,$\varphi_{ik}$ 为三轴试验确定的第 i 层固结不排水剪内摩擦角标准值;

c_{ik}——三轴试验确定的第 i 层固结不排水剪黏聚力的标准值;

z_j——计算点深度;

m_j——计算参数,当 $z_j < h$ 时取 z_j,当 $z_j \geq h$ 时取 h;

h_{wa}——基坑外侧水位深度;

η_{wa}——计算系数,当 $h_{wa} \leq h$ 时取 1,当 $h_{wa} > h$ 时取 0;

γ_w——水的重度。

(2)粉土及黏性土

$$p_{ajk} = \sigma_{ajk} K_{ai} - 2c_{ik}\sqrt{K_{ai}} \tag{6-3}$$

按以上规定计算的基坑开挖面以上水平荷载标准值小于 0 时,应取 0。

基坑外侧竖向应力标准值 σ_{ajk} 为:

$$\sigma_{ajk} = \sigma_{rk} + \sigma_{0k} + \sigma_{1k} \tag{6-4}$$

式中:σ_{rk}——计算点深度 z_j 处的自重竖向应力,当计算点位于基坑开挖面以上时,$\sigma_{rk} = \gamma_{mj} z_j$,$\gamma_{mj}$ 为深度 z_j 以上土的加权平均天然重度;当计算点位于基坑开挖面以下时,$\sigma_{rk} =$

$\gamma_{mh}h$,γ_{mh}为开挖面以上土的加权平均天然重度；

σ_{0k}——当支护结构外侧地面作用满布附加荷载q_0时(图 6-22)，基坑外侧任意深度附加竖向应力标准值，$\sigma_{0k}=q_0$；

σ_{1k}——当距支护结构b_1外侧，地表作用有宽度为b_0的条形附加荷载q_1时(图 6-23)，基坑外侧深度 CD 范围内的附加竖向应力标准值，$\sigma_{1k}=q_1\dfrac{b_0}{b_0+2b_1}$。

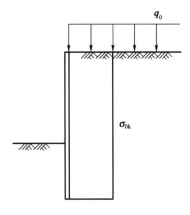

图 6-22 地面均布荷载时基坑外侧附加竖向应力计算简图　　图 6-23 局部荷载作用时基坑外侧附加竖向应力计算简图

2. 水平抗力标准值

基坑内侧水平荷载标准值可按下列规定计算(图 6-24)。

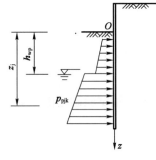

(1)砂土及碎石土

$$p_{pjk}=\sigma_{pjk}K_{pi}+2c_{ik}\sqrt{K_{pi}}+(z_j-h_{wp})(1-K_{pi})\gamma_w \quad (6-5)$$

式中：σ_{pjk}——作用于基坑地面以下深度z_j处的竖向应力标准值，$\sigma_{pjk}=\gamma_{mj}z_j$；

K_{pi}——第 i 层土的被动土压力系数，$K_{pi}=\tan^2\left(45°+\dfrac{\varphi_{ik}}{2}\right)$；

c_{ik}——三轴试验确定的第 i 层固结不排水剪黏聚力的标准值。

图 6-24 水平抗力标准值计算图

(2)粉土及黏性土

$$p_{pjk}=\sigma_{pjk}K_{pi}+2c_{ik}\sqrt{K_{pi}} \quad (6-6)$$

3. 地下水对水平荷载的影响

当地下水位较高时，支护结构除了受土压力作用外，还受水压力的作用。总压力的考虑方法有两种，即"水土合算"和"水土分算"。《建筑基坑支护技术规范》(JGJ 120—99)采用了简便的方法考虑了这一问题，即对粗颗粒土采用"分算"，而对于细颗粒土采用了"合算"的方法。

分算原则适用于土孔隙中存在自由的重力水或土的渗透性较好的情况，适用于砂土、粉土等粗颗粒土。分算时，水位以下的土压力宜采用有效重度和有效应力指标。合算原则适用于黏性大的黏性土层，土中仅存在结合水，结合水不能传递水压力，地下水对土粒不易形成浮力。合算时，水位以下的土压力采用饱和重度的总应力指标。

值得说明的是，水压力实质上是孔隙水压力，而非静水压力。实测资料表明，孔隙水压力比静水压力要小，但从偏于安全的角度考虑，仍用静水压力计算。

第三节 水泥土墙支护结构设计

一、设计内容

1. 墙体的宽度和深度

墙体宽度和深度的确定与基坑开挖深度、范围、地质条件、周围环境、地面荷载以及基坑等级等有关。初步设计时可按地区经验确定,如上海地区一般墙宽可取为开挖深度的0.6~0.8,坑底以下插入深度可取为开挖深度的0.8~1.2倍。

初步确定墙体宽度和深度后,要进行整体圆弧滑动、抗滑、抗倾覆、抗渗验算以及墙体结构强度(正截面承载力)验算,以验证支护结构是否满足要求。

2. 宽度方向的布桩形式

最简单的布置形式就是不留空档,打成实体,但较浪费;为节约工程量,常做成格栅式。水泥土墙采用格栅布置时,水泥土的置换率对于淤泥不宜小于0.8,淤泥质土不宜小于0.7,一般黏性土及砂土不宜小于0.6;格栅长宽比不宜大于2。

3. 墙体强度

水泥土围护墙体的强度取决于水泥掺和量和龄期。水泥掺和量是指每立方加固体所拌和的水泥质量,常用掺和量为200~250kg/m³,一般采用32.5普通硅酸盐水泥。水泥土围护墙体的设计强度一般要求龄期一个月的无侧限抗压强度不小于0.8MPa。为改善水泥土加固体的性能和提高早期强度,可掺入外掺剂(如早强剂、减水剂)。

4. 其他加强措施

(1) 墙顶现浇混凝土路面:厚度不小于150mm,内配双向钢筋网片,不但便于施工现场运输,也有利于加强墙体整体性,防止雨水从墙顶渗入挡墙格栅而损坏墙体。

(2) 墙身插毛竹或钢筋:插毛竹时,毛竹的小头直径不宜小于5cm,长度不宜小于开挖深度。插毛竹能减少墙体位移,增强墙体整体性。插钢筋时,钢筋长度一般为1~2m,由于钢筋与水泥土接触面积小,所能提供的握裹力有限,但施工方便。

(3) 坑底加固:有的场地基坑边与建筑红线之间距离有限,不能满足正常的搅拌桩宽度的要求。这时可考虑减小坑底以上搅拌桩宽度,加宽坑底以下搅拌桩宽度。因为这部分搅拌桩可设置于底板以下,从而增强了稳定性,同时也能提高被动区抗力。

二、土压力计算

作用于水泥土墙上的侧压力可按朗金理论计算,即假设墙面竖直光滑,墙后土面水平,土体处于极限平衡状态。地下水位以下的土体侧压力有两个计算原则,即水土合算和水土分算。

1. 水土分算

水土分算时,分别计算土压力和水压力,两者之和即为总的侧压力。这一原则适用于渗透性较好的土层,如砂土、粉土和粉质黏土。

按水土分算原则计算土压力时,需采用有效重度。从理论上讲采用有效抗剪强度指标c'、φ'指标是正确的,但当前工程地质勘察报告中极少提供有效抗剪强度指标,在一些工程实践中,常近似地采用三轴固结不排水或直剪固结快剪试验峰值指标来计算土压力。

计算水压力时应按围护墙体的隔水条件和土层的渗流条件,先对地下水的渗流条件做出判断，区分地下水是处于静止无渗流状态还是地下水发生绕防渗帷幕底的稳定渗流状态，不同的状态应采用不同的水压力分布模式。

2.水土合算

水土合算适用于不透水的黏土层，并采用天然重度。

水土分算得到的墙上作用力比水土合算的大，因此设计的墙体结构费用高；而有些土层一时难以确定其透水性时，则需从安全使用和投资费用两方面做出判断。

对于地基土成层、墙后有无穷分布或局部荷载以及墙后土面倾斜等情况下的土压力计算，可参阅有关文献，此处不再赘述。

三、稳定性验算、强度验算和位移估算

初步确定了墙体的宽度、深度、平面布置之后，应进行下列计算，以验算设计是否满足变形、强度及稳定等要求。

水泥土墙的验算主要有以下一些内容：

(1)抗倾覆验算；

(2)抗滑验算；

(3)整体圆弧滑动稳定验算；

(4)抗渗稳定验算；

(5)墙体结构强度验算；

(6)墙顶水平位移估算。

水泥土桩是一种具有一定刚性的脆性材料。它的抗压强度比抗拉强度大得多，受力性能类似于刚性挡土结构，其变形规律又介于刚性挡土墙和柔性支挡结构之间。为了确保水泥土桩墙支挡结构的安全稳定，可以沿用重力式挡土墙的方法验算其抗倾覆、抗滑移稳定性及整体稳定性，用类似计算柔性支挡结构变形的方法估算其位移和变形。计算简图如图 6-25 所示。

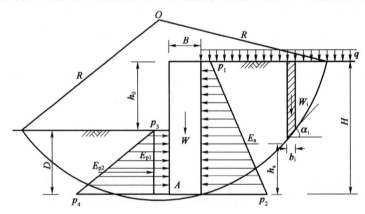

图 6-25 水泥土挡墙计算简图

1.抗倾覆验算

抗倾覆验算常以绕墙趾 A 点的转动来分析，计算式为：

$$K_q = \frac{E_p h_p + \frac{1}{2}BW}{E_a h_a} \tag{6-7}$$

式中：K_q——抗倾覆安全系数，一般要求不小于 1.2；

B、W——分别为围护墙的宽度、自重;

E_a、E_p——分别为主、被动土压力的合力;

h_a、h_p——分别为主、被动土压力合力作用线距离墙底的距离。

2. 抗滑验算

抗滑验算是指沿围护墙体底面的抗滑动验算,验算式为:

$$K_{HL} = \frac{W\tan\varphi_0 + c_0 B + E_p}{E_a} \qquad (6\text{-}8)$$

式中:K_{HL}——墙底抗滑安全系数,一般要求不小于1.2;

c_0、φ_0——分别为墙底土层的黏聚力、内摩擦角;

E_a、E_p——分别为主、被动区土压力的合力。

注意不宜采用式(6-9)计算抗滑安全系数。

$$K_{HL} = \frac{W\tan\varphi_0 + c_0 B}{E_a - E_p} \qquad (6\text{-}9)$$

这是因为当搅拌桩插入深度较大时,E_p常接近于E_a,计算得到的安全系数偏大,不安全。

3. 整体圆弧滑动稳定验算

水泥土挡墙常用于软土地基。其整体稳定验算是一项重要内容,可采用瑞典条分法,按圆弧滑动面考虑;土体抗剪强度可采用总应力法计算。

$$K_z = \frac{\sum_{i=1}^{n} c_i l_i + \sum_{i=1}^{n}(q_i b_i + W_i)\cos\alpha_i \cdot \tan\varphi_i}{\sum_{i=1}^{n}(q_i b_i + W_i)\sin\alpha_i} \qquad (6\text{-}10)$$

式中:K_z——圆弧滑动稳定安全系数,应根据经验确定,无经验时可取1.3;

c_i、φ_i——分别为第i土条圆弧面经过的土的黏聚力和内摩擦角;

α_i——第i土条滑弧中点的切线和水平线的夹角;

l_i——第i土条沿圆弧面的弧长,$l_i = \dfrac{b_i}{\cos\alpha_i}$;

q_i——第i土条处的地面荷载;

b_i——第i土条宽度;

W_i——第i土条重力。当不计渗流力时,坑底地下水位以上取天然重度,坑底地下水位以下取浮重度;当计入渗流力时,可采用等代重度法考虑渗流力的作用,即坑底地下水位至墙后地下水位范围内的土体重度在计算分母的W_i时取饱和重度,在计算分子的W_i时取浮重度。

一般最危险滑动面取在墙底以下0.5～1.0m,滑动圆心位置一般在墙上方,靠近基坑内侧。按式(6-10)通过试算找出安全系数最小的最危险滑动面,相应的安全系数即为整体圆弧滑动稳定安全系数。

验算切墙滑弧安全系数时,可取墙体强度指标$\varphi=0$,$c=(1/15\sim1/10)q_u$;当水泥土无侧限抗压强度$q_u>1$MPa时,可不计算切墙滑弧安全系数。

上述计算可通过编制程序来实现。

4. 抗渗稳定验算

由于基坑开挖时要求坑内无积水,坑内外将存在水头差。当坑底下为砂土时,需验算墙角渗流向上溢出处的渗流坡降,以防止出现流沙现象;当坑底为黏性土层而其下有砂土透水层时,也需进行渗流验算。

为便于计算,且又能满足工程要求,可采用以下方法进行抗渗稳定验算(图 6-26)。

$$K_s = \frac{i_c}{i} \tag{6-11}$$

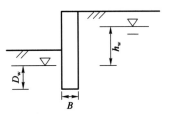

图 6-26 抗渗验算图式

式中:K_s——抗渗流稳定安全系数,一般不小于 $1.5 \sim 2.0$,坑底土透水性大时取大值;

i_c——坑底土的临界水力梯度,$i_c = (d_s - 1)/(1+e)$;

e、d_s——分别为坑底土的天然孔隙比、土粒相对密度;

i——坑底土的渗流水力梯度,$i = h_w/L$;

h_w——基坑内外土体的渗流水头,m,取坑内外地下水位差;

L——最短渗径流线总长度,m,如当防渗帷幕长度范围内各层土的渗透性相差不大时 $L = h_w + 2D_w + B$(式中物理量意义见图 6-26),但当此范围内有渗透性较大土层,如砂土、松散填土或多裂隙土,计算 L 时应扣除这些层厚度。

5. 墙体结构强度验算

(1) 压应力验算

$$1.25\gamma_0 \gamma_{cs} z + \frac{M}{W} \leqslant f_{cs} \tag{6-12}$$

式中:γ_0——基坑重要性系数;

γ_{cs}——水泥土墙平均重度;

z——墙顶至计算截面的深度;

M——单位长度水泥土墙截面弯矩设计值;

W——水泥土墙截面模量;

f_{cs}——水泥土开挖龄期抗压强度设计值。

(2) 拉应力验算

$$\frac{M}{W} - \gamma_{cs} z \leqslant 0.06 f_{cs} \tag{6-13}$$

6. 墙顶水平位移估算

水泥土墙墙顶水平位移计算是比较复杂的问题,实用上一般将桩墙在基坑开挖面处分为上下两段。如图 6-27 所示开挖面以上的墙身视为柔性结构,按悬臂梁计算其弹性挠曲变形 δ_e;开挖面以下的结构则视为完全埋置桩,桩头(开挖面处)作用有水平力 H_0 及力矩 M_0,计算桩头水平位移 y_0 及转角 θ_0 时,可将墙身视为刚性桩,计算原理见第五章沉井计算。墙顶总水平位移 δ 为:

$$\delta = \delta_e + y_0 + \theta_0 h \tag{6-14}$$

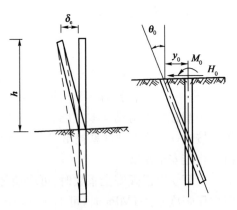

图 6-27 墙顶位移计算

式中:δ——墙顶水平位移;

δ_e——开挖面以上悬臂段的弹性变形;

y_0——开挖面处墙身水平位移;

θ_0——开挖面处墙身转角；

h——开挖面以上墙身高度。

另外，实践中还可采用规范建议的经验公式估算墙顶的水平位移量。如《上海市基坑工程技术规范》(DG/T J08-61—2010)建议，当水泥土围护结构符合 $D=(0.8\sim1.2)h_0$，$B=(0.8\sim1.0)h_0$ 时，墙顶的水平位移量可按下式估算：

$$\delta_{OH} = \frac{0.18\zeta \cdot K_a \cdot L \cdot h_0^2}{D \cdot B} \tag{6-15}$$

式中：δ_{OH}——墙顶估算水平位移，cm；

L——开挖基坑的最大边长，m；

ζ——施工质量影响系数，取 $0.8\sim1.5$。

第四节 排桩、地下连续墙支护结构设计

排桩或地下连续墙式支护结构属柔性支挡结构。下面将从构成排桩或地下连续墙式支护结构的围护桩墙、内支撑结构两方面介绍这种支护结构的设计计算原理。

排桩或地下连续墙支护结构的围护桩(墙)计算内容包括稳定性验算和内力变形计算。

一、围护桩(墙)的稳定性验算

稳定性验算的内容有整体稳定性验算、坑底抗隆起稳定验算、抗渗验算、坑底土抗承压水验算。

1. 整体稳定性验算

采用圆弧滑动简单条分法。

2. 坑底抗隆起稳定验算

以围护桩墙底的平面作为地基极限承载力验算的基准面，参照普朗特尔和太沙基计算地基极限承载力的公式，滑移线形状如图6-28所示。该法未考虑墙底以上土体的抗剪强度对抗隆起的影响，也未考虑滑动土体体积力对抗隆起的影响。计算公式为：

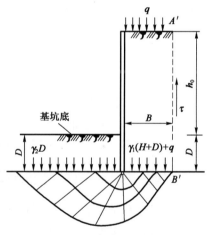

图 6-28 坑底抗隆起稳定验算

$$K_{wz} = \frac{\gamma_2 D N_q + c N_c}{\gamma_1 (h_0 + D) + q} \tag{6-16}$$

式中：K_{wz}——抗隆起稳定安全系数，一般要求不小于 $1.7\sim2.5$；

γ_1——坑外地表至围护墙底范围内，各土层重度的厚度加权平均值，kN/m^3；

γ_2——坑内开挖面至围护墙底范围内，各土层重度的厚度加权平均值，kN/m^3；

h_0——基坑开挖深度，m；

D——围护墙在基坑开挖面以下的插入深度，m；

q——坑外地面超载；

N_q、N_c——地基土的承载力系数，表达式如下。

普朗特尔—雷斯诺公式：

$$\left.\begin{array}{l} N_q = e^{\pi \cdot \tan\varphi} \tan^2(45 + \varphi/2) \\ N_c = (N_q - 1)/\tan\varphi \end{array}\right\} \tag{6-17}$$

太沙基公式：

$$N_q = \frac{1}{2}\left[\frac{e^{(\frac{3}{4}\pi - \frac{\varphi}{2})\tan\varphi}}{\cos\left(\frac{\pi}{4}+\frac{\varphi}{2}\right)}\right]^2 \\ N_c = \frac{(N_q-1)}{\tan\varphi}\right\} \quad (6\text{-}18)$$

式中：φ——围护墙底以下滑移线场影响范围内地基土、内摩擦角。

式(6-16)中的分子部分没有考虑太沙基极限承载力公式中的 $\gamma B N_r/2$，这是由于宽度 B 的确定十分困难，不考虑这部分时公式比较简单，而且偏于安全。

3. 抗渗验算

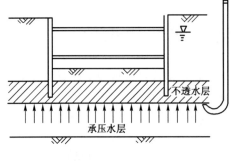

图 6-29 抗承压水验算图式

当围护墙体外设防渗帷幕时，抗渗验算应计算至防渗帷幕底；当采用围护墙自防水时，抗渗验算应计算至围护墙底。

为便于计算，且又能满足工程要求，可采用水泥土墙抗渗稳定验算表达式(6-11)进行相同的验算。

4. 坑底土抗承压水稳定性验算

基坑开挖面以下有承压水层时，应按式(6-19)验算坑底土抗承压水稳定性，见图 6-29。验算公式中未考虑上覆土层与围护桩墙之间的摩擦力影响。

$$K_y = \frac{p_{cz}}{p_{wy}} \quad (6\text{-}19)$$

式中：K_y——坑底土抗承压水头稳定安全系数，一般不小于 1.05；

p_{cz}——基坑开挖面以下至承压水层顶板间覆盖土的总自重压力，kPa；

p_{wy}——承压水层的水头压力，kPa。

二、围护桩(墙)的内力变形计算

围护桩(墙)结构的内力变形可按平面问题来简化计算，排桩计算宽度可取排桩的中心距，地下连续墙计算宽度可取单位宽度。目前，在工程实践中内力变形计算应用较多的是极限平衡法[图 6-30a)]和弹性支点法[图 6-30b)]。

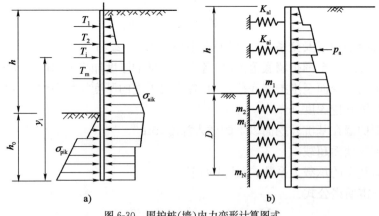

图 6-30 围护桩(墙)内力变形计算图式
a)极限平衡法；b)弹性支点法

1. 极限平衡法

极限平衡法一般假定作用于围护桩(墙)前后的土压力达到被动土压力和主动土压力,在此基础上进行力学简化,将超静定问题作为静定问题求解。属于这种类型方法包括静力平衡法、等值梁法、太沙基塑性铰法、等弯矩法和等轴力法等。

极限平衡法有下面三个基本假定:①主动土压力和被动土压力均为与支挡结构变形无关的已知值,用朗金或库仑理论计算;②支挡结构刚度为无限大,且不考虑支撑(或拉锚)的压缩或拉伸变形;③支挡结构的横向抗力按极限平衡条件求得。

(1)悬臂式支挡结构的设计计算

悬臂式支挡结构主要依靠嵌入坑底内的深度平衡上部地面超载、主动土压力及水压力所形成的侧压力。因此,对于悬臂式支挡结构,嵌入深度至关重要。同时需计算支挡结构所承受的最大弯矩,以便进行支挡结构的断面设计和构造。

如图6-31a)所示,无黏性土中嵌入基坑底面的支挡结构在主动土压力 E_a 推动下,支挡结构下部土体中产生一种阻力,其大小等于土压力与主动土压力之差,可按土的深度成线性增加的主动土压力强度 p_a 和被动土压力强度 p_p 计算。

布鲁姆(Blum)建议如图6-31a)所示的土压力分布模式可简化为图6-31b)所示计算模式,即原来出现在图6-31a)中另一面的阻力以一个单力 R_i 代替,且需满足平衡条件: $\sum M_c = 0$, $\sum H = 0$ 。由于土体阻力是逐渐向下增加的,用 $\sum M_c = 0$ 计算出的深度 x 较小,因此,布鲁姆建议嵌入深度 $h_i = 1.2x + \mu$ 。

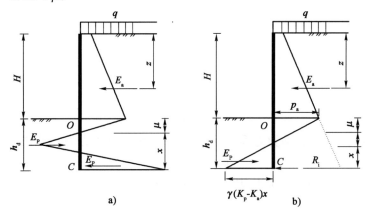

图6-31 悬臂式支挡结构计算模式
a)简化前的土压力分布;b)简化后的土压力分布

开挖侧土压力的合力 E_p 为:

$$E_p = \gamma(K_p - K_a)x \cdot \frac{x}{2} \tag{6-20}$$

对 C 点取矩,并令 $\sum M_c = 0$,则:

$$E_a(H + \mu + x - z) - E_p \cdot \frac{x}{3} = 0 \tag{6-21}$$

由式(6-20)、式(6-21)得:

$$x^3 - \frac{6E_a}{\gamma(K_p - K_a)}x - \frac{6E_a(H + \mu - z)}{\gamma(K_p - K_a)} = 0 \tag{6-22}$$

μ 为土压力零点距坑底的距离,由图6-31b)可得:

$$\mu = \frac{p_a}{\gamma(K_p - K_a)} \tag{6-23}$$

式中：γ——为基坑底土层重度加权平均值，kN/m^3。

解三次方程式(6-22)可得 x，则嵌入深度 $h_i=1.2x+\mu$。

图 6-31b)的最大弯矩应在剪力为零处。设在 O 点下 x_m 处剪力为 0（主动土压力等于被动土压力），则由图可得：

$$E_a - \gamma(K_p - K_a)x_m \cdot \frac{x_m}{2} = 0$$

即：

$$x_m = \sqrt{\frac{2E_a}{\gamma(K_p - K_a)}} \tag{6-24}$$

最大弯矩为：

$$M_{max} = E_a(H + \mu + x_m - z) - \frac{\gamma(K_p - K_a)}{6}x_m^3 \tag{6-25}$$

(2) 单支点支挡结构顶部支撑（或拉锚）计算

如图 6-32 所示，假定 A 点为铰接，支挡结构和 A 点不发生移动。

对 A 点取矩，并令 $\sum M_a = 0$，则：

$$E_a z_a - E_p \cdot (H + z_p) = 0 \tag{6-26}$$

式中：E_a——深度 $(H+h_d)$ 内的主动土压力的合力，kN/m；

E_p——深度 h_d 内的主动土压力的合力，kN/m。

由式(6-26)可解得支挡结构嵌入深度 h_d，如果土质较差，施工时尚应乘以 1.1～1.2。

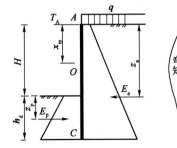

图 6-32 支挡结构顶部支点计算简图

对 C 点取矩，并令 $\sum M_c = 0$，则：

$$T_A(H + h_d) + E_p(h_d - z_p) - E_a(H + h_d - z_a) = 0 \tag{6-27}$$

即支撑（或拉锚）力：

$$T_A = \frac{E_a(H + h_d - z_a) - E_p(h_d - z_p)}{H + h_d} \tag{6-28}$$

图 6-32 的最大弯矩应在剪力为零处，设在地面以下 x_m 处剪力为 0，则由图可得：

$$E_{ma} - T_A = 0 \tag{6-29}$$

式中：E_{ma}——深度 x_m 内的主动土压力的合力，kN/m。

由式(6-29)可求得 x_m。

最大弯矩为：

$$M_{max} = T_A x_m - E_{ma} z_{ma} \tag{6-30}$$

式中：z_{ma}——E_{ma} 作用位置距地面的距离，m。

【例 6-1】 某工程开挖深度 8m，坑顶均布荷载为 20kPa，采用支挡结构顶部拉锚。土层情况：深度 0～3m 为填土，$\gamma_1 = 17kN/m^3$，$c_1 = 10kPa$，$\varphi_1 = 20°$；深度 3～10m 为粉质黏土，$\gamma_2 = 18kN/m^3$，$c_2 = 15kPa$，$\varphi_2 = 20°$。试求支挡结构的嵌入深度、拉锚力及最大弯矩。

【解】

① 土压力系数和土压力。

按朗金土压力理论计算：

$$K_{a1} = K_{a2} = \tan^2(45° - \frac{\varphi_1}{2}) = 0.49$$

$$K_{p2} = \tan^2(45° + \frac{\varphi_2}{2}) = 2.04$$

支挡结构深度范围内的主动土压力强度和主动土压力分别如下。
第一层土：
$$p_{a10} = qK_{a1} - 2c_1\sqrt{K_{a1}} = 20 \times 0.49 - 2 \times 10 \times \sqrt{0.49} = -4.2\text{kPa}$$
$$p_{a11} = (q+\gamma_1 h_1)K_{a1} - 2c_1\sqrt{K_{a1}} = (20+17\times 3)\times 0.49 - 2\times 10 \times \sqrt{0.49} = 20.79\text{kPa}$$
土压力强度为零点的位置：
$$z_0 = \frac{2c_1 - q\sqrt{K_{a1}}}{\gamma_1\sqrt{K_{a1}}} = \frac{2\times 10 - 20\times\sqrt{0.49}}{17\times\sqrt{0.49}} = 0.5\text{m}$$
$$E_{a1} = \frac{1}{2}p_{a11}(h_1 - z_0) = \frac{1}{2}\times 20.79 \times (3-0.5) = 25.99\text{kN/m}$$
土压力作用位置（距地表的距离）：
$$z_{a1} = h_1 - \frac{1}{3}(h_1 - z_0) = 3 - \frac{1}{3}\times(3-0.5) = 2.17\text{m}$$
第二层土：
$$p_{a20} = (q+\gamma_1 h_1)K_{a2} - 2c_2\sqrt{K_{a2}}$$
$$= (20+17\times 3)\times 0.49 - 2\times 15\times \sqrt{0.49}$$
$$= 13.79\text{kPa}$$
$$p_{a21} = [q+\gamma_1 h_1 + \gamma_2(H+h_d - h_1)]K_{a2} - 2c_2\sqrt{K_{a2}}$$
$$= [20+17\times 3 + 18\times (8+h_d - 3)]\times 0.49 - 2\times 15\times \sqrt{0.49}$$
$$= 57.89 + 8.82 h_d \text{kPa}$$
土压力作用位置（距地表的距离）：
$$z_{a1} = H + h_d - \frac{2p_{a20} + p_{a21}}{3(p_{a20} + p_{a21})}(H+h_d - h_i)$$
$$= 8 + h_d - \frac{2\times 13.79 + 57.89 + 8.82 h_d}{215.04 + 26.46 h_d}(8+h_d - 3)$$
$$= 8 + h_d - \frac{85.47 + 8.82 h_d}{215.04 + 26.46 h_d}(5+h_d)\text{m}$$

②嵌入深度。
对支挡结构顶端取矩，并令$\sum M = 0$，则：
$$E_{a1}z_{a1} + E_{a2}z_{a2} - E_p z_{a1} = 0$$
解得：
$$h_d = 3.7\text{m}$$

③支撑（或拉锚）力。
对支挡结构底端取矩，并令$\sum M = 0$，则：
$$E_{a1}(H+h_d - h_i + z_{a1}) + E_{a2}(H+h_d - z_{a2}) - E_p(H+h_d - z_p) - T_A(H+h_d) = 0$$
$$T_A = \frac{E_{a1}(H+h_d - h_i + z_{a1}) + E_{a2}(H+h_d - z_{a2}) - E_p(H+h_d - z_p)}{(H+h_d)}$$
$$= 96.6\text{kN/m}$$

④最大弯矩。
最大弯矩应在剪力为零处，设在地面以下x_m处剪力为0，则可得：
$$p_{a21m} = [q+\gamma_1 h_1 + \gamma_2(x_m - h_1)]K_{a2} - 2c_2\sqrt{K_{a2}}$$

$$= [20+17\times 3+18\times (x_m-3)]\times 0.49-2\times 15\times \sqrt{0.49}$$
$$= 8.82x_m - 12.67 \text{kPa}$$
$$E_{a21m} = \frac{1}{2}(p_{a21}+p_{a21m})(x_m-h_i)$$
$$= \frac{1}{2}(13.79+8.82x_m-12.67)(x_m-3)$$
$$= -1.68-12.67x_m+4.41x_m^2 \text{kN/m}$$
$$E_{a1}+E_{a21m}-T_A = 0$$

解得：
$$x_m = 5.8\text{m}$$
$$p_{a21m} = 8.82\times 5.8-12.67 = 38.5\text{kPa}$$
$$E_{a21m} = -1.68-12.67\times 5.8+4.41\times 5.8^2 = 73.2\text{kN/m}$$
$$z_{a21m} = x_m - \frac{2p_{a20}+p_{a21m}}{3(p_{a20}+p_{a21m})}(x_m-h_i)$$
$$= 5.8-\frac{2\times 13.79+38.5}{3\times (13.79+38.5)}\times (5.8-3) = 4.7\text{m}$$

最大弯矩为：
$$M_{max} = T_A x_m - E_{a1}(x_m-z_{a1}) - E_{a2m}(x_m-z_{a2m})$$
$$= 96.6\times 5.8-25.99\times (5.8-2.17)-73.2\times (5.8-4.7)$$
$$= 385.4 \text{kN}\cdot\text{m/m}$$

(3)支挡结构任意位置的单支撑(或拉锚)计算

支挡结构任意位置的单支撑(或拉锚)计算分两种情况进行,即支挡结构嵌入深度较浅和支挡结构嵌入深度较深两种情况。

1)支挡结构嵌入深度较浅

如图6-33所示,支挡结构只有一个方向的弯矩,假定A为铰接,支挡结构和A点不发生移动。

①支挡结构嵌入深度。

对A点取矩,并令$\sum M_A = 0$,则：

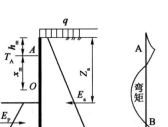

图6-33 支挡结构任意位置单支点计算简图

$$E_a(z_a-h_m) - E_p\cdot (H-h_m+z_p) = 0 \quad (6-31)$$

由式(6-29)可解得支挡结构插入深度h_d。

②支护结构的最大弯矩。

图6-33的最大弯矩应在剪力为零处,设在A点以下x_m处剪力为0,则由图可得：
$$E_{ma} - T_A = 0 \quad (6-32)$$

由式(6-32)可求得x_m。

最大弯矩为：
$$M_{max} = T_A x_m - E_{ma}(x_m+h_m-z_{am}) \quad (6-33)$$

2)支挡结构嵌入深度较深

如图6-33所示,支挡结构底部出现反弯矩,下部位移较小,可将支挡结构底端作为固定端,而支点A铰接,采用等值梁法(亦称假想支点法)进行计算。图中B点为零弯矩点,则为假想支点,AB为等值简支梁,通过简支梁分析求A、B支点的弯矩和支点反力,A点支反力T_A则为支撑(或拉锚)力。B点以下通过被动土压力和B点支反力P_b的平衡条件,确定支挡结构所需嵌入深度。由于零弯矩点 B 与土压力强度零点很接近,所以,工程中一般将主动土压力强度与被动土压力强度零点看作零弯矩点 B。

① B 点位置。

根据主动土压力强度和被动土压力强度相等原则,得:

$$\gamma K_p y = K_a [\gamma(H+y)+q] + \gamma y K_a$$
$$= p_a + \gamma y K_a$$

则:

$$y = \frac{p_a}{\gamma(K_p - K_a)} \tag{6-34}$$

式中:p_a——基坑开挖面处的主动土压力强度,kPa;

y——零弯矩点距离开挖面的深度,m。

② 支反力。

对 B 点取矩,并令 $\sum M_B = 0$,则:

$$T_A(H-h_m+y) - E_a(H-z_m+y) = 0$$

$$T_A = \frac{E_a(H-z_m+y)}{H-h_m+y} \tag{6-35}$$

$$P_B = E_a - T_A \tag{6-36}$$

式中:E_a——深度($H+y$)范围内的主动土压力,kN/m;

z_m——E_a 作用点距离地表的深度,m。

③ 嵌入深度。

考察 BC 段,对 C 点取矩,并令 $\sum M_C = 0$,此时,B 点力与 P_B 大小相等,则:

$$E_p \cdot \frac{x}{3} - P_B x = 0$$

$$E_p = \frac{1}{2}\gamma(K_p - K_a) \cdot x \cdot x$$

$$x = \sqrt{\frac{6P_B}{\gamma(K_p - K_a)}} \tag{6-37}$$

嵌入深度 $t_0 = x + y$,如果土质较差,则需乘以 $1.1 \sim 1.2$,即 $h_d = (1.1 \sim 1.2)x$。

④ 最大弯矩。

考察 AB 简支梁,最大弯矩应在剪力为零处,设在 A 点以下 x_m 处剪力为 0,则由图可得:

$$E_{ma} - T_A = 0 \tag{6-38}$$

由上式可求得 x_m。

最大弯矩为:

$$M_{\max} = T_A x_m - E_{ma}(x_m + h_m - z_{am}) \tag{6-39}$$

对于多支撑板桩支挡结构也可按上述的等值梁法的原理进行简化计算。计算时,假定板桩在相邻两支撑之间为简支梁,然后根据分层挖土深度与每层支点设置的施工情况分层计算,并假定下层挖土不影响上层支点的计算水平力,由此即可计算板桩的弯矩和支撑作用力。

值得注意的是,极限平衡法在力学上的缺陷比较明显,不能考虑开挖及地下结构施工过程的不同工况对内力的影响,只是一种近似的计算方法,支撑层数越多、土层越软、墙体刚度越大,则计算结果与实际的差别越大。在使用极限平衡法时,需要结合工程经验对土压力和计算结果进行修正。同时,这种计算方法不考虑、也不能计算围护桩墙的变形。

2. 弹性支点法

图 6-34 是分析计算围护结构内力和变形的弹性支点法采用的计算简图,该法基本假定

如下。

(1)墙后的荷载既可直接按朗金主动土压力理论计算[即三角形分布土压力模式,见图 6-34a)],也可按矩形分布的经验土压力模式计算[图 6-34b)],即开挖面以上土压力仍按朗金主动土压力公式计算,但在开挖面以下假定为矩形分布。这种经验土压力模式在我国基坑支护结构设计中被广泛采用。

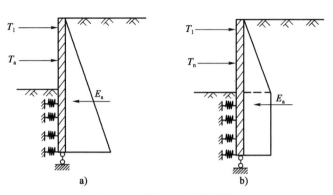

图 6-34 弹性支点法计算简图
a)三角形土压力模式;b)矩形土压力模式

(2)基坑开挖面以下围护结构受到的土体抗力用弹簧模拟,通常按"m"法来考虑。m 的取值可参见表 6-6。

地基土水平抗力比例系数 m 值 表 6-6

地 基 土 分 类		m（kN/m⁴）
流塑的黏性土		1 000～2 000
软塑的黏性土、松散的粉砂性土和砂土		2 000～4 000
可塑的黏性土、稍密～中密的粉性土和砂土		4 000～6 000
坚硬的黏性土、密实的粉性土、砂土		6 000～10 000
水泥土搅拌桩加固,置换率>25%	水泥掺量<8%	2 000～4 000
	水泥掺量>12%	4 000～6 000

$$\sigma_x = ky = mzy \tag{6-40}$$

式中:k——地基土的水平基床系数,kN/m³;

　　y——土体的水平变形,m。

(3)支撑点(或锚定点)按刚度系数为 K_s 的弹簧进行模拟。

以"m"法为例,基坑开挖面以下围护结构的基本挠曲方程为:

$$EI \frac{\mathrm{d}^4 y}{\mathrm{d}z^4} + m \cdot z \cdot b \cdot y - p_a \cdot b_a = 0 \tag{6-41}$$

式中:EI——围护结构的抗弯刚度,kN·m²;

　　y——围护结构的水平挠曲变形,m;

　　z——竖向坐标,m;

　　b——围护结构宽度,m;

　　p_a——主动侧土压力强度,kPa;

　　m——地基土的水平抗力系数 k 的比例系数,kN/m⁴;

b_a——主动侧荷载宽度,m,排桩取桩间距,地下连续墙取单位宽度。

求解式(6-41)即可得到围护结构的内力和变形。通常可用杆系有限元法求解式(6-41)。首先将围护结构进行离散化,围护结构采用梁单元,支撑或锚杆用弹性支撑单元,外荷载为围护结构后侧的主动土压力和水压力,视具体情况采用水土分算或水土合算模式;但需注意的是,水土分算和水土合算应采用的土体抗剪强度指标不同。

土的水平抗力比例系数在没有经验时,如表6-6所列数值可供参考。

弹性支点法能根据开挖及地下结构施工过程的不同工况进行内力与变形计算。

三、内支撑系统的计算

作用于内支撑上的荷载主要由以下几部分构成:水平荷载主要包括围护墙体将坑外水土压力沿腰梁作用于支撑系统上的分布力,对于钢支撑还有给主撑施加的预加轴力以及温度变化等引起的水平荷载;垂直荷载主要包括支撑自重以及支撑顶面的施工活荷载。

1. 水平支撑结构的计算

对于水平支撑结构的内力和变形的计算,目前采用的计算方法主要有多跨连续梁法和平面框架法。

(1) 多跨连续梁法

当基坑平面形状较为规则,采用的围护支撑体系传力明确时,支撑结构的内力可按如下简化方法计算。腰梁的内力近似按多跨连续梁计算,计算跨度取相邻支撑点的中心距;斜支撑、水平支撑近似按两端铰接的轴向力构件计算,其轴向力的大小近似等于挡土结构沿腰梁长度方向分布的水平反力在支撑长度方向上的投影乘以支撑中心距。这种简化计算方法简单、方便,适合于手算。

多跨连续梁法只能求出支撑结构中腰梁上的弯矩和支撑的轴力,不能准确求得整体结构的变形,对于基坑形状规则、采用的围护支撑结构传力明确时较为适用。

(2) 平面框架法

若不考虑土体和围护结构与内支撑结构之间的整体相互作用,仅将其作为水平反力均匀作用在各层水平支撑周边(图6-35),这样水平支撑体系在水平荷载作用下,其结构的受力特性类似于平面封闭框架,可运用有限单元法对其进行结构分析计算。

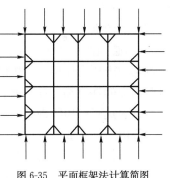

图6-35 平面框架法计算简图

平面框架法可求出任意形式支撑结构的所有构件的内力及支撑结构的整体变形,比多跨连续梁法仅能近似计算内力前进了一步,在基坑平面较为规则时计算结果与多跨连续梁法比较接近;但其未考虑土体、挡土结构和内支撑结构之间的相互作用,对于个别支撑结构,其计算结果与实际工程情况有些不符。

如果考虑土体、挡土结构及内支撑结构之间的相互作用,并且仍将挡土结构与水平支撑结构分别进行计算,那么可将挡土结构对支撑结构的作用简化为弹性支座,加在支撑结构的周边,弹性支座的弹簧刚度等于挡土结构体系的侧向刚度;同时将土体与围护体系之间的作用体现在水平荷载$q(x)$沿支撑结构周边变化分布上。这种计算模型较为准确地反映了内支撑结构的实际受力状况。特别对于传力较为复杂的支撑结构,采用考虑挡土结构与内支撑结构之间的相互作用的平面框架法计算后,结果将更加合理准确。但一方面,由于采用试算法,反复迭代,使计算工作量较大;另一方面,在计算时确定水平荷载 $q(x)$ 分布状态却是十分复杂的,因为作用在围护体系上由水、土压力等组成的水平荷载 $q(x)$ 是与挡土结构和内支撑结构的整体刚度及周围环境等诸多因素有关的量。

2. 立柱的计算

除了水平向支撑的计算外,还有竖向立柱的计算。一般情况下,竖向立柱可按偏心受压构件或按中心受压构件计算。计算荷载包括竖向荷载(立柱自重和交汇该立柱的各支撑的自重)及下列荷载引起的弯矩:

(1)竖向荷载对立柱断面形心的弯矩;
(2)支撑结构在立柱节点上产生的节点弯矩;
(3)土方开挖时引起的侧向土压力对立柱产生的弯矩。

立柱的受压计算长度按各层水平支撑垂直中心距确定,在最下层水平支撑以下的立柱受压计算长度,则可从基坑开挖面以下 5 倍立柱直径(或边长)处算起。

四、围护结构设计应注意的几个问题

前面讨论了围护墙体、支撑和锚杆的内力计算的各种方法,在求得了内力以后可以根据钢筋混凝土结构设计的相应设计表达式进行截面和配筋的设计,但还应注意下面的几个重要问题。

(1)计算内力时,将围护墙体或锚固土体都作为平面应变问题考虑,取 1m 的截条进行分析计算。因此,所求得的弯矩、剪力等内力都是对应 1m 长度的围护墙体或 1m 长度的锚固土体而言的。

(2)对于连续墙,按弯矩求得的钢筋应布置在 1m 长度的墙体内。

(3)对于排桩,计算的内力必须乘以排桩的中心距后才能作为计算一根桩的桩体截面及钢筋截面的依据。

(4)必须注意结构设计表达式两边的作用与抗力取值的一致性。围护墙、桩体和锚杆的内力都是在土压力作用下产生的,土压力则是用土体的抗剪强度指标的标准值计算得到的,因此这些内力的性质都是标准值。如果计算混凝土截面和钢筋截面时所用的材料强度是设计值,则设计表达式两边物理量的取值就不一致了。解决的方法是,要么用材料强度的标准值设计,要么将内力换算成为设计值。

(5)对于支撑和立柱的设计,情况可能比较复杂,但同样需要按上述原则折算为一根支撑的轴力,也同样需要考虑设计表达式两边物理量取值的统一。

第五节 土钉墙支护结构设计

一、土钉墙的支挡机理

土钉是由较小间距的加筋来加强土体,形成一个原位复合的重力式结构,用以提高整个原位土体的强度并限制其位移。这种技术实质是奥地利学者拉布西维兹(Rabcewicz)教授于 20 世纪 50 年代提出的"新奥隧道法"(New Austrian Tunnelling Method)的延伸,它结合了钢丝网喷射混凝土和岩石锚栓的特点,对边坡提供柔性支挡。其加固机理主要表现在以下几个方面。

1. 提高原位土体强度

由于土体的抗剪强度较小,因而自然土坡只能以较小的临界高度保持直立。而当土坡直立高度超过临界高度,或坡面有较大超载以及环境因素等的改变,都会引起土坡的失稳。为此,过去常采用支挡结构承受侧压力并限制其变形发展,这属于常规的被动制约机制的支挡结构。土钉则是在土体内增设一定长度与分布密度的锚固体。它与土体牢固结合而共同工作,以弥补土体自身强度的不足,增强土坡坡体自身的稳定性,属于主动制约机制的支挡体系。模拟试验表明,土钉在其加强的复合土体中起着箍束骨架作用,提高了土坡的整体刚度与稳定性;土钉墙在超载作用下的变形特征,表现为持续的渐进性破坏。即使在土体内已出现局部剪切面和张拉裂缝,并随着超载集度的增加面扩展,但仍可持续很长时间不发生整体塌滑,表明其仍具有一定的强度。然而,素土(未加筋)边坡在坡顶超载作用下,当其产生的水平位移远低于土钉加固的土坡时,就出现快速的整体滑裂和塌落(图6-36)。

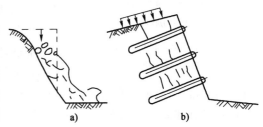

图 6-36 素土边坡和土钉加筋边坡的破坏形式
a) 素土边坡; b) 土钉加筋边坡

此外,在地层中常有裂隙发育,当向土钉孔中进行压力注浆时,会使浆液顺着裂隙扩渗,形成网状胶结。当采用一次压力注浆工艺时,对宽度为1~2mm的裂隙,注浆可扩成5mm的浆脉,如图6-37所示。它必然会增强土钉与周围土体的黏结和整体作用。

2. 土与土钉间相互作用

类似于加筋土挡墙内拉筋与土的相互作用,土钉与土间的摩阻力的发挥,主要是由于土钉与土间相对位移而产生的。在土钉加筋的边坡内,同样存在着主动区和被动区(图6-38)。主动区和被动区内土体与土钉间摩阻力发挥方向相反,而被动区内土钉可起到锚固作用。土钉与周围土体间的极限界面摩阻力取决于土的类型、上覆压力和土钉的设置技术。通过在试验室所做的密砂中土钉的抗拔试验,表明加筋土挡墙内拉筋与土钉的设置方法不同,它的极限界面摩阻力也不相同。因此,加筋土挡墙的设计原则不能完全用来设计土钉结构,应对土钉做抗拔试验为最后设计提供可靠数据。目前,土钉的极限界面摩阻力问题尚有待进行更深入的理论和试验研究。

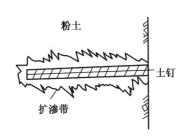

图 6-37 土钉浆液的扩渗图

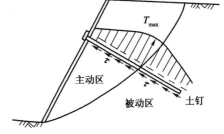

图 6-38 土与土钉间相互作用

3. 面层土压力分布

面层不是土钉墙支挡结构的主要受力构件,而是面层土压力传力体系的构件,同时起保证各土钉不被侵蚀风化的作用。由于它采用的是与常规支挡体系不同的施工顺序,因而面层上土压力分布与一般重力式挡土墙不同。山西某黄土边坡土钉工程进行的原位观测(图6-39)表明,实测面层土压力随着土钉及面层的分阶段设置,而产生不断变化,其分布形式不同于主

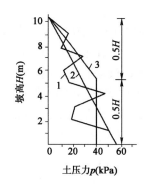

图 6-39 土钉面层土压力分布
1-实测土压力；2-主动土压力；3-简化

动土压力,可将其简化为图 6-39 中曲线 3 所示的形式。

二、土钉与加筋土挡墙、土层锚杆的比较

1. 土钉与加筋土挡墙比较

尽管土钉技术与前述的加筋土挡墙技术有一定的相似之处,但仍有一些根本的差别需要重视。

主要相同之处为:

(1)加筋体(拉筋或土钉)均处于无预应力状态,只有在土体产生位移后,才能发挥其作用。

(2)加筋体抗力都是由加筋体与土之间产生的界面摩阻力提供的,加筋土体内部本身处于稳定状态,它们承受着墙后外部土体的推力,类似于重力式挡墙的作用。

(3)面层(加筋土挡墙面板为预制构件,土钉面层是现场喷射混凝土)都较薄,在支挡结构的整体稳定中不起主要作用。

主要不同之处为:

(1)虽然竣工后两种结构外观相似,但其施工程度却截然不同。土钉施工是"自上而下",分步施工,而加筋土挡墙的施工则是"自下而上"(图 6-40)。这对筋体应力分布有重要影响,施工期间尤甚。

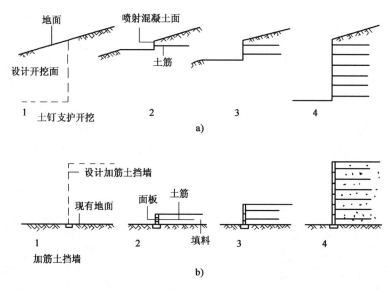

图 6-40 土钉与加筋土挡墙施工程序比较
a)"自上而下"土钉结构；b)"自下而上"加筋土挡墙

(2)土钉是一种原位加筋技术,是用来改良天然土层的,不像加筋土挡墙那样,能够控制加筋土的性质。

(3)土钉技术通常包含使用灌浆技术,使筋体和其周围土层黏结起来,荷载通过浆体传递给土层。在加筋土挡墙中,摩阻力直接产生于筋条和土层间。

(4)土钉既可水平布置,也可倾斜布置。当其垂直于潜在滑裂面设置时,将会充分发挥其抗力。而加筋土挡墙内的拉筋一般为水平设置(或很小角度的倾斜布置)。

2. 土钉与土层锚杆比较

表面上,当用于边坡加固和开挖支护时,土钉和预应力锚杆间有一些相似之处。的确,人们很想将土钉仅仅当作一种"被动式"的小尺寸土层锚杆。尽管如此,两者仍有较多的功能差别,如:

(1)土层锚杆在安装后便于张拉,因此在运行时能理想地防止结构发生各种位移。相比之下,土钉则不予张拉,在发生少量(虽然非常小)位移后才可发挥作用。

(2)土钉长度(一般为3~10m)的绝大部分和土层相接触,而土层锚杆则是通过末端固定的长度传递荷载,其直接后果是在支挡土体内产生的应力分布不同。

(3)由于土钉安装密度很高(一般每0.5~4.0m²一根),因此单筋破坏的后果未必严重。另外,土钉的施工精度要求不高,它们以相互作用的方式形成一个整体。

(4)因锚杆承受荷载很大,在锚杆的顶部需安装适当的承载装置,以减小出现穿过挡土结构面发生"刺入"破坏的可能性。而土钉则不需要安装坚固的承载装置,其顶部承担的荷载小,可由安装在喷射混凝土表面的钢垫来承担。

(5)锚杆往往较长(一般为15~45m),因此需要用大型设备来安装。锚杆体系常用于大型挡土结构,如地下连续墙和钻孔灌注桩挡墙,这些结构本身也需要大型施工设备。

三、土钉墙的设计与计算

如同重力式挡土墙的设计一样,土钉结构的稳定必须经受外力和内力的作用。

对于外部稳定方面的要求如下:①加筋区必须能抵抗其后面的非加筋区的外推力而不能滑动;②在加筋区自重及其所承受侧向土压力共同作用下,不能引起地基失稳;③挡土结构的稳定,必须考虑防止深层整体平衡。

对于内部稳定,土钉必须安装紧固,以保证加筋区土钉与土有效的相互作用。土钉应具有足够的长度和能力以保证加筋区的稳定。因此,设计时必须考虑:①单根土钉必须能维持其周围土体的平衡,这一局部稳定条件控制着土钉的间距;②为防止土钉与土间结合力不足,或土钉断裂而引起加筋区整体滑动破坏,应要求控制土钉的所需长度。

为此,土钉墙支挡结构的设计一般应包括以下步骤:①根据土坡的几何尺寸(深度、切坡倾角)、土性和超载情况,估算潜在破裂面的位置;②选择土钉的形式、截面积、长度、设置倾角和间距;③验算土钉结构的内、外部稳定性。

1. 土钉几何尺寸设计

在初步设计阶段,首先应根据土坡的设计几何尺寸及可能潜在破裂面的位置等做初步选择,包括选择孔径、长度与间距等基本参数。

(1)土钉长度L:抗拔试验表明,对高度小于12m的土坡,在采用相同的施工工艺和同类土质条件下,当土钉长度达到1倍土坡垂直高度时,再增加长度对承载力提高不明显。实际上,已有工程的土钉实际长度均不超过土坡的垂直高度。当土坡倾斜时,倾斜面使侧向土压力降低,这就能使土钉的长度比垂直高度加筋土挡墙拉筋的长度短。因此,土坡倾斜时常采用土钉的长度约为坡面垂直高度的60%~70%。

(2)土钉孔径d_h:可根据成孔机械选定。国外对钻孔注浆型的土钉钻孔直径一般为76~150mm,国内采用的土钉钻孔直径一般为100~200mm。

(3)土钉间距:包括水平间距(行距)和垂直间距(列距)。对钻孔注浆型土钉,一般可按6~8倍土钉钻孔直径d_h选定土钉行距和列距,且应满足:

$$S_x \cdot S_y = K \cdot d_h \cdot L \tag{6-42}$$

式中：S_x、S_y——土钉的行距和列距；

K——注浆工艺系数，对一次性压力注浆工艺，取 1.5～2.5。

(4) 土钉主筋直径 d_b 的选择：为了增强土钉中筋材与砂浆（细石混凝土）的握裹力和抗拉强度，打入型土钉一般采用低碳角钢；钻孔注浆型土钉一般采用高强度实心钢筋，筋材也可采用多根钢绞线组成的钢绞索。土钉的筋材直径 d_b 可按式(6-43)估算。

$$d_b = (20 \sim 25) \times 10^{-3} \sqrt{S_x \cdot S_y} \tag{6-43}$$

有关统计资料表明，对钻孔注浆型土钉，用于粒状土陡坡加固时，其布筋率 $d_b^2/(S_x \cdot S_y)$ 为 $0.4 \times 10^{-3} \sim 0.8 \times 10^{-3}$；用于冰碛物和泥灰岩时，其布筋率为 $0.10 \times 10^{-3} \sim 0.25 \times 10^{-3}$；对打入型土钉，用于粒状土陡坡时，其布筋率为 $1.3 \times 10^{-3} \sim 1.9 \times 10^{-3}$。

2. 内部稳定性分析

对于土钉结构内部稳定性分析，国内外有几种不同的设计计算方法，国外主要有美国的戴维斯(Davis)方法、英国的布莱德(Bridle)方法、德国的斯托克(Stocker)方法及法国的施洛瑟(Schlosser)方法。这些方法的设计计算原理都是考虑单根土钉被拔出或被拉断。

(1) 土钉抗拉断裂极限状态

在面层土压力作用下，土钉将承受抗拉应力。为保证土钉结构内部的稳定性，应使土钉主筋具有一定安全系数的抗拉强度。为此，土钉主筋的直径 d_b 应满足：

$$\frac{\pi \cdot d_b^2 \cdot f_y}{4 E_i} \geqslant 1.5 \tag{6-44}$$

式中：E_i——第 i 列单根土钉支撑范围内面层上的土压力，$E_i = q_i \cdot S_x \cdot S_y$

q_i——第 i 列土钉处的面层土压力，可按式(6-45)计算：

$$q_i = m_e \cdot K \cdot \gamma \cdot h_i \tag{6-45}$$

h_i——土压力作用点至坡顶的距离，当 $h_i > H/2$，h_i 取 $0.5H$；

H——土坡垂直高度；

γ——土的重度；

m_e——工作条件系数，对使用期不超过两年的临时性工程，$m_e = 1.0$；对使用期超过两年的永久性工程，$m_e = 1.2$；

K——土压力系数，取 $1/2(K_0 + K_a)$，其中 K_0、K_a 分别是静止、主动土压力系数；

f_y——主筋抗拉强度设计值。

(2) 土钉锚固极限状态

在面层土压力作用下，土钉内部潜在滑裂面的有效锚固段应具有足够的界面摩阻力而不被拔出，为此应满足：

$$\frac{F_i}{E_i} \geqslant K \tag{6-46}$$

式中：F_i——第 i 列单根土钉的有效锚固力，$F_i = \pi \cdot \tau \cdot d_h \cdot L_i$；

L_i——土钉有效锚固长度，计算段断面如图 6-42b)所示；

τ——土钉与土间的极限界面摩阻力，应通过抗拔试验确定，在无实测资料时可参考表 6-7 取值；

K——安全系数，取 1.3～2.0，对临时性土钉工程取小值，永久性土钉工程取大值。

不同土质中土钉的极限界面摩阻力 τ 值　　　　　表 6-7

土　类	τ(kPa)	土　类	τ(kPa)
黏土	130～180	黄土类粉土	52～55
弱胶结砂土	90～150	杂填土	35～40
粉质黏土	65～100		

3. 外部稳定性分析

土钉加筋土体形成的结构可看作一个整体。为此，其外部稳定性分析可按重力式挡墙考虑，包括土钉结构的抗倾覆稳定、抗滑移稳定以及地基强度等验算。

【例 6-2】 某工程的办公楼南侧有一高于建筑物室外高程 3.5m 的黄土陡坡，在其下再开挖基坑深度 4.0m，即整个边坡高度为 7.5m，边坡坡度 $a=80°$。边坡土质为黄土状粉质黏土，天然重度 $\gamma=17.6\text{kN/m}^3$，黏聚力 $c=30\text{kPa}$，内摩擦角 $\varphi=27°$。计算表明，天然边坡不能满足稳定性要求，请设计土钉墙支挡结构。

【解】

(1) 选取各设计参数

土钉的长度取边坡高度的 70%，即 5.25m，选取为 6m。

土钉钻孔直径 d_h，由施工机械而定，本工程 d_h 取 120mm。

土钉间距可由式(6-42)确定，本工程中采用一次灌浆工艺，取 $K=1.5$，并选用 $S_x=S_y=1.0\text{m}$。

土钉主筋直径 d_b 可按(6-43)确定，本例 d_b 选用 22mm。

(2) 土钉结构的内部稳定性验算

根据原位抗拔试验的结果，土钉与土间的界面摩阻力 $\tau=30\text{kPa}$。

土钉结构面层上的土压力分布可由式(6-45)计算求得，其结果如图 6-41 所示。

土钉结构内部潜在破裂面简化形式如图 6-42 所示。

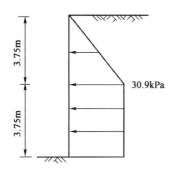

图 6-41　土钉结构面上的土压力值

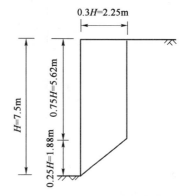

图 6-42　土钉结构破裂面计算简图

土钉锚固按最危险情况验算：

$$F_i = \pi \cdot \tau \cdot d_h \cdot L_i = 30 \times 3.14 \times 0.12 \times (6-2.25) = 42.39\text{kN}$$

$$E_i = q \cdot S_x \cdot S_y = 30.9 \times 1.0 \times 1.0 = 30.9\text{kN}$$

抗拔安全系数为：$F_i/E_i = 1.37 > 1.30$（满足要求）

土钉主筋选用热轧带肋钢筋 HRB335，其抗拉强度 f_y 设计值为 310MPa。为此，在最危险情况时，土钉抗拉安全系数为：

$$\frac{\pi \cdot d_b^2 \cdot f_y}{4E_i} = \frac{3.14 \times 0.022^2 \times 310 \times 10^3}{4 \times 30.9} = 3.8 > 1.5 (满足要求)$$

经验算，土钉结构的抗倾覆稳定性、抗滑移稳定性以及地基强度均满足要求（计算从略）。

习 题

【6-1】 按水土合算计算如图 6-43 所示的水泥土搅拌桩挡墙的抗倾覆安全系数和抗滑安全系数，并验算墙身强度是否满足要求。取水泥土的无侧限抗压强度为 800kPa，水泥土重度为 $18kN/m^3$，墙体截面水泥土置换率为 0.8。

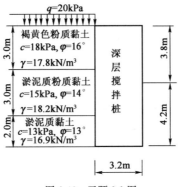

图 6-43 习题 6-1 图

【6-2】 计算如图 6-44 所示的钻孔灌注桩及深层搅拌桩加支撑支护结构的坑底抗隆起及抗渗安全系数。已知坑底土的相对密度 $d_s = 2.72$，孔隙比 $e = 1.11$。

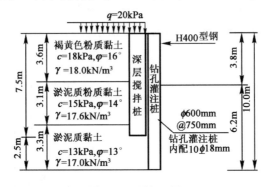

图 6-44 习题 6-2 图

【6-3】 某基坑开挖深度 7.5m，周围土层重度为 $18.5kN/m^3$，内摩擦角为 $30°$，黏聚力为 0。采用下端自由支承、上部有一锚定拉杆的板桩支挡结构，锚定拉杆距地面的距离为 1.2m，其水平间距 2.0m。试根据极限平衡法计算板桩的最小长度，并求出锚定拉杆拉力和板桩的最大弯矩值。

【6-4】 有一开挖深度 $h = 6.0m$ 的基坑，采用一道锚杆的板桩支挡结构，锚杆距离地面 1.5m，水平间距 $a = 2.0m$。基坑周围土层重度为 $19kN/m^3$，内摩擦角为 $\varphi = 25°$，黏聚力为 0。根据等值梁法计算板桩的最小长度、锚杆拉力和最大弯矩值。

【6-5】 某基坑尺寸为 $150m \times 60m$，开挖深度 12.6m。建筑场地为冲洪积地层。据地质报告，地层从地表起自上而下依次为：(1) 杂填土，厚度 2.5m，以黏性土为主，可塑，稍湿，呈松

散状态,重度为 19.6kN/m³。(2)黏质粉土,湿,稍密,厚度 4.0m,内摩擦角 $\varphi=25.7°$,黏聚力 $c=25$kPa,重度为 19.9kN/m³。(3)砂质粉土,湿,饱和,厚度 4.0m,内摩擦角 $\varphi=33.2°$,黏聚力 $c=21$kPa,重度为 19.2kN/m³。(4)粉质黏土,饱和,可塑,厚度 18.0m,内摩擦角 $\varphi=18.3°$,黏聚力 $c=37$kPa,重度为 18.5kN/m³。

初步设计的土钉墙如下:土钉直径 250mm,水平设置,共 8 排,土钉水平间距 1.3m,垂直间距 1.5m,各排长度依次为 12.0m、12.0m、11.0m、10.5m、10.5m、10.0m、9.0m、8.5m。请验算:(1)每排土钉的内部稳定性。(2)土钉墙的外部稳定性。

【提示】 土层参数平均取值:内摩擦角 $\varphi=22.9°$,黏聚力 $c=29$kPa,重度为 19.5kN/m³。黏结强度对不同土层取不同的数值:杂填土 $\tau=25$kPa,黏质粉土 $\tau=35$kPa,砂质粉土 $\tau=30$kPa,粉质黏土 $\tau=20$kPa。

思 考 题

【6-1】 重力式挡土墙在什么条件下发生绕墙趾的倾覆破坏?墙底土体的性质是否对墙体的抗倾覆稳定有影响?有何影响?

【6-2】 试简述支护结构的类型及其各自主要特点。

【6-3】 进行重力式水泥土挡土墙设计时需进行哪些基本验算?水泥土桩墙支挡结构的抗倾覆稳定和抗滑移稳定,哪个更容易得到满足?条件是什么?

【6-4】 排桩或地下连续墙式支护结构进行坑底抗隆起稳定验算时应采用什么土层的 c、φ 值?

【6-5】 在对内支撑系统进行布置时应注意哪些事项?

【6-6】 土层锚杆与土钉墙主要区别在哪些方面?

【6-7】 试简述井点降水的类型及各自适用条件。

【6-8】 基坑监测的项目主要有哪些?

【6-9】 土钉墙中的土压力有什么特点?与加筋土挡土墙有哪些异同点?

第七章 地基处理

第一节 概 述

一、地基处理的对象与目的

地基处理的对象主要是软弱地基和特殊土地基。

软弱地基是指主要由软土、冲填土、杂填土或其他高压缩性土层构成的地基。

1. 软土

软土一般是淤泥及淤泥质土的总称。软土的特性是含水率高、孔隙比大、渗透系数小、压缩性高、抗剪强度低。软土地基承载力低，在外荷载作用下，地基变形大，不均匀变形也大，且变形稳定历时较长，在比较深厚的软土层上，建筑物基础的沉降往往持续数年甚至数十年之久。软土地基是在工程实践中最需要人工处理的地基。

2. 冲填土

冲填土是指在整治和疏浚江河航道时，用挖泥船通过泥浆泵将夹有大量水分的泥砂吹到江河两岸而形成的沉积土，亦称吹填土。冲填土的工程性质主要取决于颗粒组成、均匀性和排水固结条件，如以黏性土为主的冲填土往往是欠固结的，其强度较低且压缩性较高，一般需经过人工处理才能作为建筑物地基；如以砂性土或其他粗颗粒土所组成的冲填土，其性质基本上与砂性土相类似，可按砂性土考虑是否需要进行地基处理。

3. 杂填土

杂填土是由人类活动所形成的建筑垃圾、工业废弃物和生活垃圾等无规则堆填物。杂填土的成分复杂，组成的物质杂乱，分布极不均匀，结构松散且无规律性。杂填土的主要特性是强度低、压缩性高、均匀性差，即使在同一建筑场地的不同位置，其地基承载力和压缩性也有较大的差异。杂填土未经人工处理一般不宜作为持力层。

4. 松散土

松散粉细砂及粉土承载力低；饱和松散土在机械振动、地震等动力荷载的重复作用下，有可能会产生液化或较大的震陷变形；另外，在基坑开挖时，也可能会产生流砂或管涌。因此，对于这类地基土，往往需要进行地基处理。

5. 特殊土

特殊土地基大部分带有地区性特点，主要包括湿陷性黄土、膨胀土、盐渍土、红黏土和冻土等。其性质和特点将在第八章特殊性土地基中详细阐述。

选择适当的方法对软弱土和特殊土进行地基处理，目的就是为了提高地基的强度和保证地基的稳定，降低地基的压缩性及减少地基的沉降和不均匀沉降，改善地基的渗透性，防止地震时地基土的振动液化和震陷，以及消除特殊性土的湿陷性、胀缩性或冻胀性等不良特殊性质。

二、地基处理的方法与分类

地基处理方法的分类多种多样,如按时间可分为临时处理和永久处理;按处理深度可分为浅层处理和深层处理;按处理土性对象可分为砂性土处理和黏性土处理,饱和土处理和非饱和土处理;按地基处理作用机理可分为置换、固结、密实、胶结、加筋和冷热等处理方法。其中,最主要的是根据地基处理作用机理进行分类。其具体分类以及加固原理、适用范围见表7-1。

常用地基处理方法的分类及其原理和作用、适用范围　　　　表7-1

分类	处理方法	简要原理	适用范围
置换	换填法	挖除浅层软弱土或不良土,回填工程性质较好的岩土材料,并分层碾压或夯实或振实。回填后的结构层按回填的材料可分为砂垫层、碎石垫层、粉煤灰垫层、干渣垫层、灰土垫层、素土垫层等,可提高地基承载力,减少沉降量,消除或部分消除土的湿陷性或胀缩性,防止土的冻胀作用,改善土的抗液化性能	适用于淤泥、淤泥质土、素填土、杂填土、湿陷性黄土、膨胀土、季节性冻土等软弱或不良地基及暗沟、暗塘等的浅层处理
	砂石桩置换法	利用振动沉管技术或振冲器水平振动和高压水冲技术,在软弱土层中成孔,然后回填碎石等粗粒料形成桩柱,并与原地基土组成复合地基,以提高地基承载力,减小沉降	适用于处理不排水抗剪强度大于20kPa的淤泥、淤泥质土、粉土、黏性土和人工填土等地基
	石灰桩法	采用洛阳铲或机械成孔,由生石灰与粉煤灰等掺和料拌和均匀,在孔内分层夯实形成竖向增强体,并与桩间土组成复合地基,以提高地基承载力,减小沉降	适用于处理饱和黏性土、淤泥、淤泥质土、素填土和杂填土等地基
	水泥粉煤灰碎石桩(CFG)法	通过振动沉管、长螺旋钻孔等法成孔,回填水泥、粉煤灰、碎石或砂等混合料形成高黏结强度桩,并由桩、桩间土和褥垫层一起组成复合地基,以提高地基承载力,减小沉降	适用于处理黏性土、粉土、砂土和已自重固结的素填土等地基
	强夯置换法	将重锤提到高处使其自由落下形成夯坑,并不断夯击坑内回填的砂石、钢渣等硬粒料,使其形成密实的墩体,并与周围土体形成复合地基,以提高地基承载力,减小沉降	适用于高饱和度的粉土与软塑~流塑的黏性土等地基
排水固结	堆载预压法 真空预压法 降水预压法 电渗排水法	在建造构筑物以前,通过增设竖向或水平向排水体,改善地基的排水条件,并采取堆载、抽气、抽水或电渗等措施对地基施加预压荷载,以加速地基土的排水固结和强度增长,提高地基土的稳定性,并使沉降提前完成	适用于处理厚度较大的淤泥、淤泥质土和冲填土等饱和黏性土地基,对于厚度较大的泥炭层则要慎重对待
深层密实	强夯法	采用很重的夯锤从高处自由落下,地基土在强夯的冲击力和振动力作用下密实,可提高地基承载力,减小沉降	适用于处理碎石土、砂土、低饱和度粉土与黏性土、湿陷性黄土、素填土和杂填土等地基
	挤密砂石桩法	通过振动沉管或冲击等方法在地基中成孔并设置砂桩、碎石桩等,在制桩过程中对周围土体产生振密挤密作用。被振密挤密的桩间土和密实的桩体一起组成复合地基,从而提高地基承载力,减小沉降	适用于挤密松散砂土、粉土、黏性土、素填土、杂填土等地基
	灰土、土挤密桩法	利用横向挤压成孔设备成孔,使桩间土得以挤密。用灰土或素土填入桩孔内分层夯实形成桩体,并与桩间土组成复合地基,从而提高地基承载力,减小沉降	适用于处理地下水位以上的湿陷性黄土、素填土和杂填土等地基

续上表

分类	处理方法	简要原理	适用范围
深层密实	振冲密实法	在振冲器水平振动和高压水的共同作用下,使松砂土层振密和挤密,从而提高地基承载力,减小沉降,并提高地基土抗液化能力。该法可加回填料也可不加回填料,加回填料又称振冲挤密碎石桩法	适用于处理饱和疏松砂性土地基,其中不加填料振冲法适用于处理黏粒含量不大于10%的中砂、粗砂地基
	爆破密实法	利用在地基中爆破产生的振动力和挤压力使地基土密实,以提高地基承载力,减小沉降	适用于处理饱和净砂、粉土、湿陷性黄土等地基
化学加固	灌浆法	通过注入水泥浆液或其他化学浆液,或将水泥等浆液进行喷射或机械搅拌等措施,使土粒胶结,用以提高地基承载力,增加地基稳定性,减小沉降,防止渗漏,防止砂土液化	适用于处理岩基、砂土、粉性土、黏性土和一般填土
	水泥土搅拌法		适用于处理淤泥与淤泥质土、粉土、饱和黄土、素填土、黏性土以及无流动地下水的饱和松散砂土等地基
	高压喷射注浆法		适用于处理淤泥、淤泥质土、流塑或软塑或可塑黏性土、粉土、砂土、黄土、素填土和碎石土等地基
其他	加筋法	在地基中铺设加筋材料(如土工织物、土工格栅、金属板条、土钉等)等形成加筋土垫层,以增大压力扩散角,提高地基承载力和稳定性	适用于人工填土的路堤、挡墙结构和土坡加固稳定
	冻结法	冻结土体,改善地基土截水性能,提高土体抗剪强度,形成挡土结构或止水帷幕	饱和砂土或软黏土,作为施工临时措施
	焙烧法	钻孔加热或焙烧,减少土体含水率,减少压缩性,提高土体强度	软黏土、湿陷性黄土,适用于有充足热源的地区
	纠偏法	通过加载、掏土、顶升等纠偏方法来调整地面不均匀沉降,达到纠偏目的	各类不良地基

三、地基处理的原则

地基处理是一门技术性和经验性都很强的应用学科。我国地域广大,土类繁多,不同的建筑物对地基的要求也不同。因此,在选择地基处理方法之前,必须认真研究上部结构、基础和地基的特点,并结合当地的经验,选择经济有效的处理方法。进行地基处理时,一般应掌握以下几条原则。

1. 针对地质条件和工程特点选用合适的地基处理方法

地基处理的方法很多,但各种处理方法都有它的适用范围,没有一种方法是万能的。具体工程很复杂,工程地质条件千变万化,因此,对每一具体工程都要进行具体细致的分析,根据地基条件、处理要求、材料来源及机具设备等综合考虑,确定合适的地基处理方法。

2. 所选用的地基处理方法必须符合土力学的基本原理

地基处理的目的是改善地基土的性质或受力条件,如果选择不当,非但不能达到预期的效果,反而会造成相反的结果。例如,对饱和的、低渗透性的软土地基,在没有改善排水的条件下,采用密实法处理,显然达不到应有的效果。这是因为渗透性很低的软土,不可能在瞬时荷载作用下将孔隙水排出达到加固的目的。又如,黄土和红土,这两种土的孔隙率都很大,强夯法可以有效地消除黄土的湿陷性,但却破坏了红土的非亲水的胶结物构成的结构强度,反而降低了地基的承载力。

3. 根据地基处理的时效特点进行工程验算与控制

地基处理的时效问题常被人们所疏忽。大部分地基处理方法的加固效果并非在施工结束后就能全部发挥出来,而需要经过一段时间后才能体现。例如,采用灌浆、深层搅拌法等时,应充分估计施工过程中对地基土的破坏作用,特别是将其运用于已有建筑物的地基加固,施工期有可能会增加沉降,在处理边坡时有可能使安全系数降低;水泥浆或水泥土的强度在地下环境养护期要比地上环境长得多,特别是目前多层建筑上部结构的施工速度很快,地基土的强度还没有恢复或明显增长,荷载已全部施加完毕,反而会造成建筑物的不均匀沉降。此外,不同部位施工进度不同,先施工的部位已达到较高的强度,后施工的部位强度尚未恢复,地基土在水平方向上形成相对不均匀性,也会造成建筑物的不均匀沉降。

4. 加强管理、严格计量、及时检测、减少人为因素的影响

地基处理的效果受人为因素的影响非常突出,与管理的水平、工人的素质都有直接关系。例如,材料的计量问题、施工的配合和操作问题、技术控制的手段和检测的方法不够完善等,均需重点予以加强。

5. 重视地基处理的工程经验

在众多的地基处理方法中,加固机理、理论分析和计算方法等都尚需进一步研究,因此,经验具有相当重要的作用。所以在进行地基处理时,还必须不断进行研究和总结,因地制宜,切忌机械照搬。

第二节 换 填 法

一、换填法的原理

换填法就是将基础底面下一定深度范围内的软弱土层部分或全部挖除,然后换填强度较大的砂、碎石、素土、灰土、粉煤灰、矿渣等性能稳定且无侵蚀性的工业废渣材料,并分层夯压至要求的密实度。换填法可有效地处理荷载不大的建筑物地基问题,常可用作不良地基浅层处理的方法。

换填法处理地基时换填材料所形成的垫层,按其材料的不同,可分为砂垫层、碎石垫层、素土垫层、灰土垫层、粉煤灰垫层和矿渣垫层等。对于不同材料的垫层,虽然其应力分布有所差异,但测试结果表明,其极限承载力还是比较接近的,并且不同材料垫层上建筑物的沉降特点也基本相似,故各种材料垫层的设计都可参照砂垫层方法进行。

换填法处理地基的作用主要有以下几个方面。

1. 提高地基承载力,增强地基稳定性

地基中的剪切破坏是从基础底面开始的,并随着基底压力的增大而逐渐向纵深发展。因此,若以强度较大的砂或其他填筑材料替代软弱土层,就可提高地基承载力,从而避免地基破坏。

2. 减少地基沉降和不均匀沉降

基础下地基浅层部分的应力较大,其沉降量一般在地基总沉降中所占的比例也较大,所以若以密实的砂或密实填筑材料替代浅层软弱土,就可减少地基的大部分沉降量。另外,由于密实垫层对应力的扩散作用,使作用在下卧土层上的压力较小,因此也相应减少了下卧土层的沉降量。

3. 加速软弱土层的排水固结

由于砂或碎石等垫层材料的透水性大,当软弱土层受压后,垫层可作为良好的排水面,使基础下面的超静孔隙水压力得以迅速消散,加速垫层下软弱土层的固结,从而提高地基土的强度。

4. 防止地基土冻胀

由于粗颗粒垫层材料的孔隙较大,不易产生毛细管现象,因此可以防止寒冷地区土中结冰所造成的冻胀问题,此时,垫层底面尚应满足当地冻结深度的要求。

5. 其他作用

对于湿陷性黄土、膨胀土等特殊土,根据具体加固对象的不同,换填法还有消除湿陷性黄土的湿陷性或消除膨胀土胀缩性的作用。

在各类工程中,垫层所起的主要作用有时也是不同的,如建筑物基础下的垫层主要是起换土作用;而在路堤和土坝等工程中,主要是利用垫层起排水固结作用。

换填法的优点是可就地取材、施工简单、不需要特殊的机械设备、施工费用低等,但也存在施工土方量大、弃土多等缺点。换填法主要适用于淤泥、淤泥质土、素填土、杂填土、湿陷性黄土、膨胀土、季节性冻土地基及暗沟、暗塘等不均匀地基的浅层处理。其具体适用范围见表 7-2。

换填法的适用范围　　　　　　　　　　　表 7-2

垫层种类	适 用 范 围
砂(砂石、碎石)垫层	适用于饱和、非饱和的软弱土和水下黄土地基处理。不宜用于湿陷性黄土地基,也不宜用于大面积堆载、密集基础和动力基础下的软土地基处理,砂垫层不宜用于地下水流速快和流量大地区的地基处理
素土垫层	适用于中小型工程及大面积回填地基、湿陷性黄土和膨胀土等地基处理
灰土垫层	适用于中小型工程,尤其适用于湿陷性黄土的地基处理
粉煤灰垫层	适用于厂房、道路、机场、港区陆域和堆场等工程的大面积填筑;大量填筑粉煤灰时,应考虑对地下水和土壤的环境影响
矿渣垫层	适用于中小型建筑工程,尤其适用于地坪、堆场和道路等工程的大面积地基处理和场地平整;大量填筑矿渣时,应考虑对地下水和土壤的环境影响。对于易受酸、碱影响的基础或地下管网不得采用矿渣垫层

二、换填法的设计与计算

换填法处理软弱地基和特殊土地基的设计内容主要是确定垫层的厚度和宽度。对于换土垫层,根据建筑物对地基强度和变形的要求,既要求垫层有足够的厚度以置换可能被剪切破坏的软弱土层,又要求垫层有足够的宽度以防止垫层向两侧挤出;而对于排水垫层,则在基础底面下设置厚度为 30~50cm 的砂、砂石或碎石等透水性大的垫层,以形成一个排水层,从而促使软弱土层的排水固结。

1. 垫层厚度的确定

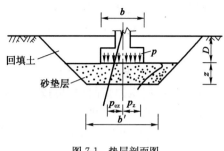

图 7-1 垫层剖面图

垫层厚度 z(图 7-1)应根据需置换软弱土的深度或垫层底面处下卧软弱土层的承载力来确定,要求作用在垫层底面处土的自重压力与荷载作用下产生的附加压力之和不大于同一高程处下卧软弱土层的地基承载力特征值,即应满足式(7-1)的要求。

$$p_z + p_{cz} \leqslant f_{az} \tag{7-1}$$

式中:p_z——相应于荷载效应标准组合时,垫层底面处的附加压力值,kPa;

p_{cz}——垫层底面处土的自重压力值,kPa;

f_{az}——垫层底面处经深度修正后的下卧土层地基承载力特征值,kPa。

垫层底面处的附加压力值 p_z,除了可用弹性理论的土中应力公式进行计算外,常用的是按压力扩散角的方法进行简化计算。计算式如下。

条形基础:

$$p_z = \frac{b(p_k - p_c)}{b + 2z\tan\theta} \tag{7-2}$$

矩形基础:

$$p_z = \frac{bl(p_k - p_c)}{(b + 2z\tan\theta)(l + 2z\tan\theta)} \tag{7-3}$$

式中:b——矩形基础或条形基础底面的宽度,m;

l——矩形基础底面的长度,m;

p_k——相对于荷载效应标准组合时,基础底面处的平均压力值,kPa;

p_c——基础底面处土的自重压力值,kPa;

z——基础底面下垫层的厚度,m;

θ——垫层的压力扩散角,°,宜通过试验确定,当缺乏试验资料时,可按表 7-3 采用。

垫层的压力扩散角 θ(°)　　　　　　　表 7-3

z/b	换 填 材 料		
	中砂、粗砂、砾砂、圆砾、角砾、卵石、碎石、石屑、矿渣	粉质黏土、粉煤灰	灰土
0.25	20	6	28
≥0.50	30	23	28

注:①当 $z/b<0.25$ 时,除灰土仍取 $\theta=28°$ 外,其余材料均取 $\theta=0°$,必要时,宜由试验确定。
②当 $0.25<z/b<0.5$ 时,θ 值可由内插求得。

具体设计时,可根据下卧土层的地基承载力,先假设一个垫层的厚度,然后按式(7-1)进行验算;若不符合要求,则改变厚度,重新再验算,直至满足要求为止。一般情况下,垫层厚度不宜小于 0.5m,也不宜大于 3m。因为垫层太厚,处理费用高且施工比较困难,且垫层效用并不随垫层厚度线性增大;垫层太薄,则换土垫层的作用就不明显了。

2. 垫层宽度的确定

确定垫层宽度时,应满足基础底面压力扩散的要求,同时还应考虑到垫层应有足够的宽度及垫层侧面土的强度条件,以防止垫层材料向侧边挤出而增加垫层的竖向变形量。

垫层的宽度可按式(7-4)压力扩散角的方法进行计算,或根据当地经验确定。

$$b' \geqslant b + 2z\tan\theta \tag{7-4}$$

式中：b'——垫层底面宽度,m；

θ——垫层压力扩散角,可按表 7-3 采用,但当 $z/b < 0.25$ 时,仍按 $z/b = 0.25$ 取值。

整片垫层底面的宽度可根据施工的要求适当加宽。垫层顶面宽度可从垫层底面两侧向上,按基坑开挖期间保持边坡稳定的当地经验放坡确定。垫层顶面每边超出基础底边不宜小于 300mm。

3. 垫层承载力的确定

垫层承载力取决于垫层材料的性质、施工机具机械能以及施工质量等因素。由于理论计算方法不够完善,同时还由于较难选取有代表性的计算参数,目前还难以通过计算准确确定垫层的承载力,一般宜通过现场荷载试验确定,并应进行下卧层承载力的验算。

4. 地基变形计算

采用换填法对地基进行处理后,由于垫层下软弱土层的变形,建筑物地基往往仍将产生一定的沉降量及差异沉降量。因此,在垫层的厚度和宽度确定后,对于重要的建筑物或垫层下存在软弱下卧层的建筑物,还应进行地基的变形计算。对于超出原地面高程的垫层或换填材料的重度大于天然土层重度的垫层,应及早换填,并应考虑其附加荷载对建筑物及邻近建筑物的影响。

换土垫层后的建筑物地基沉降由垫层自身的变形量和下卧土层的变形量两部分所构成,即：

$$s = s_1 + s_2 \tag{7-5}$$

式中：s——基础沉降量,cm；

s_1——垫层自身变形量,cm；

s_2——压缩层厚度范围内,自垫层底面算起的各土层压缩变形量之和,cm。

垫层自身的变形量 s_1 可按式(7-6)进行计算。

$$s_1 = \left(\frac{p_k + \alpha p_k}{2} \cdot z\right) / E_s \tag{7-6}$$

式中：p_k——相对于荷载效应标准组合时,基础底面处的平均压力值,kPa；

z——基础底面下垫层厚度,cm；

E_s——垫层压缩模量,宜通过静荷载试验确定,当无试验资料时可选用 15～25MPa；

α——压力扩散系数,可按式(7-7)或式(7-8)计算。

条形基础：

$$\alpha = \frac{b}{b + 2z\tan\theta} \tag{7-7}$$

矩形基础：

$$\alpha = \frac{bl}{(b + 2z\tan\theta)(l + 2z\tan\theta)} \tag{7-8}$$

式中各符号意义同式(7-2)和式(7-3)。

下卧土层的变形量 s_2 可用分层总和法按式(7-9)计算。

$$s_2 = \psi \cdot p_z \cdot b' \sum_{i=1}^{n} \frac{\delta_i - \delta_{i-1}}{E_{si,1-2}} \tag{7-9}$$

式中：ψ——沉降计算经验系数；

p_z——相应于荷载效应标准组合时,垫层底面处的附加压力,kPa,可按式(7-2)或式(7-3)计算；

b'——垫层底面宽度,cm；

δ_i、δ_{i-1}——垫层底面的计算点分别至第 i 层土和第 $i-1$ 层土底面的沉降系数；

$E_{si,1-2}$——垫层底面下第 i 层土在承受 100～200kPa 压力作用时的压缩模量,kPa。

三、换填法的施工要点

对于垫层的施工,应注意以下几方面。

(1)对于砂石垫层,垫层的砂石料必须具有良好的压实性,宜选用级配良好的碎石、卵石、角砾、圆砾、砾砂、粗砂、中砂或石屑(粒径小于 2mm 的部分不应超过总质量的 45%),不含植物残体、垃圾等杂质。当使用粉细砂或石粉(粒径小于 0.075mm 的部分不超过总质量的 9%)时,应掺入不少于总质量 30% 的碎石或卵石。砂石的最大粒径不宜大于 50mm。对湿陷性黄土地基,不得选用砂石等透水材料。对于素土垫层,当采用粉质黏土时,其有机质含量不得超过 5%,也不得含有冻土或膨胀土。对于灰土垫层,土料宜用粉质黏土,颗粒不得大于 15mm。石灰宜用新鲜的消石灰,颗粒不得大于 5mm,灰土体积配合比宜为 2∶8 或 3∶7。对于粉煤灰垫层,上面宜覆土 0.3～0.5m。对于矿渣,其松散重度不小于 11kN/m³,有机质及含泥总量不超过 5%。

(2)垫层的质量关键是如何把垫层压实到设计要求的密实度。施工时应根据不同的换填材料选择施工机具。粉质黏土、灰土宜采用平碾、振动碾或羊足碾,中小型工程也可采用蛙式夯、柴油夯。砂石等宜用振动碾。粉煤灰宜采用平碾、振动碾、平板振动器、蛙式夯。矿渣宜采用平板振动器或平碾,也可采用振动碾。

(3)垫层的施工方法、分层铺填厚度、每层压实遍数等宜通过试验确定。一般情况下,垫层的分层铺填厚度可取 20～30cm。垫层的施工含水率,对于粉质黏土和灰土宜控制在最优含水率 $w_{op}\pm 2\%$ 的范围内,对于粉煤灰宜控制在最优含水率 $w_{op}\pm 4\%$ 的范围内。施工时应严格控制铺填厚度、施工含水率、机械碾压速度,并及时进行质量检查。

(4)开挖基坑铺设垫层时,应避免对坑底软土层的扰动,可保留约 200mm 厚的土层暂不挖去,待铺填垫层前再挖去至设计高程。当采用碎石垫层时,最好在基坑底面先铺一层 150～300mm 厚的砂垫层,然后再铺填碎石或卵石。

(5)做好基坑的排水工作,除采用水撼法施工砂垫层外,不得在浸水条件下施工,必要时应采取降低地下水位的措施。

可用作垫层的材料很多,除砂和碎石外,还有素土、灰土垫层,以及粉煤灰垫层等。目前,国内外还在垫层中铺设耐久性好、抗腐蚀的土工格栅、土工格室、土工垫或土工织物等土工合成材料来提高垫层的强度。

【例 7-1】 某 3 层砖混结构住宅楼,承重墙下为钢筋混凝土条形基础,基础宽度 $b=1.2$m,埋深 $d=1.2$m,上部结构作用于基础的荷载为 110kN/m。根据现场勘探资料,该场地有一条暗浜穿过。暗浜深度为 2.5m,建筑物基础大部分落在暗浜中,地下水位埋深为 0.8m。场地土质条件:第一层浜填土,层厚 2.5m,重度为 18.5kN/m³;暗浜所经之处,第二层褐黄色粉质黏土层缺失;第三层为淤泥质粉质黏土,层厚 6.3m,重度为 18.0kN/m³,地基承载力特征值 f_{ak} 为 65kPa;第四层为淤泥质黏土,层厚 8.6m,重度为 17.3kN/m³;第五层为粉质黏土。试设计砂垫层处理方案。

【解】

(1) 确定砂垫层厚度

本工程由于暗浜深度为 2.5m，而基础埋深为 1.2m，因此，砂垫层厚度先设定为 $z=1.3$m，其干密度要求大于 1.6g/cm³。

① 基础底面的平均压力 p_k。

$$p_k = \frac{F_k + G_k}{A} = \frac{F_k + \gamma_G bd}{A} = \frac{110}{1.2} + 20 \times 0.8 + (20 - 9.8) \times 0.4 = 111.7 \text{kPa}$$

其中，γ_G 为基础及回填土的平均重度（地下水位以下应扣浮力），可取 20kN/m³。

② 基础底面处土的自重压力值 p_c。

$$p_c = 18.5 \times 0.8 + (18.5 - 9.8) \times 0.4 = 18.3 \text{ kPa}$$

③ 垫层底面处土的自重压力 p_{cz}。

$$p_{cz} = 18.5 \times 0.8 + (18.5 - 9.8) \times 1.7 = 29.6 \text{ kPa}$$

④ 垫层底面处的附加压力 p_z。

对于条形基础，垫层底面处的附加压力 p_z 按式(7-2)压力扩散角的方法进行计算。其中，垫层的压力扩散角 θ 可按表 7-3 采用，由于 $z/b = 1.3/1.2 = 1.08 > 0.5$，查表可得 $\theta=30°$。

$$p_z = \frac{b(p_k - p_c)}{b + 2z\tan\theta} = \frac{1.2 \times (111.7 - 18.3)}{1.2 + 2 \times 1.3 \times \tan 30°} = 41.5 \text{ kPa}$$

⑤ 垫层底面处经深度修正后的地基承载力特征值 f_{az}。

砂垫层底面处淤泥质粉质黏土的地基承载力特征值 $f_{ak}=65$kPa，再经深度修正可得下卧层经深度修正后的地基承载力特征值为（修正系数 η_d 取 1.0）：

$$f_{az} = f_{ak} + \eta_d \cdot \gamma_0 (d + z - 0.5)$$

$$= 65 + 1.0 \times \frac{18.5 \times 0.8 + (18.5 - 9.8) \times 1.7}{2.5} \times (2.5 - 0.5)$$

$$= 88.7 \text{ kPa}$$

⑥ 下卧层承载力验算。

砂垫层的厚度 z 应满足作用在垫层底面处土的自重压力与附加压力之和不大于下卧层地基承载力的要求，按式(7-1)验算，即：

$$p_z + p_{cz} = 41.5 + 29.6 = 71.1 \text{kPa} < f_{az} = 88.7 \text{kPa}$$

满足设计要求，故砂垫层厚度确定为 1.3m。

(2) 确定砂垫层宽度

垫层的宽度按式(7-4)压力扩散角的方法进行确定，即：

$$b' = b + 2z\tan\theta = 1.2 + 2 \times 1.3 \times \tan 30° = 2.7 \text{m}$$

取垫层宽度为 2.7m。

(3) 沉降计算

略。

第三节 密 实 法

一、密实法的原理

土的密实原理是利用各种机械功能，在短时间内促使土的孔隙比减小，密实度增加，从而达到增加地基强度、减少沉降的目的。密实法主要适用于非饱和黏性土以及饱和或非饱和的砂性土地基。利用密实原理处理地基的方法有碾压、夯实、挤密和振密等四类。

1. 碾压法原理

碾压法是利用各种压实机械,如压路机、铲运机、羊足碾等机械的重力对土进行压实。由于机械的质量有限,压实功能小,压实的影响深度很小,所以碾压法主要用于填土工程,如土坝、路堤或大面积回填土。这类工程一般都是把土作为回填材料,因此可采用分层碾压的办法来达到密实的效果。

2. 夯实法原理

夯实法是利用冲击能来击实地基,根据冲击能的大小,又可分为重锤夯实和强夯两类。

(1) 重锤夯实法原理

重锤夯实法用起重机械将夯锤提高到一定的高度后,然后将其自由下落,利用冲击能量将浅层地基夯实。重锤夯实法的夯击能量随着夯锤的重力和落距的增加而增加,夯锤的重力一般为 15~30kN,落距一般为 2.5~4.5m;夯击 8~12 遍后,夯实的影响深度一般能达到锤底直径的 1 倍左右,约 1.2m。重锤夯实法一般适用于处理浅层非饱和黏性土、砂性土、湿陷性黄土、杂填土和分层填筑的素填土。但若在影响深度范围内,地下水位高且存在有低渗透性饱和软土时,软土结构很可能被破坏,而水又无法排出,从而形成所谓"橡皮土"。在这种情况下,土层则不可能达到密实的效果,应特别注意。

(2) 强夯法原理

强夯法是在极短的时间内对地基施加一个巨大的冲击能量,加荷历时一般只有几十毫秒。这种突然释放的巨大能量,转化为各种振动波和动应力向土中传播,使土体产生密实或动力固结,从而提高地基土的强度,降低土的压缩性,改善砂土的抗液化条件,消除湿陷性黄土的湿陷性等。强夯法是法国梅那(Menard)技术公司于 1969 年首创的一种地基加固技术。与重锤夯实法比较,强夯法的主要特点是夯击能量特别大,锤重一般为 100~400kN,落距为 6~40m,国外最大的夯击能曾达到 50 000kN·m。强夯法最初是用以加固各类松散砂土和碎石土,因其具有效果明显、设备简单、施工方便、节省劳力、施工期短、节省材料、施工文明、施工费用低等优点,目前已广泛应用到处理各类低饱和度的粉土与黏性土、湿陷性黄土、杂填土和素填土等地基。如果往夯坑内回填碎石、块石等粗颗粒材料或者设置合理的排水系统,强夯法还可适用于高饱和度的粉土与软塑~流塑的黏性土等地基对变形控制要求不严的加固工程,但应在设计前通过现场试验确定其适用性和处理效果。强夯法的主要缺点是夯击会产生较大的振动和噪声,因此当强夯施工对邻近建筑物或设备产生有害影响或影响到周围居民的工作和生活时,则该法的应用会受到限制。

根据地基土的类别和强夯施工工艺,强夯法加固地基有三种不同的加固机理:动力密实、动力固结和动力置换。

①动力密实机理。强夯加固粗粒土或非饱和细粒土是基于动力密实机理,即用强大的冲击荷载,强制使土体中的孔隙减小,土体变得密实,从而提高地基土强度。

②动力固结机理。强夯加固饱和细粒土为动力固结机理,即用强大的冲击能与冲击波,破坏了土体原有的结构,使土体局部发生液化并产生许多微裂隙,增加了孔隙水的排水通道,使土体加速固结,此后由于软土的触变性,强度继续提高。

③动力置换机理。动力置换可分为整式置换和桩式置换。整式置换是采用强夯将碎石整体挤入淤泥中,作用机理类似于换土垫层。桩式置换是通过强夯将碎石填筑土体中,部分碎石

桩(或墩)间隔地夯入软土中,形成桩式(或墩式)的碎石墩(或桩)。

3.挤密法原理

挤密法是指在软弱土层中挤土成孔,从侧向将土挤密,然后再将碎石、砂、灰土、石灰或矿渣等填料充填密实成柔性的桩体,并与原地基形成一种复合地基,从而改善地基的工程性能。

挤密法根据施工方法和灌入材料不同,可分为沉管挤密砂(或碎石)桩、振冲碎石桩、石灰桩、灰土桩、渣土桩、爆扩桩等。挤密法一般适用于加固松散砂土、粉土、黏性土、素填土、杂填土等地基。

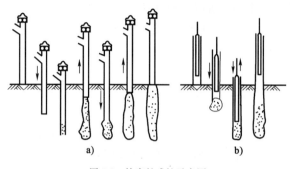

图 7-2 挤密桩成桩示意图
a)振动成桩;b)冲击成桩

如图 7-2 所示挤密桩的成桩过程。采用带有桩靴的钢管,用打入或振入的方法成孔,灌入填料后,边振动边将钢管拔出;拔管时桩靴活瓣张开,填料将桩孔充填密实。图 7-2a)也表示振冲桩的施工顺序,第一、二步是用带有高压喷嘴的振冲器喷射成孔,第三步是将填料灌入,第四步是用振冲器将填料振冲密实成桩。

挤密法加固地基的作用,可以从两个方面分析。首先在成孔过程中,由于套管排土使在成孔的有效影响范围内土的孔隙比减小,密实度增加;然后用填料填入振密成桩。这种桩虽是柔性桩,但其性质比原土要好得多。在某种意义上讲,桩体本身是一种置换作用。由于柔性桩的变形比刚性桩大得多,它可以与挤密的桩间土一起构成复合地基,共同承担外部荷载作用。

二、强夯法的设计与计算

强夯法的主要设计参数包括有效加固深度、夯击能、夯击次数、夯击遍数、间隔时间、夯击点布置和处理范围。

(1)有效加固深度:强夯法的有效加固深度既是反映处理效果的重要参数,又是选择地基处理方案的重要依据。目前,对于强夯法的有效加固深度,国内外尚无确切的定义,一般可理解为:经强夯加固后,该土层强度和变形等指标能满足设计要求的土层范围。梅那(Menard)曾提出用以下计算式估算强夯法的有效加固深度 $H(m)$。

$$H = \alpha\sqrt{\frac{W \cdot h}{10}} \tag{7-10}$$

式中:W——夯锤重力,kN;

h——落距,m;

α——修正系数,根据实践经验为 0.35~0.7,不同地质条件取不同数值,一般黏性土取 0.5,砂性土取 0.7,黄土取 0.35~0.5。

实际上,影响有效加固深度的因素很多,除了锤重和落距外,还有地基土的性质、不同土层的埋藏顺序和厚度、地下水位、单击夯击能量、夯击次数和遍数、平均夯击能等。因此,强夯的有效加固深度应根据现场试夯或当地经验确定。

(2)夯击能:分为单击夯击能和单位夯击能。单击夯击能(即夯锤重和落距的乘积)一般根据工程要求的加固深度来确定。单位夯击能是指施工场地单位面积上施加的总夯击能。单位夯击能的大小与地基土的类别有关。在相同的条件下,粗颗粒土的单位夯击能要比细颗粒土适当大些。此外,结构类型、荷载大小和要求处理的深度也是选择单位夯击能的重要因素。

(3)夯击次数:是强夯设计中的一个重要参数,一般通过现场试夯确定,常以夯坑的压缩量最大、夯坑周围隆起量最小为确定的原则。

(4)夯击遍数:应根据地基土的性质确定。一般来说,由粗颗粒土组成的渗透性强的地基,夯击遍数可少些。反之,由细颗粒土组成的渗透性弱的地基,夯击遍数要求多些。对于碎石、砂砾、砂质土,夯击遍数一般为2~3遍;黏性土为3~8遍。最后再对全部场地进行低能量夯击(俗称满夯),使表层1~2m范围的土层得以夯实。

(5)间隔时间:两遍夯击之间应有一定的间隔时间,以利于土中超静孔隙水压力的消散。对于渗透性较差的黏性土地基的间隔时间,一般不应少于3~4周;对于渗透性好的地基,则可连续夯击。

(6)夯击点布置:夯击点布置是否合理与夯实效果和施工费用之间有密切的关系。夯击点位置可根据建筑结构类型进行布置,一般采用等边三角形、等腰三角形或正方形布点。

(7)处理范围:由于基础的应力扩散作用,强夯处理的范围应大于建筑物基础的范围,具体放大范围可根据建筑结构类型和重要性等因素考虑确定。根据经验,对于一般建筑物,每边超出基础外缘的宽度宜为设计处理深度的1/2~2/3,不宜小于3m。

三、挤密法的设计与计算

挤密桩的设计包括方案确定、桩长和桩径的确定、桩距计算、加固范围、布桩形式和砂石灌入量计算。

(1)挤密桩可分别选择振动沉管砂桩、砂石桩或碎石桩,也可与其他地基处理方法结合使用。

(2)桩长主要取决于需要加固土层的厚度,一般视建(构)筑物的设计要求和地质条件确定,应满足地基的强度和变形控制的要求。桩长一般可按下列要求确定:

①对松散砂土或其他软土层,当其厚度不大时,挤密砂石桩应穿透软弱土层至较好持力层上;当厚度较大而挤密砂石桩不能穿透时,桩长应根据建筑地基的允许变形值确定。

②处理可液化土层时,桩长应穿透可液土层。

③对按稳定性控制的工程,加固深度应大于最危险滑动面深度。

④桩长一般不小于4m。

(3)桩径应根据工程地质条件和成桩设备等因素确定,一般为300~800mm。

(4)桩距应能满足地基强度及变形控制要求,以及抗液化和消除黄土湿陷性等设计要求,同时使单位面积造价最低,一般应通过现场试验确定。对于粉土和砂土地基,桩距不宜大于挤密桩直径的4.5倍;对黏性土地基,不宜大于挤密桩直径的3倍。

桩间土的挤密效果与挤密桩的布置和排列有关,挤密桩孔位宜采用等边三角形或正方形布置。

对于挤密碎石桩,若桩位按图7-3和图7-4所示布置,挤密桩直径为d(m),则在初步设计时其挤密桩间距s可按下列方法进行估算。

对于松散粉土和砂土地基,可根据挤密后要求达到的孔隙比e_1来确定挤密桩间距s。

等边三角形排列:

$$s = 0.95\xi d\sqrt{\frac{1+e_1}{e_0-e_1}} \tag{7-11}$$

正方形排列：
$$s = 0.89\xi d\sqrt{\frac{1+e_0}{e_0-e_1}} \quad (7-12)$$

$$e_1 = e_{\max} - D_{r1}(e_{\max} - e_{\min}) \quad (7-13)$$

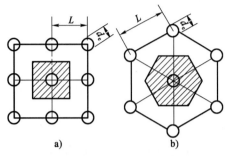
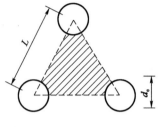

图 7-3 挤密桩的布置与影响范围
a)正方形布置；b)梅花形布置

图 7-4 三角形布置间距的确定

式中：s——挤密砂石桩间距；

ξ——修正系数，当考虑振动下沉密实作用时，可取 1.1~1.2；不考虑振动下沉密实作用时，取 1.0；

d——挤密砂石桩直径，可取 300~800mm，可根据地基土质情况和成桩设备等因素确定，对饱和黏性土地基宜选用较大的直径；

e_0、e_1——分别为加固前原土和挤密后要达到的孔隙比；

$e_{\max}$、$e_{\min}$——分别为砂土的最大和最小孔隙比，由室内试验确定；

D_{r1}——地基挤密后要求砂土达到的相对密实度，可取 0.70~0.85。

对于黏性土地基，挤密桩间距 s：

等边三角形排列 $\quad s = 1.08\sqrt{A_e} \quad (7-14)$

正方形排列 $\quad s = \sqrt{A_e} \quad (7-15)$

其中，A_e 为一根挤密砂石桩承担的处理面积(m^2)，$A_e = A_p/m$，A_p 为砂石桩截面积，m 为面积置换率。

(5)加固范围应根据上部建筑结构特征、基础形式及尺寸大小、荷载条件及工程地质条件而定。地基的加固宽度一般不小于基础宽度的 1.2 倍，而且基础外缘每边放宽不应少于 1~3 排桩。对于有抗液化要求的地基基础，外缘每边放宽不小于处理深度的 $\frac{1}{2}$，并不小于 5m；当可液化土层上覆盖有厚度大于 3m 的非液化土层时，基础外缘每边放宽不小于处理深度的 $\frac{1}{2}$，并不小于 3m；一般在基础外缘放宽 2~4 排桩。

(6)布桩形式应根据基础形式确定。对于大面积满堂处理，桩位宜采用等边三角形布置；对于独立或条形基础，桩位宜采用正方形、矩形或等腰三角形布置；对于圆形或环形基础，宜采用放射形布置。

(7)挤密桩砂石灌入量可按式(7-16)计算。

$$q = K \cdot h \cdot \frac{\pi \cdot d^2}{4} \quad (7-16)$$

式中：q——每根桩填料量，m^3；

h——桩长，m；

K——充盈系数,一般为 1.25~1.32；

d——桩径,m。

挤密桩砂石灌入量也可按式(7-17)计算。

$$q' = \frac{A_p \cdot h \cdot \rho_s}{1+e}(1+w) \tag{7-17}$$

式中：q'——每根桩填料量,t；

A_p——砂石桩的截面面积,m^2；

h——桩长,m；

ρ_s——砂石料的密度,t/m^3；

e——砂石料孔隙比；

w——砂石料的含水率。

第四节 排水固结法

排水固结法(又称预压法)是在建筑物(或构筑物)建造之前,利用天然地基土层本身的透水性或先在地基中设置水平向和竖向排水体,然后在场地上进行加载预压,使土体中部分孔隙水逐渐排出,地基发生排水固结,土体强度逐渐提高,沉降提前完成的方法。该法常用于解决各类淤泥、淤泥质土和冲填土等饱和黏性土地基的沉降和稳定问题,可使地基的沉降在加载预压期间基本完成或大部分完成,使建筑物在使用期间不致产生过大的沉降和沉降差；同时,可增加地基土的抗剪强度,从而提高地基的承载力和稳定性。

一、排水固结法的原理

排水固结法通常由排水系统和加载系统两部分组成。

根据饱和土体固结理论,地基土的排水固结效果与它的排水边界有关。黏性土固结所需的时间与最大排水距离的平方成正比,可以有效缩短最大排水距离,大大缩短地基土固结所需的时间。如图 7-5a)所示一种典型的单向固结情况,当土层较薄或土层厚度相对荷载宽度较小时,土中孔隙水可以由竖向渗流经上下透水层排出而使土层固结。但当软土层很厚时,一维固结所需的时间很长。为了满足工程的要求,加速土层固结,最有效的方法就是在地基中增加竖向排水途径,如图 7-5b)所示。这是目前常用的由砂井(袋装砂井)或塑料排水板构成的竖向排水系统以及由砂垫层构成的横向排水系统,在荷载作用下促使孔隙水由水平向流入砂井,再由砂井竖向流入砂垫层,从而大大缩小固结时间。

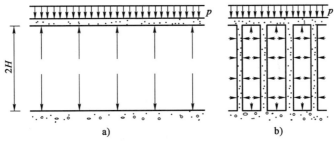

图 7-5 排水固结法原理

a)竖向排水情况；b)砂井地基排水情况

要使土体中孔隙水排出，必须对土体施加预压荷载，所以排水固结还必须配有加载系统。加载系统的形式和方法很多，目前常用的方法有堆载法、真空法、联合法和降水法等。

排水固结法处理地基主要有以下两种情况，即等载排水固结和超载排水固结，见图 7-6a)和 b)。

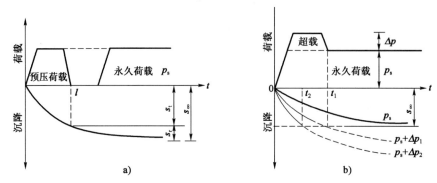

图 7-6 排水固结
a)等载排水固结；b)超载排水固结

图 7-6a)表示等载预压（预压荷载与永久荷载相等）的情况。地基的最终沉降量 s_∞ 由两部分组成：

$$s_\infty = s_t + s_r \tag{7-18}$$

式中：s_t——预压期内所产生的沉降或被消除的沉降，m；
s_r——残留沉降，m。

从图中不难看出，预压的效果与预压的时间有关，预压的时间越长，消除的沉降 s_t 越大，残留沉降 s_r 越小。因此，预压时间完全取决于永久荷载对残留沉降 s_r 的要求。

超载预压是指预压荷载大于永久荷载的情况，如图 7-6b)所示。如果在永久荷载作用下，地基的最终沉降量为 s_∞，则预压的效果与超载 Δp 的大小有关；当预压时间相同时，Δp 越大，预压消除的沉降越多，效果越好。超载预压的最大优点，除可以大大缩短预压时间外，还可以达到残留沉降 $s_r \approx 0$ 的目的，即在永久荷载使用期几乎没有沉降发生。

超载预压地基处理的效果比较好。根据经验，超载 Δp 为 20% 永久荷载时最为经济。

二、排水固结法的计算

排水固结法设计的核心是地基固结度和地基强度增长值的计算。

1. 地基固结度计算

地基固结度主要根据如图 7-5 所示的两种边界条件进行计算。

(1) 瞬时加载条件下地基竖向固结度计算

如图 7-5a)所示，对于土层为双面排水条件，根据太沙基一维固结理论，某一时刻的竖向平均固结度为：

$$\overline{U}_z = 1 - \frac{8}{\pi^2} \sum_{m=1,3,\cdots}^{\infty} \frac{1}{m^2} \exp\left(-\frac{m^2\pi^2}{4} T_v\right) \tag{7-19}$$

$$T_v = \frac{c_v t}{H^2} \tag{7-20}$$

$$c_v = \frac{k_v(1+e)}{a\gamma_w} \tag{7-21}$$

当 $\overline{U}_z > 30\%$ 时，可采用式(7-22)计算。

$$\overline{U}_z = 1 - \frac{8}{\pi^2}\exp\left(-\frac{\pi^2}{4}T_v\right) \tag{7-22}$$

式中：T_v——竖向固结时间因数；
H——竖向最大排水距离，m；
c_v——竖向固结系数，m^2/s；
t——固结时间，s；
a——土的压缩系数，kPa^{-1}；
e——土的孔隙比；
k_v——竖向渗透系数，m/s；
γ_w——水的重度，kN/m^3。
m——取正奇整数（1、3、5 等）。

为便于计算，式（7-22）已制成如图 7-7 所示的 $\overline{U}_z$—T_v 关系曲线。如果地基只有单面排水边界，而且附加应力分布又为非矩形的情况，则固结度 $\overline{U}_z$ 与时间因数 T_v 的关系可查图 7-8。

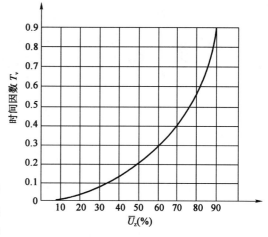

图 7-7 双面排水条件下 $\overline{U}_z$ 与 T_v 的关系

（2）瞬时加载条件下地基径向固结度计算

砂井地基的排水条件如图 7-5b）所示，土层中的孔隙水既可以竖向又可以水平向排走。砂井的边界排水条件与砂井的平面布置形式有关。砂井的布置通常可按等边三角形或正方形排列布置，如图 7-9a）、b）所示。因此，每一个砂井的有效排水范围如图中虚线所示，并用一个等效圆来代替，认为在该范围内的孔隙水是通过位于其中的砂井排出。这样，排水边界可以看作以等效直径为 d_e 的圆柱体，即砂井的有效排水直径为 d_e，见图 7-9c）。圆柱体的面为一个不透水边界。等效圆的直径 d_e 与砂井排列的间距 l 的关系如下。

等边三角形排列：

$$d_e = \sqrt{\frac{2\sqrt{3}}{\pi}}l = 1.05l \tag{7-23}$$

正方形排列：

$$d_e = \sqrt{\frac{4}{\pi}}l = 1.13l \tag{7-24}$$

径向平均固结度 $\overline{U}_r$ 可以根据图 7-9c）的边界条件建立超静孔隙水压力固结微分方程。其解为：

$$\overline{U}_r = 1 - \exp\left(-\frac{8}{F(n)}T_h\right) \tag{7-25}$$

$$F(n) = \frac{n^2}{n^2-1}\ln(n) - \frac{3n^2-1}{4n^2} \tag{7-26}$$

$$T_h = \frac{c_h t}{d_e^2} \tag{7-27}$$

$$c_h = \frac{k_h(1+e)}{a\gamma_w} \tag{7-28}$$

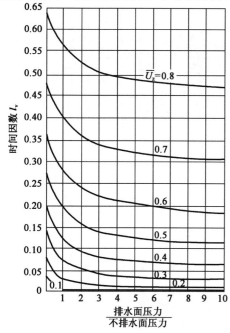

图 7-8 各种边界条件下 $\overline{U}_z$ 与 T_v 的关系

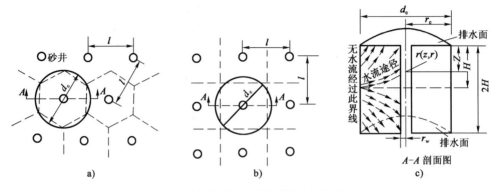

图 7-9 砂井平面布置及影响范围土柱体剖面

式中:n——井径比,$n=\dfrac{d_e}{d_w}$,对普通砂井 n 可取 $6\sim8$,对袋装砂井和塑料排水板 n 可取 $15\sim22$；

d_e、d_w——分别为砂井有效影响范围的直径和砂井的直径,m；

T_h——径向排水固结时间因数；

c_h——径向排水固结系数,m^2/s；

k_h——水平向渗透系数,m/s。

对于塑料排水板,用式(7-25)计算地基固结度时,其中的 d_w 需采用当量换算直径 d_p。

$$d_p = \frac{2(b+\delta)}{\pi} \tag{7-29}$$

式中:d_p——塑料排水带的当量换算直径,mm；

b、δ——分别为塑料排水板宽度和厚度,mm。

砂井地基的径向固结度 $\overline{U}_r$ 与时间因数 T_h、井径比 n 之间的关系见图 7-10。

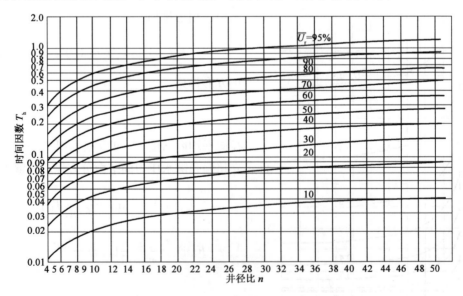

图 7-10 径向固结度 $\overline{U}_r$ 与时间因素 T_h 及井径比 n 的关系

(3)瞬时加载条件下地基平均固结度计算

砂井地基的平均总固结度 $\overline{U}_{rz}$ 是由竖向排水和径向排水所组成的,可按下式计算。

$$\overline{U}_{rz} = 1 - (1 - \overline{U}_z)(1 - \overline{U}_r) \tag{7-30}$$

式中：$\overline{U}_z$——仅考虑竖向排水的平均固结度；

$\overline{U}_r$——仅考虑径向排水的平均固结度。

在实际工程中，通常软黏土层的厚度总比砂井的间距大得多，所以地基的固结以水平向排水为主，故经常忽略竖向固结，直接按式(7-25)计算，作为地基的平均固结度。

(4) 一级或多级等速加载条件下地基固结度计算

上面计算固结度的理论公式都是假设荷载是一次瞬间加足的，然而在实际工程中，荷载总是分级逐渐施加的。对于一级或多级等速加载条件下，当固结时间为 t 时，对应总荷载的地基平均固结度可按下式计算。

$$\overline{U}_t = \sum_{i=1}^{n} \frac{\dot{q}_i}{\sum \Delta p} \left[(T_i - T_{i-1}) - \frac{\alpha}{\beta} e^{-\beta t} (e^{\beta T_i} - e^{\beta T_{i-1}}) \right] \tag{7-31}$$

式中：$\overline{U}_t$——t 时间地基的平均固结度；

$\dot{q}_i$——第 i 级荷载的加载速率，kPa/d；

$\sum \Delta p$——各级荷载的累加值，kPa；

T_{i-1}、T_i——分别为第 i 级荷载加载的起始和终止时间（从零点起算），d，当计算第 i 级荷载加载过程中某时间 t 的固结度时，T_i 改为 t；

α、β——参数，根据地基土排水固结条件按表 7-4 采用，对砂井地基，表中所列 β 为不考虑涂抹和井阻影响的参数值。

α、β 值 表 7-4

排水固结条件 参数	竖向排水固结 $\overline{U}_z > 30\%$	向内径向排水固结	竖向和向内径向排水固结 （砂井贯穿受压土层）	砂井未贯穿受压土层的 平均固结度
α	$\dfrac{8}{\pi^2}$	1	$\dfrac{8}{\pi^2}$	$\dfrac{8}{\pi^2}Q$
β	$\dfrac{\pi^2 c_v}{4H^2}$	$\dfrac{8 c_h}{F(n) d_e^2}$	$\dfrac{8 c_h}{F(n) d_e^2} + \dfrac{\pi^2 c_v}{4H^2}$	$\dfrac{8 c_h}{F(n) d_e^2}$

注：$Q = \dfrac{H_1}{H_1 + H_2}$，$H_1$ 为砂井深度，H_2 为砂井以下压缩土层厚度，表中其余符号意义同前。

当排水砂井采用挤土方式施工时，应考虑涂抹和扰动对土体固结的影响。当砂井的纵向通水量与天然土层水平向渗透系数的比值较小，且长度又较大时，尚应考虑井阻影响。考虑井阻、涂抹和扰动影响后，按式(7-31)计算的平均固结度应乘以折减系数，其值通常可取 0.80~0.95。

2. 地基强度增长值的计算

在预压荷载作用下，随着排水固结的过程，地基土的抗剪强度逐渐增长。如果对软土地基施加的荷载过大且过急，地基土得不到充分固结，当荷载所产生地基土中的应力达到土的不排水强度时，就可能导致地基破坏。

地基中某一时刻土的抗剪强度 τ_t 可用式(7-32)表示。

$$\tau_t = \tau_0 + \Delta \tau_c - \Delta \tau_s \tag{7-32}$$

式中：τ_0——天然地基抗剪强度；

$\Delta \tau_c$——由于固结而增长的抗剪强度增量；

$\Delta\tau_s$——由于剪切和蠕变而引起的强度衰减量。

目前 $\Delta\tau_s$ 尚难以计算,故可改写为:

$$\tau_t = \eta(\tau_0 + \Delta\tau_c) \tag{7-33}$$

其中,η 为综合折减系数。根据工程实践经验,η 可取 $0.75\sim0.9$;如果能判定地基土没有强度衰减可能时,则 η 取 1.0。

天然地基强度可用十字板剪切仪测定。由于固结而增长的抗剪强度增量为:

$$\begin{aligned}\Delta\tau_c &= \Delta\sigma_1' \frac{\sin\varphi'\cos\varphi'}{1+\sin\varphi'} = (\Delta\sigma_1 - \Delta u)\frac{\sin\varphi'\cos\varphi'}{1+\sin\varphi'} \\ &= \Delta\sigma_1\left(1 - \frac{\Delta u}{\Delta\sigma_1}\right)\frac{\sin\varphi'\cos\varphi'}{1+\sin\varphi'} = \Delta\sigma_1 \frac{\sin\varphi'\cos\varphi'}{1+\sin\varphi'}U_t\end{aligned} \tag{7-34}$$

式中:$\Delta\sigma_1$——荷载引起地基中某一点的最大主应力增量,可按一般弹性理论计算;

Δu——荷载引起地基中某一点的孔隙水压力增量;

U_t——对应于 $\Delta\sigma_1$ 的地基平均固结度。

将式(7-34)代入式(7-33)可得:

$$\tau_t = \eta\left(\tau_0 + \Delta\sigma_1 \frac{\sin\varphi'\cos\varphi'}{1+\sin\varphi'}U_t\right) \tag{7-35}$$

三、排水固结法的设计

排水固结法的设计,实际上在于合理安排排水系统和加压系统的关系,使地基在受压过程中排水固结,增加一部分强度,以满足逐渐加载条件下地基的稳定性,并加速地基的沉降,以满足建筑物对沉降的要求。

1. 排水系统的设计

排水系统分为水平排水系统和竖向排水系统两种。

(1)水平排水系统

水平排水系统是指软土层顶面的排水砂层,目的是为了创造一个竖向渗流的排水边界。排水垫层的材料,一般采用透水性好的中粗砂,其渗透系数宜大于 $1\times10^{-2}\,\mathrm{cm/s}$,同时能起到一定的反滤作用。其中,黏粒含量不宜大于 3%,砂料中也可混有少量粒径小于 $50\mathrm{mm}$ 的砾石。

垫层厚度不应小于 $50\mathrm{cm}$,在没有砂井的情况下,通常采用满铺的形式;对于有砂井的情况,可采用排水砂沟的形式,从而将每一个砂井连在一起。当软土地基表面很软,施工有困难时,可先在地基表面铺一层塑料编织网或土工布,然后再在上面铺排水砂垫层。

(2)竖向排水系统

当软土层大于 $5\mathrm{m}$ 时,常需要设置竖向排水系统。设置竖向排水系统的目的是为了创造一个水平向渗流边界。国内的实际工程经常采用以下几种形式:$30\sim50\mathrm{cm}$ 直径的普通砂井、$7\sim12\mathrm{cm}$ 直径的袋装砂井、各种类型的塑料排水板等。

竖向排水系统的设计(以砂井为例)包括确定砂井的深度、直径、间距和范围,可根据工程对固结时间的要求,通过前述的固结理论等计算确定。

砂井的深度应根据建筑物对地基的稳定和变形的要求确定。以地基稳定性控制的工程,砂井深度应超过潜在滑动面至少 $2\mathrm{m}$。以沉降控制的工程,如压缩土层较薄,砂井宜贯穿压缩土层;对压缩土层较厚,砂井的深度根据限定时间内应消除的沉降量确定。

根据工程经验,缩短砂井间距比之增大井径对加速固结的效果更好。因此,采用"细而密"的原则选择砂井的直径和间距是比较合理的。

对砂井的布置,有时为了防止地基产生过大的侧向变形和防止基础周边附近地基的剪切破坏,其布置范围可由基础的轮廓线向外扩大约2~4m。

2. 加载系统的设计

土体中的孔隙水是靠外加荷载所产生的附加应力将其挤出的,所以加载系统的设计和选择关系到预压排水固结的效果。根据预压荷载不同,加载系统主要有堆载预压法、真空预压法、联合预压法和降水预压法。

(1) 堆载预压法

堆载预压法是加荷系统中最常用的一种方法。根据永久荷载的大小,可在软土表面堆置相应的砂石料、钢锭等荷载。公路、铁路及机场跑道的路堤是很好的采用堆载预压的例子,如在沪宁、沪嘉高速公路及宁波、厦门机场的建设中即采用了这种方法。堆载法的最大优点是计量明确,施工技术简单,适应性广;但工程量大,投资高,特别是当堆载用料来源有困难时则更不经济。

堆载预压法在施加预压荷载的过程中,任何时刻作用于地基上的荷载都不得超过地基极限承载力,以免引起地基失稳破坏。如需施加较大荷载时,应采取分级加载的方式,并严格控制加载速率,使之与地基的强度增长相适应;待地基在前一级荷载作用下达到一定的固结度后再施加下一级荷载。

(2) 真空预压法

真空预压法是在砂井地基上覆盖一层不透气的密封膜使地基与大气隔绝,通过埋设于砂垫层中的吸水管道,用真空装置抽气,将膜内空气排出,如此在膜内外产生一个气压差$-U_s$。这部分压力差相当于作用在地基上的预压荷载。真空预压土中有效应力的变化见图7-11。抽真空前,土中的总应力为1线,水压力为2线,初始有效应力为1线和2线之间的面积;抽真空后,水压力线变为4线,土层内增加的有效应力为2线与4线之间的面积。如果考虑真空设备的效率损失,有效应力应为2线与3线之间的面积。这部分应力促使土体排水固结。

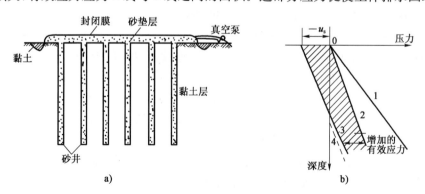

图 7-11 真空预压法原理
a) 真空法;b) 用真空法增加的有效应力
1-总应力线;2-原来的水压线;3-降低后的水压线;4-不考虑排水井内水头损失时的水压力线

真空预压法一般适用于饱和软黏土地基,特别是超软地基的加固;但当遇到黏性土层与有充足水源补给的透水层相间的情况时,地下水大量流入就不可能得到预计的负压$(-U_s)$,因此达不到预期的加固效果。砂井虽然能使负压迅速传递到土层下部,加速土层的排水固结;但真空压力能达到多大的有效深度目前尚不清楚,所以不应盲目增加砂井的深度。

(3) 联合预压法

堆载预压法的最大优点是没有受到荷载大小的限制,可以进行超载预压;但缺点是堆载的工程量太大,所需投资高。真空法虽比较经济,但所形成的预压荷载不可能很大(真空预压法膜下真空度一般只可达 85kPa 左右),技术要求也比较复杂。因此,当地基预压荷载比较大时,在工程实践中可采用真空—堆载联合预压法。联合法就是综合两者的优点,先进行抽真空,当真空压力达到设计要求并稳定后,再进行堆载,并继续抽气。两者的加固效果互相叠加,这样就可以取得更为理想的结果。

(4) 降水预压法

降水预压的原理是通过降低地基中的地下水位,使地基中的软弱土层承受相当于水位下降高度的压力而固结,这是一种直接增加土骨架应力的方法。降水法常常与堆载法结合使用,既可以减少预压荷载,又可以减少预压时间。但降水法有一定的局限性,它与土层分布和渗透性有很大的关系。此外,各种井点的降水深度也有一定的限度,详见表 7-5。井点降水的计算可参照有关水文地质学理论进行,但由于实际工程的影响因素很多,仅仅采用经过简化的图式进行计算是难于求出可靠结果的,因此还必须与经验结合起来。

各类井点的适用范围 表 7-5

井 点 类 别	土层渗透系数(m/d)	降低水位深度(m)
单层轻型井点	0.1~50	3~6
多层轻型井点	0.1~50	6~12
喷射井点	0.1~2.0	8~12
电渗井点	<0.1	根据选用的井点确定
管井井点	20~200	3~5
深井井点	10~250	>15

前述各种加载方法中,砂井法特别适用于存在连续薄砂层的地基。但砂井只能加速主固结而不能减少次固结,对有机质土和泥炭等次固结土,不宜只采用等载预压法。克服次固结可利用超载预压的方法。真空预压法适用于能在加固区形成(包括采取措施后形成)稳定负压边界条件的软土地基。降低地下水位法、真空预压法和电渗法由于不增加剪应力,地基不会产生剪切破坏,所以它适用于很软弱的黏土地基。

加载系统的设计在于确定预压荷载的大小和施加方式。预压荷载的大小通常与建筑物基础底面压力相同,预压的顶面范围应大于建筑物基础外缘包围的范围。当天然地基的强度满足预压荷载下地基的稳定性时可一次加载,否则应分级加载。第一级荷载根据土的天然强度确定,以后各级荷载根据前期荷载下增长的强度,通过稳定性分析确定。真空预压时,地基不会失稳,等效荷载可一次施加。分级加荷时应控制加荷速率,使之与地基的强度增长相适应;待地基在前一级荷载作用下达到一定的固结度后,再施加下一级荷载,特别是在加荷后期,更需要严格控制加荷速率。加荷速率可通过理论计算确定,但更为直接而可靠的方法是通过各种现场的位移和变形观测来控制。

四、排水固结法的施工要点

1. 堆载预压法

(1)塑料排水板的性能指标必须符合设计要求。塑料排水板在现场应妥善存放,防止阳光照射、破损或污染。破损或污染的塑料排水板不得在工程中使用。

(2)砂井的灌砂量,应按井孔的体积和砂在中密状态时的干密度计算。其实际灌砂量不得小于计算值的95%。灌入砂袋中的砂宜用干砂,并应灌制密实。

(3)塑料排水板和袋装砂井在施工时,宜配备能检测其深度的仪器。

(4)塑料排水板施工所用套管应保证插入地基中的板子不扭曲。塑料排水板需接长时,应采用滤膜内芯板平搭接的连接方法,搭接长度宜大于200mm。袋装砂井施工所用套管内径宜略大于砂井直径。塑料排水板和袋装砂井施工时,平面井距偏差不应大于井径,垂直度偏差不应大于1.5%,深度不得小于设计要求。塑料排水板和袋装砂井的砂袋埋入砂垫层中的长度不应小于500mm。

(5)对堆载预压工程,在加载过程中应进行竖向变形、边桩水平位移及孔隙水压力等项目的监测,并根据监测资料控制加载速率。对竖井地基,最大竖向变形量每天不应超过15mm;对天然地基,最大竖向变形量每天不应超过10mm。边桩水平位移每天不应超过5mm,并且应根据上述观察资料综合分析、判断地基的稳定性。

2. 真空预压法

(1)真空预压的抽气设备宜采用射流真空泵,抽空时必须达到95kPa以上的真空吸力。真空泵的设置应根据预压面积大小和形状、真空泵效率和工程经验确定,每块预压区至少应设置2台真空泵。

(2)真空管路的连接应严格密封,在真空管路中应设置止回阀和截门。水平向分布滤水管可采用条状、梳齿状及羽毛状等形式,滤水管布置宜形成回路。滤水管应设在砂垫层中,其上覆盖厚度为100~200mm的砂层。滤水管可采用钢管或塑料管,外包尼龙纱或土工织物等滤水材料。

(3)密封膜应采用抗老化性能好、韧性好、抗穿刺性能强的不透气材料。密封膜宜采用双热合的平搭接缝,搭接宽度应大于15mm。密封膜宜铺设三层,膜周边可采用挖沟埋膜、平铺并用黏土覆盖压边、围埝沟内及膜上覆水等方法进行密封。

(4)采用真空—堆载联合预压时,先抽真空,当真空压力达到设计要求并稳定后,再进行堆载,并继续抽气。堆载时需在膜上铺设土工编织布等保护材料。

对于所有排水系统,应做到:

(1)保证上下连续、密实,砂井不能出现缩颈现象;

(2)施工时尽量减少对周围土体的扰动;

(3)施工后的长度、直径、间距应满足设计要求。

第五节 复合地基设计原理

复合地基是指天然地基在地基处理过程中部分土体得到增强,或被置换,或在天然地基中设置加筋材料,加固区是由基体(天然地基土体或被改良的天然地基土体)和增强体两部分组成的人工地基。该地基中的基体和增强体通过变形协调共同承担荷载,是形成复合地基的基本条件。只有在保证满足基体和增强体共同协调工作的条件下,才能按照复合地基的设计原理进行设计。实际工程中如果不能满足形成复合地基的条件,而以复合地基进行设计是不安全的,因为在这种情况下高估了桩间土的承载能力,降低了复合地基的安全度,可能造成工程事故。

根据地基中增强体的性质和布置方向,可对复合地基按图7-12进一步分类。

```
                   ┌ 竖向增强体 ┌ 散体材料桩:柔性桩复合地基,如砂桩、碎石桩等
复合地基 ┤              ┤黏结材料桩 ┌ 半刚性桩复合地基,如石灰桩、水泥搅拌桩等
                   │              └ 刚性桩复合地基,如CFG桩、树根桩等
                   └ 水平向增强体,如各种加筋体复合地基等
```

图7-12 复合地基分类

复合地基中由于人工增强体的存在,使其区别于相对均匀的天然地基;而增强体与基体共同承担荷载的特性,又使其不同于桩基础。

复合地基尽管在我国土木工程建设中已得到广泛的应用,但其却是一个新的概念,其设计理论和方法仍在发展之中。下面主要介绍相对较成熟的竖向增强体(习惯上称为桩,如碎石桩、砂桩、石灰桩、灰土桩、水泥土搅拌桩、各种低强度桩和钢筋混凝土桩等)复合地基的基本设计原理。

一、复合地基承载力计算

竖向增强体复合地基的承载力特征值,应通过现场复合地基荷载试验确定,初步设计时也可根据以下两种方法进行估算:(1)将增强体和基体分开考虑,分别确定各自的承载力,再根据一定原理进行叠加,从而得到复合地基承载力;(2)将增强体和基体组成的复合体作为一个整体进行考虑,采用稳定分析法进行计算。如采用通过地基的圆弧滑动面进行稳定性分析法确定复合地基承载力,在稳定分析中采用复合体的综合抗剪切强度等指标。

按照第一种方法,桩体和桩间土共同承担上部荷载,则复合地基的承载力特征值一般可按下式估算。

$$f_{\mathrm{spk}} = m f_{\mathrm{pk}} + \beta(1-m) f_{\mathrm{pk}} = m \frac{R_{\mathrm{a}}}{A_{\mathrm{p}}} + \beta(1-m) f_{\mathrm{sk}} \qquad (7\text{-}36)$$

式中:f_{spk}——复合地基承载力特征值,kPa;

f_{pk}——桩体单位截面积承载力特征值,kPa,宜通过单桩荷载试验确定;

f_{sk}——处理后桩间土承载力特征值,kPa,宜按当地经验取值,如无经验时可取天然地基承载力特征值;

m——复合地基桩土面积置换率,$m = \dfrac{A_p}{A}$,其中 A_p 为桩体截面积,A 为单桩对应的加固面积;

β——桩间土承载力折减系数,或称为桩间土承载力发挥度。一般情况下,复合地基中的桩体往往先达到极限强度,然后才是桩间土达到其极限强度。β 宜按地区经验取值,如无经验时可按表7-6取值。

桩间土承载力折减系数 β 表 7-6

振冲碎石桩	高压旋喷桩	水泥土搅拌桩		水泥粉煤灰碎石桩（CFG桩）
		桩端为软土	桩端为硬土	
1.0	0～0.5	0.5～0.9	0.1～0.4	0.75～0.95

对于小型工程的黏性土地基如无现场荷载试验资料时，散体材料桩复合地基的承载力特征值也可按下式进行计算。

$$f_{spk} = [1 + m(n-1)]f_{sk} \tag{7-37}$$

其中，n 为桩土应力比，$n = \sigma_p/\sigma_s$，即复合地基受力时桩体分担的应力与桩间土分担的应力之比；在无实测资料时，可取 2～4，天然地基土强度低取大值，天然地基土强度高取小值。

复合地基中桩体承载力特征值，宜通过现场单桩荷载试验确定。当无单桩荷载试验资料时，对于黏结材料桩复合地基，桩体承载力特征值可按式(7-38)估算，并同时满足式(7-39)的要求。

$$R_a = u_p \sum_{i=1}^{n} q_{si} l_i + \alpha q_p A_p \tag{7-38}$$

$$R_a = \eta f_{cu} A_p \tag{7-39}$$

式中：R_a——单桩竖向承载力特征值，kN；

u_p——桩的周长，m；

n——桩长范围内所划分的土层数；

q_{si}、q_p——桩周第 i 层土的侧阻力特征值、桩端地基土未经修正的承载力特征值，kPa；

l_i——第 i 层土的厚度，m；

α——桩端天然地基土的承载力折减系数，对于 CFG 桩和旋喷桩一般取 1.0，对于水泥土搅拌桩可取 0.4～0.6，承载力高时取低值；

f_{cu}——与桩体材料配比，相同的室内试块在标准养护条件下规定龄期的立方体抗压强度平均值，kPa；

η——桩身强度折减系数，对于 CFG 桩和旋喷桩一般取 0.33，对于水泥土搅拌桩可取 0.2～0.33，承载力高时取低值。

对于散体材料桩复合地基，在荷载作用下桩体易发生鼓胀，桩周土进入塑性状态，桩体极限承载力主要取决于桩侧土体所能提供的最大侧限力。散体材料桩复合地基的桩体极限承载力可通过计算桩间土侧向极限应力来计算。其一般表达式为：

$$f_{pu} = \sigma_{ru} K_p \tag{7-40}$$

式中：σ_{ru}——桩间土能提供的侧向极限压力，kPa；

K_p——桩体材料的被动土压力系数。

按照第二种方法，复合地基的极限承载力也可采用稳定分析法计算。稳定分析方法很多，一般采用圆弧分析法计算。如图 7-13 所示，假设地基土的滑动面呈圆弧形，记滑动面上的总剪切力为 T，记总抗剪切力为 S，则沿该圆弧滑动面发生滑动破坏的安全系数为 $K = \dfrac{S}{T}$。取不同的圆弧滑动面，可得到不同的安全系数值。通过试算可以找到最危险的圆弧滑动面，并可确

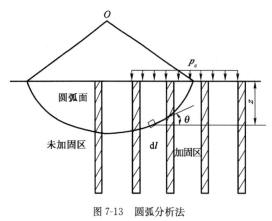

图 7-13 圆弧分析法

定最小的安全系数。因此,通过圆弧分析法即可根据要求的安全系数计算地基承载力,也可按确定的荷载计算地基在该荷载作用下的安全系数。

在圆弧分析法计算中,假设的圆弧滑动面往往要经过加固区和未加固区,地基土的强度应分别计算,即加固区和未加固区土体应采用不同的强度指标。未加固区采用天然地基土的强度指标;加固区土体强度指标既可采用复合土体的综合强度指标,也可分别采用桩体和桩间土的强度指标计算。

复合地基中加固体的综合强度指标可采用面积比法计算。加固体的黏聚力 c_c 和内摩擦角 φ_c 的计算式为:

$$c_c = mc_p + (1-m)c_s \tag{7-41}$$

$$\tan\varphi_c = m\tan\varphi_p + (1-m)\tan\varphi_s \tag{7-42}$$

式中:c_p、c_s——分别为桩体和桩间土的黏聚力,kPa;

φ_p、φ_s——分别为桩体和桩间土的内摩擦角,°。

二、复合地基沉降计算

在各类复合地基沉降实用计算方法中,通常把荷载作用下复合地基总沉降量 s 分为加固区压缩量 s_1 和加固区下卧层土体压缩量 s_2 两部分,即:

$$s = s_1 + s_2 \tag{7-43}$$

若复合地基设有垫层,通常认为垫层压缩量很小,可以忽略不计。

1. 加固区压缩量 s_1 的计算

复合地基加固区压缩量 s_1 的计算主要有以下三种方法。

(1) 复合模量法

将复合地基加固区中增强体和基体两部分视为一复合土体,采用复合压缩模量 E_{ps} 来评价复合土体的压缩性,并采用分层总和法计算加固区压缩量 s_1。其表达式为:

$$s_1 = \sum_{i=1}^{n} \frac{\Delta p_i}{E_{psi}} H_i \tag{7-44}$$

式中:Δp_i——第 i 层复合土体上附加应力增量,kPa;

H_i——第 i 层复合土层的厚度,m;

E_{psi}——第 i 层复合土层的复合压缩模量,MPa。

竖向增强体复合地基复合压缩模量 E_{ps} 通常采用面积加权平均法计算,即:

$$E_{ps} = mE_p + (1-m)E_s \tag{7-45}$$

式中:E_p、E_s——分别为桩体和桩间土体的压缩模量,MPa;

其他符号意义同前。

(2) 应力修正法

在竖向增强体复合地基中,增强体的存在使作用在桩间土上的应力比作用在复合地基上的平均应力要小。根据桩间土实际承担的荷载 p_s,按照桩间土的压缩模量 E_s,采用分层总和法计算加固区土层的压缩量 s_1,在计算分析中忽略增强体的存在。其表达式为:

$$s_1 = \sum_{i=1}^{n} \frac{\Delta p_{si}}{E_{si}} H_i = \mu_s \sum_{i=1}^{n} \frac{\Delta p_i}{E_s} H_i = \mu_s s_{1s} \tag{7-46}$$

式中:Δp_i——未加固地基在荷载 p 作用下第 i 层土上的附加应力增量,kPa;

Δp_{si}——复合地基在荷载 p 作用下第 i 层桩间土上的附加应力增量,kPa;

s_{1s}——未加固地基在荷载 p 作用下相应厚度内的压缩量,mm;

μ_s——应力修正系数,$\mu_s = \dfrac{1}{1+m(n-1)}$。

其他符号意义同前。

(3)桩身压缩量法

在荷载作用下,复合地基加固区的压缩量也可通过计算桩体压缩量进行计算。设桩底端刺入下卧土层的沉降变形为 Δ,则加固区土层的压缩量 s_1 的计算式可表示为:

$$s_1 = \Delta + s_p \tag{7-47}$$

$$s_p = \frac{(\mu_p p + p_{bo})}{2E_p} l \tag{7-48}$$

式中:s_p——桩体压缩量,mm;

μ_p——应力集中系数,$\mu_p = \dfrac{n}{1+m(n-1)}$;

l——桩身长度,即等于加固区厚度 h,m;

E_p——桩身材料变形模量,MPa;

p_{bo}——桩底端端承力密度,kPa;

其他符号意义同前。

2.加固区下卧层土体压缩量 s_2 的计算

复合地基加固区下卧层土层压缩量 s_2 通常采用传统分层总和法计算。在分层总和法计算中,作用在下卧层土体上的荷载或土体中附加压力是难以精确计算的。目前在工程应用上,常见的方法是将加固区底面的附加应力 p_b 首先算出,再采用布西奈斯克(Boussinesq)弹性理论求解下卧土层中的附加应力。p_b 的计算以应力扩散法和等效实体法最具代表性,计算简图如图 7-14 所示。

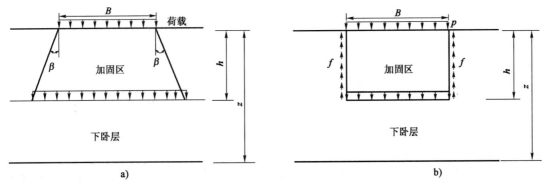

图 7-14 应力扩散法和等效实体法
a)压力扩散法;b)等效实体法

第六节 振冲置换法

一、振冲置换法的原理

振冲置换法就是利用专门的振冲机具，在高压水射流下边振边冲，在地基中成孔，再在孔中分批填入碎石或卵石等粗粒料形成桩体。该桩体与原地基土共同组成复合地基（图7-15）。

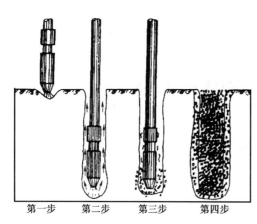

图 7-15 振冲桩的施工顺序

如果软弱土层不太厚，桩体可以贯穿整个软弱土层，直达相对硬层，即复合土层与相对硬层接触。由于桩体的压缩模量远比软弱土大，所以通过基础传给复合地基的压力随着桩、土的等量变形而会逐渐集中到桩上去，从而使软土负担的压力相应减小。与原地基相比，复合地基的承载力有所提高，压缩性也有所下降，这就是应力集中作用，即置换作用的结果。

对于黏性土地基（特别是饱和软土），由于土的渗透性比较小，在振动力的作用下土中水不易排走，所以碎石桩的作用主要不是使地基挤密，而是置换部分土并与周围土共同组成复合地基。由于碎石桩的刚度比土大，地基中应力按材料变形模量进行重分布，因此大部分荷载将由碎石桩承担。碎石桩承受荷载后产生径向变形，并引起桩周黏性土产生被动抗力。如果黏性土的强度过低，不能使碎石桩得到所需要的径向支持力，则达不到加固的目的。因此，天然地基的抗剪强度是形成复合地基的一个重要关键。一般当天然地基的不排水强度大于 20kPa 时，才能使碎石桩产生较好的加固效果。

二、振冲置换法的设计计算

振冲桩的设计包括方案确定、桩长和桩径的确定、桩距计算、加固范围、布桩形式和砂石灌入量计算。

（1）振冲桩处理范围应根据建筑物的重要性和场地条件确定，当用于多层建筑和高层建筑时，宜在基础外缘扩大 1～2 排桩。

（2）桩位布置，对大面积满堂处理，宜用等边三角形布置；对单独基础或条形基础，宜用正方形、矩形或等腰三角形布置。

（3）振冲桩的间距应根据上部结构荷载大小和场地土层情况，并结合所采用的振冲器功率综合考虑。30kW 振冲器布桩间距可采用 1.3～2.0m，55kW 振冲器布桩间距可采用 1.4～2.5m，75kW 振冲器布桩间距可采用 1.5～3.0m。荷载大或对黏性土宜采用较小的间距，荷载小或对砂土宜采用较大的间距。

（4）桩长的确定：当相对硬层埋深不大时，应按相对硬层埋深确定；当相对硬层埋深较大时，按建筑物地基变形允许值确定；在可液化地基中，桩长应按要求的抗震处理深度确定。桩长不宜小于 4m。

(5) 在桩顶和基础之间宜铺设一层 300~500mm 厚的碎石垫层。

(6) 桩体材料可用含泥量不大于 5% 的碎石、卵石、矿渣或其他性能稳定的硬质材料，不宜使用风化易碎的石料。常用的填料粒径为：30kW 振冲器 20~80mm，55kW 振冲器 30~100mm，75kW 振冲器 40~150mm。

(7) 振冲桩的平均直径可按每根桩所用的填料量计算。

(8) 振冲桩复合地基承载力特征值应通过现场复合地基荷载试验确定，初步设计时也可用单桩和处理后桩间土承载力特征值按式 (7-49) 估算。

$$f_{\mathrm{spk}} = m f_{\mathrm{pk}} + (1-m) f_{\mathrm{sk}} \tag{7-49}$$

$$m = d^2 / d_{\mathrm{e}}^2 \tag{7-50}$$

式中：f_{spk}——振冲桩复合地基承载力特征值，kPa；

f_{pk}——桩体承载力特征值，kPa，宜通过单桩荷载试验确定；

f_{sk}——处理后桩间土承载力特征值，kPa，宜按当地经验取值，如无经验时可取天然地基承载力特征值；

m——桩土面积置换率；

d——桩身平均直径，m；

d_{e}——一根桩分担的处理地基面积的等效圆直径；

$$\left. \begin{array}{ll} 等边三角形布桩 & d_{\mathrm{e}} = 1.5s \\ 正方形布桩 & d_{\mathrm{e}} = 1.13s \\ 矩形布桩 & d_{\mathrm{e}} = 1.13\sqrt{s_1 s_2} \end{array} \right\} \tag{7-51}$$

s、s_1、s_2——分别为桩间距、纵向间距和横向间距。

对小型工程的黏性土地基，如无现场载荷试验资料，初步设计时复合地基的承载力特征值也可按式 (7-52) 估算。

$$f_{\mathrm{spk}} = [1 + m(n-1)] f_{\mathrm{sk}} \tag{7-52}$$

其中，n 为桩土应力比，在无实测资料时可取 2~4，原土强度低取大值，原土强度高取小值。

在黏性土和碎石桩所构成的复合地基上作用外荷载 p，假设基础是刚性的，则在基底面的平面内碎石桩与桩间土的沉降量是相同的。根据虎克定律，荷载将向碎石桩上集中。此时，作用于碎石桩上的应力为 σ_{p}，作用于桩周黏性土上的应力为 σ_{s}。假设 A_{p} 为一根碎石桩的面积，A_{s} 为一根碎石桩承担的加固范围内土的面积，A 为一根碎石桩所承担的加固面积，则复合地基的承载力为：

$$p \cdot A = \sigma_{\mathrm{p}} \cdot A_{\mathrm{p}} + \sigma_{\mathrm{s}} \cdot A_{\mathrm{s}} \tag{7-53}$$

若定义桩土应力比 $n = \dfrac{\sigma_{\mathrm{p}}}{\sigma_{\mathrm{s}}}$ 和面积置换率 $m = \dfrac{A_{\mathrm{p}}}{A}$ 代入上式，则有：

$$p = [1 + (n-1)m] \sigma_{\mathrm{s}} \tag{7-54}$$

可见作用于黏性土上的应力降低系数：

$$\mu_{\mathrm{s}} = \frac{\sigma_{\mathrm{s}}}{p} = \frac{1}{1 + (n-1)m} \tag{7-55}$$

在上式中，σ_{p} 和 σ_{s} 可由荷载试验实测资料中求得。当没有实测资料时，一般 σ_{s} 可选用等于天然地基土的承载力，从而可推算复合地基的承载力。实践证明，桩土应力比 n 一般为 3~5。

碎石桩的沉降计算主要包括复合地基加固区的沉降和加固区下卧层的沉降。复合土层的压缩模量可按下式计算。

$$E_{sp} = [1+m(n-1)]E_s \qquad (7\text{-}56)$$

对于固结度计算,一般常用的排水砂井理论也适用于计算复合地基的沉降与时间的关系。计算表明,碎石桩可以加速地基的固结。统计分析表明,建筑物在施工竣工时的固结度,对淤泥质土一般可达40%~50%,对黏土或粉土可达70%~80%,与天然地基相比已大大加快。

第七节 化学加固法

化学加固法是将某些能固化的化学浆液,采用压力注入或机械拌入的施工方法,把土颗粒胶结起来,从而改善地基土的物理力学性质。化学加固地基处理方法主要有灌浆法、水泥土搅拌法和高压喷射注浆法等。

一、化学加固法的基本原理

1. 灌浆法

灌浆法亦称注浆法,是利用液压、气压或电化学的方法,通过注浆管把浆液均匀地注入地层中,浆液以充填、渗透和挤密等方式,进入土颗粒之间的裂隙中,将原来松散的土体胶结成一个整体,从而形成强度高、防渗和化学稳定性好的固结体。根据灌入材料的不同,灌浆法可分为水泥灌浆和化学灌浆两类。

水泥灌浆是把一定水灰比的水泥浆灌入土中,由于加固土层的情况不同以及对地基的要求不同,可以采用不同的施工方法。

对于砂卵石等有较大裂隙的土或岩石,可采用水灰比1:1的水泥砂浆直接灌注,通常称为渗透灌浆。渗透灌浆基本上不改变原状土的结构和体积,所用压力相对较小。水泥通常采用大于32.5级的普通硅酸盐水泥,为了加速凝固,常掺入水泥用量2%~5%的水玻璃、氯化钙等外掺剂。

用作防渗的灌浆,灌浆孔的间距可按1.0~1.5m设计;用作加固地基的灌浆,灌浆孔的间距按1.0~2.0m考虑。为保证灌浆的效果,要求覆盖土层的厚度不小于2m。

对于细颗粒土,孔隙小,渗透性低,水泥浆液不易进入土的孔隙中,因此常借助于压力把浆液注入。根据灌浆压力的大小和方式,其有三种不同的施工方法:压密灌浆、劈裂灌浆和电动化学灌浆。

(1)压密灌浆

压密灌浆是采用很稠的浆液灌入事先在地基土内钻进的注浆孔内,在注浆点使土体压密,并在注浆管端部附近形成"浆泡"。通常采用水泥—砂浆,坍落度控制在25~75mm左右,注浆压力可选定在1~7MPa范围内,坍落度较小时,注浆压力可取上限值。如果采用水泥—水玻璃双液快凝浆液,则注浆压力应小于1MPa。压密灌浆的最大优点是它对于最软弱土层区域能起到最大的压密作用,一般适用于颗粒较细的粉细砂或有充分排水条件的饱和黏性土和非饱和黏性土中。此外,其还可用来调整地基不均匀沉降,进行纠偏托换;但在加固深度小于1~2m时,除非其上原有建筑物能提供约束,否则加固质量很难保证。

(2)劈裂灌浆

劈裂灌浆通常采用水泥浆或水泥—水玻璃混合浆,也可以在浆液中掺入粉煤灰用于改善浆液性能。浆液在较高灌浆压力作用下使地层中薄弱区域或原有的裂隙和孔隙张开,形成新的裂隙通道,浆液沿着裂隙通道进入土体,形成树枝状的浆脉。劈裂灌浆的压力不宜过大,以克服地层的天然应力和抗拉强度为宜,在砂土中的经验数值为 0.2~0.5MPa,在黏性土中的经验数值为 0.2~0.3MPa。

(3)电动化学灌浆

若地基土的渗透系数 $k<1\times10^{-4}$ cm/s,只靠一般静压力难于使浆液注入土的孔隙,此时需用电渗的作用使浆液进入土中。

电动化学灌浆是指施工时将带孔的注浆管作为阳极,用滤水管作为阴极,将溶液由阳极压入土中,并通以直流电(两电极间电压梯度一般采用 0.3~1.0V/cm)。在电渗作用下,孔隙水由阳极流向阴极,促使通电区域中土的含水率降低,并形成渗浆通路,化学浆液也随之流入土的孔隙中,并在土中硬结。因此,电动化学灌浆是在电渗排水和灌浆法的基础上发展起来的一种加固方法。但由于电渗排水作用,可能会引起邻近既有建筑物基础的附加下沉,这一情况应予以注意。

化学注浆是向土中注入一种或几种化学溶液,利用其化学反应的生成物填充土的孔隙或将土的颗粒胶结起来,从而达到改善土性质的目的。这种方法主要是用来处理黄土等非饱和土或渗透性较好的土。对于渗透性比较低的饱和的黏性土,在注浆的同时,利用注浆管作为阴极,另外再打入一根金属棒作为阳极,通直电流,利用电渗电泳作用,促使化学溶液在土孔隙中移动,可以起到更好的加固效果。

加固湿陷性黄土时,也可以只注入一种水玻璃(硅酸钠)溶液,利用黄土中天然的钙盐起化学反应生成凝胶,达到加固作用。其化学反应式为:

$$Na_2O \cdot nSiO_2 + CaSO_4 + mH_2O \rightarrow nSiO_2 \cdot (m-1)H_2O + Ca(OH)_2 + Na_2SO_4$$

加固粉砂时,采用水玻璃加磷酸配制成一种混合溶液,注入地下,经一定时间后发生化学反应生成硅胶。其化学反应式为:

$$Na_2O \cdot nSiO_2 + H_3PO_4 + mH_2O \rightarrow nSiO_2 \cdot (m-1)H_2O + Na_2HPO_4$$

加固渗透系数比较小的黏性土,采用双液法,即将水玻璃和氯化钙轮流注入土中,氯化钙溶液可以加速硅胶的生成。其化学反应式为:

$$Na_2O \cdot nSiO_2 + CaCl_2 + mH_2O \rightarrow nSiO_2 \cdot (m-1)H_2O + Ca(OH)_2 + 2NaCl$$

化学加固由于机械操作比较灵活,还常用来处理既有建筑物和设备基础的托换工程。

2. 水泥土搅拌法

水泥土搅拌法通过特制的深层搅拌或喷粉机械,就地将软弱土和水泥浆(或粉)等固化剂强制搅拌混合,使软土硬结成具有一定整体性、水稳定性和强度的水泥加固土,与天然地基形成复合地基,共同承担建筑物的荷载;或筑成水泥土搅拌桩格式壁状加固体作为开挖基坑的围护体。水泥搅拌法施工工期短、无公害,施工过程无振动、无噪声、不排污,对邻近建筑物无不利影响。根据掺入固化剂的方法不同,水泥土搅拌法可分为深层搅拌法(湿法)和粉体喷搅法(干法)。

水泥土搅拌法适用于处理正常固结的淤泥及淤泥质土、粉土、饱和黄土、素填土、黏性土及无流动地下水的饱和松散砂土等地基。当地基土的天然含水率小于 30%(黄土含水率小于 25%)、大于 70%或地下水的 pH 值小于 4 时不宜采用干法。对泥炭土、有机质土、塑性指数大于 25 的黏土、地下水具有腐蚀性时一级无工程经验的地区,宜通过试验确定其适用性。加固深度主要取决于使用搅拌机的动力大小及地基反力,湿法的加固深度不宜大于 20m,干法的加固深度不宜大于 15m。

目前,我国使用的水泥土深层搅拌机械有三种:单头、双头和三头搅拌机。水泥土深层搅拌法施工工艺见图 7-16。单头机的搅拌片长 50～70cm，因此最终可形成一根直径为 50～70cm 的水泥土桩；双头搅拌机为两把上下交错 20cm 的刀片，刀片长 70cm，因此最终可形成一根截面为"8"字形的双头水泥土桩。其横截面面积为 0.71m²，周长为 3.35m，由两根直径为 0.7m 的圆重叠搭接 20cm 构成，见图 7-17。三头搅拌机是在单头和双头搅拌机基础上研制开发出来的。它具有双动力驱动设备，转动扭矩增加，功率更大，既可采用一般直径钻头，也可采用较大直径钻头，成桩质量可靠，可大大提高在砂土和老黏土地基上的施工效率。

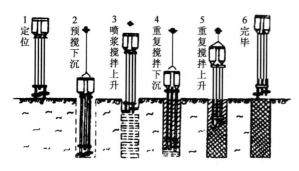

图 7-16 深层搅拌桩施工顺序

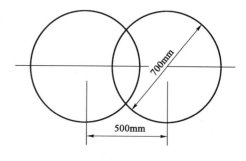

图 7-17 双头水泥土搅拌桩截面

湿法水泥土搅拌桩是将固化剂水泥，按 0.45～0.55 水灰比制成水泥浆液，搅拌机边搅拌、边提升、边喷水泥浆与土混合。通常采用水泥的总掺量为被加固土质量的 10%～20%。为改善水泥土的性能，还可以掺入如木质素磺酸钙、石膏、三乙醇胺、氯化钙、氯化钠和硫酸钠等外掺剂。外掺剂的用量视工程情况而定，通常为水泥用量的 0.5%～2%。

干法水泥土搅拌桩大都为单头形式。它通过喷粉装置，用压缩空气直接将干的水泥粉或石灰粉喷入土中，通过搅拌刀片将水泥粉与土混合。干法施工由于成桩过程中喷灰量的计量很困难，只能用人工测量罐中料面的变化，因此每根桩的水泥用量误差较大，桩体上下的均匀性也较差，质量控制比较困难。

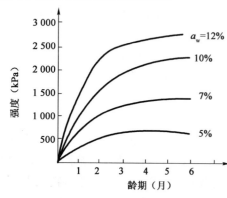

图 7-18 水泥土龄期与强度的关系

水泥与土就地搅拌加工而成的水泥土桩的强度形成与混凝土的硬化机理是不同的。混凝土的硬化主要是水泥在粗集料中进行水解和水化作用，凝结速度较快；水泥土中的水泥是在土介质中水解和水化，其过程是在具有一定活性的介质——土的围绕下进行的，所以硬凝的速度缓慢而且复杂。水泥土的强度随着龄期而增长，从图 7-18 可以明显看出水泥土的强度与掺入比 a_w 以及龄期的关系。以水泥掺入比 $a_w = 12\%$ 为例，180d 的强度为 28d 的 1.83 倍；龄期超过 90d 后，强度增长速度才减缓。因此，水泥土的强度常以三个月龄期强度作为标准强度。

水泥土的无侧限抗压强度 q_u 一般为 300～4 000kPa，比天然软土大几十倍至数百倍；强度大于 2 000kPa 的水泥土呈脆性破坏，小于 2 000kPa 的则呈塑性破坏。

水泥土的抗拉强度随抗压强度的增加而提高，约为 $(0.15～0.25)q_u$。水泥土的抗剪强度一般为抗压强度 q_u 的 20%～30%，当水泥土 q_u 为 500～4 000kPa 时，黏聚力 c 为 100～1 100kPa，内摩擦角 φ 为 20°～30°。

水泥土的变形模量 E_0 一般为 $(120～150)q_u$，约为 40～600MPa，压缩模量 E_{s1-2} 约为 60～

100MPa，压缩系数 a_{1-2} 约为 $2.0×10^{-2}\sim3.5×10^{-2}MPa^{-1}$。

水泥土搅拌桩的设计，主要是确定搅拌桩的置换率和长度。竖向承载搅拌桩的长度应根据上部结构对承载力和变形的要求确定；由于水泥土搅拌桩具有较好的整体性和较高的材料强度，其作用介于刚性桩和柔性桩之间，因此水泥土搅拌桩的置换率和地基变形可按复合地基的设计原理进行计算。

3. 高压喷射注浆法

高压喷射注浆法(俗称旋喷法)是在高压喷射采煤技术上发展起来的一项新技术，它主要适用于处理淤泥、淤泥质土、黏性土、粉土、砂土、黄土、人工填土和碎石土等地基。高压喷射注浆法的施工工艺如图 7-19 所示。该法首先用钻机和低压水把带有喷嘴的注浆管成孔至设计高程，然后以高压设备使浆液形成 25～70MPa 左右的高压流从旋转钻杆的喷嘴中射出来，冲击破坏土体，使土颗粒从土体中剥落下来；一部分细颗粒随着浆液冒出地面，与此同时钻杆以一定速度渐渐向上提升，将高压浆液与余下的土粒强制搅拌混合，重新排列，浆液凝固后便形成一个固结柱体。喷嘴随着钻杆边喷射边转动边提升，喷射方向可以人为控制，可以 360°旋转喷射(旋喷)，可以固定方向不变(定喷)，也可以按某一角度摆动(摆喷)。

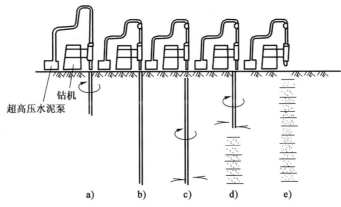

图 7-19 高压喷射法施工顺序示意图

a)低压水流成孔；b)成孔结束；c)高压旋喷开始；d)边旋转边提升；e)喷射完毕，柱体形成

高压喷射注浆法的基本工艺类型常见的有单管法、双管法、三管法三种方法(图 7-20)。单管法的注浆管为单管，其注浆喷射流为单一的高压水泥浆喷射流，可形成直径为 0.3～0.8m 的桩体；双管法使用双通道二重注浆管，其喷射流为高压水泥浆液喷射流与外部环绕的压缩空气喷射流组成的复合式高压喷射流；三管法使用三通道的三重注浆管，其喷射流由低压水泥

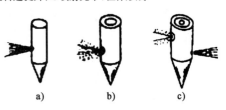

图 7-20 高压喷射注浆法的三种类型
a)单管法；b)双重管法；c)三重管法

浆液喷射流、高压水喷射流与其外部环绕的压缩空气喷射流组成的复合式高压喷射流。它喷射注浆的能量明显增大，可使加固体的直径达到 1.0～2.0m，加固效果更好。单管法及双管法的高压水泥浆和三管法高压水的压力应大于 200MPa。

二、灌浆法的设计

1. 方案设计

在决定采用灌浆法对地基进行加固前，必须对各种地基处理方案进行评选，以确保所采用的方案是最优的选择。选择合理的地基处理方案是一项系统工程,必须综合考虑土质状况、施工条件、环保影响、设计方法、费用和工期等因素。此处所介绍的评分优化法为岩土工程师在选择方案时提供了一个有效的工具。

(1)评分优化法简介

评分优化法是选择合理的指标体系,根据对各单项逐个评分加权来决定最优方案的一种系统工程方法(表7-7)。

评分优化法的指标体系表　　表7-7

	分	数	$a_1, a_2, \cdots, a_m$
	权	数	$W_1, W_2, \cdots, W_m$
方　案		b_1	$\sum W_i a_{1i}$
		b_2	$\sum W_i a_{2i}$
		…	…
		b_m	$\sum W_i a_{mi}$

(2)对分数和权数的说明

分数表明各方案单项因素之间的比较,可设在1到5之间,也可设在1到10之间,分数越细,要求评分者对因素的了解也越详细。权数表明各个单项因素之间的相对重要性。对一些关键的因素,如安全、费用和工期等往往要加以较大的权数。

(3)评分优化法的特点

评分优化法有助于岩土工程师在选择方案时综合考虑各种因素,为选择合理注浆方案提供了科学的依据。但是,由于分数和权数的确定仍然带有主观的意向,因此评分优化法的评选宜由经验较丰富的岩土工程师参加;此外,集体讨论也有助于获得合理的分数和权数。

2. 工艺设计

(1)注浆工艺设计前必须调查研究。工艺设计应包括下述内容:①注浆有效范围;②注浆材料的选择(包括外掺剂);③凝胶时间;④注浆量;⑤注浆压力;⑥注浆孔布置;⑦注浆顺序;⑧注浆浆液流量。

(2)注浆工艺和有效范围应根据工程的不同要求,必须充分满足防渗堵漏、提高土体强度和刚度、充填空隙等的要求。注浆点的覆盖土一般应大于5m。

(3)浆液及其配比的设计,必须考虑注浆目的、地质情况、地基土的孔隙大小、地下水的状态等,在满足要求范围内选定最佳配比。

(4)灌浆法处理软土的浆液材料,可选用以水泥为主剂的悬浊液,也可选用水泥和水玻璃的双液型混合液。化学浆液中的丙凝具有凝结时间短的特点,聚氨酯有吸水膨胀的特性,但价格昂贵,易污染环境,选用时应慎重考虑。

(5)用作挡土结构接缝防渗的注浆孔应尽可能紧贴接缝。注浆液应选用水玻璃或水玻璃与水泥的混合液。注浆孔间距取决于接缝位置。堵漏注浆宜采用柱状布袋注浆或双液注浆或胶凝时间短的速凝配方。

(6)用作提高土体强度和充填空隙的注浆液可选用水泥为主剂的悬浊液。注浆孔间距可按1~2m范围设计。

(7)胶凝时间必须根据地基条件和注浆目的决定。在砂土地基注浆中,一般使用的浆液胶凝时间为2~3min;在含粉土的地基中,使用浆液胶凝时间为5~6min;在黏土中劈裂注浆时,浆液凝固时间一般为1~2h。

(8)注浆量因受注浆对象的地基土性质、浆液渗透性的影响,故必须在充分掌握地基条件的基础上才能决定。进行大量注浆施工时,宜进行试验性注浆以决定注浆量。一般情况下,黏性土地基中的浆液充填率为15%~20%左右。

(9)在浆液注浆的范围内应尽量减少注浆压力。注浆压力的选用应根据土层的性质和其埋深确定。在砂性土中的经验数值是0.2～0.5MPa,在粉土中的经验数值一般要比砂土为大,在软黏土中经验数值是0.2～0.3MPa。注浆压力因地基条件、环境影响、施工目的等不同而不能确定时,也可参考类似条件下成功的工程实例来决定。

(10)注浆孔的布置原则,应能使被加固土体在平面和深度范围内连成一个整体。

(11)注浆顺序必须采用适合于地基条件、现场环境及注浆目的的方法进行,一般不宜采用自注浆地带一端开始单向推进压注方式的施工工艺,应隔孔注浆,以防止窜浆,提高注浆孔随时间增长的约束性。

(12)注浆时应采用先外围、后内部的注浆施工方式,以防止浆液流失。如注浆范围外有边界约束条件时,也可采用自内侧开始顺次往外侧注浆的方法。

3. 质量检验

(1)对注浆效果的检查,应根据设计提出的注浆要求进行,可采用以下方法。

①统计计算浆量,对注浆效果进行判断;

②静力触探测试加固前后土体强度指标的变化,以确定加固效果;

③抽水试验测定加固土的渗透系数;

④钻孔弹性波试验测定加固土体的动弹性模量和剪切模量;

⑤标准贯入试验测定加固土体的力学性能;

⑥电探法或放射法同位素测定浆液的注入范围。

(2)注浆工程结束后,施工单位应整理编制出以下图表及文字说明。

①注浆竣工图,应包括注浆孔的实际位置、编号和深度;

②注浆成果统计表;

③量测成果表及分析报告;

④注浆竣工报告,应说明工程概况、完成情况、施工方法和过程、施工控制、效果分析及结论等。

(3)竣工后质量检测标准。

①以控制地基沉降为目的的加固工程,其质量检测时间:加固后的强度测试标准应取试块做无侧限抗压试验,其强度不得低于设计强度的90%,被加固土的抗剪强度应为原来的2倍左右。

②在以抗渗为目的的加固工程中,被加固后的土体渗透系数应降低1～2个数量级。

③有特殊要求的工程,其检测标准应根据具体情况而定,例如建筑物纠偏范围、加固后的固结沉降量等。

三、水泥土搅拌桩的设计计算

1. 加固形式和加固范围

搅拌桩可布置成柱状、壁状和块状。每隔一定的距离打设一根搅拌桩即为柱状加固形式,将相邻搅拌桩部分重叠搭接就成为壁状加固形式,将纵横两个方向的相邻搅拌桩部分重叠搭接就成为块状加固形式。柱状搅拌桩适合于单层工业厂房独立柱基础和多层房屋条形基础下的地基加固。壁状搅拌桩除了适用于深基坑开挖时的边坡加固外,也适用于建筑物长高比较大、刚度较小、对不均匀沉降比较敏感的多层砖混结构房屋条形基础的地基加固。块状搅拌桩适用于上部结构单位面积荷载大、对不均匀沉降严格控制的构筑物地基加固。

搅拌桩是强度和刚度介于刚性桩和柔性桩间的一种桩型,其承载性能又与刚性桩相似,因此在设计搅拌桩时,可仅在上部结构基础范围内布桩,不必像柔性桩一样在基础以外设置保护桩。

2. 单桩承载力计算

单桩竖向承载力特征值应通过现场荷载试验确定。初步设计时也可按式(7-57)、式(7-58)进行计算,使由桩身材料强度确定的单桩承载力大于或等于由桩周土和桩端土的抗力所提供的单桩承载力。

$$R_a = \eta f_{cu} A_p \tag{7-57}$$

$$R_a = u_p \sum_{i=1}^{n} q_{si} l_i + \alpha q_p A_p \tag{7-58}$$

式中:f_{cu}——与搅拌桩桩身水泥土配比相同的室内加固土试块(边长为70.7mm的立方体,也可采用边长为50mm的立方体),在标准养护条件下90d龄期的立方体抗压强度平均值,kPa;

η——桩身强度折减系数,干法可取0.20~0.30,湿法可取0.25~0.33;

R_a——单桩竖向承载力特征值,kN;

u_p——桩的周长,m;

n——桩长范围内所划分的土层数;

q_{si}——桩周第i层土的侧阻力特征值,对淤泥可取4~7 kPa,对淤泥质土可取6~12kPa,对软塑状态的黏性土可取10~15 kPa,对可塑状态的黏性土可取12~18kPa;

q_p——桩端地基土未经修正的承载力特征值,kPa,可按《建筑地基基础设计规范》(GB 50007—2002)的有关规定确定;

l_i——桩长范围内第i层土的厚度,m;

α——桩端天然地基土的承载力折减系数,可取0.4~0.6,承载力高时取低值。

3. 复合地基承载力计算

搅拌桩复合地基承载力应通过现场复合地基荷载试验确定,也可按下式计算。

$$f_{sp} = m \frac{R_a}{A_p} + \beta(1-m) f_{sk} \tag{7-59}$$

式中:f_{sp}——复合地基承载力特征值,kPa;

R_a——单桩承载力特征值,kN,宜通过单桩荷载试验确定;

f_{sk}——处理后桩间土承载力特征值,kPa,宜按当地经验取值,如无经验时可取天然地基承载力特征值;

m——桩土面积置换率,$m = \frac{A_p}{A}$,A_p为桩体截面积,A为单桩对应的加固面积;

β——桩间土承载力折减系数,当桩端土为软土时可取0.5~1.0,当桩端土为硬土时可取0.1~0.4,当不考虑桩间软土的作用时可取0。

4. 复合地基沉降验算

搅拌桩复合地基变形s为搅拌桩群体的压缩变形s_1和桩端下未加固土层的压缩变形s_2之和。

5. 设计计算内容

根据土层结构采用适当的方法进行沉降计算,由建筑物对变形的要求确定加固深度,即选择施工桩长;根据土质条件、固化剂掺量、室内配比试验资料和现场工程经验,选择桩身强度和水泥掺量及有关施工参数;根据桩身强度的大小及桩的断面尺寸,计算单桩承载力;根据单桩承载力及土质条件,计算有效桩长;根据单桩承载力、有效桩长和上部结构要达到的复合地基承载力,计算桩土面积置换率;根据桩土面积置换率和基础形式进行布桩。

四、高压喷射注浆法的设计计算

高压喷射注浆法在工程应用时,应根据喷射注浆加固体不同的工程目的,在对地质、环境、场地和当地同类工程经验等较全面掌握的基础上进行设计。具体设计内容包括喷射体直径的估计、单桩承载力、复合地基承载力、加固体强度设计、变形计算、布孔形式和孔距、浆液材料和配比等。

1. 喷射体直径

对其估计得正确与否,不但关系到工程经济效益的高低,而且还可能关系到整个工程的成败。对于地基加固和堵水防渗工程,如果估计直径偏小,就会增加喷射注浆孔数;如果估计偏大,就会出现地基强度不足,造成工程失败。因此,对于大型或重要工程,桩体直径应根据现场试验确定;对于小型或不重要的工程,在没有现成的经验资料的情况下,可以参考表7-8中的值进行设计。

旋喷加固体直径(m) 表7-8

土 质		单 重 管	双 重 管	三 重 管
砂性土	$N<10$	1.2±0.2	1.6±0.3	2.2±0.3
	$10<N<20$	0.8±0.2	1.2±0.3	1.8±0.3
	$20<N<30$	0.6±0.2	0.8±0.3	1.2±0.3
黏性土	$N<10$	1.0±0.2	1.4±0.3	2.0±0.3
	$10<N<20$	0.8±0.2	1.2±0.3	1.6±0.3
	$20<N<30$	0.6±0.2	0.8±0.3	1.2±0.3
砾石	$20<N<30$	0.6±0.3	1.0±0.3	0.2±0.3

2. 单桩承载力

单桩承载力必须经过现场试验来确定;在无条件进行单桩承载力试验的场合,可按式(7-60)、式(7-61)估计,并取其中的较小值。

$$R_a = \eta f_{cu} A_p \tag{7-60}$$

$$R_a = u_p \sum_{i=1}^{n} q_{si} l_i + \alpha q_p A_p \tag{7-61}$$

式中:f_{cu}——与旋喷桩桩身水泥土配比相同的室内加固土块(边长为70.7mm的立方体),在标准养护条件下28d龄期的立方体抗压强度平均值,kPa;

η——桩身强度折减系数,可取0.33;

n——桩长范围内所划分的土层数;

q_{si}——桩周第 i 层土的侧阻力特征值,可按《建筑地基基础设计规范》(GB 50007—2002)的有关规定确定;

q_p——桩端地基土未经修正的承载力特征值,kPa,可按《建筑地基基础设计规范》(GB 50007—2002)的有关规定确定;

l_i——桩周第 i 层土的厚度,m。

3. 复合地基承载力

其应通过现场复合地基承载力试验加以确定;当对加固体的性质有较全面的把握时,可以通过下式确定。

$$f_{sp} = m\frac{R_a}{A_p} + \beta(1-m)f_{sk} \tag{7-62}$$

式中:f_{sp}——复合地基承载力特征值,kPa;

R_a——单桩承载力特征值,kN,宜通过单桩荷载试验确定;

f_{sk}——处理后桩间土承载力特征值,kPa,宜按当地经验取值,如无经验时可取天然地基承载力特征值;

m——复合地基桩土面积置换率,$m=\dfrac{A_p}{A}$,A_p 为桩体截面积,A 为单桩对应的加固面积;

β——桩间土承载力折减系数,可根据试验确定,在无试验资料确定时可取 0.2～0.6,当不考虑桩间软土的作用时可取 0。

4. 加固体强度设计

根据设计直径和总桩数来确定加固体的强度 f_{cu}。一般情况下,黏性土的加固体的强度为 1～4MPa,土的加固体强度为 10MPa 左右。通过选用高强度等级的硅酸盐水泥和适当的外加剂,可以提高加固体的强度。

5. 变形计算

采用复合地基变形计算方法。

6. 布孔形式和孔距

对于堵水防渗工程宜按照等边三角形布置孔位,喷射加固体应形成连续的帷幕,间距应为 $0.866R_0$(R_0 为喷射加固体的直径),排距为 $0.75R_0$ 最为经济。对于地基加固工程,桩间距可取为桩身直径的 2～3 倍。

7. 浆液材料和配比

喷射浆液的主要材料是水泥。水泥价格便宜,材料来源容易保证。喷射浆液根据不同的工程目的可分为普通型、速凝早强型、高强型、充填型和抗冻型。普通型浆液无任何外加剂,浆液材料为普通硅酸盐纯水泥浆,一般水灰比为 1:1～1.5:1。浆液的水灰比越大,凝固时间也越长。其他类型的喷射浆液只是添加不同类型的外加剂量。

第八节 土工合成材料在加筋法中的应用

土工合成材料是指用于土工技术和土木工程中以化学合成沥青和高分子聚合物为原料的材料的总称,是岩土工程领域中的一种新型建筑材料。土工合成材料是将由煤、石油、天然气等原材料制成的沥青和高分子聚合物通过纺丝和后处理制成纤维,再加工而成。常见的这类纤维有聚酰胺纤维(PA,如尼龙、锦纶)、聚酯纤维(PET,如涤纶)、聚丙烯纤维(PP,如腈纶)、聚乙烯纤维(PE,如维纶)以及聚氯乙烯纤维(PVC,如氯纶)等。土工合成材料具有造价低廉、施工简便、整体性好、质量轻、抗拉强度、耐磨和耐化学腐蚀、不霉烂、不缩水、不怕虫蛀等良好性能,能明显改善和增强岩土体性质,但要注意其耐紫外线辐射能力与自然老化性能。目前,土体合成材料已广泛应用于铁路、公路、水利、港口、机场、城建、林业、环保等领域。

土工合成材料根据加工制造和工作性能不同,可分为土工织物、土工膜、复合土工材料和特种土工合成材料四大类。其中,土工织物又可分为有纺型、编织型和无纺型三类,复合土工材料又分为复合土工膜、复合土工织物和复合防排水材料三类,特种土工材料包括土工格栅、土工网、土工垫、土工模袋、土工塑料排水板和EPS轻质材料等。

一、土工合成材料的主要功能

土工合成材料应用在工程上主要有反滤、排水、防渗、隔离、加筋和防护等作用。一种土工合成材料往往具有多种功能,但实际应用中往往是以一种功能起主导作用,而其他功能也不同程度地发挥作用。

1. 反滤作用

在渗流出口区铺设一定规格的土工合成材料作为反滤层,可起到一般砂砾石滤层的作用,在保证排水通畅的前提下保护土颗粒不被流失,提高被保护土的抗渗强度,有效防止发生流土、管涌和堵塞等不利现象。具有相同孔径尺寸的无纺土工织物和砂的渗透性大致相同,但孔隙率比砂高得多,密度约为砂的1/10,因而在二者具有相同反滤特征条件下,所需土工织物的质量要比砂少90%。土工织物滤层厚度为砂砾反滤层的1/100~1/1 000。

2. 排水作用

工程建设中往往需要排除地基土体内和地下构筑物本身的渗流和地下水,常需采取排水措施。某些具有一定厚度且内部有排水通道的土工合成材料具有良好的三维透水性。利用这一种特性除了可作透水反滤层外,还可使水经过土工合成材料内的排水通道迅速排走,且不易被堵塞,构成良好的水平向或竖向排水层。例如,塑料排水板可代替砂井起到加速深层土体排水固结作用。

3. 防渗作用

工程建设中为了防止水或其他液体的大量渗漏,如水库、堤岸、卫生填埋场等工程建设,常需采取防渗措施。过去工程中常用的防渗材料是黏土。黏土防渗体虽具有良好的防渗性能,但也有工程量大、工程质量不易保证、易发生裂缝和边界连接易渗漏等缺点。与黏土防渗体相比,土工膜和复合土工膜因具有质量轻、施工简单、造价低廉、性能可靠等优点,目前已在水利、环保、国防等领域广泛应用。

4. 隔离作用

为了避免不同材料间互相混杂产生不良效果,可将土工合成材料设置在两种不同的材料之间,从而使两种材料既互相隔开又能发挥各自的作用。例如在铁路或公路工程中,利用土工织物作为道渣或碎石路基与地基土之间的隔离层,可防止软弱土层侵入路基的道渣或碎石层,避免发生翻浆冒泥等问题。用作隔离的土工合成材料,其渗透性应大于所隔离土的渗透性,并不宜被淤堵;在承受动荷载作用时,土工合成材料还应有足够的耐磨性。当被隔离材料或土层间无水流作用时,也可用不透水土工膜。

5. 加筋作用

利用土工合成材料的抗拉强度高和韧性大等特性,在工程中可用来分散荷载或作为加筋材料,增大土体的模量和强度,从而改善土体的工程性质。其应用范围主要有土坡、地基、挡土墙等。

(1)用于加固土坡和堤坝:通过土工合成材料的加筋作用可使边坡变陡,节省占地面积;防止滑动圆弧通过路堤和地基土;防止路堤下面发生承载力不足而破坏;跨越可能的局部沉陷区等。

(2)用于加固地基:在地基中铺设一层或多层高强度的土工合成材料可增强地基的整体性和刚度,调整不均匀沉降;扩散地基所承受的应力,使应力均匀分布;限制和减小下卧软土地基的侧向变形和剪应变;增大地基抵抗水平拉力和剪应力水平,提高地基承载力和抗滑稳定性。

(3)用于加筋土挡墙:通过土与拉筋之间的摩擦力使之成为一个整体,提供锚固作用,保证支挡建筑物的稳定。对于短期或临时性挡墙,有时可只用土工合成材料包裹土、砂来填筑,既简化了施工又节省了面板材料。

6. 防护作用

工程建设中为了消除或减轻自然现象、环境作用或人类活动等因素造成的危害,如水流冲蚀、冻胀等,常需采取防护措施。土工合成材料在土与水流之间形成隔离层,可以避免水流直接冲刷,消减其能量;其既能渗水,又可不让土粒被水流带走;或直接封堵水流通道,消除冲蚀动力,从而为防护工程开辟了一条新途径。土工合成材料因其具有质轻、强度高、耐腐、柔性强、价廉、施工简便等优点,目前已在防护工程中得到了广泛应用。

二、土工合成材料在应用中的问题

土工合成材料在应用中应注意以下几方面的问题。

1. 施工方面

应用土工合成材料的工程,其施工要求除遵守一般的有关常规施工程序和规定外,还应着重考虑由于铺设土工合成材料带来的特殊要求,并保证设计断面及质量要求,注意现场检测。

(1)铺设土工合成材料时应注意均匀和平整;在斜坡上施工时,应保持一定的松紧度;在护岸工程上铺设时,上坡段土工合成材料应搭接在下坡段土工合成材料之上。

(2)对土工合成材料的局部地方,不要施加过大的局部应力。

(3)土工合成材料用于反滤层作用时,要求保证连续性,不使出现扭曲、折皱和重叠。

(4)在存放和铺设过程中,应尽量避免长时间的暴晒而使材料劣化。

(5)土工合成材料的端部要先铺填,中间后填,端部锚固必须精心施工。

(6)当土工合成材料用做软土地基上的加筋加固时,须清除底部的树根、植物及草根等,基底面要求平整,否则会影响土工合成材料的加筋效果。

2. 连接方面

土工合成材料是按一定规格的面积和长度在工厂进行定型生产,因此这些材料运到现场后需进行连接。为保证土工合成材料的整体性,连接时可采用搭接、缝接、黏接或U形钉连接等方法。对于土工纤维一般多采用搭接和缝接。

采用搭接法时,搭接必须保持足够的长度,一般为在300~900mm,视受力和基层土质条件而定,土质好且受力小时取小值。另外,在搭接处应尽量避免受力,以防土工合成材料移动。搭接法施工简便,但用料较多。

缝接法可采用尼龙线或涤纶线用移动式缝合机缝合,可缝成单道线,也可缝成双道线,方法分对面缝和折叠缝,一般多用前者。缝合处的强度一般可达纤维强度的80%。缝接法节省材料,但施工费时。

粘接法是指使用合适的黏合剂将两块土工合成材料粘合在一起,最小搭接长度为100mm,粘合在一起的接头应停放2h,以便增强接缝处强度。施工时可先将粘合剂很好地涂于下层的土工合成材料上,再放上第二块土工合成材料与其搭接,最后在其上进行滚碾,使两层紧密地压在一起。这种连接可使接缝处强度与土工合成材料的原强度相同。

采用U形钉连接时,U形钉应能防锈,但其强度低于用缝接法或粘接法。

3. 材料方面

不同的土工合成材料常具有不同的功能,在具体应用时应根据不同的用途合理选择土工合成材料,并在运输和使用中尽量避免暴晒和被污染。

习 题

【7-1】 某4层砖混结构住宅,承重墙下为条形基础,宽1.2m,埋深为1.0m,上部建筑物作用于基础地表上荷载为120kPa。场地土质条件为第一层粉质黏土,层厚1.0m,重度为17.5kN/m^3;第二层为淤泥质黏土,层厚15.0m,重度为17.8kN/m^3,含水率为65%,承载力特征值为45kPa;第三层为密实砂砾石层,地下水距地表为1.0m。试进行砂垫层设计。

【7-2】 在致密黏土层(不透水面)上有厚度为10m的饱和高压缩性土层,土层压缩系数$a=5\times10^{-4}$ kPa^{-1},渗透系数$k=5\times10^{-9}$ m/s,初始孔隙比$e_0=1.000$。如果采用堆载预压固结法进行地基加固,试估计固结度达到94%所需要的时间。如果采用排水砂井,砂井直径250mm,有效井距2.5m,井径比$n=10$,求20d固结度。

【7-3】 松散砂土地基加固前地基承载力为100kPa,采用振冲桩加固,振冲桩直径400mm,桩间距1.2m,正三角形排列。经振冲后地基土的承载力提高了50%,桩土应力比$n=3$,求复合地基的承载力。

【7-4】 某软土地基上拟建6层住宅楼,天然地基承载力为70kPa,采用搅拌桩进行加固。设计桩长10m,桩径0.5m,正方形布置,桩间距1.1。桩周土平均摩擦力15kPa,桩端土天然地基承载力为60kPa,桩端土的承载力折减系数取0.5,桩间土承载力折减系数取0.85,水泥搅拌桩试块的无侧限抗压强度平均为1.2MPa,强度折减系数可取0.4。试问这种布桩形式的复合地基承载力应有多少。

【7-5】 某工程采用复合地基处理,处理后桩间土的承载力特征值f_{sk}为339kPa,碎石桩的承载力特征值f_{pk}为910kPa,桩径为2m,桩中心距为3.6m,梅花形布置。桩、土共同工作时的强度发挥系数均为1,试求处理后复合地基的承载力特征值f_{spk}。

思 考 题

【7-1】 地基处理方法的选择应考虑哪些原则问题?

【7-2】 简述复合地基的定义和分类。

【7-3】 试述竖向增强体复合地基承载力的计算思路。

【7-4】 试述排水固结法加固地基的机理。

【7-5】 采用排水固结法处理地基时,为什么要设置排水系统?

【7-6】 简述超载预压法的基本概念以及如何合理地确定超载量的大小。

【7-7】 密实法处理地基的方法有哪几种?为什么密实法对饱和软土的效果没有非饱和土好?

【7-8】 试比较表层压实法、重锤夯实法和强夯法的特点。为什么强夯法又称为动力固

结法？

【7-9】 试从基底的应力状态来说明换土垫层法处理地基的原理。

【7-10】 换土垫层的厚度和宽度是如何确定的？并应验算哪些问题？

【7-11】 试比较灌浆法、水泥土搅拌法和高压喷射注浆法的特点。

【7-12】 挤密桩的作用是什么？其设计计算包括哪些内容？

【7-13】 深层搅拌法是如何加固地基的？如何验算复合地基的承载力？

【7-14】 土工合成材料的作用功能有哪些？

第八章 特殊性土地基

第一节 概 述

一、特殊性土的成土环境

土的成因与自然环境是密切相关的,自然环境的多样性必然影响成土环境的多变性。特殊的成土环境造成了某些土类具有与一般土显然不同的特殊工程性质。人们把具有特殊工程性质的土类称为特殊性土。成土环境主要包括以下几方面。

(1)岩性,是指成土母岩的性质。例如石灰岩、砂岩、火山喷出物的凝灰岩等,在这些母岩上发育的土的性质不一样。

(2)气候环境,包括气温、降水、湿度、冰冻等因素。气候条件影响母岩的物理风化和化学风化的程度。

(3)地形地貌环境。山区或平原,高山或深谷等都会影响土的发育变化。

(4)搬运和沉积环境。搬运主要指重力、水流、冰川和风四种形式。岩石的风化物经搬运后是在干旱环境还是在湿润环境下成土,是在酸性环境还是碱性环境下成土,这些情况对土的性质有重要的影响。

除上述四种主要成土环境外,其他成土环境如局部微气候、微地形等对土的形成也具有重要作用,而且各种环境也不是孤立的,而是相互关联、相互影响的。

二、特殊性土类及其分布

由于成土环境的不同,会造成具有不同特性的土。根据成土环境的不同,这些特殊性土的分布都具有区域性的特点,因此,特殊性土也称为区域性土或环境土。我国自然环境变化大,世界上几种主要的特殊性土类在我国都有分布,其中最主要有软土、黄土、红土、膨胀土、冻土、盐渍土等六大类。我国主要特殊性土类、分布及成土环境见表8-1。其中软土通常就指饱和软黏土,其物理力学性质在土力学中已有论述。本章主要介绍黄土、红土、膨胀土、盐渍土、冻土等五类。

我国主要特殊性土类、分布及成土环境　　　　表8-1

编号	土类名称	主要分布区域	自然环境与成土环境	主要工程特性
1	软土	沿海地区,如天津、连云港、上海、宁波、温州、福州、珠海等,此外内陆湖泊、江河附近也有分布	滨海、三角洲沉积;湖泊沉积地下水位高,由水流搬运沉积而成	强度低,压缩性高,渗透性小
2	黄土	西北及内陆地区,如青海、甘肃、宁夏、陕西、山西、河南等	干旱、半干旱气候环境,降雨量少,蒸发量大,年降雨量小于500mm;由风搬运沉积而成	湿陷性

续上表

编号	土类名称	主要分布区域	自然环境与成土环境	主要工程特性
3	红土	云南、四川、贵州、广西、鄂西、湘西等地区	碳酸盐岩系北纬33°以南,温暖湿润气候,以残坡积为主	不均匀性,结构性裂隙发育
4	膨胀土	云南、贵州、广西、四川、安徽、河南等	温暖湿润,雨量充沛,年降雨量700~1700mm,具备良好化学风化条件	膨胀和收缩特性
5	盐渍土	新疆、青海、西藏、甘肃、宁夏、内蒙古等内陆地区,此外尚有滨海部分地区	荒漠半荒漠地区,年降雨量小于100mm,蒸发量高达3000mm以上的内陆地区,沿海受海水浸渍或海退影响	盐胀性、溶陷性和腐蚀性
6	冻土	青藏高原和大小兴安岭,东西部一些高山顶部	高纬度寒冷地区	冻胀性、融陷性

第二节 黄土地基

黄土是我国地域分布最广的一种特殊性土类,是第四纪时期形成的一种特殊堆积物。其主要特征为:颜色以黄为主,有灰黄、褐黄等;含有大量粉粒(0.075~0.005mm),含量一般在55%以上;具有肉眼可见的大孔隙,孔隙比在1.0左右;富含碳酸盐类;无层理,垂直节理发育;具有湿陷性和易溶性、易冲刷性等,对工程建设有其特殊的危害性。

一、黄土的成因特征及其分布

我国黄土广泛分布于北纬34°~35°之间。面积达60万km^2的干旱和半干旱区内,以黄土高原的黄土分布最为集中,沉积最为典型。黄土高原的范围是以太行山以西、日月山以东、秦岭以北、长城以南,包括青海、甘肃、宁夏、陕西、山西、河南等省的一部分或大部分地区。

黄土的成因特征主要是以风力搬运堆积为主。从西北黄土高原到华北山西、河南一带,黄土的厚度逐渐变薄,湿陷性逐渐降低。

黄土因沉积的地质年代不同而在性质上有很大的差别,晚更新世(Q_3)及以后的黄土又因成因不同而有明显差别。原生黄土具有风沉积的全部特征。黄土沉积后,经后期其他地质作用改造再沉积的类似黄土的沉积物,称为次生黄土。黄土形成年代越久,大孔结构退化,土质越趋密实,强度高,压缩性小,湿陷性减弱,甚至不具有湿陷性;反之形成年代越近,黄土特性更明显。黄土地层按沉积年代划分情况见表8-2。

黄土地层按沉积年代划分表 表8-2

年代	地层名称		基本性质
全新世 Q_4	黄土状土	新黄土 新近堆积	有湿陷性,常具有高压缩性
晚更新世 Q_3	马兰黄土	一般湿陷性黄土	有湿陷性
中更新世 Q_2	离石黄土	老黄土 —	上部部分土层具湿陷性
早更新世 Q_1	午城黄土	—	一般无湿陷性

属于老黄土的有午城黄土和离石黄土,前者微红至棕红,而后者为深黄及棕黄。老黄土土质密实,颗粒均匀,无大孔或略具大孔结构,除离石黄土层上部具有轻微湿陷性外,一般不具有

湿陷性。老黄土常出露于山西高原、豫西山前高地、渭北高原、陕甘和陇西高原。

新黄土是指覆盖于离石黄土层上部的马兰黄土及全新世中各种成因的次生黄土,色呈褐黄至黄褐,土质均匀,结构疏松,大孔发育,一般具有湿陷性。新黄土主要分布在黄土地区的河岸阶地,其中全新世近期堆积的黄土,形成历史只有几百年,土质不均匀,结构松散,大孔排列杂乱,多虫孔,孔壁有白色碳酸盐粉末状结晶。新近堆积的黄土在外貌和物理性质上与马兰黄土差别不大,但其力学性质远较马兰黄土差,一般具有湿陷性和高压缩性,承载力基本值一般为75~130kPa。新近堆积的黄土多分布于河漫滩,低级阶地,山间洼地的表层,黄土塬、梁、峁的坡脚,洪积扇或山前坡积地带。

二、黄土的湿陷性及其评价

湿陷性是黄土最主要的工程特性。所谓湿陷性是指黄土浸水后在外荷载或自重的作用下土结构迅速破坏并产生显著附加下沉的现象。湿陷性黄土又可分为自重湿陷性和非自重湿陷性两类。自重湿陷性黄土是指土层浸水后在土层自重作用下也能发生湿陷的黄土。

黄土湿陷的机理通常认为是由于黄土的结构特性和胶结物质的水理特性决定的。

1. 黄土的结构与构造

黄土的颗粒组成以粉粒为主,达50%以上,黄土中的黏粒部分被胶结成集粒或附在砂粒及粗粉粒的表面上。黄土中的粉粒和集粒共同构成了支承结构的骨架,较大的砂粒则"浮"在结构体中。由于排列比较疏松,接触连接点较少,构成一定数量的架空孔隙,见图8-1。黄土结构中的孔隙可以分为三类。

(1)大孔隙,基本上是肉眼可见的,直径约0.5~1.0mm的孔道。

(2)细孔隙,是架空结构中大颗粒的粒间孔隙,肉眼看不见,可在放大镜下观察到。

(3)毛细孔隙,由大颗粒与附在其表面上的小颗粒所形成的粒间孔隙,肉眼不可见。

这三种孔隙形成了黄土的高孔隙度,故黄土又称为"大孔土"。

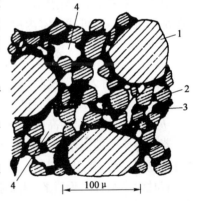

图8-1 黄土的结构示意图
1-砂粒;2-粗粉粒;3-胶结物;4-大孔隙

黄土是在干旱或半干旱的气候条件下形成的,可溶盐逐渐浓缩沉淀而成为胶结物。这些因素增强了土粒之间抵抗滑移的能力,阻止了土体的自重压密。

黄土受水浸湿时,结合水膜增厚楔入颗粒之间,可溶性盐类溶解和软化,骨架强度降低,土体在上覆土层的自重压力或附加压力共同作用下土的结构迅速破坏,土粒滑向大孔,粒间孔隙减少,这就是黄土湿陷的机理。可见,黄土的大孔性和多孔性是其湿陷的内在因素,水和压力则是湿陷的外界条件,并通过前者起作用。

黄土中胶结物的含量和成分以及颗粒的组成和分布,对于黄土的结构特点和湿陷性的强弱有着重要的影响。胶结物含量大,黏粒含量多,黄土结构则致密,湿陷性降低,并使力学性质得到改善;反之,结构疏松,强度降低,湿陷性强。此外,对于黄土中的盐类,如以难溶的碳酸钙为主,则湿陷性弱;若以石膏及易溶盐为主,则湿陷性强。

黄土的湿陷性还与孔隙比、含水率以及所受压力的大小有关。天然孔隙比越大或天然含水率越小,则湿陷性越强。在天然孔隙比和含水率不变的情况下,压力增大,黄土湿陷量也增

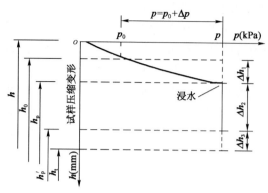

图 8-2 试样竖向变形与压力关系

加;但当压力超过某一数值后,再增加压力,湿陷量反而减少。

2. 黄土湿陷性评价

黄土的压缩特性根据作用因素的不同,其变形可分为以下三种(图 8-2)。

①压缩变形,指浸水前具有天然湿度和结构的黄土在一定压力作用下的竖向变形。

②湿陷变形,指湿陷性黄土在一定压力作用下,下沉稳定后,再受水浸湿而产生的附加竖向变形,一般变形量大而且产生迅速。

③渗透溶滤变形,指黄土在压力和渗透水长期作用下,主要由于盐类溶滤和湿陷后剩余孔隙继续压密而产生的湿陷变形。

湿陷性黄土最主要也是最重要的特征就是湿陷性。黄土湿陷性造成的地基变形一般比较迅速且非常强烈,常常是正常压缩变形和渗透溶滤变形的数倍,有时甚至是数十倍,且变形速度快得多,对工程的不利影响也往往最大。本节主要介绍黄土的湿陷变形特征。

(1)黄土的湿陷性系数 δ_s

黄土湿陷系数 δ_s 是指单位厚度的环刀试样在一定压力下,下沉稳定后再浸水饱和所产生的附加下沉量。其可通过室内浸水压缩试验测定,用下式进行计算。

$$\delta_s = \frac{h_p - h_p'}{h_p} \times 100(\%) \approx \frac{h_p - h_p'}{h_0} \times 100(\%) \tag{8-1}$$

式中:h_p——保持天然湿度和结构的试样,加至一定压力时,下沉稳定后的高度,mm;

h_p'——上述加压稳定后试样,在浸水(饱和)作用下附加下沉稳定后的高度,mm;

h_0——试样的原始高度,mm;

若试样所受的浸水压力等于试样上覆土的饱和自重压力,则按式(8-1)求得的湿陷系数叫做自重湿陷系数,常用 δ_{zs} 表示。

有时为了某种工程目的,需要找出压力 p 与湿陷系数 δ_s 之间的变化关系,以便确定任意压力下的湿陷系数,通常可采用单线法或双线法压缩试验。单线法是在同一取土点的同一深度处至少取 5 个试样(其重度的差值应控制在 0.3kN/m³ 以内),都在天然湿度下分级加荷,分别加荷到不同的规定压力,待压缩稳定后浸水饱和,至湿陷稳定为止。采用双线法时,应在同一取土点的同一深度处取 2 个试样。一个试样在天然湿度下分级加荷,加到最后一级压力,下沉稳定后试样浸水饱和,至湿陷压缩稳定为止。另一个试样在天然湿度下加第一级荷重,压缩稳定后浸水饱和,待湿陷稳定后再分级加荷;在加荷过程中试样一直处于浸水饱和状态,直至在规定压力下下沉稳定为止。分别测定这两个试样在各级荷载下,下沉稳定后的试样高度并计算湿陷系数,绘制相应的 $p—\delta_s$ 曲线,如图 8-3 所示。

单线法和双线法压缩试验由于浸水和加荷程序不同,湿陷的产生和发展过程也有差别,湿陷系数值也不一样(单线法可直接得出,而双线法则是间接得出);单线法土样的

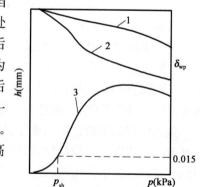

图 8-3 双线法压缩试验曲线
1—$h_p—p$ 曲线;2—$h_p'—p$ 曲线(浸水);
3—$\delta_s—p$ 曲线

受力和湿陷过程比较符合实际,但由于土的不均匀性,在同一试件中要取 5~7 个环刀试样,且它们重度的差值要控制在 $0.3kN/m^3$ 以内,有时难以办到,试验结果缺乏规律性。从试验质量上看,双线法较单线法可靠,且双线法所需土样数量少,可以节省勘察和试验工作量,因此目前在生产部门双线法应用较多。

湿陷系数反映了黄土对水的湿陷敏感程度。浸水压力确定后就可用湿陷系数来判别黄土的湿陷性。湿陷性系数的压力 p 应与地基中黄土实际受到的压力相当,或取可能发生最大湿陷量时的压力。根据《湿陷性黄土地区建筑规范》(GB 50025—2004)规定,该试验压力应自基础底面算起,对于 10m 内的土层应采用 200kPa;10m 以下至非湿陷性黄土层顶面,应用其上覆土的饱和自重压力(当大于 300kPa 压力时,仍应用 300kPa);当基底压力大于 300kPa 时,宜用实际压力。对压缩性较高的新近堆积黄土,基底下 5m 以内土层宜用 100~150kPa 压力。5~10m 和 10m 以下至非湿陷性黄土层顶面,应分别用 200kPa 和上覆土的饱和自重压力。在此压力下,当 $\delta_s < 0.015$ 时定为非湿陷性黄土,当 $\delta_s \geq 0.015$ 时定为湿陷性黄土。

对于湿陷性黄土的湿陷程度可根据湿陷系数的大小进一步分为如下三类:当 $0.015 \leq \delta_s \leq 0.03$ 时,湿陷性轻微;当 $0.03 < \delta_s \leq 0.07$ 时,湿陷性中等;当 $\delta_s > 0.07$ 时,湿陷性强烈。

(2)黄土的湿陷起始压力 p_{sh}

黄土的湿陷起始压力是指湿陷性黄土浸水饱和后开始出现湿陷时的压力。如果作用在湿陷性黄土地基上的压力低于这个数值,黄土即使浸水,也只会产生压缩变形,而不会出现湿陷现象。探讨湿陷起始压力具有较大的实用意义,对于荷载较小的工业与民用建筑,如果在设计时可以有意识地选择基础的底面尺寸及埋深,使基底总压力(自重应力与附加应力之和)不超过湿陷起始压力,则可以避免湿陷的发生,并按一般黏性土地基来考虑。

湿陷起始压力 p_{sh} 常通过室内浸水压缩试验或现场浸水载荷试验确定。当按室内压缩试验结果确定时,在 $p-s_s$ 曲线上宜取 $s_s = 0.015$ 所对应的压力作为湿陷起始压力值 p_{sh};当按现场载荷试验结果确定时,应在 $p-s_s$ 曲线上宜取其转折点所对应的压力作为湿陷起始压力 p_{sh};若曲线上的转折点不明显时,可取浸水下沉量(s_s)与承压板直径(d)或宽度(b)之比等于 0.017 所对应的压力作为湿陷起始压力值 p_{sh}。

湿陷性黄土的湿陷起始压力与土的成因、堆积年代、地理位置、地貌特征和气候条件等有关,因此,各地黄土的湿陷起始压力值也不相同。同一地区,其一般随天然湿度、黏粒含量和埋藏深度的增加而增大,随孔隙比的减小而增大,随湿陷系数的增加而减小。

三、黄土地基的湿陷性等级

在没有外荷载的作用下,浸水后也会迅速发生剧烈湿陷现象的黄土,称为自重湿陷性黄土。在这类地基上进行工程活动时,即使很轻的建筑物也会发生大量的沉降。而非自重湿陷性黄土地区,就不会出现这种情况。因此可根据自重压力下的湿陷量,对黄土地基进行评价。

1. 自重湿陷量的计算值 Δ_{zs}

自重湿陷量的计算值可按自重压力下的湿陷系数进行计算。

$$\Delta_{zs} = \beta_0 \sum_{i=1}^{n} \delta_{zsi} h_i \tag{8-2}$$

式中:δ_{zsi}——第 i 层土的自重湿陷系数;

h_i——第 i 层土的厚度;

β_0——因地区土质而异的修正系数,在缺乏资料时,陇西地区取 1.50,陇东、陕北、晋西

地区取 1.20,关中地区取 0.90,其他地区取 0.50;

n——计算厚度内湿陷性土层的数目。

自重湿陷量的计算值 Δ_{zs} 的计算深度,应从天然地面(当挖填方厚度及面积较大时,应从设计地面)算起,至其下非湿陷性黄土层的顶面为止。其中自重湿陷系数 δ_{zs} 小于 0.015 的土层不累计。

在现场采用试坑浸水试验可以确定自重湿陷量的实测值 Δ'_{zs}。湿陷性黄土场地的湿陷类型,应按自重湿陷量的实测值 Δ'_{zs} 或计算值 Δ_{zs} 判定。当自重湿陷量的实测值 Δ'_{zs} 或计算值 Δ_{zs} 小于或等于 70mm 时,应定为非自重湿陷性黄土场地;当自重湿陷量的实测值 Δ'_{zs} 或计算值 Δ_{zs} 大于 70mm 时,应定为自重湿陷性黄土地区。当自重湿陷量的实测值和计算值出现矛盾时,应按自重湿陷量的实测值判定。

2. 湿陷量的计算值 Δ_s

湿陷性黄土地基受水浸湿饱和,其湿陷量的计算值 Δ_s 按自重应力和附加应力计算。

$$\Delta_s = \sum_{i=1}^{n} \beta \delta_{si} h_i \tag{8-3}$$

式中:δ_{si}——第 i 层土的湿陷系数;

h_i——第 i 层土的厚度,mm;

β——考虑基底下地基土的受水浸湿可能性和侧向挤出等因素的修正系数,在缺乏资料时,基底下 0～5m 深度内取 1.50,基底下 5～10m 深度内取 1.00,基底下 10m 以下至非湿陷性黄土层顶面,在自重湿陷性黄土场地可取工程所在地区的 β_0 值。

湿陷量的计算值 Δ_s 的计算深度,应从基础底面算起;在非自重湿陷性黄土场地,累计至基底下 10m(或地基压缩层)深度止;在自重湿陷性黄土场地,累计至非湿陷性黄土层的顶面止,其中湿陷系数 δ_s(10m 以下为 δ_{zs})小于 0.015 的土层不累计。

3. 湿陷程度分级

湿陷性黄土地基的湿陷程度可根据湿陷量的计算值和自重湿陷量的计算值等因素,按表 8-3 判定。

湿陷性黄土地基的湿陷程度等级 表 8-3

湿陷类型	非自重湿陷性场地	自重湿陷性场地	
Δ_s(mm) ＼ Δ_{zs}(mm)	$\Delta_{zs} \leq 70$	$70 < \Delta_{zs} \leq 350$	$\Delta_{zs} > 350$
$\Delta_s \leq 300$	I(轻微)	II(中等)	—
$300 < \Delta_s \leq 700$	II(中等)	*II(中等)或III(严重)	III(严重)
$\Delta_s > 700$	II(中等)	III(严重)	IV(很严重)

注:* 当湿陷量的计算值 $\Delta_s > 600$mm、自重湿陷量的计算值 $\Delta_{zs} > 300$mm 时,可判为 III 级,其他情况可判为 II 级。

一般湿陷性黄土地基通常不进行沉降计算,只计算湿陷量和自重湿陷量就可以了。计算的湿陷量,是假定在规定压力下浸水饱和后可能发生的湿陷变形值,它只概略地反映地基的湿陷严重程度,并不代表建筑物的沉降量。但对于新近堆积的黄土,除了计算湿陷量和自重湿陷量外,还应计算地基的压缩变形量。

湿陷性黄土地基需要进行变形验算时,其变形计算及允许变形值应符合《建筑地基基础设计规范》(GB 50007—2002)的有关规定。但其沉降计算经验系数 ψ_s,根据湿陷性黄土场地的特点,可按表 8-4 选用。

沉降计算经验系数 ψ_s　　　　表 8-4

$\bar{E}_s$(MPa)	3.30	5.00	7.50	10.00	12.50	15.00	17.50	20.00
ψ_s	1.80	1.22	0.82	0.62	0.50	0.40	0.35	0.30

上表中的 $\bar{E}_s$ 为沉降计算深度范围内压缩模量的当量值,计算方法参见有关土力学书籍。

4. 新近堆积黄土的判别

在黄土地区中的新近堆积黄土,由于堆积年代较短,其工程性质与一般湿陷性黄土有较大的差异,主要表现为压缩性高和承载力低等特征。根据《湿陷性黄土地区建筑规范》(GB 50025—2004)规定,对于新近堆积黄土,当现场鉴别不明确时,可根据下列试验指标判定。

(1)在 50~150kPa 压力段变形较大,小压力下具有高压缩性;

(2)利用式(8-4)进行判别:

$$\left.\begin{array}{l} R=-68.45e+10.98a-7.16\gamma+1.18w \\ R_0=-154.80 \end{array}\right\} \quad (8\text{-}4)$$

式中:R——计算值;

　　　R_0——判别值;

　　　e——土的孔隙比;

　　　a——压缩系数,MPa^{-1},宜取 50~150kPa 或 0~100kPa 压力下的较大值;

　　　w——土的天然含水率,%;

　　　γ——土的重度,kN/m^3。

当 $R>R_0$ 时,可将该土判为新近堆积黄土。

5. 地下水位上升对地基湿陷性影响

由于建筑场地环境条件发生变化,例如生产、生活用水的排放,周围农田灌溉,修建水库等,地下水位发生变化,造成附近湿陷量的增加,因此必须考虑地下水位上升对建筑物地基湿陷性的影响。

如图 8-4 所示地下水位变化与压缩层的相对关系。如果地下水位升高不超过压缩层下限以下 2~2.5m 时,可认为地下水变化不会使压缩层范围内土层性质发生变化,也不会增加建筑物的附加沉降;当地下水位上升高度超过此值时就应该考虑它的影响。如果土的饱和度达到 80% 以上时,原来的湿陷性黄土变成饱和状态,此时应根据规范规定计算承载力和地基的沉降量。

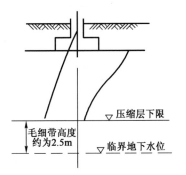

图 8-4 临界地下水位线与压缩层的关系

四、湿陷性黄土地基的承载力

《湿陷性黄土地区建筑规范》(GB 50025—2004)规定,地基承载力特征值应保证地基在稳定的条件下使建筑物的沉降量不超过允许值;对于湿陷性黄土地基上的甲、乙类建筑物的承载力特征值,可根据静载荷试验或其他原位测试、公式计算,并结合工程实践经验等方法综合确定;对于丙、丁类建筑物的承载力特征值,当有充分依据时,可根据当地经验确定;对于天然含水率小于塑限含水率的土,可按塑限含水率确定土的承载力。

基础底面积,应按正常使用极限状态下荷载效应的标准组合,并按修正后的地基承载力特征值确定。基础宽度和埋深的地基承载力修正系数 η_b、η_d,可按基底下土的类别查表 8-5 取值。

黄土地基承载力修正系数　　　　　　　　　　表 8-5

土 的 类 别	有关物理指标	承载力修正系数 η_b	承载力修正系数 η_d
晚更新世(Q_3)、全新世(Q_4^1) 湿陷性黄土	$w \leqslant 24\%$	0.20	1.25
	$w > 24\%$	0	1.10
新近堆积黄土 Q_4^2		0	1.00
饱和黄土*	e 及 I_L 均小于 0.85	0.20	1.25
	e 或 I_L 大于 0.85	0	1.10
	e 及 I_L 均不小于 1.00	0	1.00

* 注：①只适用于 $I_p > 10$ 的饱和黄土。
　　②饱和度 $S_r \geqslant 80\%$ 的晚更新世(Q_3)、全新世(Q_4^1)黄土。

五、黄土地基的工程措施

湿陷性黄土地基的设计和施工，除了必须遵循一般的设计和施工原则外，还应针对湿陷性特点，采用适当的工程措施，包括以下三个方面：①地基处理，以消除产生湿陷性的内在原因；②防水和排水，以防止产生引起湿陷的外界条件；③采取结构措施，以改善建筑物对不均匀沉降的适应性和抵抗的能力。

1. 地基处理

湿陷性黄土地基处理的原理，主要是破坏湿陷性黄土的大孔结构，以便全部或部分消除地基的湿陷性。目前对于湿陷性黄土常用的地基处理方法详见表 8-6。

湿陷性黄土地基常用的处理方法　　　　　　　　　表 8-6

序 号	处理方法	适 用 范 围	可处理的湿陷性黄土层厚度(m)
1	垫层法	地下水位以上局部或整片处理	1～3
2	强夯法	地下水位以上，$S_r \leqslant 60\%$ 的湿陷性黄土，局部或整片处理	3～12
3	挤密法	地下水位以上，$S_r \leqslant 65\%$ 的湿陷性黄土	5～15
4	桩基	基础荷载大，有可靠持力层	不限
5	预浸水法	自重湿陷性黄土场地，地基湿陷等级为 Ⅲ 级或 Ⅳ 级，可消除地面下 6m 以下湿陷性黄土土层的全部湿陷性	6m 以上，尚应采用垫层或其他方法处理
6	单液硅化或碱液加固法	一般用于加固地下水位以上的已有建筑物地基	≤10 单液硅化法可达 20m
7	其他方法	需经试验研究或工程实践证明行之有效	

2. 防水措施

（1）场地防水措施

尽量选择具有排水畅通或利于场地排水的地形条件，避开受洪水或水库等可能引起地下水位上升的地段，确保管道和储水构筑物不漏水，场地内设排水沟等。

(2)单体建筑物的防水措施

建筑物周围必须设置具有一定宽度的混凝土散水,以便排泄屋面水,并确保建筑物地面严密不漏水。室内的给水、排水管道应尽量明装,室外管道布置应尽量远离建筑物,检漏管沟应做好防水处理。

(3)施工阶段的防水措施

施工场地应平整,做好临时性防洪、排水措施。大型基坑开挖时应防止地面水流入,坑底应保持一定坡度便于集水和排水,并尽量缩短基坑暴露时间。

3.结构措施

(1)加强建筑物的整体性和空间刚度。

(2)选择适宜的结构和基础形式。

(3)加强砌体和构件的刚度。

在湿陷性黄土地基的设计中,应根据建筑物的类别、场地湿陷类型,结合当地的建筑经验、施工与维护管理等条件综合确定。

第三节 膨胀土地基

一、膨胀土的成因及其分布

膨胀土一般是指土中黏粒成分主要由强亲水性的蒙脱石和伊利石矿物组成,同时具有显著的吸水膨胀和失水收缩两种性能的非饱和高塑性黏性土。膨胀土的成因环境主要为温和湿润,且具备化学风化的良好条件。在这种环境条件下,以硅酸盐为主的矿物不断分解,钙被大量淋失,钾离子被次生矿物吸收形成伊利石和伊利石—蒙脱石混合物为主的黏性土。

膨胀土在我国分布广泛,与其他土类不同,主要呈岛状分布。根据现有资料,膨胀土在我国广西、云南、贵州、湖北、河北、河南、四川、安徽、山东、陕西、江苏和广东等地均有不同范围的分布,在国外则主要分布在非洲和南亚地区。

二、膨胀土的工程特性及对工程的危害

1.工程特性

(1)胀缩性

膨胀土吸水后体积膨胀,使其上的建筑物隆起,如果膨胀受阻即产生膨胀力;膨胀土失水体积收缩,造成土体开裂,并使其上的建筑物下沉。土中蒙脱石含量越多,其膨胀量和膨胀力也越大;土的初始含水率越低,其膨胀量与膨胀力也越大。击实膨胀土的膨胀性比原状膨胀土大,密实越高,膨胀性也越大。

(2)崩解性

膨胀土浸水后体积膨胀,发生崩解。强膨胀土浸水后几分钟即完全崩解,弱膨胀土则崩解缓慢且不完全。

(3)多裂隙性

膨胀土中的裂隙,主要可分垂直裂隙、水平裂隙和斜交裂隙三种类型。这些裂隙将土层分割成具有一定几何形状的块体,从而破坏了土体的完整性,容易造成边坡的滑塌。

(4)超固结性

膨胀土大多具有超固结性,天然孔隙比小,密实度大,初始结构强度高。

(5)风化特性

膨胀土受气候因素影响很敏感,极易产生风化破坏作用。基坑开挖后,在风化作用下,土体很快会产生破裂、剥落,从而造成土体结构破坏,强度降低。对于受大气风化作用影响的深度各地不完全一样,云南、四川、广西地区约至地表下 3~5m,其他地区在 2m 左右。

(6)强度衰减性

膨胀土的抗剪强度为典型的变动强度,具有峰值强度极高而残余强度极低的特性。由于膨胀土的超固结性,初期强度极高,现场开挖很困难;然而随着胀缩效应和风化作用时间的增加,其抗剪强度又大幅度衰减。在风化带以内,湿胀干缩效应显著,经过多次湿胀干缩循环以后,特别是黏聚力 c 大幅度下降,而内摩擦角 φ 变化不大,一般反复循环 2~3 次以后趋于稳定。

2. 工程危害

由于上述特性,膨胀土对工程造成的危害是十分严重的,主要表现在以下几方面。

(1)对建筑物的影响

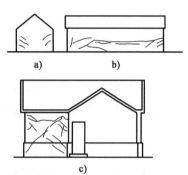

图 8-5 膨胀土地基上房屋墙面裂缝
a)山墙倒八字缝;b)外墙水平缝;c)墙交叉缝

膨胀土地基上易遭受破坏的大多为埋置较浅的低层建筑物,一般是三层以下的民房。房屋损坏具有季节性和成群性两大特点。房屋墙面角端的裂缝常表现为山墙上的对称或不对称的倒八字形缝,见图 8-5a);外纵墙下部出现水平缝,见图 8-5b),墙体外侧并有水平错动;由于土体的胀缩交替,还会使墙体出现交叉裂缝,见图 8-5c)。

(2)对道路结构的影响

膨胀土地区的道路,由于路幅内土基含水率的不均匀变化,从而引起不均匀收缩,并产生幅度很大的横向波浪形变形。雨季路面渗水,路基受水浸软化,在行车荷载下形成泥浆,并沿路面的裂缝和伸缩缝溅浆冒泥。

(3)对边坡稳定的影响

膨胀土地区的边坡坡面最易受大气风化的作用。在干旱季节蒸发强烈,坡面剥落;雨季坡面冲蚀,冲蚀沟深一般为 0.1~0.5m,最大可达 1.0m,坡面变得"支离破碎"。土体吸水饱和,在重力与渗透压力作用下,沿坡面向下产生塑流状溜塌。当雨季雨量集中时还会形成泥流,堵塞涵洞,淹埋路面,甚至引发出破坏性很大的滑坡。膨胀土地区的滑坡,一般呈浅层的牵引式滑坡,滑体厚度一般为 1~3m 左右。滑坡与边坡的高度和坡度无明显关系,但坡度超过 14°时,坡体就有蠕动现象;经验表明,建在坡度大于 5°场地上的房屋,沉降量大,损坏也较严重。

三、膨胀土地基的分类及评价

1. 膨胀土的判别指标

膨胀土的判别指标大致可分三类:第一类是根据膨胀土潜在的膨胀势来衡量,指标有膨胀力 P_e、膨胀性指标 K_e、压实指标 K_d 和吸水指标 K_w;第二类是根据土的表观膨胀率来评价,这类指标有自由线膨胀率 δ_e、自由膨胀率 δ_{ef}、有荷膨胀率 δ_{ep}、线收缩率 δ_{si}、收缩系数 λ_s 和体缩率 δ_v 等;第三类是矿物成分及含水率等间接性指标,如活动性指数 K_A、缩限 w_s 和缩性指数 I_s 等。这些指标的表达形式和判别界限详见表 8-7。凡有某一项达到或超过表中的临界值时,即可判为膨胀土。

膨胀土的判别标准　　　　　表 8-7

序号	指标名称	计算公式	临界值（国外）	临界值（国内）
1	膨胀性指标 K_e	$K_e = \dfrac{e_L - e}{1 + e}$	$\geqslant 0.4$	0.2 或 0.4
2	压实指标 K_d	$K_d = \dfrac{e_L - e}{e_L - e_p}$	$\geqslant 1.0$	$\geqslant 0.5$ 或 0.8
3	活动性指数 K_A	$K_A = \dfrac{I_p}{A}$	$\geqslant 1.25$	$\geqslant 0.6$ 或 $\geqslant 1.00$
4	吸水指标 K_w	$K_w = \dfrac{w_L - w_{sr}}{w_{sr}}$	$\geqslant 0.4$	$\geqslant 0.4$ 或 $\geqslant 1.0$
5	自由线膨胀率 δ_e	$\delta_e = \dfrac{h_t - h_0}{h_0} \times 100(\%)$	$\geqslant 0.5\%$	$\geqslant 1.0\%$
6	缩限 w_s		$<12\%$	$<12\%$
7	缩性指数 I_s	$I_s = w_L - w_s$	$\geqslant 20$	
8	线收缩率 δ_{si}	$\delta_{si} = \dfrac{h_s - h_0}{h_0} \times 100(\%)$	$\geqslant 5.0\%$	
9	收缩系数 λ_s	$\lambda_s = \dfrac{\Delta \delta_s}{\Delta w} \times 100(\%)$		
10	有荷膨胀率 δ_{ep}	$\delta_{ep} = \dfrac{h_p - h_0}{h_0} \times 100(\%)$	$\geqslant 1.0\%$	
11	体缩率 δ_v	$\delta_v = \dfrac{V_0 - V_s}{V_0} \times 100(\%)$	$\geqslant 10\%$	
12	自由膨胀率 δ_{ef}	$\delta_{ef} = \dfrac{V_{we} - V_0}{V_0} \times 100(\%)$		$\geqslant 40\%$

注:I_p——塑性指数;
　$\Delta \delta_s$——收缩过程中与两点含水率之差对应的竖向收缩率之差,%;
　e_L、e_p——分别为液限和塑限时的孔隙比;
　A——小于 0.002mm 粒径颗粒含量,%;
　w_L、w_s——分别为液限和缩限;
　w_{sr}、Δw——分别为土样饱和时含水率和收缩过程中直线变化阶段两点含水率之差,%;
　h_0——试样原始高度,mm;
　h_t、h_p——分别为试样在无荷载和有荷载条件下浸水膨胀稳定后的高度,mm;
　h_s——试样烘干后的高度,mm;
　V_{we}、V_0——分别为试样浸水膨胀稳定后的体积和试样原有体积,ml。

膨胀土膨胀势的分类　　表 8-8

自由膨胀率(%)	膨 胀 势
$40 \leqslant \delta_{ef} < 65$	弱
$65 \leqslant \delta_{ef} < 90$	中
$\delta_{ef} \geqslant 90$	强

2. 膨胀土的分类

膨胀土的分类标准很多,我国《膨胀土地区建筑技术规范》(GBJ 112—87)标准详见表 8-8。

3. 膨胀土地基的变形计算及膨胀等级

(1) 膨胀土地基变形量计算

膨胀土地基变形量,可按下列三种情况分别计算。

① 当离地表 1m 处地基土的天然含水率等于或接近最小值时,或地面有覆盖层且无蒸发可能时,以及建筑物在使用期间经常有水浸湿的地基,可按膨胀变形量 s_e 用式(8-5)计算。

$$s_e = \psi_e \sum_{i=1}^{n} \delta_{epi} h_i \tag{8-5}$$

式中:ψ_e——经验系数,宜根据当地经验确定,无经验时 3 层及 3 层以下建筑物取 0.6;

δ_{epi}——基底下第 i 层土在自重和附加应力作用下的膨胀率,由室内试验确定;

h_i——第 i 层土的计算厚度,mm;

n——自基础底面至计算深度内所划分的土层数,计算深度应根据大气影响深度确定,有浸水可能时可按浸水影响深度确定。

② 当离地表 1m 处地基土的天然含水率大于 1.2 倍塑限含水率时,或直接受高温作用的地基,可按收缩变形量 s_s 用式(8-6)计算。

$$s_s = \psi_s \sum_{i=1}^{n} \lambda_{si} \Delta w_i h_i \tag{8-6}$$

式中:ψ_s——经验系数,宜根据当地经验确定,无经验时,3 层及 3 层以下建筑物取 0.8;

λ_{si}——第 i 层土的收缩系数,应由室内试验确定;

Δw_i——地基土收缩过程中,第 i 层土可能发生的含水率变化平均值(以小数表示)。

n——自基础底面至计算深度内所划分的土层数,计算深度可取大气影响深度;有热源影响时可按热源影响深度确定。

③ 其他情况下则可按胀缩变形量 s_s 用式(8-7)计算。

$$s = \psi \sum_{i=1}^{n} (\delta_{epi} + \lambda_{si} \Delta w_i) h_i \tag{8-7}$$

式中:ψ——计算胀缩变形量的经验系数,可取 0.7;

(2) 地基膨胀等级划分

根据地基的膨胀、收缩变形对低层砖混房屋的影响程度,可将膨胀土地基的胀缩等级划分为三级,见表 8-9。建筑物可能受损坏的程度,见表 8-10。

膨胀土地基的膨胀等级　　表 8-9

地基分级变形量 s_c(mm)	级 别
$15 \leqslant s_c < 35$	Ⅰ
$35 \leqslant s_c < 70$	Ⅱ
$s_c \geqslant 70$	Ⅲ

注:地基分级变形量应按式(8-5)~式(8-7)计算,式中膨胀率采用的压力为 50kPa。

房屋损坏程度标准　　表 8-10

损 坏 程 度	承重墙裂缝最大宽度(mm)	最大变形幅度(mm)
轻微	≤15	≤30
中等	16~50	30~60
严重	>50	>60

4. 地基承载力确定

根据《膨胀土地区建筑技术规范》(GBJ 112—87),对于荷载较大的建筑物用现场浸水载荷试验方法确定地基承载力;当采用饱和三轴不排水快剪试验确定土的抗剪强度时,可按国家现行建筑地基基础设计规范中的有关规定计算地基承载力;当无资料时,可按表8-11确定膨胀土地基承载力。

膨胀土地基承载力(kPa) 表8-11

含水比 a_w \ 孔隙比 e	0.6	0.9	1.1
<0.5	350	280	200
0.5~0.6	300	220	170
0.6~0.7	250	200	150

注:①此表适用于基坑开挖时,土的含水率不大于勘察取土试验时的天然含水率。
②含水比为天然含水率与液限的比值。

四、建筑施工注意事项

在膨胀土地区进行建筑施工应注意以下事项。

1. 建筑规划措施

(1)正确选择场地。当地形平坦时应避免大挖大填,坡度应小于14°,并有条件设置低挡墙以防止土体溜滑发生。

(2)场地内绿化布置。应根据气候条件、膨胀土条件等,结合当地经验,种植草皮,并采用蒸发量小的树木绿化。

2. 结构措施

结构措施的目的是要提高建筑物适应地基变形的能力。方法主要有:设置圈梁或设置暗柱与圈梁形成框架结构,提高砌体强度,采用悬挑结构等。

3. 地基处理措施

(1)用足地基强度,增大基底压力;

(2)采用换土、砂石垫层等措施;

(3)采用水泥、石灰拌和改良土性;

(4)基底压力不大时,采用预浸水,使膨胀土层全部或部分先行膨胀;

(5)改变基础形式,可采用桩基、墩基等。

4. 消除局部热源和水源的影响

(1)热源

对供热管道应采取架空和隔热措施。

(2)水源

①在房屋四周做好排水措施,不得形成积水;

②不得采用集水的明沟排水;

③室内外管沟必须做好防渗、防漏措施;

④对绿化的浇灌设施及浇灌方法应有所控制。

第四节 红黏土地基

一、红黏土的成因及其分布

红黏土是碳酸盐岩系出露区的岩石,经过更新世以来在湿热的环境中,由岩变土一系列的红土化作用,形成并覆盖于基岩上,呈棕红、褐黄等色的高塑性黏土。其液限 w_L 一般大于50%,在垂直方向上其湿度呈现出上部小下部大的明显变化规律,失水后有较大的收缩性,土中裂隙发育。

所谓红土化作用,是指碳酸盐系岩石在湿热气候环境条件下,逐渐由岩石演变成土的过程。已经形成的红黏土,经后期水流搬运,土中成分发生相对变化,但仍然保留着红黏土的基本特征,其 w_L 一般大于45%,称为次生红土。

根据红黏土的成土条件,这类土主要集中分布在我国长江以南,即北纬33°以南的地区,西起云贵高原,经四川盆地南缘、鄂西、湘西、广西向东延伸到粤北、湘南、皖南、浙西等丘陵山地。

二、红黏土的工程特性

红黏土的工程特性主要表现在以下几方面。

1. 高塑性和高孔隙比

红黏土呈高分散性,黏粒含量高,粒间胶体氧化铁具有较强的黏结力,并形成团粒。因此其具有高塑性的特征,特别是液限 w_L 比一般黏性土高,都在50%以上。由于团粒结构在形成过程中,造成总的孔隙体积大,因此其孔隙比常大于1.0。它与黄土的不同在于单个孔隙体积很小,黏粒间胶结力强且非亲水性,故红黏土无湿陷性。其压缩性也低,力学性能好。表8-12列出了我国各地区红黏土的液限 w_L、塑限 w_p 和孔隙比 e 的统计值。由该表可知,云南、贵州的红黏土孔隙比 e 高达1.36左右,但不能将此误解为软土或大孔土。

各地区红黏土的 w_L、w_p、e 指标值 表8-12

指标		云南	贵州	广西	四川	湖北	湖南	广东	皖南	山东
w_L(%)	界限	50～80	40～110	39～92	35～85	39～81	40～80	25～90	40～65	33～60
	中值	63	73	68	58	63	65	55	54	42
w_p(%)	界限	29～50	20～50	20～43	20～40	20～45	20～50	17～50	18～30	17～30
	中值	37	35	35	30	28	29	24	29	19
e	界限	0.80～1.80	0.80～2.00	0.80～1.70	0.70～1.80	0.70～1.80	0.85～1.30	0.60～1.40	0.70～1.20	0.60～0.90
	中值	1.38	1.36	1.10	1.10	1.20	1.05	0.97	0.88	0.75

红黏土天然状态饱和度大多在90%以上,使红黏土成为二相体系。所以红黏土湿度状态的指标也同时反映了土的密实度状态,含水率 w 和孔隙比 e 具有良好的线性关系,如8-6所示。

红黏土含水率高,而且在天然竖向剖面上,地表呈坚硬或硬塑状态,向下逐渐变软,土的含水率和孔隙比随深度而递增,力学性能相应变差,如图8-7所示。图中,$a_w = w/w_L$ 称为含水比。

红黏土虽然其力学性能随深度而变弱,但作为天然地基时,对一般建筑物而言,其基底附加应力随深度的衰弱幅度大于强度减小的幅度,因此在多数的情况下,满足了持力层也就满足了对下卧层承载力验算的要求。

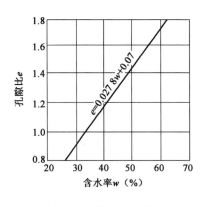

图 8-6 红黏土 e—w 关系

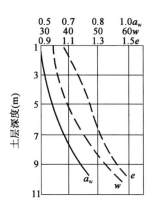

图 8-7 a_w、w、e 随深度变化

2. 土层的不均匀性

红黏土厚度不均匀特性主要表现在以下两方面。

(1)母岩岩性和成土特性决定了红黏土厚度不大。尤其在高原山区,其分布零星,由于石灰岩和白云岩岩溶化强烈,岩面起伏大,形成许多石笋石芽,导致红黏土厚度水平方向上变化大。常见水平相距 1m,土层厚度可相差 5m 或更多。

(2)下伏碳酸盐岩系地层中的岩溶发育,在地表水和地下岩溶水的单独或联合作用下,由于水的冲蚀、吸蚀等作用,在红黏土地层中可形成洞穴,称为土洞。只要冲蚀吸蚀作用不停止,土洞可迅速发展扩大。由于这些洞体埋藏浅,在自重或外荷作用下,可演变为地表塌陷。

3. 土体结构的裂隙性

自然状态下的红黏土呈致密状态,无层理,表面受大气影响呈坚硬或硬塑状态。当失水后土体发生收缩,土体中出现裂缝,接近地表的裂缝呈竖向开口状,往深处逐渐减弱,呈网状微裂隙且闭合。由于裂隙的存在,土体整体性遭到破坏,总体强度大为减弱,此外,裂隙又促使深部失水,有些裂隙发展成为地裂。图 8-8 中同时标出了裂隙周围含水率的等值线,可以看出在地裂缝附近含水率低于远处。

土中裂隙发育深度一般为 2～4m,有些可达 7～8m。在这类地层内开挖,开挖面暴露后受气候的影响,裂隙的发生和发展迅速,可将开挖面切割破碎,从而影响到边坡的稳定性。

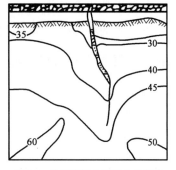

图 8-8 地裂附近土体中含水率等值线(高程单位:m)

三、红黏土的工程分类

红黏土的工程分类方法很多,通常有按成因、土性、湿度状态、土体结构和地基岩土条件分类等五种分类方法。其中后面三种分类方法对地基承载力的确定和地基的评价作用最大。

1. 按土体结构分类

天然状态的红黏土为整体致密状,当土中形成了网状裂隙后,致使土体变成了由不同延伸方向、宽度和长度的裂隙面所分割的土块所构成的土体,致密状少裂隙土体与富裂隙土体的工程性质有明显差异。由土中裂隙特征以及天然与扰动状态土样无侧限抗压强度之比 S_t(灵敏度)作为分类依据,如表 8-13 所示,可将红黏土分为致密状、巨块状和碎块状三类。

红黏土结构类型　　　　　　　　　　　　　表 8-13

土体结构	外观特征	S_t
致密状的	偶见裂隙(<1 条/m)	>1.2
巨块状的	较多裂隙(1~5 条/m)	1.2~0.8
碎块状的	富裂隙(>5 条/m)	≤0.8

2. 按地基岩土条件分类

红土地基的不均匀性,对建筑物地基设计和处理造成严重影响,特别是在岩溶发育区内,表面红土层下的溶沟溶槽、石笋石芽起伏变化较大。对此,结合上部建筑物的特点,事先假定某一条件,通过系统沉降计算确定基底下某一临界深度 z,根据临界深度 z 可将岩土构成情况进行分类。

设地基沉降检验段长度为 6.0m,相邻基础的形式、尺寸及基底荷载相似,基底土为坚硬或硬塑状态。对于单独基础总荷载 $P_1=500\sim3\,000$kN 以及对于条形基础每延米荷载 $P_2=100\sim250$kN/m,根据临界深度 z 将岩层分成两类:Ⅰ类,全部为红土组成;Ⅱ类,由红土与下伏岩层所组成。

临界深度 z(m)可按式(8-8)确定。

$$\left.\begin{array}{ll}\text{单独基础} & z=0.003P_1+1.5 \\ \text{条形基础} & z=0.05P_2-4.5\end{array}\right\} \tag{8-8}$$

对于Ⅰ类地基,无需考虑地基的不均匀沉降问题,可视作均质地基;对于Ⅱ类岩土条件,地基应根据岩土间的不同组合进行评价和处理。

3. 按湿度状态分类

红黏土的状态指标,除惯用的液性指数 I_L 外,含水比 $a_w=\dfrac{w}{w_L}$ 与土的力学指标相关紧密。根据上述两个指标,可将红黏土划分成五类:坚硬、硬塑、可塑、软塑和流塑,见表 8-14。

红黏土湿度状态分类标准　　　　　　　　　　　　　表 8-14

状态指标 状态	$a_w=\dfrac{w}{w_L}$	I_L	状态指标 状态	$a_w=\dfrac{w}{w_L}$	I_L
坚硬	≤0.55	≤0	软塑	0.85~1.0	0.67~1.0
硬塑	0.55~0.70	0~0.33	流塑	>1.0	>1.0
可塑	0.70~0.85	0.33~0.67			

四、红黏土地基设计和处理

1. 地基承载力确定

均质红黏土地基的承载力可根据经验方法和理论方法确定。对于重要建筑物,应采用静载试验及其他测试手段综合评定。

(1)经验方法

经验法确定红黏土地基承载力有两种方法,一种是根据状态指标与载荷试验结果经统计按经验公式(8-9)计算,另一种是根据静力触探指标经统计按经验公式(8-10)计算。

$$f_0 = 121.8 \times 0.596\ 8^{I_r} \times 2.820^{\frac{1}{a_w}} \quad (8\text{-}9)$$

$$f_0 = 0.09 p_s + 90 \quad (8\text{-}10)$$

式中:f_0——红黏土地基承载力基本值,kPa;

I_r——液塑比,$I_r = \dfrac{w_L}{w_p}$;

a_w——含水比,$a_w = \dfrac{w}{w_L}$;

p_s——静力触探比贯入阻力,kPa。

(2)按承载力公式计算确定

按承载力公式进行计算时,抗剪强度指标应由三轴压缩试验求得。若采用直剪快剪指标时,其抗剪强度指标应予修正,对 c 值一般乘以 $0.6 \sim 0.8$ 系数,对 φ 值一般乘以 $0.8 \sim 1.0$ 系数。

2. 不均匀地基处理

(1)土层厚度不均匀情况

常见土层厚度不均匀有如图 8-9 所示的两种情况。图 8-9a)表示一端有岩石出露,另一端为有一定厚度土层;图 8-9b)表示下卧岩层起伏,未出露地面两端土层厚度不一的情况。对于这两种岩土不均匀地基的处理,原则上通过沉降分析来考虑处理方案,常用做法如下。

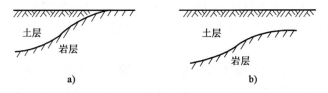

图 8-9 红黏土地基典型剖面

①当下卧岩层单向倾斜较大时,可调整基础的深度、宽度或采用桩基等进行处理,也可将基础沿基岩的倾斜方向分段做成阶梯形,从而使地基变形趋于一致。

②对于大块孤石石芽、石笋或局部岩层出露等情况,宜在基础与岩石接触的部位,将岩石露头削低,做厚度不小于 50cm 的褥垫,然后再根据土质情况,结合结构措施进行综合处理。

(2)土中裂缝的问题

①土中出现的细微网状裂缝可使抗剪强度降低 50% 以上,主要影响土体的稳定性,所以当土体承受较大水平荷载或外侧地面倾斜、有临空面等情况时应验算其稳定性,对于仅受竖向荷载时应适当折减地基承载力。

②深长的地裂缝对工程危害极大。地裂缝可长达数公里,深可达 8~9m,原则上应避免在裂缝地区修筑工程。

(3)土的胀缩性问题

红黏土的收缩性能引起建筑物的损坏,特别是对一些低层建筑物影响较大,所以应采取有效的保温、保湿措施。

第五节　盐渍土地基

一、盐渍土的成因及其分布

1. 盐渍土的成因

当土中易溶盐含量大于 0.3%，并具有溶陷、盐胀、腐蚀等工程特性时，可称为盐渍土。盐渍土的成因主要如下。

(1) 盐源

盐渍土中盐的来源主要有三种：①岩石在风化过程中分离出少量的盐；②海水侵入、倒灌等将盐渗入土中；③工业废水或含盐废弃物，使土体中含盐量增高。

(2) 盐的迁移和积聚

盐的迁移积聚主要是靠风力或水流完成的。在沙漠干旱地区，大风常将含盐的土粒或盐的晶体吹落到远处，积聚起来，使盐重新分布。

水流是盐类迁移和重新分布的主要因素。地表水和地下水在流动过程中把所溶解的盐分带到低洼处，有时形成大的盐湖。在含盐量(矿化度)很高的水流经过的地区，如遇到干旱的气候环境，由于强烈蒸发，盐类析出并积聚在土体中形成盐渍土。在滨海地区，地下水中的盐分，通过毛细作用，将下部的盐输送到地表，由于地表的蒸发作用，将盐分析出，形成盐渍土。有些地区长期大量开采地下水，农田灌溉不当，也会造成盐分积聚。

2. 盐渍土的分布

盐渍土在世界各地都有分布。我国的盐渍土主要分布在西北干旱地区的新疆、青海、西藏北部、甘肃、宁夏、内蒙古等地势低洼的盆地和平原中，其次分布在华北平原、松辽平原等地；另外，在滨海地区的辽东湾、渤海湾、莱州湾、杭州湾以及包括台湾在内的诸岛屿沿岸，也有相当面积的盐渍土存在。

有些盐渍土中以含碳酸钠或碳酸氢钠为主，碱性较大，pH 值一般为 8~10.5，这种土称为碱土，或碱性盐渍土，农业上称为苏打土。这种土零星分布于我国东北的松辽平原以及华北的黄河、淮河、海河平原。

二、盐渍土的分类

盐渍土可按所含盐的化学成分、溶解度和含盐量进行分类。

1. 按含盐的化学成分分类

盐渍土中含盐成分主要为氯盐、硫酸盐和碳酸盐，因此按 100g 土中阴离子含量(按毫克当量计)的比值作为分类指标，见表 8-15。这种分类方法只对土中含盐化学成分做出定性的间接说明，而没有对工程的危害做出评价。

盐渍土按含盐化学成分盐分类　　表 8-15

盐渍土名称	$\dfrac{c(Cl^-)}{2c(SO_4^{2-})}$	$\dfrac{2c(CO_3^{2-})+c(HCO_3^-)}{c(Cl^-)+2c(SO_4^{2-})}$	盐渍土名称	$\dfrac{c(Cl^-)}{2c(SO_4^{2-})}$	$\dfrac{2c(CO_3^{2-})+c(HCO_3^-)}{c(Cl^-)+2c(SO_4^{2-})}$
氯盐渍土	>2	—	硫酸盐渍土	<0.3	—
亚氯盐渍土	2~1	—	碳酸(氢)盐渍土	—	>0.3
亚硫酸盐渍土	1~0.3	—			

注：表中 $c(Cl^-)$ 为氯离子在 100g 土中所含毫摩数，余同。

2. 按含盐的溶解度分类

根据土中含盐的溶解度,盐渍土可分为易溶盐渍土、中溶盐渍土和难溶盐渍土三类,见表 8-16。

盐渍土按溶解度分类 表 8-16

盐渍土名称	含盐成分	溶解度(%)($t=20℃$)
易溶盐渍土	氯化钠($NaCl$)、氯化钾(KCl)、氯化钙($CaCl_2$)、硫酸钠(Na_2SO_4)、硫酸镁($MgSO_4$)、碳酸钠(Na_2CO_3)、碳酸氢钠($NaHCO_3$)等	9.6~42.7
中溶盐渍土	石膏($CaSO_4 \cdot 2H_2O$)、无水石膏($CaSO_4$)	0.2
难溶盐渍土	碳酸钙($CaCO_3$)、碳酸镁($MgCO_3$)	0.0014

3. 按含盐量分类

盐渍土按土中可溶盐的含量进行分类是国内外最常用的分类方法。在我国国家标准《岩土工程勘察规范》(GB 50021—2001)中,将盐渍土按含盐量分为四类,见表 8-17;在我国行业标准《公路路基设计规范》(JTG D30—2004)中,也将盐渍土路基按含盐量分为四类,见表 8-18。

《岩土工程勘察规范》(GB 50021—2001)盐渍土分类方法 表 8-17

盐渍土名称	平均含盐量(%)			盐渍土名称	平均含盐量(%)		
	氯盐、亚氯盐	硫酸盐、亚硫酸盐	碱性盐		氯盐、亚氯盐	硫酸盐、亚硫酸盐	碱性盐
弱盐渍土	0.3~1.0	—	—	强盐渍土	5~8	2~5	1~2
中盐渍土	1~5	0.3~2.0	0.3~1.0	超盐渍土	>8	>5	>2

《公路路基设计规范》(JTG D30—2004)盐渍土分类方法 表 8-18

盐渍土名称	平均含盐量(%)		盐渍土名称	平均含盐量(%)	
	氯盐、亚氯盐	碳酸盐、亚硫酸盐		氯盐、亚氯盐	碳酸盐、亚硫酸盐
弱盐渍土	0.3~1	0.3~0.5	强盐渍土	5~8	2~5
中盐渍土	1~5	0.5~2.0	超盐渍土	>8	>5

注:含盐量以 100g 干土内的含盐总量计。

三、盐渍土地基的评价

对盐渍土地基的评价,主要考虑盐渍土地基的溶陷性、盐胀性和腐蚀性三个方面。

1. 溶陷性

天然状态下盐渍土在自重压力或附加压力下,受水浸湿时所产生的附加变形称为盐渍土的溶陷变形。根据大量研究表明,只有干燥和稍湿的盐渍土才具有溶陷性,且大多为自重溶陷。盐渍土的溶陷性可以用单一的有荷载作用时的溶陷系数 δ 来衡量。溶陷系数 δ 的测定与黄土的湿陷系数相似,由室内压缩试验确定。

$$\delta = \frac{h_p - h'_p}{h_0} \qquad (8-11)$$

式中：h_p——原状土样在压力 p 作用下沉降稳定后的高度，mm；

h'_p——在同一压力下，土样浸水溶滤下沉降稳定后的高度，mm；

h_0——土样的原始高度，mm。

溶陷系数 δ 也可以通过现场试验确定。

$$\delta = \frac{\Delta s}{h} \qquad (8-12)$$

式中：Δs——载荷板压力为 p 时，盐渍土浸水后的溶陷量，mm；

h——载荷板下盐渍土的湿润深度，mm。

盐渍土根据溶陷系数 δ 通常可分为两类：当溶陷系数 $\delta < 0.01$ 时，定为非溶陷性盐渍土；当溶陷系数 $\delta \geq 0.01$ 时，定为溶陷性盐渍土。

根据溶陷系数 δ 计算地基的溶陷量 s。

$$s = \sum_{i=1}^{n} \delta_i h_i \qquad (8-13)$$

式中：δ_i、h_i——第 i 层土的溶陷系数及其厚度，mm；

n——基础底面下地基溶陷范围内土层数目。

根据溶陷量 s 可把盐渍土地基分为三个等级，见表 8-19。

盐渍土地基的溶陷等级　　表 8-19

溶陷等级	溶陷量 s(mm)
Ⅰ	$70 < s \leq 150$
Ⅱ	$150 < s \leq 400$
Ⅲ	$s > 400$

2. 盐胀性

盐渍土地基的盐胀性一般可分为两类，即结晶膨胀和非结晶膨胀。结晶膨胀是由于盐渍土因温度降低或失去水分后，溶于孔隙水中的盐浓缩并析出结晶所产生的体积膨胀。其具有代表性的是硫酸盐渍土。对于硫酸盐渍土，当土中的硫酸钠含量超过某一定值（约 2%）时，在低温或含水率下降时，硫酸钠发生结晶膨胀，对于无上覆压力的地面或路基，膨胀高度可达数十至几百毫米。这成了盐渍土地区的一个严重的工程问题。

非结晶膨胀是指由于盐渍土中存在着大量吸附性阳离子，特别是低价的水化阳离子与黏土胶粒相互作用，使扩散层水膜厚度增大而引起土体膨胀。最具代表性的是碳酸盐渍土，一般当土中碳酸钠含量超过 0.5% 时，其膨胀量会明显最大，当含水率增加时，土体会变得泥泞不堪。

盐渍土地基造成的破坏主要表现为，因盐胀隆起使室内外地坪、路面、路缘石、台阶、花坛、室外球场、机场跑道等发生开裂或破坏。在盐渍土地基上进行建设时，如果未采用有效的防膨胀措施，造成的危害有时是相当严重的。

3. 腐蚀性

盐渍土的腐蚀性是一个十分复杂的问题。盐渍土中含有大量的无机盐，它使土具有明显的腐蚀性，对建筑物基础和地下设施构成一种严重的腐蚀环境，影响其耐久性和安全使用。盐渍土腐蚀性评价见表 8-20。

盐渍土腐蚀性评价 表 8-20

地基介质	离子种类	埋设条件	腐蚀性等级			
			无	弱	中	强
地下水中盐离子含量（mg/L）	NH_4^+		≤100	100~500	500~800	>800
	Mg^{2+}		≤1 000	1 000~2 000	2 000~3 000	>3 000
	SO_4^{2-}		≤250	250~500	500~1 000	>1 000
	Cl^-	全浸	≤5 000	—	—	—
		间浸	—	≤500	500~5 000	>5 000
	pH		>6.5	6.5~6.0	5.0~4.0	<4.0
土中盐离子含量（mg/kg）	SO_4^{2-}	干燥	≤500	500~1 000	1 000~1 500	>1 500
		湿润	≤250	250~500	500~1 000	>1 000
	Cl^-	干燥	≤400	400~750	750~7 500	>750
		湿润	≤250	250~500	500~5 000	>5 000
	总盐量 mg/kg	有蒸发面	≤3 000	3 000~5 000	5 000~10 000	>10 000
		无蒸发面	≤10 000	10 000~20 000	20 000~50 000	>50 000
	pH		>6.5	6.5~5.0	5.0~4.0	<4.0

按破坏机理，盐渍土腐蚀性可归纳成以下几类。

(1) 化学作用类

土中所含的具有腐蚀性成分与腐蚀物之间发生化学反应所引起的破坏。

(2) 电化学腐蚀类

金属材料在土体中，表面形成微电池或宏电池，分成阳极区和阴极区，在阳极区产生电化学腐蚀。

(3) 物理作用类

由于土体的膨胀作用、冻融、地下水引起的破坏。

(4) 微生物作用

土中含有某些微生物，可对金属或非金属产生腐蚀破坏，如硫酸盐还原菌对钢铁能造成严重破坏。

(5) 杂散电流作用

工业、交通、输电系统的电流泄漏到地下，尤其是直流电，能在土体中引起金属的电解质腐蚀破坏。

(6) 其他

如植物根系、动物等的破坏作用。

盐渍土中的氯盐是易溶盐，在水溶液中全部离解为阴、阳离子，属于电解质，具有很强的腐蚀作用，对于金属类的管线、设备以及混凝土中的钢筋等都会造成严重损坏。

盐渍土中的硫酸盐主要是指钠盐、镁盐和钙盐，这些都属于易溶盐和中溶盐。硫酸盐对水泥、黏土制品等腐蚀非常严重。

四、盐渍土地区施工及防腐措施

在盐渍土地区进行工程建设，首先要注意提高建筑材料本身的防腐能力，如选用优质水泥,提高密实性,增大保护层厚度,提高钢筋的防腐能力等,同时还可采取在混凝土或砖石砌体表面做防水层和防腐涂层等方法。防盐类侵蚀的重点部位是在接近地面或地下水干湿交替区段。具体措施如表 8-21 所示。

盐渍土地区防腐蚀措施 表 8-21

腐蚀等级	防腐等级	水泥品种	水泥用量（kg/m³）	水灰比	外加剂	外部防腐蚀措施	
						干湿交替	深埋
弱	3	普通水泥、矿渣水泥	280～330	≤0.60		常规防护	常规或不防护
中	2	普通水泥、矿渣水泥、抗腐蚀水泥	330～370	≤0.50	酌情选用阻锈剂、减水剂、引气剂	沥青类防水涂层	常规或不处理
强	1	普通水泥、矿渣水泥、抗腐蚀水泥	370～400	≤0.40	减水剂、阻锈剂	沥青或树脂类防腐涂层	沥青类涂层

此外,对搅拌混凝土或砂浆的用水和砂石料的含盐量也必须严格控制,应满足有关规定。

五、盐渍土地区地基基础设计及地基处理

1. 盐渍土地区地基基础设计施工注意事项

对湿润厂房应设防渗层,室外散水宜加宽,绿化带与建筑物距离宜放大,选择含盐类型单一和含盐量低的地层作为地基持力层。

对地下水位较高的地段,一定要考虑有害毛细水对地基土的影响,在设计时可以采用砂夹卵石作为基底填层,而且可以改善地基持力层的强度。

普通黏土砖的耐腐蚀性能差,一般不宜作为房屋的基础,而应选择耐酸或耐碱性能较好的石料;砌筑时的砂浆宜用矾土水泥砂浆。

各类基础均应采取防腐措施,并选择正确的防腐涂料。

2. 地基处理

地基处理应根据盐渍土的溶陷等级及现场条件进行技术与经济比较后,按表 8-22 选用。

盐渍土地基的一般处理措施 表 8-22

	处理措施	适用条件	备注
地基处理措施	浸水预溶	厚度不大或渗透性较好的盐渍土	需经现场试验确定浸水时间与预溶深度
	强夯	地下水位以上,孔隙比较大的低塑性土	需经现场试验,选择最佳夯击能量与夯击参数
	浸水预溶+强夯	厚度较大,渗透性较好的盐渍土,处理深度取决于预溶深度和夯击能量	需经试验选择最佳夯击能量与夯击次数
	浸水预溶+预压	土质条件同上,处理深度取决于预溶深度和预压强度	需经现场试验,检验压密效果
	换土	溶陷性很高的盐渍土	宜用灰土或易夯实的非盐渍土回填
	振冲	粉土及粉细砂层,地下水位较高	振冲时所用的水可采用场地内地下水或卤水,切忌一般淡水
	化学处理（盐化处理）	含盐量很高,土层较厚,其他方法难以处理,且地下水位较深时	需经现场试验,检验处理效果

第六节 冻土地基

一、冻土的特征及分布

凡温度等于或低于 0℃,且含有固态冰的土称为冻土。冻土按其冻结时间长短可分为三类:瞬时冻土、季节性冻土和多年冻土。

瞬时冻土,冻结时间小于一个月,一般为数天或几个小时(夜间冻结),冻结深度从几毫米至几十毫米。季节冻土,冻结时间等于或大于一个月,冻结深度从几十毫米至 1~2m,它是每年冬季发生的周期性冻土。多年冻土,其冻结时间连续在 3 年或 3 年以上。

多年冻土在我国主要分布在青藏高原和东北大小兴安岭,以及东部和西部地区的一些高山顶部。多年冻土占我国总面积的 20% 以上,占世界多年冻土总面积的 10%。

多年冻土在剖面上分布特征,如图 8-10 所示。上部土层受季节性融化与冻结作用影响,称为季节性融化层;在多年冻土层上下限之间没有局部融区的称为连续多年冻土;有局部融区存在的称为不连续多年冻土。

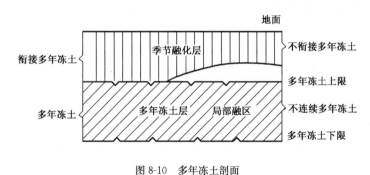

图 8-10 多年冻土剖面

二、冻土的物理力学性质

1. 物理性质

(1)总含水率

冻土的总含水率 w_n 是指冻土中所有的冰和未冻水的总质量与土骨架质量之比。

$$w_n = w_i + w'_w \tag{8-14}$$

式中:w_i——土中冰的质量与土骨架质量之比,%;

w'_w——土中未冻水的质量与土骨架质量之比,%。

冻土在负温条件下,仍有一部分水不冻结,称为未冻水。未冻水的含量与土的性质和负温度有关,可按下式计算。

$$w'_w = K'_w \cdot w_p \tag{8-15}$$

式中:w_p——塑限,%;

K'_w——与塑性指数和温度有关的系数,见表 8-23。

K'_w 系 数　　　　　　　　　　　　　　　　　　　　　　　表 8-23

土的名称	塑性指数	土温(℃)时的系数 K'_w					
		−0.3	−0.5	−1.0	−2.0	−4.0	−10.0
砂类土	$I_p<1$	0	0	0	0	0	0
粉砂或砂质粉土	$1<I_p\leqslant 2$	0	0	0	0	0	0
	$2<I_p\leqslant 7$	0.60	0.50	0.40	0.35	0.30	0.25
粉质黏土或黏质粉土	$7<I_p\leqslant 13$	0.70	0.65	0.60	0.50	0.45	0.40
	$13<I_p\leqslant 17$	*	0.75	0.65	0.55	0.50	0.45
黏土	$I_p>17$	*	0.95	0.90	0.65	0.60	0.55

注：* 所有土孔隙中的水处于未冻结状态(即 $K'_w=1$)。

(2) 冻土的含冰量

因为冻土中含有未冰冻水，所以冻土的含冰量不等于冻土融化时的含水率。衡量冻土中含冰量指标有相对含冰量、质量含冰量和体积含冰量三种。

①相对含冰量(i_0)，冰土中冰的质量 g_i 与全部水的质量 g_w(包括冰和未冰冻水)之比。

$$i_0 = \frac{g_i}{g_w} \times 100 = \frac{g_i}{g_i + g'_w} \times 100(\%) \tag{8-16}$$

②质量含冰量(i_g)，冻土中冰的质量 g_i 与冻土中土骨架质量 g_s 之比，$i_g = w_i$，即：

$$i_g = \frac{g_i}{g_s} \times 100(\%) \tag{8-17}$$

③体积含冰量(i_v)，冰土中冰的体积 V_i 与冻土总体积 V 之比。

$$i_v = \frac{V_i}{V} \times 100(\%) \tag{8-18}$$

2. 力学性质

土的冻胀作用常以冻胀量、冻胀强度、冻胀力和冻结力等指标来衡量。

(1) 冻胀量

天然地基的冻胀量有两种情况：无地下水源和有地下水源补给。对于无地下水源补给的，冻胀量 h_n 等于在冻结深度 H 范围内自由水($w-w_p$)在冻结时的体积。

$$h_n = 1.09 \frac{\rho_s}{\rho_w}(w - w_p)H \tag{8-19}$$

式中：w、w_p——分别为土的含水率和土的塑限，%；

ρ_s、ρ_w——分别为土和水的密度，g/cm³。

对于有地下水源补给的情况，冻胀量与冻胀时间有关，应该根据现场测试确定。

(2) 冻胀强度(冻胀率)

单位冻结深度的冻胀量称为冻胀强度或冻胀率 η。

$$\eta = \frac{h_n}{H} \times 100(\%) \tag{8-20}$$

(3) 冻胀力

土在冻结时由于体积膨胀对基础产生的作用力称为土的冻胀力。冻胀力按其作用方向可分为在基础底面的法向冻胀力和作用在侧面的切向冻胀力。冻胀力的大小除与土质、土温、水文地质条件和冻结速度有密切关系外，还和基础埋深、材料和侧面的粗糙程度有关。在无水源补给的封闭系统，冻胀力一般不大；当有水源补给的敞开系统，冻胀力就可能会成倍增加。

法向冻胀力一般都很大,非建筑物自重所能克服,所以一般要求基础埋置在冻结深度以下,或采取消除措施。切向冻胀力可在建筑物使用条件下通过现场或室内试验求得,也可根据经验查表 8-24 确定。

冻土对混凝土、木质基础的切向冻胀力　　　　　表 8-24

土的名称	含水程度	地基类型					
		基础容许有一定变形的非过水建筑物			基础基本不容许变形的过水建筑物		
黏性土	液性指数 I_L	$I_L \leq 0$	$0 < I_L \leq 1$	$I_L > 1$	$I_L \leq 0$	$0 < I_L \leq 0.5$	$0.5 < I_L \leq 1$	$I_L > 1$
	切向冻胀力 τ_1 (kPa)	0~30	30~80	80~150	0~50	50~100	100~150	150~200
砂土、碎石土	饱和度 S_r	$S_r \leq 0.5$	$0.5 < S_r \leq 0.8$	$S_r > 0.8$	$S_r \leq 0.5$	$0.5 < S_r \leq 0.8$	$S_r > 0.8$
	含水率 w(%)	$w \leq 12$	$12 < w \leq 18$	$w > 18$	$w \leq 12$	$12 < w \leq 18$	$w > 18$
	切向冻胀力 τ_1 (kPa)	0~20	20~50	50~100	0~40	40~80	80~160

注:①地表水冻结时,对基础的切向冻胀力为 150~200kPa。
②对粉质黏土、粉黏粒含量大于 15% 的砂土、碎石土用表中的大值。

(4)冻结力

冻土与基础表面通过冰晶胶结在一起,这种胶结力称为冻结力。冻结力的作用方向总是与外荷的总作用方向相反。在冻土的融化层回冻期间,冻结力起着抗冻胀的锚固作用;而当季节融化层融化时,位于多年冻土中的基础侧面则相应产生方向向上的冻结力,它又起到了抗基础下沉的承载作用。影响冻结力的因素很多,除了温度与含水率外,还与基础材料表面的粗糙度有关。基础表面粗糙度越高,冻结力也越高,所以在多年冻土地基设计中应考虑冻结力 S_d 的作用,其数值可由表 8-25 确定。基础侧面总的长期冻结力 Q_d 按下式计算。

$$Q_d = \sum_{i=1}^{n} S_{di} F_{di} \qquad (8-21)$$

式中:Q_d——基础侧面总的长期冻结力,kN;
F_{di}——第 i 层冻土与基础侧面的接触面积,m²;
n——冻土与基础侧面接触的土层数。

冻土与混凝土、木质基础表面的长期冻结力 S_d (kPa)　　　　　表 8-25

土的名称	土的平均温度(℃)						
	-0.5	-1.0	-1.5	-2.0	-2.5	-3.0	-4.0
黏性土及粉土	60	90	120	150	180	210	280
砂土	80	130	170	210	250	290	380
碎石土	70	110	150	190	230	270	350

三、冻土的融化下沉与融化压缩

1. 冻土的融化下沉与融化压缩

(1)融化下沉(融陷)

冻土在融化过程中,在无外荷条件下所产生的沉降,称为融化下沉或融陷。其大小常用融陷系数 A_0 表示。

$$A_0 = \frac{\Delta h}{h} \times 100(\%) \qquad (8-22)$$

式中：Δh——融陷量，mm；
　　　h——融化层厚度，mm。

(2) 融化压缩系数 a_0

冻土融化后，在外荷作用下产生的压缩变形称为融化压缩。其压缩特性采用融化压缩系数 a_0 表示。

$$a_0 = \frac{\frac{s_2 - s_1}{h}}{p_2 - p_1} \tag{8-23}$$

式中：p_1、p_2——分级荷载，MPa；
　　　s_1、s_2——相应与 p_1、p_2 荷载下的稳定下沉量，mm；
　　　h——试样高度，mm。

融陷系数 A_0 和融化压缩系数 a_0 在无试验资料时可参考表 8-26 和表 8-27 中数值。

冻结黏性土融陷系数 A_0 和融化压缩系数 a_0 参考值　　　表 8-26

冻土总含水率 $w(\%)$	$\leqslant w_p$	$w_p \sim w_p+7$	$w_p+7 \sim w_p+15$	$w_p+15 \sim 50$	$50 \sim 60$	$60 \sim 80$	$80 \sim 100$
$A_0(\%)$	<2	$2 \sim 5$	$5 \sim 10$	$10 \sim 20$	$20 \sim 30$	$30 \sim 40$	>40
$a_0(\text{MPa}^{-1})$	<0.1	$0.1 \sim 0.2$	$0.2 \sim 0.3$	$0.3 \sim 0.4$	$0.4 \sim 0.5$	$0.5 \sim 0.6$	$0.6 \sim 0.7$

冻结砂类土、碎石类土融陷系数 A_0 和融化压缩系数 a_0 参考值　　　表 8-27

冻土总含水率 $w(\%)$	<10	$10 \sim 15$	$15 \sim 20$	$20 \sim 25$	$25 \sim 30$	$30 \sim 35$	>35
$A_0(\%)$	0	$0 \sim 3$	$3 \sim 6$	$6 \sim 10$	$10 \sim 15$	$15 \sim 20$	>20
$a_0(\text{MPa}^{-1})$	0	<0.1	0.1	0.2	0.3	0.4	0.5

2. 冻结深度或融化层厚度

冻结深度或融化层厚度，应该是在最大融化层深度的季节，通过勘探和实测地温直接判定。在均质土层中，可利用融化界面随时间的变化曲线外推得到，这种方法可通过 5～8 月份期间至少实测两个不同时间融化深度用直线外推到 8 月底，再加 0.3m。

3. 融陷性评价

我国多年冻土地区，建筑物基底融化深度约为 3m，所以对多年冻土融陷性分级评价也按 3m 考虑。根据计算融陷量及融陷系数 A_0 可对冻土的融陷性分成 5 级，见表 8-28。

多年冻土按融陷量的划分　　　表 8-28

融陷性分级	Ⅰ 不融陷土	Ⅱ 弱融陷土	Ⅲ 中融陷土	Ⅳ 强融陷土	Ⅴ 极融陷土
融陷系数 $A_0(\%)$	<1	$1 \sim 5$	$5 \sim 10$	$10 \sim 25$	>25
按 3m 计算的融陷量(mm)	<30	$30 \sim 150$	$150 \sim 300$	$300 \sim 750$	>750

表 8-28 中 Ⅰ～Ⅴ 级地基土的工程特性如下。

Ⅰ——少冰冻土(不融陷土)：为基岩以外最好的地基土，一般建筑物可不考虑冻融问题。

Ⅱ——多冰冻土(弱融陷土)：为多年冻土中较良好的地基土，一般可直接作为建筑物的地基；当最大融化深度控制在 3m 以内时，建筑物均未遭受明显破坏。

Ⅲ——富冰冻土(中融陷土)：这类土不但有较大的融陷量和压缩量，而且在冬天回冻时有较大的冻胀性；作为地基，一般应采取专门措施，如深基、保温、防止基底融化等。

Ⅳ——饱冰冻土(强融陷土):作为天然地基,由于融陷量大,常造成建筑物的严重破坏。这类土作为建筑物地基,原则上不允许发生融化,宜采用保持冻结原则设计,或采用桩基、架空基础等。

Ⅴ——含土冰层(极融陷土):这类土含有大量的冰,当直接作为地基时,若发生融化将产生严重融陷,造成建筑物极大破坏;如受长期荷载将产生流变作用,所以作为地基应专门处理。

对于Ⅰ~Ⅴ级的具体划分标准见表 8-29。

多年冻土融陷性分级 表 8-29

多年冻土名称	土的类别	总含水率 w_n (%)	融化后的潮湿程度	融陷性分级
少冰冻土	粉黏粒含量≤15%(或粒径小于0.1mm的颗粒≤25%,以下同)的粗颗粒土(其中包括碎石类土、砾砂、中砂,以下同)	$w_n \leq 10$	潮湿	Ⅰ 不融陷
	粉黏粒含量>15%(或粒径小于0.1mm的颗粒>25%,以下同)的粗颗粒土、细砂、粉砂	$w_n \leq 12$	稍湿	
	黏性土、粉土	$w_n \leq w_p$	半干硬	
多冰冻土	粉黏粒含量≤15%的粗颗粒土	$10 < w_n \leq 16$	饱和	Ⅱ 弱融陷
	粉黏粒含量>15%的粗颗粒土、细砂粉砂	$12 < w_n \leq 18$	潮湿	
	黏性土、粉土	$w_p < w_n \leq w_p+7$	硬塑	
富冰冻土	粉黏粒含量≤15%的粗颗粒土	$16 < w_n \leq 25$	饱和出水(出水量小于10%)	Ⅲ 中融陷
	粉黏粒含量>15%的粗颗粒土、细砂粉砂	$18 < w_n \leq 25$	饱和	
	黏性土、粉土	$w_p+7 < w_n \leq w_p+15$	软塑	
饱冰冻土	粉黏粒含量≤15%的粗颗粒土	$25 < w_n \leq 44$	饱和大量出水(出水量为10%~20%)	Ⅳ 强融陷
	粉黏粒含量>15%的粗颗粒土、细砂粉砂		饱和出水(出水量小于10%)	
	黏性土、粉土	$w_p+15 < w_n \leq w_p+35$	流塑	
含土冰层	碎石类土、砂类土	$w_n > 44$	饱和大量出水(出水量为10%~20%)	Ⅴ 极融陷
	黏性土、粉土	$w_n > w_p+35$	流塑	

注:①w_p——塑限含水率。
②碎石土及砂土的总含水率界限为该两类土的中间值,含粉粒、黏粒少的粗颗粒土比表列数字小,细砂、粉砂比表列数字大。
③黏性土、粉土总含水率界限中的"+7"、"+15"、"+35"为不同类型黏性土的中间值,粉土比该值小,黏土比该值大。

思 考 题

【8-1】 试述特殊土的工程特性与成土环境的关系。
【8-2】 试述我国黄土的地域分布及成土环境对黄土工程特性的影响。
【8-3】 何谓湿陷性黄土、自重湿陷性黄土与非自重湿陷性黄土?
【8-4】 黄土湿陷性指标是如何测定的?湿陷性的评价标准如何?

【8-5】 试述黄土地基处理的原理以及各种处理方法的优缺点。

【8-6】 红土具有明显的大孔隙,为什么红土不具有湿陷性?

【8-7】 红土地基的勘察应注意哪些问题?

【8-8】 试述膨胀土的胀缩机理。

【8-9】 在膨胀土地基上建筑的工程措施应注意哪些问题?

【8-10】 简述地基土盐渍化的机理。

【8-11】 简述冻土地基的冻胀机理。

【8-12】 试述湿陷性、溶陷性和融陷性的机理。

【8-13】 试比较膨胀土的膨胀、盐渍土的盐胀以及冻土的冻胀各自的特点。应采取哪些工程措施来防止其对建筑物的危害?

【8-14】 黄土地基的湿陷性等级是如何划分的?

【8-15】 膨胀土地基的膨胀等级是如何划分的?

【8-16】 盐渍土地基的溶陷等级是如何划分的?

【8-17】 多年冻土的融陷性等级是如何划分的?

第九章 动力机器基础与地基基础抗震

第一节 概 述

动力机器是指运转时会产生较大动荷载(不平衡惯性力)的一类机器。一般的动力机器在运行时都会产生振动,而振动引起的动荷载又将对机器的基础带来动力效应。当机器的动力作用不大时(如一般的金属切削机床),其基础可按一般静荷载下的基础进行设计并做适当的构造处理。当机器的动力作用较大时,应根据荷载特点进行动力机器基础设计;否则,若基础动力效应超过一定限度将产生一系列的危害,如使地基土的强度降低并增加基础的沉降量,使机器零件易于磨损乃至影响机器本身的正常运行,或带来重大环境问题,包括对相邻设备、建筑物产生危害,对附近人员的生活与身体产生不利影响等。

一方面,动力机器基础应按照考虑动力作用的条件进行设计与施工;另一方面,对于一些要求高精度的加工机床,则应考虑基础的隔振问题。动力机器基础的设计与施工是一项专门而复杂的课题,它涉及土建与机械两个专业,设计前需要了解各种动力机器的荷载形式、常用动力机器基础的结构特点及其设计基本要求。

本章将着重介绍动力机器基础的基本设计步骤、大块式基础的振动计算理论和锻锤基础设计原理,并简述曲柄连杆机器基础和旋转式机器基础的设计方法以及动力机器基础的隔振设计原理等。最后,本章还对地基基础抗震问题中的地基基础的震害现象以及地基基础抗震设计与措施做了简介。

一、动力机器基础的荷载类型

动力机器基础除了承受机器设备自重等形成的静力荷载以外,还将要承受其工作时的运动质量形成的动荷载。常见的动荷载作用形式主要有冲击作用、旋转作用和往复作用等。

1. 冲击作用

冲击作用常见于锻锤基础和落锤基础中。它是集中质量(锤)以一定加速度下落,与固定在基础上方的质量(加工件)碰撞而产生的脉冲荷载。冲击荷载大小由冲击质量和冲击加速度决定。

2. 旋转作用

旋转作用常见于电机(电动机、发电机)、汽轮机组(汽轮发电机、汽轮压缩机)及鼓风机等机器中。它是在机器旋转时由于旋转中心与质量中心存在的偏心距而产生的谐和扰力。这类机器的特点一般是工作频率高、平衡性能好而振幅较小。旋转作用产生的谐和扰力常用下式表示。

$$P = m_e e \omega^2 \sin\omega t \tag{9-1}$$

式中:P——谐和扰力,N;

m_e——旋转质量,kg;
e——偏心距,m
ω——旋转圆频率,rad/s;
t——作用时间,s。

3. 往复作用

往复作用常见于活塞式压缩机、柴油机及破碎机等机器中。它是往复运动质量(活塞和部分连杆质量)作往复直线运动时产生的惯性力,如图 9-1 所示。往复作用的特点是平衡性差、振幅大,而且常由于转速低(一般不超过 500~600r/min),有可能引起附近建筑物或其中部分构件的共振。往复作用的惯性力通常由按频率 ω 变化的一谐波扰力和按频率 2ω 变化的二谐波扰力组成。其值可用下式近似表示。

$$P = mr\omega^2 \cos\omega t + \lambda mr\omega^2 \cos 2\omega t \tag{9-2}$$

式中:P——往复作用的惯性力,N;
m——往复运动质量,kg;
r——曲柄半径,m
ω——曲柄旋转圆频率,rad/s;
λ——连杆比,$\lambda = r/l$;
l——连杆长度,m。

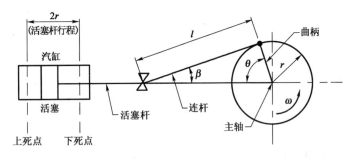

图 9-1 曲柄连杆机构工作示意图

二、动力机器基础的结构形式

常用的动力机器基础结构形式有大块式、框架式和墙式,如图 9-2 所示。

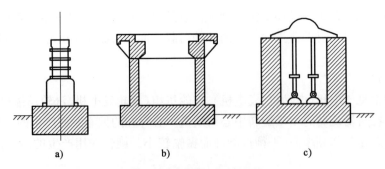

图 9-2 动力机器基础的结构形式
a)大块式基础;b)框架式基础;c)墙式基础

大块式基础常做成刚度很大的钢筋混凝土块体[图 9-2a)]，其质量集中，整体刚度也大，对平衡机器振动非常有效。当机器的附属设备、管道较少且布置较简单时（如锻锤、活塞式压缩机等），一般采用这种基础。大块式基础在动力分析中通常可简化成弹性地基上的刚体进行振动计算。

框架式基础通常由固定在一块连续底板或可靠基岩上的立柱以及与立柱上端刚性连接的纵、横梁构成[图 9-2b)]。它留给设备布置的空间较大，但其结构刚度相对较小，在高频扰力作用下往往产生多自由度的振动，常用于管道多而复杂的机器设备基础，如汽轮发电机或汽轮压缩机等平衡性较好的高频机器基础。框架式基础可按框架结构进行动力分析。

墙式基础通常采用固定在底板上的纵横墙构成[图 9-2c)]，其结构刚度介于大块式与框架基础之间，常用于破碎机、研磨机和低转速电机基础。其动力分析方法与墙体高度有关，当墙的净高不超过墙厚的 4 倍时，可按刚体计算，否则按弹性体计算。

三、动力机器基础的设计基本要求

动力机器基础的设计应满足强度、变形和使用功能的要求，主要包括：

(1) 基础的外形、尺寸及预留坑、洞和螺栓孔等应按照厂商提供的机器安装图布置，以保证机器的准确安装和正常使用、维修；

(2) 地基应满足承载能力要求并控制基础的沉降和倾斜，保证地基承载安全并不出现影响机器正常使用的变形；

(3) 基础振动应限制在容许的范围内，保证机器的正常使用和操作人员的正常工作条件，并保证不对附近的精密设备、仪表以及相邻建筑物和管线等产生有害影响；

(4) 基础结构应具有足够的强度、刚度和耐久性等。

因此，在进行动力机器基础设计时，主要应从满足工艺与建筑构造要求、验算地基承载力与基础变形、计算与控制基础动力响应等方面着手。

1. 一般构造要求

动力机器基础应满足下列一般构造要求。

(1) 动力机器基础不宜与建筑物基础或混凝土地坪连接。与机器相连接的管道也不宜直接固定在建筑物上。

(2) 动力机器底座的边缘至基础边缘的净距不宜小于 100mm。除锻锤基础外，在机器底座下应预留厚度不小于 25mm 的二次灌浆层。

(3) 基组（包括机器、基础和基础上的回填土）的总重心与基础底面的形心宜位于同一铅垂线上；当不在同一铅垂线上时，两者之间的偏心距和平行偏心方向基底边长的比值 η 应符合如下要求：

① 对汽轮机组和电机基础，$\eta \leqslant 3\%$。

② 对金属切削机床以外的一般机器基础，当地基承载力标准值 $f_k \leqslant 150$kPa 时，$\eta \leqslant 3\%$；当地基承载力标准值 $f_k > 150$kPa 时，$\eta \leqslant 5\%$。

(4) 动力机器基础宜采用整体式或装配整体式混凝土结构。混凝土的强度等级一般不低于 C15；对按构造要求设计的或不直接承受冲击力的大块式或墙式基础，混凝土的强度等级可采用 C10。

(5) 动力机器基础的钢筋一般采用 I 级或 II 级钢筋，不宜采用冷轧钢筋。受冲击力较大的部位应尽量采用热轧变形钢筋，并避免焊接接头。框架式基础和墙式基础的部分构件须做静

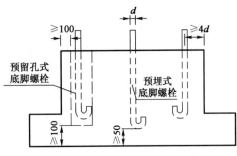

图 9-3 底脚螺栓布置的构造要求(尺寸单位:mm)

荷载与动荷载作用下的强度计算,并作为配筋依据。一般块体基础和墙式基础的大部分构件均可按构造要求配筋。

(6)动力机器基础的底脚螺栓除了应严格按照机器安装图布置以外,尚应符合以下要求:混凝土强度等级不小于 C15 时,带弯钩底脚螺栓埋置深度不小于 $20d$(d 为螺栓直径),锚板底脚螺栓埋置深度不小于 $25d$。螺栓或预留螺栓孔离基础侧面边缘和基础底面的最小距离应符合图 9-3 的规定;当无法满足要求时,应采取加强措施。

2. 一般计算规定

(1)地基承载力验算

基础底面地基的静压力由基础自重、基础上回填土重、机器自重以及传至基础上的其他荷载产生。基础底面地基的平均静压力设计值 p(kPa)应符合下式要求。

$$p \leqslant \alpha_f f \tag{9-3}$$

式中:f——地基承载力设计值,kPa,其值可按第二章天然地基承载力计算方法确定;

α_f——地基承载力的动力折减系数,其值与基础形式有关:旋转式机器基础 $\alpha_f=0.8$,锻锤基础 $\alpha_f=\dfrac{1}{1+\beta\dfrac{a}{g}}$,其余机器基础 $\alpha_f=1.0$;

a——基础的振动加速度,m/s²;

β——地基土的动沉陷影响系数,其值与地基土类别有关,如表 9-1 所示。表 9-1 中的地基土是指天然地基,对桩基可按桩尖土层的类别选用;动力机器基础的地基土类别见表 9-2。

地基土的动沉陷影响系数 β 值 表 9-1

地基土类别	β 值	地基土类别	β 值
一类土	1.0	三类土	2.0
二类土	1.3	四类土	3.0

动力机器基础的地基土类别 表 9-2

土的名称	地基土承载力标准值 f_k(kPa)	地基土类别
碎石土	$f_k>500$	一类土
黏性土	$f_k>250$	
碎石土	$300<f_k\leqslant 500$	二类土
粉土、砂土	$250<f_k\leqslant 400$	
黏性土	$180<f_k\leqslant 250$	
碎石土	$180<f_k\leqslant 300$	三类土
粉土、砂土	$160<f_k\leqslant 250$	
黏性土	$130<f_k\leqslant 180$	
粉土、砂土	$120<f_k\leqslant 160$	四类土
黏性土	$80<f_k\leqslant 130$	

(2)动力验算

动力机器基础的振动大小通常用振幅、振动速度幅和振动加速度幅来计量。其值可以通过动力计算确定。在进行动力计算时,荷载均采用标准值。

动力机器基础的振幅 A_f(m)、振动速度幅值 v_f(m/s)和振动加速度幅值 a_f(m/s²)应满足下列要求:

$$\left.\begin{array}{c} A_f \leqslant [A] \\ v_f \leqslant [v] \\ a_f \leqslant [a] \end{array}\right\} \tag{9-4}$$

其中,$[A]$、$[v]$和$[a]$分别为基础的允许振幅值(m)、允许振动速度幅值(m/s)和允许振动加速度幅值(m/s²)。上述允许值与机器的动荷载及基础的形式等有关,其值将在各动力机器基础设计内容中分别介绍。

四、动力机器基础设计的基本步骤

动力机器基础一般可按如下步骤进行设计。

(1)收集设计资料,主要包括机器的型号、转速、功率、轮廓尺寸图、机器底座外轮廓图、安装辅助设备与管道的预留孔洞尺寸和位置、灌浆层厚度、底脚螺栓和预埋件的位置、机器自重与重心位置、机器的扰力、扰力矩及其方向、机器本身及周围环境对振动的要求、工程地质勘察资料与动力试验资料等。

(2)根据机器的振动特点确定基础的结构形式。

(3)按机器布置要求和地基承载力要求等确定基础的外形尺寸与埋深,必要时提出合理的地基处理方案。

(4)进行地基沉降计算。

(5)根据地基动力试验资料或规范提供的方法确定地基土的动力特性参数,并进行基础的动力计算与动力验算。

(6)根据基础的结构形式进行结构强度验算与配筋。

第二节　大块式基础的振动计算理论

一、大块式基础的振动计算模型

大块式基础的动力计算通常是将基础作为刚体,将地基土作为弹性支承体来进行的。而地基土的力学模型则又可分为弹性半空间体系和采用质量—弹簧—阻尼器模型的集总参数体系两大类。

集总参数体系是将实际的机器、基础和地基体系的振动问题简化为放在无质量的弹簧上的刚体的振动问题,其中基组(包括基础、基础上的机器和附属设备,以及基础台阶上的土)假定为刚体,地基土的弹性作用以无质量弹簧的反力表示,振动时体系所受的地基阻尼作用则用具有黏滞阻尼力的阻尼器来反映,由此形成质量—弹簧—阻尼器模型。在集总参数体系中,正确确定振动体系的质量 m、刚度 K 及阻尼系数 ζ,是其动力计算的关键。

弹性半空间体系的计算模型是把地基视为弹性半空间(半无限连续体),而将基础作为半空间上的刚体的一种模型。利用这个模型,可以引入动力弹性理论分析地基中波的传播,进而求出基础与半空间接触面(即基底)上的动力响应(动应力、动位移等),由此可进一步写出基础的运动方程并确定基础的振动响应;实用上也可以采用"比拟法"或"方程对等法"等方法,将半空间问题转换成等效的质量—弹簧—阻尼器模型来计算。理想弹性半空间体系(匀质、各向同性的弹性半无限体)所需的地基土参数主要是泊松比 μ、剪切模量 G 及质量密度 ρ。

目前,工程中常用的计算模型是集总参数体系,下面将主要介绍这种模型的计算方法。

二、集总参数体系的振动计算

在大块式动力基础的设计中一般都尽量做到"对心",即质量中心与弹性中心在同一铅垂线上。此时,基组的振动一般可分解为竖向振动、水平回转耦合振动和扭转振动三种相互独立的运动,且各自可以按单自由度体系进行分析。

1. 竖向振动

单自由度体系的竖向振动计算简图如图 9-4 所示。在简谐扰力作用下,其平衡方程为:

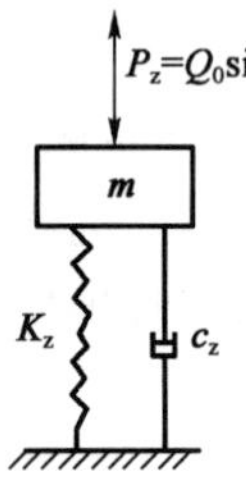

$$m\frac{\mathrm{d}^2 z}{\mathrm{d}t^2} + c_z \frac{\mathrm{d}z}{\mathrm{d}t} + K_z z = Q_0 \sin\omega t \tag{9-5}$$

图 9-4 单自由度体系的计算模型

式中:m——体系的集中质量,kN·s^2/m,$m = \dfrac{W}{g}$;

W——基组的总重力,kN;

c_z——地基土的竖向阻尼系数,kN·s/m,在实际使用中通常采用阻尼比 ζ_z,ζ_z 与 c_z 的关系为:

$$\zeta_z = \frac{c_z}{2\sqrt{K_z m}} \tag{9-6}$$

K_z——地基土的竖向刚度,kN/m;

Q_0——扰力的幅值,kN;

ω——扰力的圆频率,rad/s。

平衡方程式(9-5)的特解为:

$$z(t) = \frac{Q_0}{K_z} M_\mathrm{d} \sin(\omega t + \theta) \tag{9-7}$$

其中,M_d 为动力放大系数:

$$M_\mathrm{d} = \frac{1}{\sqrt{\left(1 - \dfrac{\omega^2}{\omega_{\mathrm{nz}}^2}\right)^2 + 4\zeta_z^2 \dfrac{\omega^2}{\omega_{\mathrm{nz}}^2}}}$$

振幅 A_z、自振圆频率 ω_{nz} 以及力与位移之间的相位角 θ 分别为:

$$A_z = \frac{Q_0}{K_z} M_\mathrm{d};\ \omega_{\mathrm{nz}} = \sqrt{\frac{K_z}{m}};\ \theta = \arctan\left[\frac{2\zeta_z \dfrac{\omega}{\omega_{\mathrm{nz}}}}{1 - \dfrac{\omega^2}{\omega_{\mathrm{nz}}^2}}\right] \tag{9-8}$$

而基础的振动速度幅值 v 和振动加速度幅值 a 可进一步求得如下。

$$v = \frac{Q_0}{\sqrt{K_z m}} \cdot \frac{\omega}{\omega_{\mathrm{nz}}} M_\mathrm{d};\ a = \frac{Q_0}{m}\left(\frac{\omega}{\omega_{\mathrm{nz}}}\right)^2 M_\mathrm{d} \tag{9-9}$$

当扰力 $Q_0 = 0$ 时,体系将作自由振动。此时可根据体系的阻尼情况分为无阻尼自由振动和有阻尼自由振动。

(1) 无阻尼自由振动($\zeta_z = 0$)

无阻尼自由振动的平衡方程如下。

$$m\frac{d^2 z}{dt^2} + K_z z = 0 \tag{9-10}$$

引入初始条件 $t=0$ 时，$z=0$ 及 $\left.\dfrac{dz}{dt}\right|_{t=0} = v_0$（这里 v_0 为初始振动速度），动位移解答为：

$$z(t) = \frac{v_0}{\omega_{nz}}\sin\omega_{nz} t \tag{9-11}$$

上式表示的是一种简谐运动，其振幅为：

$$A_z = \frac{v_0}{\omega_{nz}} \tag{9-12}$$

(2) 有阻尼自由振动($\zeta_z \neq 0$)

有阻尼自由振动的平衡方程如下。

$$m\frac{d^2 z}{dt^2} + c_z \frac{dz}{dt} + K_z z = 0 \tag{9-13}$$

地基土的阻尼比 ζ_z 一般小于 1.0，故上述方程的解可表示为：

$$z(t) = A_1 e^{-\zeta_z \omega_{nz} t} \sin(\omega_{nd} t + \theta_1) \tag{9-14}$$

其中，A_1、θ_1 为由初始条件确定的常数；ω_{nd} 为有阻尼竖向自由振动的圆频率，它与无阻尼竖向自由振动圆频率 ω_{nz} 的关系为：

$$\omega_{nd} = \omega_{nz}\sqrt{1-\zeta_z^2} \tag{9-15}$$

式(9-14)表示了一种振幅随时间增加而减小的减幅振动，且 $\omega_{nd} < \omega_{nz}$，即地基阻尼的作用降低了基础的自振频率。但从实测资料分析，ω_{nd} 与 ω_{nz} 相差不大，一般相差不超过 2%，故实用上在计算自振频率时可不计阻尼的影响，即取 $\omega_{nd} \approx \omega_{nz}$。

2. 水平回转耦合振动

在实际的基础—地基系统中，由于机器和基础的总质心总是在其底面以上一定距离，体系在作水平向振动时，通过基组质心的水平惯性力和通过基础底面形心的水平弹簧力必然形成一对力偶，导致水平滑移和回转的耦合振动，如图9-5所示。水平回转耦合振动的动力平衡方程式如下。

$$\begin{cases} m\dfrac{d^2 x}{dt^2} + c_x\left(\dfrac{dx}{dt} + h_0\dfrac{d\phi}{dt}\right) + k_x(x + h_0\phi) = Q_0 e^{i\omega t} \\ I_m\dfrac{d^2\phi}{dt^2} + c_\phi\dfrac{d\phi}{dt} + c_x\left(\dfrac{d^2 x}{dt^2} + h_0\dfrac{d\phi}{dt}\right)h_0 + k_\phi\phi + k_x(x + h_0\phi)h_0 = M_0 e^{i\omega t} \end{cases} \tag{9-16}$$

其中，I_m 为基组对通过重心的回转轴（y 轴）的质量惯性矩(kg·m²)；其余各量见图9-5。

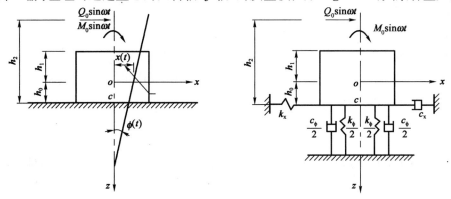

图9-5 水平回转耦合振动计算模型

上述平衡方程的解可用如下复数形式表示。

$$\begin{cases} x = (x_{01} + ix_{02})e^{i\omega t} \\ \phi = (\phi_{01} + i\phi_{02})e^{i\omega t} \end{cases} \quad (9\text{-}17)$$

将其代入平衡方程式(9-16),分离实部和虚部,可得到下列联立方程组。

$$\begin{cases} (k_x - m\omega^2)x_{01} - \omega c_x x_{02} + h_0 k_x \phi_{01} - \omega c_x h_0 \phi_{02} = Q_0 \\ \omega c_x x_{01} + (k_x - m\omega^2)\phi_{01} + h_0 k_x \phi_{02} + \omega c_x h_0 \phi_{01} = 0 \\ h_0 k_x x_{01} - \omega c_x h_0 x_{02} + (-I_m + k_\phi + k_x h_0^2)\phi_{01} + (-\omega c_\phi - \omega c_x h_0^2)\phi_{02} = M_0 \\ \omega c_x h_0 x_{01} + h_0 k_x x_{02} + (\omega c_\phi + \omega c_x h_0^2)\phi_{01} + (-I_m + k_\phi + k_x h_0^2)\phi_{02} = 0 \end{cases} \quad (9\text{-}18)$$

由上述方程组即可以求出 x_{01}、x_{02}、ϕ_{01}、ϕ_{02},再由下式可求得水平振幅 A_x 和回转振幅 A_ϕ。

$$\begin{cases} A_x = \sqrt{x_{01}^2 + x_{02}^2} \\ A_\phi = \sqrt{\phi_{01}^2 + \phi_{02}^2} \end{cases} \quad (9\text{-}19)$$

位移与扰力之间的相位差 θ_x、θ_ϕ 可由下式可求得。

$$\begin{cases} \tan\theta_x = x_{02}/x_{01} \\ \tan\theta_\phi = \phi_{02}/\phi_{01} \end{cases} \quad (9\text{-}20)$$

扭转振动的平衡方程及其解答与竖向振动非常相似,只需将各自相应的变量与参数代入其中即可,在此不再赘述。

第三节　地基土动力参数及其应用

一、天然地基动力参数

天然地基的动力参数主要有地基土的刚度系数和地基土的阻尼比。地基土的刚度系数包括抗压刚度系数 C_z (kN/m³)、抗弯刚度系数 C_φ (kN/m³)、抗剪刚度系数 C_x (kN/m³) 和抗扭刚度系数 C_ψ (kN/m³),地基土的阻尼比包括竖向阻尼比 ζ_z、水平回转向阻尼比 $\zeta_{x\varphi 1}$ 与 $\zeta_{x\varphi 2}$ 以及扭转向阻尼比 ζ_ψ。这些参数一般可通过基础块体现场振动试验资料反算确定,试验方法可详见《地基动力特性测试规范》(GB/T 50269—97);当无现场振动试验资料,并有一定设计经验时,可按如下方法确定。

1. 天然地基的抗压刚度系数 C_z

当基础底面积 $A \geq 20\text{m}^2$ 时,天然地基的抗压刚度系数 C_z 可根据地基承载力标准值 f_k 从表 9-3 中查取。当基础底面积 $A < 20\text{m}^2$ 时,C_z 可采用表 9-3 中相应的数值乘以底面积修正系数 β_r。修正系数 β_r 值按下式计算。

$$\beta_r = \sqrt[3]{\frac{20}{A}} \quad (9\text{-}21)$$

当基底以下为分层土地基时,可先由基底面积 A 计算振动影响深度 h_d(m),即:

$$h_d = 2\sqrt{A} \quad (9\text{-}22)$$

在基础振动影响深度范围内的抗压刚度系数 C_z 按下式计算。

$$C_z = \frac{\frac{2}{3}}{\sum_{i=1}^{n} \frac{1}{C_{zi}} \left[\frac{1}{1+\frac{2h_{i-1}}{h_d}} - \frac{1}{1+\frac{2h_i}{h_d}} \right]} \tag{9-23}$$

天然地基的抗压刚度系数 C_z (kN/m³) 表9-3

地基承载力的标准值 f_k (kPa)	土 的 名 称			
	岩石、碎石土	黏性土	粉土	砂土
1 000	176 000			
800	135 000			
700	117 000			
600	102 000			
500	88 000	88 000		
400	75 000	75 000		
300	66 000	66 000	59 000	52 000
250		55 000	49 000	44 000
200		45 000	40 000	36 000
150		35 000	31 000	18 000
100		25 000	22 000	
80		18 000	16 000	

式中：C_{zi}——第 i 层土的抗压刚度系数，kN/m³；

h_i——从基础底面至第 i 层土底面的深度，m；

h_{i-1}——从基础底面至第 $i-1$ 层土底面的深度，m。

2. 天然地基的抗弯刚度系数 C_φ、抗剪刚度系数 C_x 和抗扭刚度系数 C_ψ

在求得了抗压刚度系数 C_z 以后，抗弯、抗剪和抗扭刚度系数可按下列半经验公式计算。

$$C_\varphi = 2.15C_z, C_x = 0.70C_z, C_\psi = 1.05C_z \tag{9-24}$$

3. 天然地基的抗压刚度 K_z、抗弯刚度 K_φ、抗剪刚度 K_x 和抗扭刚度 K_ψ

天然地基的抗压、抗弯、抗剪和抗扭刚度可由其相应的刚度系数求得。

$$K_z = C_z A, K_\varphi = C_\varphi I, K_x = C_x A, K_\psi = C_\psi J_z \tag{9-25}$$

式中：I——基础底面通过其形心水平轴的抗弯惯性矩，m⁴；

J_z——基础底面通过其形心竖向轴的抗扭惯性矩（极惯性矩），m⁴。

在具体应用中，考虑到基础埋深对地基刚度的提高作用，抗压刚度可乘以提高系数 α_z，抗弯、抗剪和抗扭刚度可分别乘以提高系数 $\alpha_{x\varphi}$。提高系数 α_z、$\alpha_{x\varphi}$ 由下式计算。

$$\alpha_z = (1+0.4\delta_b)^2, \alpha_{x\varphi} = (1+1.2\delta_b)^2 \tag{9-26}$$

式中：δ_b——基础埋深比，$\delta_b = \frac{h_t}{\sqrt{A}}$，当 δ_b 计算值大于 0.6 时取 0.6；

h_t——基础埋置深度，m。

当基础与刚性地面相连时，地基抗弯、抗剪和抗扭刚度可分别乘以提高系数 α_1。α_1 的值可根据地基土条件取 1.0～1.4。

4. 天然地基阻尼比

天然地基的阻尼比一般均通过现场试验资料反算得到；当无试验资料时，竖向阻尼比 ζ_z 也可由土质条件确定。

黏性土 $$\zeta_z = \frac{0.16}{\sqrt{\overline{m}}} \tag{9-27a}$$

砂土、粉土 $$\zeta_z = \frac{0.11}{\sqrt{\overline{m}}} \tag{9-27b}$$

式中：$\overline{m}$——基组的质量比，$\overline{m} = m/(\rho A \cdot \sqrt{A})$；

m——基组的质量，kg；

ρ——地基土的密度，kg/m³。

水平回转向阻尼比 $\zeta_{x\varphi 1}$、$\zeta_{x\varphi 2}$ 以及扭转向阻尼比 ζ_ψ 可通过竖向阻尼比 ζ_z 求得，即：

$$\zeta_{x\varphi 1} = \zeta_{x\varphi 2} = \zeta_\psi = 0.5\zeta_z \tag{9-28}$$

考虑到基础埋深对地基土阻尼比的提高作用，在埋置基础中竖向阻尼比可乘以提高系数 β_z，水平回转向阻尼比和扭转向阻尼比可分别乘以提高系数 $\beta_{x\varphi}$。提高系数 β_z、$\beta_{x\varphi}$ 由下式计算。

$$\beta_z = 1 + \delta_b; \beta_{x\varphi} = 1 + 2\delta_b \tag{9-29}$$

在采用上述计算得到的动力参数进行大块式基础的动力计算时，除冲击机器和热模锻压力基础外，计算所得的竖向振幅值应乘以折减系数 0.7，水平向振幅值应乘以折减系数 0.85。

二、桩基动力参数

桩基的基本动力参数一般由现场试验确定，试验方法可按《地基动力特性测试规范》(GB/T 50269—97)中的有关规定进行；当无条件进行试验并有经验时，可按下列方法确定。

1. 抗压刚度

预制桩的抗压刚度 K_{pz}(kN/m) 可按下列公式计算。

$$K_{pz} = n_p k_{pz} \tag{9-30}$$

$$k_{pz} = \sum C_{p\tau} A_{p\tau} + C_{pz} A_p \tag{9-31}$$

式中：k_{pz}——单桩的抗压刚度，kN/m；

n_p——桩数；

$C_{p\tau}$——桩周各层土的当量抗剪刚度系数，kN/m³，可由表 9-4 查取；

$A_{p\tau}$——各层土中的桩周表面积，m²；

C_{pz}——桩尖土的当量抗压刚度系数，kN/m³，可由表 9-5 查取；

A_p——桩的截面积，m²。

桩周土的当量抗剪刚度系数 $C_{p\tau}$(kN/m³)　　表 9-4

土 的 名 称	土 的 状 态	当量抗剪刚度系数 $C_{p\tau}$
淤泥	饱和	6 000～7 000
淤泥质土	天然含水率 45%～50%	8 000
黏性土、粉土	软塑	7 000～10 000
	可塑	10 000～15 000
	硬塑	15 000～25 000
粉砂、细砂	稍密～中密	10 000～15 000
中砂、粗砂、砾砂	稍密～中密	20 000～25 000
圆砾、卵石	稍密	15 000～20 000
	中密	20 000～30 000

桩尖土的当量抗压刚度系数 C_{pz} (kN/m³)   表 9-5

土的名称	土的状态	桩尖埋置深度(m)	当量抗压刚度系数 C_{pz}
黏性土、粉土	软塑、可塑	10～20	500 000～800 000
	软塑、可塑	20～30	800 000～1 300 000
	硬塑	20～30	1 300 000～1 600 000
粉砂、细砂	中密、密实	20～30	1 000 000～1 300 000
中砂、粗砂、砾砂、圆砾、卵石	中密	7～15	1 000 000～1 300 000
	密实		1 300 000～2 000 000
页岩	中等风化		1 500 000～2 000 000

2. 抗弯刚度

预制桩桩基的抗弯刚度 $K_{p\varphi}$ (kN·m) 可按下式计算。

$$K_{p\varphi} = k_{pz} \sum_{i=1}^{n} r_i^2 \tag{9-32}$$

式中：r_i——第 i 根桩的轴线至基础底面形心回转轴的距离，m。

3. 抗剪和抗扭刚度

预制桩桩基的抗剪刚度 K'_{px} (kN/m) 和抗扭刚度 $K'_{p\psi}$ (kN/m) 可按下列规定采用。

(1) 抗剪刚度和抗扭刚度可采用相应的天然地基抗剪刚度和抗扭刚度的 1.4 倍。

(2) 当考虑基础埋深和刚性地面作用对桩基刚度提高作用时，桩基抗剪刚度可按下式计算。

$$K'_{px} = K_x (0.4 + a_{x\varphi} a_1) \tag{9-33}$$

式中：K'_{px}——基础埋深和刚性地面对桩基刚度提高作用后的桩基抗剪刚度，kN/m；

K_x——天然地基抗剪刚度，kN/m；

$a_{x\varphi}$——基础埋深作用对地基抗剪、抗弯和抗扭刚度的提高系数，见式(9-26)；

a_1——基础与刚性地面相连对地基抗弯、抗剪和抗扭刚度的提高系数，可取 1.0～1.4。

此时桩基抗扭刚度则可按下式计算。

$$K'_{p\psi} = K_\psi (0.4 + a_{x\varphi} a_1) \tag{9-34}$$

式中：$K'_{p\psi}$——基础埋深和刚性地面对桩基刚度提高作用后的桩基抗扭刚度，kN/m；

K_ψ——天然地基抗扭刚度，kN/m；

其余符号意义同式(9-33)。

(3) 当采用端承桩或桩上部土层的地基承载力标准值 f_k 大于或等于 200kPa 时，桩基的抗剪和抗扭刚度不应大于相应的天然地基抗剪和抗扭刚度。

4. 竖向阻尼比

桩基竖向阻尼比 ζ_{pz} 可根据桩基的支承条件确定：对端承桩或承台底与地基土脱空时，取 $\zeta_{pz} = 0.1/\sqrt{m}$；对一般摩擦桩，当承台底下为黏性土时，取 $\zeta_{pz} = 0.2/\sqrt{m}$；当承台底下为砂土、粉土时，取 $\zeta_{pz} = 0.14/\sqrt{m}$。

5. 水平回转向、扭转向阻尼比

桩基水平回转向阻尼比与扭转向阻尼比可根据其竖向阻尼比推算：水平回转耦合振动第一振型阻尼比 $\zeta_{px\varphi 1}$、第二振型阻尼比 $\zeta_{px\varphi 2}$ 及扭转向阻尼比 $\zeta_{p\psi}$ 均可取为 $0.5\zeta_{pz}$。

计算桩基阻尼比时，当考虑承台埋置深度的作用时，还可将其值做适当的提高。

6.桩基的振动质量与惯性矩

桩基的振动质量与惯性矩包括竖向振动总质量$\sum m_z$(kg)、水平回转振动总质量$\sum m_x$(kg)、水平回转振动总质量惯性矩$\sum I_m$(kg·m^2)和扭转振动总质量惯性矩$\sum J_m$(kg·m^2)。它们由基组的振动参数适当考虑桩间土体的惯性后求得。

$$\left.\begin{aligned}\sum m_z &= m + m_0 \\ \sum m_x &= m + 0.4 m_0 \\ \sum I_m &= I_m(1 + 0.4 m_0/m) \\ \sum J_m &= J_m(1 + 0.4 m_0/m)\end{aligned}\right\} \quad (9\text{-}35)$$

式中：m——基组的质量，kg；

m_0——竖向振动时桩和桩间土的当量质量，$m_0 = l_t b d \rho$，kg；

I_m——桩基水平回转振动质量惯性矩，kg·m^2；

J_m——桩基扭转振动质量惯性矩，kg·m^2；

l_t——桩的折算长度，当桩长不大于10m时取1.8m，当桩长大于等于15m时取2.4m，中间值可内插，m；

b——基础底面宽度，m；

d——基础底面长度，m；

ρ——桩土混合质量密度，kg/m^3。

第四节 锻锤基础设计

一、锻锤基础的类型与工作特点

锻锤按加工性质可分为自由锻锤和模锻锤两大类。锻锤一般都由锤头、砧座及机架三部分组成。自由锻锤的机架和砧座一般分开安装在基础上（砧座与基础之间设有木垫层或橡胶垫层）。模锻锤的砧座与机座一般连成一个刚性整体后通过垫层固定在基础上。对于自由锻锤，其锤下落部分的重力一般为6.5~50kN；对于模锻锤，其锤下落部分的重力一般为10~160kN。锻锤的动力是蒸汽或压缩空气，锤头下落时除了有重力加速度，还存在进气压力带来的附加加速度。

二、锻锤基础的设计要求

锻锤基础设计时除应满足其构造要求外，主要应进行下列验算。

(1)地基承载力验算

地基承载力验算是指基础底面地基的平均静压力设计值p(kPa)要满足式(9-3)的验算要求。

(2)基础的动力验算

锻锤基础的动力验算内容主要是验算其振幅和振动加速度，应使基础的计算振幅和振动加速度满足允许值的要求。各类地基土对应的振幅和振动加速度允许值如表9-6所示。表中数值仅适用于锤下落部分的重力在20~50kN的锻锤；当锤下落部分的重力小于20kN时，可将表中数值乘以 1.15；当锤下落部分的重力大于 50kN 时，可将表中数值乘以 0.80。

锻锤基础允许振幅及允许振动加速度　　　　　　　　　　　　表 9-6

土 的 类 别	允许振幅(mm)	允许振动加速度(m/s²)
一类土	0.80～1.20	$0.85g$～$1.30g$
二类土	0.65～0.80	$0.65g$～$0.85g$
三类土	0.40～0.65	$0.45g$～$0.65g$
四类土	<0.40	<$0.45g$

当采用天然地基，但计算振幅和振动加速度难于满足允许值的要求，或锤下落部分的重力在 10kN 以上的锻锤基础，建于土质较差的四类土上时，宜采用桩基础。

(3)砧座竖向振幅验算

砧座的竖向计算振幅应满足允许值的要求。对不隔振锻锤基础，其竖向允许振幅可按表 9-7 采用；当砧座下采取隔振装置时，砧座竖向允许振幅的取值不宜大于 20mm。

砧座的竖向允许振幅　　　　　　　　　　　　表 9-7

下落部分的重力 (kN)	竖向允许振幅 (mm)	下落部分的重力 (kN)	竖向允许振幅 (mm)
≤10	1.7	50	4.0
20	2.0	100	4.5
30	3.0	160	5.0

三、锻锤基础的动力计算

大块式锻锤基础的动力计算主要包括基础的振幅和振动加速度计算、砧座的竖向振幅计算、垫层的动应力验算等。

在进行锻锤基础和砧座的动力计算时，实用上一般可采用如图 9-6 所示的单自由度无阻尼自由振动模型。在计算基础振动时，将砧座下弹簧刚度 K_{z1} 视作无穷大，计算总质量 m 为砧座质量 m_1 与基础质量 m_2 之和。在计算砧座振动时则只考虑 m_1 和 K_{z1} 的作用，而将基础质量 m_2 与基础下弹簧刚度 K_z 视作无穷大。

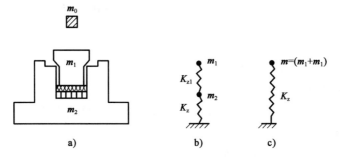

图 9-6　锻锤基础动力计算模型
a)锻锤基础的构成；b)基础计算模型；c)砧座计算模型

(1)锻锤锤头的最大打击速度 v_0(m/s)

对单动自由下落锤：

$$v_0 = 0.9\sqrt{2gH} \tag{9-36a}$$

对双动锤：

$$v_0 = 0.65\sqrt{2gH\frac{p_0A_0+W_0}{W_0}} \tag{9-36b}$$

当仅已知锤击能量时：
$$v_0 = \sqrt{\frac{2.2gu}{W_0}} \tag{9-36c}$$

式中：H——锤头最大行程，m；

W_0——落下部分的实际重力，kN；

p_0——汽缸最大进气压力，kPa；

A_0——汽缸活塞面积，m^2；

u——锤头最大打击能量，kJ。

(2)砧座和基础体系的初速度 v_{01}

锤头打击以后砧座和基础体系的初速度 v_{01} 可根据非弹性碰撞的动量守恒原理导出。

$$v_{01} = \frac{(1+e)W_0 v_0}{W_0+W} \tag{9-37}$$

式中：W——基础、砧座、锤架及基础上回填土等的总重，kN，对正圆锥壳基础应包括壳体内的全部土重，桩基础应包括桩和桩尖土参加振动的当量重力；

e——回弹系数。

(3)锻锤基础的固有圆频率 ω_{nz}、振幅 A_z 和振动加速度 a

对不隔振的锻锤基础，其固有圆频率、振幅和振动加速度可根据单自由度体系无阻尼自由振动的计算原理分别求得。

$$\omega_{nz} = k_\lambda\sqrt{\frac{K_z g}{W}},\ A_z = \frac{v_{01}}{\omega_{nz}} \approx k_A \frac{\psi_e v_0 W_0}{\sqrt{K_z W}},\ a = A_z \omega_{nz}^2 \tag{9-38}$$

式中：k_λ、k_A——分别为频率调整系数和振幅调整系数，对除岩石以外的天然地基，可取 $k_\lambda=1.6$ 及 $k_A=0.6$；对桩基可取 $k_\lambda=k_A=1.0$；

ψ_e——冲击回弹影响系数，对自由锤可取 $\psi_e=0.4s/m^{1/2}$；对模锻锤，当模锻钢制品时可取 $\psi_e=0.5s/m^{1/2}$，模锻有色金属制品时可取 $\psi_e=0.35s/m^{1/2}$。

(4)砧座下垫层的总厚度 d_0(m)与砧座的竖向振幅 A_{z1}(m)

砧座下垫层的总厚度 d_0 可根据垫层的承压强度等由下式确定。

$$d_0 = \frac{\psi_e^2 W_0^2 v_0^2 E_1}{f_c^2 W_h A_1} \tag{9-39}$$

式中：f_c——垫层承压动强度设计值，kPa；

E_1——垫层的弹性模量，kPa；

W_h——对自由锤为砧座重力，对模锻锤为砧座和锤架的总重力，kN；

A_1——砧座底面积，m^2。

砧座的竖向振幅 A_{z1} 则可由下式确定。

$$A_{z1} = \psi_e W_0 v_0 \sqrt{\frac{d_0}{E_1 W_h A_1}} \tag{9-40}$$

四、锻锤基础的构造要求

锻锤基础应满足如下构造要求。

(1)不隔振的锻锤基础通常宜采用台阶形或梯形的整体大块式钢筋混凝土基础(50kN 以

下的锻锤亦可采用正圆锥壳基础),基础的高宽比 $h/b \geqslant 1$,边缘的最小高度 h_1 不应小于 200mm,如图 9-7 所示。大块式基础的混凝土强度等级不宜低于 C15。

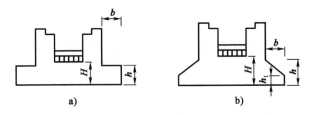

图 9-7 锻锤基础的基础形式
a)台阶形;b)梯形

(2)为使砧座传来的冲击力能较均匀地作用于基础上并方便砧座高程和水平的调整,砧座下应设置垫层。垫层通常采用木材或橡胶,其厚度按式(9-39)的强度验算公式确定并应满足表 9-8 规定的最小厚度要求。

砧座垫层最小厚度和砧座下基础最小厚度　　　　表 9-8

下落部分的重力 (kN)	垫层最小厚度 d_0 (mm)		基础最小厚度 H (mm)
	木垫	橡胶垫	
≤2.5	150	10	600
5.0	250	10	800
7.5	300	20	800
10.0	400	20	1 000
20.0	500	30	1 200
30.0	600	40	1 500(模锻),1 750(自由锻)
50.0	700	40	2 000
100.0	1 000		2 750
160.0	1 200		3 500

(3)锻锤基础的构造配筋如图 9-8 所示,具体布置如下。

①——砧座垫层下基础顶部水平钢筋网,直径 10~16mm,间距 100~150mm,采用 II 级钢。伸过凹坑内壁的长度不小于 50 倍钢筋直径,一般伸至基础外缘。钢筋网的竖向间距宜为 100~200mm(按上密下疏布置),层数可按表 9-9 采用,最上层钢筋网的混凝土保护层厚度宜为 30~35mm。

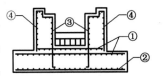

图 9-8 锻锤基础的构造配筋

钢筋网层数　　　　表 9-9

下落部分的重力(kN)	≤10	20~30	50~100	160
钢筋网层数	2	3	4	5

②——基础底面水平钢筋网,间距 150~250mm。当锤下落部分的重力小于 50kN 时,钢筋直径宜采用 12~18mm;当锤下落部分的重力大于或等于 50kN 时,钢筋直径宜采用 18~22mm。

③——砧座坑壁四周垂直钢筋网,间距 100~250mm。当锤下落部分的重力小于 50kN 时,钢筋直径宜采用 12~16mm;当锤下落部分的重力大于或等于 50kN 时,钢筋直径宜采用

16~20mm。垂直钢筋宜伸至基础底面。

④——基础和基础台阶顶面及砧座外侧钢筋网,直径 12~16mm,间距 150~250mm。锤下落部分的重力大于或等于 50kN 的锻锤砧座垫层下的基础部分,应沿竖向每隔 800mm 左右配置直径 12~16mm、间距 400mm 左右的水平钢筋网。

【例 9-1】 对 5t 蒸汽空气两用自由锻锤基础进行设计验算。基础各部分的尺寸如图 9-9 所示,其余设计资料如下。

(1)锤下落部分的重力 $W_0=50$kN,锤下落部分最大行程 $H=1.73$m;

(2)汽缸直径 $D=0.635$m,面积 $A_0=0.317$m²;

(3)砧座重力 $W_p=800$kN,机架重力 $W_q=600$kN;

(4)砧座底面尺寸 $A_1=3.0$m×2.2m=6.6m²;

(5)汽缸最大进气压力 $p_0=900$kPa;

(6)砧座垫层采用木垫,材料为柞木 B—1 级,承压动强度设计值 $f_c=3\,100$kPa,弹性模量 $E_1=5.0×10^5$kPa;

(7)持力层地基土为粉质黏土,有效重度 $\gamma'=8.0$kN/m³,承载力标准值 $f_k=200$kPa,孔隙比 $e=0.7$,液性指数 $I_L=0.75$,抗压刚度系数 $C_z=36\,000$kN/m³,持力层以上地基土加权有效重度 $\gamma'_0=11.5$kN/m³。

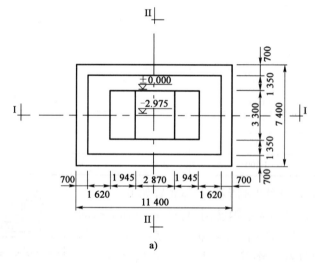

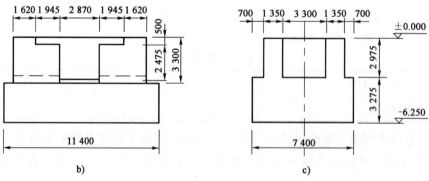

图 9-9 自由锻锤基础布置图(尺寸单位:mm;高程单位:m)
a)平面图;b)I—I 剖面;c)II—II 剖面

【解】 (1)计算锤头的最大打击速度 v_0

$$v_0 = 0.65\sqrt{2gH\frac{p_0A_0+W_0}{W_0}}$$

$$= 0.65 \times \sqrt{2\times 9.8\times 1.73\times \frac{900\times 0.317+50}{50}}$$

$$= 9.8\text{m/s}$$

(2)验算基础振幅

基础重(取基础钢筋混凝土重度 24kN/m³):

$$W_g = (11.4\times 7.4\times 2.95+10.0\times 6.0\times 3.3-2.87\times 3.3\times 2.475-$$
$$6.76\times 3.3\times 0.5-4.0\times 0.7\times 0.6\times 3.565)\times 24$$
$$= 9\,750\text{kN}$$

填土重(取填土重度 18kN/m³):

$$W_s = (11.4\times 7.4-10.0\times 6.0)\times 3.3\times 18 = 1\,450\text{kN}$$

机架、砧座、基础和填土总重力:

$$W=(600+800+9\,750+1\,450)=12\,600\text{kN}$$

基础底面积:

$$A=11.4\times 7.4=84.4\text{m}^2$$

地基刚度:

$$K_z=C_zA=36\,000\times 84.4=3.038\times 10^6\text{kN/m}$$

基础振幅:

取冲击回弹影响系数 $\psi_e=0.4$,振幅调整系数 $k_A=0.6$。

$$A_z = k_A\frac{\psi_e V_0 W_0}{\sqrt{K_zW}} = 0.6\times\frac{0.4\times 9.8\times 50}{\sqrt{3.038\times 10^6\times 12\,600}} = 0.000\,6\text{m}$$

根据表 9-1,$f_k=200$kPa 的粉质黏土为二类土;查表 9-6,锻锤基础的允许振幅可取为 0.7mm,故计算振幅小于允许振幅。

(3)验算振动加速度

基础固有圆频率:

取频率调整系数 $k_\lambda=1.6$。

$$\omega_{nz}=k_\lambda\sqrt{\frac{K_zg}{W}}=1.6\times\sqrt{\frac{3.038\times 10^6\times 9.8}{12\,600}}=77.8\text{rad/s}$$

基础振动加速度:

$$a=A_z\omega_{nz}^2=0.000\,6\times 77.8^2=3.63\text{m/s}^2$$

查表 9-6,锻锤基础的允许振动加速度可取为 $0.707g=6.9\text{m/s}^2$,故计算振动加速度小于允许振动加速度。

(4)确定砧座下垫木厚度

$$d_0=\frac{\psi_e^2W_0^2v_0^2E_1}{f_c^2W_hA_1}=\frac{0.4^2\times 50^2\times 9.8^2\times 5\times 10^5}{3\,100^2\times 800\times 6.6}=0.38\text{m}$$

根据表 9-8 的构造要求,砧座下垫木厚度应采用最小厚度 0.7m。

(5) 验算砧座竖向振幅

$$A_{z1} = \psi_e W_0 v_0 \sqrt{\frac{d_0}{E_1 W_h A_1}} = 0.4 \times 50 \times 9.8 \times \sqrt{\frac{0.7}{5 \times 10^5 \times 6.6 \times 800}}$$
$$= 3.2 \times 10^{-3} \text{m} = 3.2 \text{mm}$$

查表 9-6，砧座的竖向允许振幅为 4.0mm，故砧座的竖向计算振幅小于砧座的竖向允许振幅。

(6) 地基承载力验算

查表 9-2，地基土的动沉陷影响系数 β 为 1.3，于是地基承载力的动力折减系数为：

$$\alpha_f = \frac{1}{1+\beta\frac{a}{g}} = \frac{1}{1+1.3\times\frac{3.63}{9.8}} = 0.68$$

地基承载力标准值 $f_k = 200 \text{kPa}$。

根据土性及孔隙比 e、液性指数 I_L 的值可查得承载力修正系数 $\eta_b = 0.3$、$\eta_d = 1.6$，则地基承载力设计值为：

$$\begin{aligned}f &= f_k + \eta_b \gamma (b-3.0) + \eta_d \gamma_0 (d-0.5)\\&= 200 + 0.3 \times 8.0 \times (6.0-3.0) + 1.6 \times 11.5 \times (6.25-0.5)\\&= 313 \text{kPa}\end{aligned}$$

$$\alpha_f f = 0.68 \times 313 = 213 \text{kPa}$$

基础底面地基的平均静压力设计值：

$$p = \frac{W}{A} = \frac{12\,600}{84.4} = 149 \text{kPa}$$

满足 $p \leqslant \alpha_f f$ 的要求。

第五节 曲柄连杆机器基础设计

曲柄连杆机器为一种主要作往复运动的机械，包括活塞式压缩机、柴油机、破碎机等。这类机械的共同特点是在作往复运动时又包含了旋转运动，而各自的扰力计算与基础设计方法大体相同。本节将以活塞式压缩机为例来说明这类机器基础的设计方法。

活塞式压缩机在其曲柄连杆机构作往复运动时产生的不平衡惯性力是引起机器基础振动的扰力源。计算并控制其振幅与振动速度是活塞式压缩机基础设计的主要内容。

一、活塞式压缩机的扰力计算

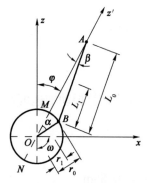

图 9-10 单作用活塞式压缩机机构工作简图

图 9-10 为一活塞式压缩机机构工作简图。当机器主轴以角速度 ω 旋转时，其扰力的大小可按下列方法计算。

将活塞和部分连杆质量集中到 A 点（A 点集中质量为 m_A）；而将曲柄与部分连杆质量集中到 B 点（B 点集中质量为 m_B）。m_A 在 z' 轴上的位移 z'_A 可以用曲柄半径 r_0、连杆长度 L_1 及 B 点转角 α 表示。

$$z'_A = r_0 \frac{1-\cos\alpha+\frac{\lambda}{2}\sin^2\alpha}{2+\frac{\lambda^3}{8}\sin^4\alpha+\cdots} \qquad (9-41)$$

略去高次项后,上式可近似表示为：

$$z'_A = r_0(1-\cos\alpha) + \frac{\lambda}{4}(1-\cos2\alpha) \tag{9-42}$$

由于 $\alpha=\omega t$,而加速度可由位移的二次微分求得,故 m_A 在 z' 轴上的加速度 a 为：

$$a = r_0\omega^2(\cos\omega t + \lambda\cos2\omega t) \tag{9-43}$$

根据牛顿第二定律,m_A 在 z' 轴上的惯性力 P_A 为：

$$P_A = m_A a = m_A r_0 \omega^2(\cos\omega t + \lambda\cos2\omega t) \tag{9-44}$$

而在 z 轴与 x 轴方向的分力 P_{Az} 和 P_{Ax} 则可表示为：

$$\left.\begin{array}{l} P_{Az} = m_A r_0 \omega^2(\cos\omega t + \lambda\cos2\omega t)\cos\varphi \\ P_{Ax} = m_A r_0 \omega^2(\cos\omega t + \lambda\cos2\omega t)\sin\varphi \end{array}\right\} \tag{9-45}$$

式中：λ——连杆比,$\lambda=r_0/L_0$；

ω——旋转角速度（圆频率）,$\omega=2\pi n/60$；

n——每分钟转速,r/min；

φ——z 轴正方向至汽缸中心线夹角,rad。

同样,B 点集中质量产生的不平衡力在 z 轴与 x 轴方向的分力 P_{Bz} 和 P_{Bx} 可用下式表示。

$$\left.\begin{array}{l} P_{Bz} = m_B r_0 \omega^2 \cos(\omega t + \varphi) \\ P_{Bx} = m_B r_0 \omega^2 \sin(\omega t + \varphi) \end{array}\right\} \tag{9-46}$$

上述不平衡力在 z 轴与 x 轴方向的分力可进一步分解为按频率 ω 变化的扰力和按频率 2ω 变化的扰力,分别称为一谐波扰力和二谐波扰力。

一谐波扰力：

$$\left.\begin{array}{l} P_{z1} = r_0\omega^2[m_A\cos\omega t\cos\varphi + m_B\cos(\omega t+\varphi)] \\ P_{x1} = r_0\omega^2[m_A\cos\omega t\sin\varphi + m_B\sin(\omega t+\varphi)] \end{array}\right\} \tag{9-47}$$

二谐波扰力：

$$\left.\begin{array}{l} P_{z2} = r_0\omega^2 m_A\lambda\cos2\omega t\cos\varphi \\ P_{x2} = r_0\omega^2 m_A\lambda\cos2\omega t\sin\varphi \end{array}\right\} \tag{9-48}$$

式中：P_{z1}、P_{z2}——竖向（z 轴）一谐、二谐波扰力,N；

P_{x1}、P_{x2}——水平向（x 轴）一谐、二谐波扰力,N。

A 点集中质量 m_A 与 B 点集中质量为 m_B 可按下列公式计算。

$$m_A = \frac{1}{g}\left(W_2 + \frac{L_1}{L_0}W_3\right) \tag{9-49}$$

$$m_B = \frac{1}{g}\left[\frac{r_1}{r_0}W_1 + \left(1-\frac{L_1}{L_0}W_3\right)\right] \tag{9-50}$$

式中：W_1——曲柄的重力,N；

W_2——活塞、活塞杆、十字头等的重力,N；

W_3——连杆的重力,N；

L_1——连杆质心至曲柄稍中心的距离,m；

r_1——曲柄质心至主轴的距离,m。

对于多列曲柄连杆机构的扰力计算,可将单作用机构的计算结果进行矢量迭加得到。计算中应注意各列曲柄连杆的旋转质量、往复运动质量与所选定的第一列曲柄连杆机构的旋转质量、往复运动质量之间存在的相位差。另外,在进行多列曲柄连杆机构的扰力计算时,还需

考虑对水平 x 轴的回转扰力矩和对竖向 z 轴的扭转扰力矩。

二、活塞式压缩机基础的动力计算

基组在通过其重心的竖向扰力作用下产生竖向振动,其动力响应可按单自由度模型计算。基组的竖向自振圆频率 ω_{nz}(rad/s) 和重心处的竖向振幅 A_z(m) 分别为:

$$\omega_{nz}=\sqrt{\frac{K_z}{m}} \tag{9-51}$$

$$A_z=\frac{P_z}{K_z\sqrt{\left(1-\frac{\omega^2}{\omega_{nz}^2}\right)^2+\frac{4\zeta_z^2\omega^2}{\omega_{nz}^2}}} \tag{9-52}$$

式中：m——基组总质量,kg;

　　　P_z——竖向扰力幅值,N;

　　　ζ_z——地基竖向阻尼比,当 ω 与 ω_{nz} 错开 25% 以上时阻尼项可略去不计。

基组在扭转扰力矩作用下产生绕 z 轴的扭转振动,其自振圆频率和振幅同样可按单自由度模型计算,计算公式与竖向振动相似。

基组在竖向偏心扰力或水平扰力作用下将产生水平摇摆耦合振动,此时基础顶面控制点的竖向与水平向振幅可通过基组的水平摇摆耦合振动第一、第二振型计算分别求出。

基础顶面控制点沿 x、y、z 轴各向的总振幅 A 和总振动速度 v 可按下列公式计算。

$$\omega'=0.105n \tag{9-53}$$

$$\omega''=0.210n \tag{9-54}$$

$$A=\sqrt{(\sum_{j=1}^{n}A'_j)^2+(\sum_{k=1}^{m}A''_k)^2} \tag{9-55}$$

$$v=\sqrt{(\sum_{j=1}^{n}\omega'A'_j)^2+(\sum_{k=1}^{m}\omega''A''_k)^2} \tag{9-56}$$

式中：A'_j——第 j 个一谐扰力或扰力矩作用下基础顶面控制点的振幅,m;

　　　A''_k——第 k 个二谐扰力或扰力矩作用下基础顶面控制点的振幅,m;

　　　ω'——一谐扰力和扰力矩圆频率,rad/s;

　　　ω''——二谐扰力和扰力矩圆频率,rad/s;

　　　n——机器工作转速,r/min。

基础顶面控制点的总振幅 A 不应大于 0.20mm,总振动速度 v 的计算值不应大于 6.30mm/s;若不能满足要求,则应改变基础或地基设计并重新验算。

三、活塞式压缩机基础的构造要求

活塞式压缩机基础一般宜采用大块式混凝土结构。当机器设置在厂房的二层高程处时,宜采用墙式钢筋混凝土结构,墙式基础构件之间的构造连接应保证其整体刚度。基础的配筋应符合下列规定。

(1)体积在 20~40m³ 的大块式基础,应在基础顶面配置直径为 10mm、间距 200mm 的钢筋网。

(2)体积大于 40m³ 的大块式基础,应沿四周和顶、底面配置直径为 10~14mm、间距 200~300mm 的钢筋网。

(3)基础底板悬臂部分的钢筋配置应按强度计算确定并上下配筋,一般可按直径12～18mm、间距200～300mm配置钢筋。

(4)当基础上的开孔或切口尺寸大于600mm时,应沿孔口或切口周围配置直径不小于12mm、间距不大于200mm的加强钢筋。

(5)墙式基础沿墙面应配置钢筋网,竖向钢筋直径宜为12～16mm,水平钢筋直径宜为14～16mm,钢筋间距一般为200～300mm。基础的顶板与底板应按强度计算配筋。在墙体、顶板及底板的连接处应适当增加构造钢筋,以保证其整体刚度。

第六节 旋转式机器基础设计

旋转式机器的种类很多,主要有汽轮发电机组、汽轮压缩机组和汽轮鼓风机、电动发电机、调相机等。旋转式机器在工作时通常是大质量的部件作高速运转,运转中由于旋转中心与质量中心存在偏心距而产生谐和扰力,进而引起机器基础体系的振动。旋转式机器基础的设计主要是对上述扰力进行分析确定后进行体系的动力计算,再通过动力验算和基础强度验算并结合构造要求进行基础截面设计与布置。

一、旋转式机器基础的形式和一般构造要求

由于旋转式机器尺寸都比较大,而且都带有较多的辅助设备和工艺管线,要求在主机底下留有足够的空间供布置之用,故其基础大多做成空间框架形式。其通常采用钢筋混凝土框架结构或预应力混凝土结构,只有少数旋转式机器基础做成墙式结构。

框架式基础应符合下列一般构造要求。

(1)基础的顶部四周应留有变形缝(变形缝宽度一般为3～5cm),与其他结构隔开;中间平台宜与基础主体结构脱开,当不能脱开时,在两者连接处宜采取隔振措施。

(2)基础底板的形式和厚度应根据地基土条件和柱子断面尺寸综合考虑,对于碎石类土及中、粗砂地基,底板可采用平板式或梁板式;对于比较完整的岩石地基,可采用井字式底板或锚杆柱基、独立柱基;对于中、高压缩性地基,为避免基础过大的不均匀沉降,宜采用桩基、箱基或进行地基处理等。平板式基础底板的厚度或井式、梁板式基础的梁高,可根据地基条件取基础底板长度的1/15～1/20,并不应小柱截面的边长。

(3)基础的顶板应有足够的质量和刚度。顶板各横梁的静挠度宜接近,顶板的外形和受力应力求简单,并宜避免偏心荷载。基础顶板的挑台应做成实腹式,其挑出长度不宜大于1.5m,悬臂支座处的截面高度不应小于挑出长度的3/4。

(4)在满足强度和稳定性要求的前提下,可适当减少框架柱的数量或减小其断面,以改善整个基础的动力性能,但其长细比不宜大于14。

(5)旋转式机器基础的顶面为安装机器的支座垫板,通常有二次灌浆层,其厚度可取20～50mm,或按工艺要求确定。固定机器设备的锚固螺栓,应根据制造厂提供的资料确定。预埋螺栓的底面到基础顶板底面的距离不应小于150mm。

二、框架式基础的振动计算

框架式基础是一个多自由度的空间框架,其动力计算比较复杂,目前一般采用空间多自由度体系进行计算。

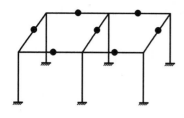

图 9-11 框架式基础的空间力学模型

1. 空间多自由度体系的力学模型

假设基础为空间多自由度体系,选定计算质点,并将质点间的杆件的质量向两端各集中 1/2(可不考虑转动惯量的影响)。每一质点考虑 6 个自由度,即 3 个线位移和 3 个角位移。每一段杆件应考虑弯曲、剪切、扭转及伸缩等变形,如图 9-11 所示。

2. 动力计算

自由振动计算可按上述力学模型,在建立静刚度矩阵 $[K]$ 与质量矩阵 $[M]$ 后,求解以下广义特征值问题。

$$[K]\{X\} = \omega^2 [M]\{X\} \tag{9-57}$$

由此可计算出 1.4 倍工作转速内的全部特征对,每一特征对包括一个特征值 ω_j^2 及相应的特征向量 $\{X\}_j$。

对于强迫振动计算,可采用振型分解法计算振幅。一般情况下,只需计算扰力作用点的竖向振幅,振幅值由 1.4 倍工作转速内的全部振型叠加而成。计算中的结构阻尼比可取 0.0625。扰力值一般采用机器制造厂提供的抗力值,当无扰力资料时,机器工作转速时的扰力值可按表 9-10 采用;对任意转速的扰力,可按下式计算。

$$P_{oi} = P_{gi}\left(\frac{n_o}{n}\right)^2 \tag{9-58}$$

式中:P_{oi}——任意转速的扰力,kN;

P_{gi}——机器工作转速为 n 时第 i 点的扰力,kN,查表 9-10;

n_o——任意转速,r/min。

这种规定中的竖向和横向的扰力是按式(9-1)进行计算的,其转子偏心距 e 分别假设为 0.02mm(3 000r/min)和 0.064mm(1 500r/min)。纵向扰力产生的原因比较复杂,现在规定的数值是比照另外两个方向得到的经验数值。由于旋转式机器各个轴承所产生的扰力的相位组合是随机的,将按各个扰力幅值分别计算得出的基础某点的各个振幅同相相加,显然将得出保守的结果。比较合适的做法是根据概率原理将各个扰力计算得到的振幅值按下式组合。

$$A_i = \sqrt{\sum_{k=1}^{m}(A_{ik})^2} \tag{9-59}$$

式中:A_i——质点 i 的振幅,m;

A_{ik}——第 k 个扰力对质点 i 产生的振幅,m。

对框架式基础动力计算中的地基,当机组工作转速等于 3 000r/min 时,可按刚性考虑;当工作转速小于 3 000r/min 时,则宜按弹性考虑。

当基础为横向框架与纵梁构成的空间框架时,可简化为横向平面框架,采用双自由度体系的计算方法。

对工作转速为 3 000r/min,功率为 12.5MW 及以下的汽轮发电机,当基础为由横向框架与纵梁构成的空间框架,且同时满足下列条件时,可不进行动力计算。

(1)中间框架、纵梁:$W_i \geqslant 6W_{gi}$;

(2)边框架:$W_i \geqslant 10W_{gi}$。

其中,W_i 为集中到梁中或柱顶的总重力(kN);W_{gi} 为作用在基础第 i 点的机器转子重力(kN),一般为集中到梁中或柱顶的转子重力。

近年来的研究表明,由于框架式机器基础的杆件断面较大,节点刚性域影响也比较大,一般的矩阵分析方法其结果除一、二阶自振频率以外,可靠程度并不是很高。近来,通过在基础模型上实测传递函数,再整体拟合构造传递函数总矩阵的方法来分析测定基础的模态特性(各阶自振频率、振型和振型阻尼比等)的试验模态分析方法已被提出来,以替代或补充上述纯计算的分析方法。这种模型可以做成同材质的1/10比例,也可以做成变材质的更小的比例。实践证明,试验模态分析结果的稳定性和可靠性高于纯计算分析。

3. 动力验算

框架式基础的振动控制,最初由共振法分析。这种方法主要是计算自振频率,只要各阶自振频率,尤其是一阶自振频率避开机器工作转速一定范围(如±25%),即认为振动符合要求,不必具体计算基础可能的振幅。共振法对于一些大型框架式基础结构很难做到比较准确的振动控制,故目前已向振幅法转变,即采用振幅控制设计。振幅法需要确定体系阻尼和扰力,计算基础的自振频率、振型,然后计算基础的强迫振动振幅,并以计算振幅不超过允许值作为设计依据。框架式基础动力验算的允许振幅与机器的工作转速有关,当机器工作转速1 000~3 000r/min时,其允许振幅可参见表9-10。

框架式基础的扰力及允许振幅 表9-10

机器工作转速(r/min)		3 000	1 500
计算振幅时,第i点的扰力 P_{gi}(kN)	竖向、横向	0.20 W_{gi}	0.16 W_{gi}
	纵向	0.10 W_{gi}	0.08 W_{gi}
允许振动振幅(mm)		0.02	0.04

注:表中数值为机器正常运转时的扰力和振幅。

进行验算时,一般可取工作转速±25%范围内的最大振幅作为验算的计算振幅。对小于75%工作转速范围内的计算振幅,则要求小于1.5倍的允许振幅。

三、框架式基础的强度计算

在进行框架式基础的强度计算时,其荷载主要有永久荷载(包括基础结构自重、机器自重、安装在基础上的其他设备自重、基础上的填土重、汽缸膨胀力、凝汽器真空吸力和温度变化产生的作用力)、可变荷载(包括动力荷载或当量荷载、顶板活荷载)、偶然荷载(短路力矩)以及地震荷载等。主要荷载组合由永久载和动力荷载(或当量静荷载)组成,其中动力荷载只考虑单向作用。特殊荷载组合由主要荷载组合与一个特殊荷载组成,其中动力荷载乘以0.25的组合系数。

基础构件的动内力可按空间多自由度体系直接计算。计算动内力时的扰力值,可取计算振幅时所取扰力值的4倍,并应考虑材料疲劳的影响,对钢筋混凝土构件的疲劳影响系数可取2.0。多个抗力作用的组合方法与振幅的组合方法相同。为简化动内力的计算,当基础为横向框架与纵梁构成的空间框架时,可采用当量荷载进行构件动内力计算。对竖向当量荷载可按集中荷载考虑,水平向当量荷载可按作用在纵、横梁轴线上的集中荷载考虑。采用当量荷载计算动内力时,应分别按基础的基本振型和高振型进行计算,并取其较大值作为控制值。

按基础的基本振型计算动内力时,其当量荷载可按下列方法计算。

(1)竖直向当量静荷载可按每榀框架分别计算,在横向框架上第i点的竖向当量荷载N_{zi}可按式(9-60)计算,并不应小于4倍转子重力。

$$N_{zi} = 8P_{gi}\left(\frac{\omega_{n1}}{\omega}\right)^2 \eta_{max} \tag{9-60}$$

式中：ω_{n1}——横向框架竖向第一振型固有频率，rad/s；

ω——基础的基频，rad/s；

η_{max}——最大动力系数，可采用 8.0；

(2)水平向当量荷载可先计算出总当量荷载，而各榀框架的当量荷载由总当量荷载按刚度进行分配。水平向 x、y 方向的总当量荷载 N_x、N_y 可按下列公式计算，且其值不应小于转子总重力。

$$N_x = \xi_x \frac{\sum W_{gi}}{W_t} \sum K_{fxj} \tag{9-61}$$

$$N_y = \xi_y \frac{\sum W_{gi}}{W_t} \sum K_{fyj} \tag{9-62}$$

式中：W_t——基础顶板全部永久荷载，包括顶板自重、设备重和柱子重的一半，kN；

K_{fxj}——基础第 j 榀横向框架的水平刚度，kN/m；

K_{fyj}——基础第 j 榀纵向框架的水平刚度，kN/m；

ξ_x——横向计算系数，当机器工作转速 $n=3\,000$r/min 时，取 $\xi_x=12.8\times10^{-4}$ m；当 $n=1\,500$r/min 时，取 $\xi_x=40.0\times10^{-4}$ m；

ξ_y——纵向计算系数，当机器工作转速 $n=3\,000$r/min 时，取 $\xi_x=6.4\times10^{-4}$ m；当 $n=1\,500$r/min 时，取 $\xi_x=20.0\times10^{-4}$ m。

第七节　动力机器基础的减振与隔振

在动力机器基础设计计算中，除了要满足动力机器本身正常使用要求外，还应尽量减少其对邻近建筑物、设备或精密仪表的不利影响。为此，除了要在设计中进行一般的减振控制（选择合适的支承体系，使其在扰力作用下的振动响应在允许值范围内）外，还应对它采取必要的隔振措施。工程中的常用的隔振方法一般有两种类型，即所谓"积极隔振"与"消极限振"。对本身是振源的机器，为了减小它对邻近设备及建筑物的影响，在机器底座和支承基础之间设置隔振器，将机器与地基隔离开来，这种隔振方法称为"积极隔振"。而对于要求允许振动很小的精密仪器和设备，为了避免周围振源对它的影响，也须将它与地基隔离开来，此时的隔振方法称为"消极隔振"。积极隔振和消极隔振的原理基本相似，通常是把需要隔离的机器或设备安装在合适的弹性装置（隔振器）上，使大部分振动为隔振器所吸收。

一、动力机器基础的减振控制

动力机器基础的减振控制是一种积极隔振措施，其目的是减小动力机器基础对周围环境的振动影响。可采取的途径包括减小振源的振动、改变系统的自振频率和采用减振装置减振等。由于振源一般不易改变，故通常采用后面两种方法。

1. 动力机器基础的减振原理

如前所述，动力机器基础体系的振动响应与扰力有较大的关系。在不同性质扰力作用下，影响振动大小的主要动力参数有所差异，所以应针对不同性质的扰力来采取相应的减振措施。

(1) 稳态激振型扰力

稳态激振型扰力 Q_0，体系振幅 A 可由下式计算。

$$A = \frac{Q_0}{k\sqrt{\left(1-\frac{\omega^2}{\omega_n^2}\right)^2 + 4\left(\frac{\zeta\omega}{\omega_n}\right)^2}} \tag{9-63}$$

其中，ω_n 为体系的自振频率，其值由地基刚度 k 和体系的集中质量 m 求得，即 $\omega_n = \sqrt{\frac{k}{m}}$。

根据这个振幅表达式可绘出其反应曲线，如图 9-12 所示。从图中可以看出，减小稳态激振体系振动反应的途径主要有：①提高地基刚度 k，增大体系自振频率。具体包括加大基底面积或埋深、对地基进行加固处理或采用桩基础等。当 $\omega \leqslant \omega_n$ 时，该措施比较有效。②降低体系自振频率，使 $\omega > \omega_n$。可以用加大基础质量的办法来降低 ω_n。由于地基刚度不能随意降低，这种方法对 ω_n 的降低不明显，此时可考虑采用后述的机械方法隔振。③当 ω 与 ω_n 很接近而又无法调整时，则要靠加大振动体系阻尼比来降低振幅。方法是加大基础底面积和埋深，在基础底面以下铺设橡胶、软木和砂卵石层等阻尼材料，或进一步采取其他机械方法隔振。

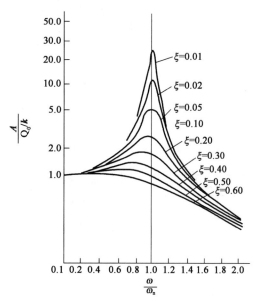

图 9-12 稳态激振型扰力作用下的反应曲线

(2) 旋转质量型扰力

旋转式机器的扰力为旋转质量的偏心所引起，扰力幅随转速的平方而变化。体系振幅 A 可由下式计算。

$$A = \frac{m_e \cdot e}{m\sqrt{\left(1-\frac{\omega^2}{\omega_n^2}\right)^2 + 4\left(\frac{\zeta\omega}{\omega_n}\right)^2}} \tag{9-64}$$

式中：m_e——偏心质量，kg；

e——偏心距，m；

m——参振总质量，kg；

同样，根据这个振幅表达式也可绘出其反应曲线，如图 9-13 所示。根据上述公式和反应曲线，可以得出减小旋转式机器基础振幅的途径主要有：①加大体系参振质量 m。尤其当 ω 较小时，加大体系参振质量 m 对减小基础振动非常有效；若同时增大基础的刚度，将取得更加明显的效果。②当 $\omega \gg \omega_n$ 时，加大刚度 k 作用不明显，此时应以加大参振质量 m 为主，即做成柔性基础。③当 ω 与 ω_n 很接近而又无法调整时，除可以加大体系质量外，也可以通过加大振动体系阻尼比来降低振幅，必要时还可以进一步采取其他机械方法隔振。

2. 减振装置

在机器底座和支承基础之间设置减振器可以吸收机器传来的振动能量，从而减少振动的

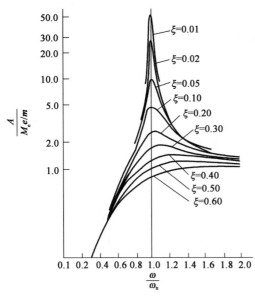

图 9-13　旋转质量型扰力作用下的反应曲线

影响,达到减振的效果。这种减振方法也称机械隔振。其类型可根据振源特性选用,主要有支承式和悬挂式等,如图 9-14 所示。图中前两种类型适用于竖向扰力为主的情况,而后两种类型适用于水平向扰力为主的情况。减振器通常是用刚度很低的弹簧、橡胶块或其他隔振材料制成。它与基础块体组成一个低频振动系统,而后整个系统再支承于较大质量和较大刚度的基础上。隔振弹簧一般采用圆柱形螺旋弹簧。为了弥补这种弹簧阻尼小和侧向稳定性差的缺点,通常的做法是将弹簧和橡胶块组合使用,形成专用的隔振元件。当要求的隔振弹簧刚度极低时,可以使用囊式空气弹簧,用调节充气压力的办法来调节弹簧刚度和支承能力。弹簧或橡胶垫的规格选择及数量的计算可参考相关资料。

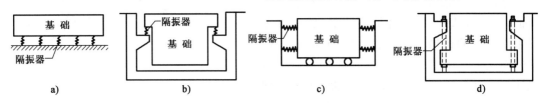

图 9-14　机械隔振的类型
a)直接支承；b)间接支承；c)双向支承；d)悬挂式

二、动力机器基础的隔振

1. 振动在土中的传播规律

根据弹性半空间理论,地基土可看成一种以弹性半空间方式存在的连续介质。当地表或地表附近有振源(如动力机器基础)存在时,其振动将以波动的形式向四周传播并逐渐衰减。通过理论分析,一个设置在弹性半空间表面上的圆形基础竖向振源,其振动能量中的 2/3 将以表面波的形式在地表附近一个波长范围内向四周传播,其余 1/3 则以体波(包括纵波和横波)形式向四周和深处传播。体波是以半球面的形式径向向外传播,体波的振幅以与 $1/r$ 成正比的关系衰减(r 为与振源的距离)。表面波是以圆柱面的形式径向向外传播,表面波的振幅与 $\left(\dfrac{1}{r}\right)^{0.5}$ 成正比例关系。由此可见,基础振源波动能量的传递,随着距离的增加,将逐渐以表面波方式为主。由此可见,地表竖向振幅的衰减规律可由下式表示。

$$A_r = A_0 \sqrt{\dfrac{r_0}{r}} \tag{9-65}$$

式中：r_0——从振源到某已知振幅点的距离,m；
　　　r——从振源到计算点的距离,m；
　　　A_0——距振源 r_0 处表面波竖向分量的振幅,m；

A_r——距振源 r 处表面波竖向分量的振幅，m。

由于地基土不是完全弹性的，传播的振动能量还会因土的材料阻尼（内阻尼）而消耗。考虑到土体材料阻尼的影响，表面波竖向振幅的衰减公式可写成如下形式。

$$A_r = A_0 \sqrt{\frac{r_0}{r}} \exp[-\alpha(r-r_0)] \tag{9-66}$$

其中，α 为土的能量吸收系数（1/m），其值与土的种类、土的物理状态以及基础尺寸有关。

我国《动力机器基础设计规范》（GB 50040—96）在综合工程经验的基础上，提出了如下地面振幅衰减的计算式。

$$A_r = A_0 \left[\frac{r_0}{r}\xi_0 + \sqrt{\frac{r_0}{r}}(1-\xi_0)\right] \exp[-f_0\alpha_0(r-r_0)] \tag{9-67}$$

式中：A_r——距振动基础中心 r 处的地表振幅，m；

A_0——振动基础的振幅，m；

f_0——振源频率，Hz，一般为 50Hz 以下，对于冲击机器基础可采用基础的固有频率；

r_0——圆形基础半径，m，对矩形或方形基础，$r_0 = \mu_1 \sqrt{\left(\frac{F}{\pi}\right)}$；

F——基底面积，m²；

μ_1——动力影响系数，当 $F \leqslant 10\text{m}^2$ 时，$\mu_1 = 1.0$；当 $F \geqslant 20\text{m}^2$ 时，$\mu_1 = 0.8$；中间值内插；

ξ_0——无量纲系数，其值与基础当量半径 r_0 和土性有关，可查表 9-11；

α_0——地基土的能量吸收系数，s/m，可查表 9-12。

利用上述振动在地基土中随传播距离衰减的规律，可以确定振动的影响范围和影响大小，从而为进行隔振设计提供依据。

无 量 纲 系 数 ξ_0　　表 9-11

土的名称	振动基础的半径或当量半径 r_0(m)							
	0.5 及以下	1.0	2.0	3.0	4.0	5.0	6.0	7.0 及以上
一般黏性土、粉土、砂土	0.70~0.95	0.55	0.45	0.40	0.35	0.25~0.30	0.23~0.30	0.15~0.20
饱和软土	0.70~0.95	0.5~0.55	0.40	0.35~0.40	0.23~0.30	0.22~0.30	0.20~0.25	0.10~0.20
岩石	0.80~0.95	0.70~0.80	0.65~0.70	0.60~0.65	0.55~0.60	0.50~0.55	0.45~0.50	0.25~0.35

注：①对于饱和软土，当地下水深 1m 及以下时，ξ_0 取较小值，1~2.5m 时取较大值，大于 2.5m 时取一般黏性土的 ξ_0 值。
②对于岩石覆盖层在 2.5m 以内时，ξ_0 取较大值，2.5~6m 时取较小值，超过 6m 时取一般黏性土的 ξ_0 值。

2. 基础的屏障隔振方法

利用屏障进行隔振是基础隔振的常用方法。它基本原理即是波的反射、散射和衍射原理。根据波动理论，在具有不同波阻抗 ρv（ρ 为介质密度，v 为介质波速）的介质界面上，弹性波能量将出现不同分配比例的透射和反射。在固体和流体的界面上，只有纵波能可以通过；在固体与孔隙的界面上，波能将全部反射。显然，最有效的隔振屏障将是孔隙，如开口沟。另外，板桩墙等与地基土有不同阻抗值的介质也有不同程度的隔振效果。

在积极隔振中，隔振沟的屏蔽范围是以振源为圆心，通过隔振沟两端点的径向射线所夹成的扇形区域。试验表明,若以隔振后振幅降为原来的 25% 以下作为有效屏蔽区域,应将上述扇形区域的圆心角从两边各减去 45°,其半径长度约为 $10L_R$(L_R 为瑞利波波长);根据瑞利波能量的分布深度,要求隔振沟的深度 H 大约为 $0.6L_R$。

地基土的能量吸收系数 α_0 表 9-12

地基土名称及状态		α_0 (s/m)
岩石(覆盖层 1.5~2.0 m)	页岩、石灰岩	$0.385\times10^{-3}\sim0.485\times10^{-3}$
	砂岩	$0.580\times10^{-3}\sim0.775\times10^{-3}$
硬塑的黏土		$0.385\times10^{-3}\sim0.525\times10^{-3}$
中密的块石、卵石		$0.850\times10^{-3}\sim1.100\times10^{-3}$
可塑的黏土和中密的粗砂		$0.965\times10^{-3}\sim1.200\times10^{-3}$
软塑的黏土、粉土和稍密的中砂、粗砂		$1.255\times10^{-3}\sim1.450\times10^{-3}$
淤泥质黏土、粉土和饱和细砂		$1.200\times10^{-3}\sim1.300\times10^{-3}$
新近沉积的黏土和非饱和松散砂		$1.800\times10^{-3}\sim2.050\times10^{-3}$

注:①同一类地基土上,振动设备大者(如 10t、16t 锻锤),α_0 取小值;振动设备小者,α_0 取较大值。
②同等情况下,土壤孔隙比大者,α_0 取偏大值;孔隙比小者,α_0 取偏小值。

在对于消极隔振中,其屏蔽范围一般可认为在以隔振沟长度为直径的半圆内,而 H 可大致取为 $1.33L_R$。

隔振沟的宽度原则上与隔振效果无关,可按开挖和维护要求确定。在设置和维护方面,板桩墙比开口隔振沟方便,但在减小竖向地面运动的振幅方面,前者不如后者有效。一种介于两者之间的做法是用膨润土浆或者玻璃纤维充填隔振沟。还有一种有发展前途的方法是采用单排或多排薄壁衬砌的圆柱形孔来作为屏障。

基础隔振是一项复杂的综合性工作,除了对机器基础进行隔振处理以外,必要时对厂房结构等需要保护的对象,也应做适当加固措施,以加强厂房结构的抗振性能。加强厂房结构抗振性能的措施,主要有加固地基、基础和增加圈梁、支撑系统、构造配筋以及提高砂浆强度等级等办法。另外,将机器基础与厂房结构脱开,改变厂房结构形式以及调整机器设置位置和方向也可以达到来减少厂房结构振动影响的效果。

第八节 地基基础抗震

一、地震、地震烈度与地震震害

(一)地震与地震烈度

地震是由于地球内部运动累积能量突然释放或地壳中空穴顶板塌陷,使岩体断裂、错动,发生剧烈震动,并以地震波的形式向地表传播而引起的地面颠簸和摇晃。这种岩层构造状态变动引起的地震,称为构造地震,简称地震。

地震发生时,在地球内部发生地震波的位置,称为震源。震源到地表的垂直距离称为震源深度。震源深度在 60~70km 以内的地震为浅源地震,震源深度超过 300km 的为深源地震。我国发生的绝大部分地震都属于浅源地震,震源深度一般在 5~40km 之间。

震源在地表投影点的位置称为震中。在工程地震中,亦指地表上地震灾害最严重的地方。在地震影响范围内,地表某处至震中的距离称为震中距。

衡量一次地震释放能量大小的尺度,称为震级,通常用里氏震级表示。里氏震级是1935年里希特(Richter)首先提出的,即在距震中100km处,用标准地震仪(周期0.8s,阻尼系数0.8,放大2800倍的地震仪)所测定的最大水平地震震动位移振幅(以μm为单位)的常用对数值。

$$M = \lg A \tag{9-68}$$

式中:M——地震震级,亦称里氏震级;

A——地震位移曲线图上量得的最大振幅,μm。

震级与地震释放的能量存在下列关系。

$$\lg E = 1.5M + 11.8 \tag{9-69}$$

式中:E——地震释放的能量,erg($1 erg = 10^{-7} J$)。

由式(9-68)和式(9-69)计算可知,当震级相差一级时,地面位移振幅相差10倍,地震能量相差约32倍。

地震烈度是指地震对地表和工程结构的影响程度。在同一地震中,具有相同地震烈度地点的连线,称为等震线;由不同烈度的等震线构成的图样称为等震图。等震线图的形式有呈同心圆的、同心椭圆的或不规则形状的。等震线图上烈度最高的区域称为极震区,极震区的烈度称为震中烈度。

震中烈度I_0与震级M的关系可用下式计算。

$$M = 0.58 I_0 + 1.5 \tag{9-70}$$

式中:I_0——震中烈度(浅源地震)。

(二)地震震害

1. 地表震害

(1)地裂缝 在强烈地震作用下,常常在地面产生裂缝。根据产生的机理不同,其主要分为两种:

①重力地裂缝。在地震作用下,地面运动产生的惯性力超过了土的抗剪强度所引起的地表裂缝,多发生在海边、湖边、河岸、边坡、古河道急饱和深厚软土层上。

②构造裂缝。地震时地壳深部断层错动延伸至地面的裂缝。

(2)液化土喷砂冒水。地震波的强烈震动使地下饱和粉细砂或粉土液化,当地下水压增高,地下水通过裂缝喷出地面,夹带砂土或粉土一起喷出地表,形成喷砂冒水现象。

(3)地面塌陷。有的极震区普遍下沉,有的局部下沉;采空区坍塌引起地面塌陷等。

(4)河岸、陡坡滑坡、塌方。

2. 工程设施震害

地震时的强烈震动使各类工程设施如建筑物、构筑物、生命线工程及各种设备等发生破坏,是地震造成人员伤亡、财产损失的直接原因。

(1)由于地震惯性力引起的破坏。结构承载能力不足,或变形能力不足,或结构构件间的连接强度不足,在地震惯性力作用下,结构开裂、破坏,甚至倒塌。

(2)由于地基失效引起的破坏。工程设施位于饱和细粉砂、粉土或淤泥质软土上(或土中)时,由于土的地震液化或淤泥质软土急剧变形,使地基承载力下降,甚至完全丧失,从而导致工程结构破坏、整体倾倒或地下结构上浮、折断等。

3. 地震的次生灾害
(1)水坝决口引起的水灾。
(2)生命线系统(电、水、气、通讯和交通等)中断或破坏引起的火灾、爆炸、泄毒及污染等。
(3)近海地震引起的海啸。

4. 建筑物基础的震害
(1)沉降、不均匀沉降和倾斜

观测资料表明,一般地基上的建筑物由地震产生的沉降量通常不大;而软土地基则可产生10~20cm的沉降,也有达30cm以上者;如地基的主要受力层为液化土或含有厚度较大的液化土层,强震时则可能产生数十厘米甚至1m以上的沉降,造成建筑物的倾斜和倒塌。

(2)水平位移

地震引起基础产生较大水平位移的现象常见于位于边坡或河岸边的建筑物,其原因是土坡失稳和岸边地下液化土层的侧向扩展等。

(3)受拉破坏

地震时,受力矩作用较大的桩基础的外排桩受到过大的拉力时,桩与承台的连接处还可能会产生受拉破坏。杆、塔等高耸结构物的拉锚装置也可能因地震产生的拉力过大而破坏。

二、地基基础抗震设计

1. 地基基础抗震设计基本原则

地基基础抗震设计应贯彻以防为主的方针,并遵循以下各项基本原则。

(1)选择有利的建筑场地

结合地震烈度区划资料和地质勘测资料,查明建筑场地的土质条件、地质构造和地形地貌特征,尽量避开不利地段,不得在地震高烈度的危险地段进行建设。从建筑物的地震反应考虑,建筑物的自振周期应远离地层的卓越周期,以避免共振。为此,除查明地震烈度外,还需了解地震波德频率特性。

(2)加强基础与上部结构的整体性

加强基础与上部结构的整体作用可采用的措施主要有:①对一般砖混结构的防潮层采用防水砂浆代替油毡;②在内外墙下室内地坪高程处加一道连续的闭合地梁;③上部结构采用组合柱时,柱的下端应与地梁牢固连接;④当地基土质较差时,还宜在基底配置构造钢筋。

(3)加强基础的防震性能

基础在整个建筑物中一般是刚度比较大的组成部分,又因处于建筑物的最低部位,周围还有土层的限制,因而振幅较小,故基础本身受到的震害相对于建筑物其他部分一般总是较轻的。加强基础的防震性能的目的主要是为了减轻上部结构的震害,其措施如下。

①合理加大基础的埋置深度。加大基础埋深可以增加基础侧面土体对振动的抑制作用,从而减少建筑物的振幅,在条件允许时,可结合建造地下室以加深基础。

②正确选择基础类型。软土上的基础以整体性好的筏形基础、箱形基础和十字交叉基础较为理想,因其能减轻震陷引起的不均匀沉降,从而减轻上部结构的损坏。

2. 天然地基基础的抗震验算

天然地基基础抗震验算时,应采用地震作用效应标准组合,且地基抗震承载力应取地基承载力特征值乘以地基抗震承载力调整系数计算。

(1)天然地基地震作用下的竖向承载力验算

地基土抗震承载力应按式(9-71)计算。

$$f_{aE} = \zeta_a f_a \tag{9-71}$$

式中：f_{aE}——地基土抗震承载力；

ζ_a——地基土抗震承载力调整系数，应按表9-13采用；

f_a——深宽修正后的地基承载力特征值，应按《建筑地基基础设计规范》(GB 50007—2002)规定采用。

地基土抗震承载力调整系数　　　　　表9-13

岩土名称和性状	ζ_a
岩石，密实的碎石土，密实的砾、粗、中砂，$f_k \geqslant 300\text{kPa}$ 的黏性土和粉土	1.5
中密、稍密的碎石土，中密和稍密的砾、粗、中砂，密实和中密的细、粉砂，$150\text{kPa} \leqslant f_k < 300\text{kPa}$	1.3
稍密的细、粉砂，$100\text{kPa} \leqslant f_k < 150\text{kPa}$ 的黏性土和粉土，新近沉积的黏性土和粉土	1.1
淤泥、淤泥质土、松散的砂、填土、新近堆积的黄土、可塑至流塑的黄土	1.0

天然地基地震作用下的竖向承载可按式(9-72)和式(9-73)进行验算，在验算天然地基地震作用下的竖向承载力时，基础底面平均压力和边缘最大压力应符合下列各项要求，且基础底面与地基土之间零应力区面积不应超过基础底面面积的25%；烟囱基础零应力区宜符合《烟囱设计规范》(GB 50051—2002)的要求。

$$p \leqslant f_{aE} \tag{9-72}$$
$$p_{max} \leqslant 1.2 f_{aE} \tag{9-73}$$

式中：p——基础底面地震组合的平均压力设计值；

p_{max}——基础底面边缘地震组合的最大压力设计值。

根据地震基础震害的大量调查结果，下列建筑可不进行天然地基及基础的抗震承载力验算。

① 砌体房屋。

② 地基主要受力层范围内不存在软弱黏性土层（软弱黏性土层是指地震烈度为7度、8度和9度时，地基土静承载力特征值分别小于80kPa、100kPa和120kPa的土层）的下列建筑：一般单层厂房、单层空旷房屋；不超过8层且高度在25m以下的民用框架房屋及与其基础荷载相当的多层框架厂房。

③ 抗震规范规定可不进行上部结构抗震验算的建筑。

(2) 天然地基水平抗滑的抗震验算

由于地基土与基础之间的摩擦系数通常在0.2~0.4之间，一般情况下所具有的摩擦力可以抵抗水平地震力，无需进行验算。当需要验算天然地基的水平抗滑时，可以考虑基础底面与地基土之间的摩擦力及基础前方土的水平抗力（基础前方土的水平抗力一般取被动土压力的1/3）。另外，在基础与其四周的刚性地坪有可靠接触及传力条件时，刚性地坪将产生一定的水平抗力作用（可按基础与地坪接触面的地坪抗压强度计算），并在刚性地坪与土抗力（1/3的被动土压力与基底摩擦之和）二者中取大者作为抵抗水平地震力的抗力，进行验算。

3. 地震力作用下的抗倾覆验算

对孤立的高耸结构，如塔楼、石碑、烟囱、水塔等，宜进行地震力作用下的抗倾覆验算，其验算方法与水泥土墙的抗倾覆验算方法相同（见第六章）。

如地基为软土，则倾覆时的旋转中心有向基础中部转移的倾向，与抗倾覆验算的计算简图不符并偏于不安全，此时宜适当提高安全储备或设法增大抵抗力矩的力臂。

4. 液化土中地下结构的抗浮验算及抗侧向土压力验算

土一旦发生液化，就与悬浮液类似，埋于土中轻的物体就会上浮，而埋于土中重的物体就会下沉。这是作用于物体上的土压力的变化规律服从于阿基米德原理，压力值只取决于深度，而与方向无关。这就使埋于液化土中结构底面所受的上浮力与侧向土压力比液化前大为增加。

如图 9-15 所示液化前后图的侧压力与基底处向上的水压力的变化。由图可见，液化层顶面处的侧压力在液化前为 $K_{a1}\gamma_1 h_1$，液化后为 $\gamma_1 h_1$（等于该处的总竖向压力）。在结构底面处，液化前的侧压力为：

$$\sigma_1 = K_{a1}\gamma_1 h_1 + K_{a2}(\gamma_2 - \gamma_w)h_2 + h_2\gamma_w \tag{9-74}$$

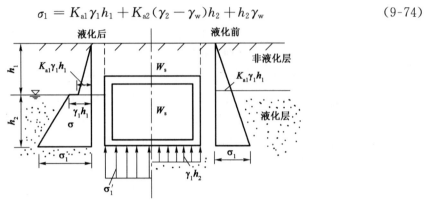

图 9-15 液化前后地下结构物受力状态的变化

液化后的侧压力为：

$$\sigma'_1 = \gamma_1 h_1 + \gamma_2 h_2 \tag{9-75}$$

基础底面承受的向上浮力在液化前为静水压力 $\gamma_w h_2$，液化后为 σ'_1。

其中，γ_1、h_1 及 K_{a1} 分别为非液化土的重度、厚度和主动土压力系数；γ_2、h_2 及 K_{a2} 分别为液化层的重度、厚度和主动土压力系数。

抗浮验算应符合式(9-76)的要求，即：

$$W_s + W_c \geqslant \sigma'_1 A \tag{9-76}$$

式中：A——基础面积；

W_s、W_c——分别为地下结构的土重及结构自重。

对于地下结构的外墙及底板，应验算液化后结构的抗剪与抗弯能力。

5. 液化侧扩时土推力的验算

地震基础震害的调查表明，地震液化引起的地面水平大位移可对结构造成破坏，并且是液化区桥梁、房屋、地下结构等震害的主要形式之一，所以还应对地震液化侧扩时的土推力进行验算。

(1) 非液化上覆层中的侧压力按被动土压力计算。

(2) 液化层中的侧压力按竖向总压力（不扣浮力）的 1/3 计算。

(3) 按建筑物的离岸距离，(1)与(2)的土压力按以下情况有所折减：距岸 0～50m 时，不折减；距岸＞100m 时，侧推力折减为 0，即假定侧扩的水平位移为 0；距岸 50～100m 时，按内插法折减。

(4) 如为桩基，则假定为理想墩基计算，基础宽度取决于外排桩边缘间的宽度。

6. 地基基础抗震措施

(1) 地基为软弱黏性土

软黏土的承载力较低,地震引起的附加荷载往往超过了地基承载力的安全储备。此外,软黏土的特点是:在反复荷载作用下,沉降量将持续增加;当基底压力达到临塑荷载后,急速增加的荷载将引起严重下沉和倾斜。地震对土的作用,正是快速而频繁的加荷过程,因而非常不利。因此,对软黏土地基,要合理选择地基承载力值,基底压力不宜过大,以保证留有足够的安全储备;若地基的主要受力层范围内有软弱黏性土层,可采用各种地基处理方法或桩基,也可扩大基础底面积或加设地基梁、加深基础埋深、减轻荷载、增大结构整体性和均衡对称性等。

(2)地基不均匀

不均匀地基包括土质明显不均匀、有古河道或暗浜通过及半挖半填地带等,在地震时可能出现滑坡及地裂等震害现象。鉴于大部分地裂来源于地层错动,单靠加强基础或上部结构难以奏效时,考虑到地裂发生的关键是场地四周是否存在临空面,要尽量填平不必要的残存沟渠,在明渠两侧适当设置支挡,同时也要尽量避免在建筑物四周开沟挖坑。

(3)可液化地基

对可液化地基采取的抗液化措施,应根据建筑物的重要性、地基的液化等级,选择全部或部分消除液化沉陷,或对基础和上部结构采取减轻液化影响的处理措施等。

全部消除地基液化沉陷的措施有采用底端深入液化深度以下稳定土层的桩基或深基础,或采用振冲、振动加密、砂桩挤密、强夯等地基加固方法处理至液化深度以下,以及挖除全部液化土层等。

全部消除地基液化沉陷的措施,应使处理后的地基液化指数减少到规范规定的范围内,当判别深度为 15m 时,地基液化指数不宜大于 4;当判别深度为 20m 时,地基液化指数不宜大于 5;对于独立基础或条形基础,处理深度尚不应小于基础底面下液化土特征深度与基础宽度的较大值。

减轻液化影响的基础和上部结构处理措施,可以综合考虑加深基础埋深、扩大基底面积、减小基础偏心、加强基础的整体性和刚度,以及减轻荷载、增强上部结构刚度和均匀对称性、合理设置沉降缝等。

三、边坡抗震稳定

1. 边坡抗震稳定验算(图 9-16)

(1)边坡抗震稳定验算的基本原则。一般采用拟静力法进行计算,且只考虑水平地震作用的影响。通常将地震力作为静力荷载,采用圆弧滑动面法进行计算,每个土条除自重引起的竖向力外,还在土条重心处作用水平地震力,按滑动面抗力与各土条在地震作用下引起的总滑动力之比值,判断土坡的抗震稳定程度。由于计算中不考虑各土条间的相互作用,因此,该计算是偏于安全的。

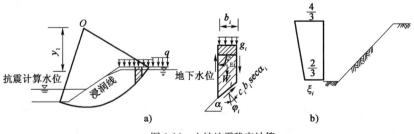

图 9-16 土坡地震稳定计算
a)计算简图;b)ξ_i 的变化

(2)土条的水平地震作用,可按下式计算。

$$F_{Hi} = CK_H \xi_i (W_i + q_i b_i) \qquad (9-77)$$

式中:F_{Hi}——第 i 土条的水平地震作用,kN/m,作用点位于土条重心处;
　　　C——综合影响系数,可采用 0.25;
　　　K_H——水平地震系数,7 度、8 度和 9 度时分别采取 0.1、0.2 和 0.4;
　　　W_i——第 i 土条的自重,kN/m,在水下采用饱和重度;
　　　ξ_i——地震作用分布系数,坡顶取 4/3,坡脚取 2/3,并沿高度按直线分布;计算整坡稳定时,取 1.0;计算局部稳定时,可取该局部高度的平均值;
　　　q_i——第 i 土条的地面荷载,kN/m/m;
　　　b_i——第 i 土条的宽度,m。

(3)坡的抗震稳定安全系数,可按下式计算。

$$K = \frac{\sum[c_i b_i \sec\alpha_k + (W_i + q_i b_i)\cos\alpha_i \tan\phi_i]}{\sum[(W_i + q_i b_i)\sin\alpha_i + F_{Hi} y_i / R] + \sum M/R} \qquad (9-78)$$

式中:c_i、ϕ_i——第 i 土条滑动面上的抗剪强度指标,kPa;
　　　α_i——第 i 土条弧线中点切线与水平线的夹角,°;
　　　W_i——第 i 土条的自重,kN/m,水下用浮重度;
　　　y_i——第 i 土条重心至滑弧圆心的竖向距离,m;
　　　R——滑弧半径,m;
　　　$\sum M$——由其他因素产生的滑动力矩,kN·m/m。

2. 边坡稳定性的抗震措施

(1)削坡压脚,放缓边坡,设置有较宽平台的阶梯式边坡;
(2)合理排水,坡面种草植树;
(3)对临空面采取护岸措施,防止坡脚的浸蚀;
(4)在构筑物与其上方陡坡之间修建宽而深的沟或挡墙,以拦截小的滑体或滚石;
(5)边坡中存在软弱土时,宜采取适当的加固措施;
(6)坡脚或坡体有液化土层时,采取全部或部分消除液化措施,以减少滑动危险性和缩小滑动范围。

习　　题

【9-1】　试验算 4kN 自由锻锤大块式基础的竖向振幅值、竖向振动加速度值和地基承载力。已知设计资料如下:锤下落部分实际重力 $W_0=4.4$ kN,最大锤击速度 $v=8$ m/s,砧座重力 $W_p=48$ kN,机架重力 $W_q=90$ kN,地基持力层为粉质黏土,天然重度 $\gamma=18.5$ kN/m³,承载力标准值 $f_k=150$ kPa,抗压刚度系数 $C_z=28\,000$ kN/m³,基底面积 $A=4.6$m×2.0m,基础埋深 $D=2.6$m,基础重力 $W_g=572$kN,地下水位在基底处,基底以上地基土平均重度为 $\gamma_0=19.0$ kN/m³。

【9-2】　试验算图 9-17 所示自由锻锤基础的振幅、振动加速度和承载力。设计资料如下:(1)锤下落部分重力 $W_0=50$ kN,锤下落部分最大行程 $H=1.73$ m;(2)汽缸直径 $D=0.635$m,面积 $A_0=0.317$m²;(3)砧座重力 $W_p=680$kN,机架重力 $W_q=850$kN;(4)砧座底面尺寸 $A_1=$

$1.98m \times 2.75m = 5.45m^2$；(5)汽缸最大进气压力 $p_0 = 700kPa$；(6)垫层采用橡胶垫，承压动强度设计值 $f_c = 2500kPa$，弹性模量 $E_1 = 3.8 \times 10^4 kPa$；(7)基底地基土为粉质黏土，承载力标准值 $f_k = 100kPa$，桩尖土当量抗压刚度系数 $C_{zh} = 1.1 \times 10^6 kN/m^3$，桩周土当量抗剪刚度系数 $C_{\tau h} = 1.1 \times 10^4 kN/m^3$，桩尖土承载力标准值 $q_p = 1150 kPa$，桩周土侧摩阻力标准值 $q_s = 20kPa$，地下水位 $-4.0m$。(8)桩基采用钢筋混凝土预制桩，桩身截面 $400mm \times 400mm$，桩长（承台以下）$l_h = 18.5m$，桩间距 $1.8m$，桩数 $n = 30$ 根，桩尖入土深度 $23m$。

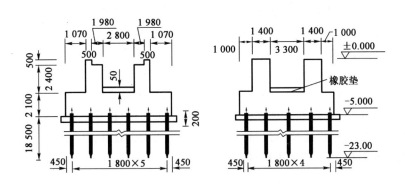

图 9-17　习题 9-2 图(尺寸单位：mm；高程单位：m)

思 考 题

【9-1】　简述动力机器基础设计的目的和要求。
【9-2】　集总参数体系中的参数主要有哪些？它们是如何确定的？
【9-3】　扰力性质对动力机器基础的振动响应的影响主要有哪些？
【9-4】　机械隔振的目标是什么？基础隔振的主要手段有哪些？
【9-5】　什么是地震与震级？
【9-6】　何谓地震烈度和震中烈度？震中烈度与震级之间有什么关系？
【9-7】　简述地震可能引起的震害。
【9-8】　简述地基基础抗震设计基本原则与方法。
【9-9】　地基基础抗震措施主要有哪些？
【9-10】　简述边坡抗震稳定验算的基本原则。

参考文献

[1] 袁聚云,李镜培,楼晓明,等.基础工程设计原理[M].上海:同济大学出版社,2001.

[2] 高大钊.土力学与基础工程[M].北京:中国建筑工业出版社,1998.

[3] 华南理工大学,等.地基及基础[M].北京:中国建筑工业出版社,1998.

[4] 蔡伟铭,胡中雄.土力学与基础工程[M].北京中国建筑工业出版社,1991.

[5] 钱家欢,殷宗泽.土工原理与计算[M].北京:中国建筑工业出版社,1996.

[6] 陈仲颐,叶书麟.基础工程学[M].北京:中国建筑工业出版社,1990.

[7] 凌治平,易经武.基础工程[M].北京:人民交通出版社,1997.

[8] 董建国,赵锡宏.高层建筑地基基础[M].上海:同济大学出版社,1997.

[9] 宰金珉,宰金璋.高层建筑基础分析与设计[M].北京:中国建筑工业出版社,1993.

[10] 叶书麟,叶观宝.地基处理[M].北京:中国建筑工业出版社,2004.

[11] 中华人民共和国国家标准.GB 50007—2002 建筑地基基础设计规范[S].北京:中国建筑工业出版社,2002.

[12] 中华人民共和国国家标准.GB 50010—2010 混凝土结构设计规范[S].北京:中国建筑工业出版社,2010

[13] 中华人民共和国行业标准.JGJ 94—2008 建筑桩基技术规范[S].北京:中国建筑工业出版社,2008.

[14] 中华人民共和国行业标准.JTG D63—2007 公路桥涵地基与基础设计规范[S].北京:人民交通出版社,2007.

[15] 中华人民共和国行业标准.JTS 147-1—2010 港口工程地基规范[S].北京:人民交通出版社,2010.

[16] 中华人民共和国行业标准.JGJ 120—99 建筑基坑支护技术规程[S].北京:中国建筑工业出版社,1999.

[17] 中华人民共和国行业标准.JGJ 79—2002 建筑地基处理技术规范[S].北京:中国建筑工业出版社,2002.

[18] 中华人民共和国国家标准.GB 50025—2004 湿陷性黄土地区建筑规范[S].北京:中国建筑工业出版社,2004.

[19] 中华人民共和国国家标准.GBJ 112—87 膨胀土地区建筑技术规范[S].北京:中国计划出版社,2003.

[20] 中华人民共和国行业标准.JTG D30—2004 公路路基设计规范[S].北京:人民交通出版社,2004.

[21] 中华人民共和国国家标准.GB/T 50269—97 地基动力特性测试规范[S].北京:中国计划出版社,1999.

[22] 中华人民共和国国家标准.GB 50040—96 动力机器基础设计规范[S].北京:中国计划出版社,1997.

人民交通出版社公路类教材一览

(◆教育部普通高等教育"十一五"国家级规划教材 ▲建设部土建学科专业"十一五"规划教材)

一、交通工程教学指导分委员会规划推荐教材
1. ◆交通规划(王炜) …………………… 33元
2. ◆道路交通安全(裴玉龙) …………… 36元
3. ◆交通设计(杨晓光) ………………… 35元
4. 交通系统分析(王殿海) ……………… 31元
5. 交通管理与控制(徐建闽) …………… 26元
6. 交通经济学(邵春福) ………………… 25元

二、21世纪交通版高等学校教材
(一)交通工程专业
1. ◆交通工程总论(第三版)(徐吉谦) …… 36元
2. ◆交通工程学(第二版)(任福田) …… 38元
3. ◆交通管理与控制(第四版)(吴兵) …… 35元
4. 道路通行能力分析(陈宽民) ………… 27元
5. ◆交通工程设计理论与方法(第二版)(马荣国) …… 40元
6. ◆公路网规划(裴玉龙) ……………… 27元
7. 交通工程专业英语(裴玉龙) ………… 28元
8. ◆交通运输工程导论(第二版)(姚祖康) …… 23元
9. 交通流理论(王殿海) ………………… 21元
10. 交通系统仿真技术(刘运通) ………… 26元
11. 停车场规划设计与管理(关宏志) …… 30元
12. 交通工程设施设计(李峻利) ………… 35元
13. ◆智能运输系统概论(第二版)(杨兆升) …… 25元
14. 智能运输系统概论(第二版)(黄卫) …… 24元
15. ◆运输经济学(第二版)(严作人) …… 44元
16. ◆道路交通工程系统分析方法(第二版)(王炜) …… 32元
17. ◆交通调查与分析(第二版)(严宝杰) …… 38元
18. ◆交通运输设施与管理(郭忠印) …… 33元
19. 道路交通安全管理法规概论及案例分析(裴玉龙) …… 29元
20. 交通地理信息系统(符锌砂) ………… 31元
21. 公路建设项目可行性研究(过秀成) …… 27元
22. 交通工程专业生产实习指导书(朱从坤) …… 7元
23. 土木规划学(石京) …………………… 38元

(二)城市轨道交通系列教材
1. 城市轨道交通概论(孙章) …………… 40元
2. 城市轨道交通系统(彭辉) …………… 32元
3. 轨道工程(练松良) …………………… 36元
4. 城市轨道交通设备系统(周顺华) …… 32元
5. 城市轨道交通结构设计与施工(周顺华) …… 36元
6. ◆地铁与轻轨(第二版)(张庆贺) …… 40元

(三)土木工程专业(路桥)/道路桥梁与渡河工程专业
I. 专业基础课教材
1. 土木工程概论(项海帆) ……………… 32元
2. 道路概论(第二版)(孙家驷) ………… 20元
3. 土质学与土力学(第四版)(袁聚云) …… 30元
4. 公路工程地质(第三版)(窦明健) …… 23元
5. ▲道路工程制图(第四版)(谢步瀛) …… 36元
6. ▲道路工程制图习题集(第四版)(袁果) …… 26元
7. ▲土木工程计算机绘图基础(第二版)(袁果) …… 45元
8. ◆道路工程材料(第五版)(李立案) …… 45元
9. 测量学(第四版)(许娅娅) …………… 37元
10. ◆基础工程(第四版)(王晓谋) ……… 33元
11. 结构设计原理(第二版)(叶见曙) …… 51元
12. 公路经济学教程(袁剑波) …………… 23元
13. 专业英语(第二版)(李嘉) ………… 33元

II. 专业核心课教材
14. ◆路基路面工程(第三版)(邓学钧) …… 52元
15. ◆道路勘测设计(第三版)(杨少伟) …… 42元
16. 道路结构力学计算(上、下)(郑传超、王秉纲) …… 50元
17. 水力学(王亚玲) ……………………… 19元
18. ◆桥梁工程(第二版)(姚玲森) …… 62元
19. 桥梁工程(第二版)(土木、交通工程)(邵旭东) …… 52元
20. ◆桥梁工程(第二版)(上)(范立础) …… 42元
21. ◆桥梁工程(第二版)(下)(顾安邦) …… 38元
22. 桥梁工程(陈宝春) …………………… 45元
23. ◆桥涵水文(第四版)(高冬光) ……… 28元
24. ◆预应力混凝土结构设计原理(第二版) …… 28元(估)
25. 现代钢桥(上)(吴冲) ………………… 34元
26. ◆钢桥(徐君兰) ……………………… 16元
27. ◆公路施工组织及概预算(第三版)(王首绪) …… 32元
28. ▲桥梁施工及组织管理(第二版)(上)(魏红一) …… 39元
29. ▲桥梁施工及组织管理(第二版)(下)(邬晓光) …… 39元
30. ◆隧道工程(第二版)(上)(王毅才) …… 65元

III. 专业方向选修课教材
31. ◆道路工程(第二版)(严作人) ……… 40元
32. 道路工程(第二版)(土木工程专业)(凌天清) …… 35元
33. ◆高速公路(第二版)(方守恩) ……… 21元
34. 高速公路设计(赵一飞) ……………… 38元
35. 城市道路设计(吴瑞麟) ……………… 22元
36. GPS测量原理及其应用(胡伍生) …… 28元
37. 公路测设新技术(雒应) ……………… 36元
38. 公路施工技术与管理(第二版)(魏建明) …… 40元
39. 土木工程造价控制(石勇民) ………… 30元
40. 公路工程定额原理与估价(石勇民) …… 36元
41. 道路桥梁检测技术(胡昌斌) ………… 31元
42. 特殊地区基础工程(冯忠居) ………… 29元
43. 道路与桥梁工程计算机绘图(许金良) …… 31元
44. ◆公路小桥涵勘测设计(第四版)(孙家驷) …… 31元
45. 路基设计原理与计算(李峻利) ……… 40元
46. 路基路面工程检测技术(李宇峙) …… 46元
47. 公路土工合成材料应用原理(黄晓明) …… 22元
48. 水泥与水泥混凝土(申爱琴) ………… 30元
49. ◆环境经济学(第二版)(董小林) …… 40元
50. 公路环境与景观设计(刘朝晖) ……… 30元
51. 桥梁工程概论(第二版)(罗娜) ……… 27元
52. 桥梁检测与加固(王国鼎) …………… 27元
53. 桥梁钢—混凝土组合结构设计原理(黄侨) …… 26元
54. 桥梁结构试验(第二版)(章关永) …… 22元
55. 桥梁结构电算(第二版) ……………… 35元
56. 桥梁抗震(叶爱君) …………………… 15元
57. ◆桥梁建筑美学(第二版)(盛洪飞) …… 30元
58. 大跨度桥梁结构计算理论(李传习) …… 18元
59. 隧道结构力学计算(夏永旭) ………… 29元
60. 公路隧道运营管理(吕康成) ………… 22元
61. 隧道与地下工程灾害防护(张庆贺) …… 45元

IV. 实践环节教材及教参教辅
62. 《道路勘测设计》毕业设计指导(许金良) …… 30元
63. 桥梁计算示例丛书—桥梁地基与基础(第二版)(赵明华) …… 18元
64. 桥梁计算示例丛书—混凝土简支梁(板)桥(第三版)(易建国) …… 27元
65. 桥梁计算示例丛书—连续梁桥(邹毅松) …… 20元
66. 结构设计原理计算示例(叶见曙) …… 40元
67. 道路工程毕业设计指南(应荣华) …… 34元
68. 桥梁工程毕业设计指南(向中富) …… 35元

V. 研究生教学用书
道路与铁道工程
1. 现代加筋土理论与技术(雷胜友) …… 24元

2. 道路规划与几何设计(朱照宏)⋯⋯⋯⋯⋯ 32元
3. 沥青与沥青混合料(郝培文)⋯⋯⋯⋯⋯ 35元
4. 工程机械机电液系统动态传真(王国庆)⋯⋯ 18元

桥梁与隧道工程

1. 高等桥梁结构理论(项海帆)⋯⋯⋯⋯⋯ 35元
2. 高等钢筋混凝土结构(周志祥)⋯⋯⋯⋯ 27元
3. 结构分析的有限元法与MATIAB程序设计(徐荣桥)⋯ 28元
4. 工程结构数值分析方法(夏永旭)⋯⋯⋯⋯ 27元
5. 箱形梁设计理论(第二版)(房贞政)⋯⋯⋯ 32元

(四)公路工程管理专业

1. ◆工程项目融资(第二版)(赵 华)⋯⋯⋯ 35元
2. 管理信息系统(李友根)⋯⋯⋯⋯⋯⋯⋯ 31元
3. 公路工程定额原理与估价(石勇民)⋯⋯⋯ 36元
4. 工程风险管理(邓铁军)⋯⋯⋯⋯⋯⋯⋯ 21元
5. ◆工程质量控制与管理(邬晓光)⋯⋯⋯⋯ 29元
6. 公路工程造价编制与管理(第二版)(沈其明)⋯ 43元
7. 工程项目招标与投标(周 直)⋯⋯⋯⋯⋯ 30元
8. 高速公路管理(王选仓)⋯⋯⋯⋯⋯⋯⋯ 35元

(五)工程机械专业

1. ◆施工机械概论(王 进)⋯⋯⋯⋯⋯⋯ 35元
2. ◆公路施工机械(第二版)(李自光)⋯⋯⋯ 43元
3. 现代工程机械发动机与底盘构造(陈新轩)⋯ 38元
4. 工程机械维修(许 安)⋯⋯⋯⋯⋯⋯⋯ 38元
5. 工程机械状态检测与故障诊断(陈新轩)⋯⋯ 29元
6. 工程机械底盘设计(郁录平)⋯⋯⋯⋯⋯ 36元
7. 公路工程机械化施工与管理(第二版)(郭小宏)⋯ 37元
8. 工程机械设计(吴永平)⋯⋯⋯⋯⋯⋯⋯ 38元
9. 工程机械技术经济学(吴永平)⋯⋯⋯⋯⋯ 23元
10. 工程机械专业英语(宋永刚)⋯⋯⋯⋯⋯ 36元
11. 工程机械机电液系统动态仿真(王国庆)⋯⋯ 18元

三、普通高等学校规划教材

1. 现代土木工程(付宏渊)⋯⋯⋯⋯⋯⋯⋯ 36元
2. 理论力学(东南大学)⋯⋯⋯⋯⋯⋯⋯⋯ 29元
3. 材料力学(东南大学)⋯⋯⋯⋯⋯⋯⋯⋯ 25元
4. 工程力学(东南大学)⋯⋯⋯⋯⋯⋯⋯⋯ 29元
5. 交通土建工程制图(第二版)(和丕壮)⋯⋯⋯ 38元
6. 交通土建工程制图习题集(第二版)(和丕壮)⋯ 20元
7. 画法几何与土建制图(第二版)(林国华)⋯⋯ 39元
9. 画法几何与土建制图习题集(第二版)(林国华)⋯ 25元
9. 土木工程制图(丁建梅 周佳新)⋯⋯⋯⋯ 36元
10. 土木工程制图习题集(丁建梅 周佳新)⋯⋯ 18元
11. 土木工程制图(张 爽)⋯⋯⋯⋯⋯⋯⋯ 36元
12. 土木工程制图习题集(张 爽)⋯⋯⋯⋯⋯ 15元
13. 工程经济学(李雪淋)⋯⋯⋯⋯⋯⋯⋯⋯ 22元
14. 工程测量(胡伍生)⋯⋯⋯⋯⋯⋯⋯⋯⋯ 25元
15. 交通土木工程测量(张坤宜)⋯⋯⋯⋯⋯ 33元
16. 结构设计原理(毛瑞祥)⋯⋯⋯⋯⋯⋯⋯ 26元
17. 路基路面工程(何兆益)⋯⋯⋯⋯⋯⋯⋯ 45元
18. 道路勘测设计(第二版)(孙家驷)⋯⋯⋯⋯ 46元
19. 道路勘测设计(裴玉龙)⋯⋯⋯⋯⋯⋯⋯ 38元
20. 道路工程材料(申爱琴)⋯⋯⋯⋯⋯⋯⋯ 45元
21. 道路与桥梁工程概论(黄晓明)⋯⋯⋯⋯⋯ 32元
22. 道路经济与管理⋯⋯⋯⋯⋯⋯⋯⋯⋯⋯ 16元
23. 公路施工组织与管理(赖少武 李文华)⋯⋯ 35元
24. 公路工程施工组织学(第二版)(姚玉玲)⋯⋯ 38元
25. 公路施工与组织管理(廖正环)⋯⋯⋯⋯⋯ 22元
26. 公路养护与管理(许永明)⋯⋯⋯⋯⋯⋯ 18元
27. 水力学与桥涵水文(叶镇国)⋯⋯⋯⋯⋯⋯ 38元
28. 桥位勘测设计(高冬光)⋯⋯⋯⋯⋯⋯⋯ 20元
29. 道路规划与设计(李清波)⋯⋯⋯⋯⋯⋯ 46元
30. 道路交通环境工程(张玉芬)⋯⋯⋯⋯⋯⋯ 19元
31. 公路实用勘测设计(何景华)⋯⋯⋯⋯⋯⋯ 19元
32. 公路计算机辅助设计(符锌砂)⋯⋯⋯⋯⋯ 30元
33. 交通计算机辅助工程(任刚)⋯⋯⋯⋯⋯⋯ 25元
34. 公路工程预算与工程量清单计价(雷书华)⋯ 35元
35. 公路工程造价(周世生)⋯⋯⋯⋯⋯⋯⋯ 42元
36. 软土环境工程地质学(唐益群)⋯⋯⋯⋯⋯ 35元
37. 公路与桥梁施工技术(盛可鉴)⋯⋯⋯⋯⋯ 30元
38. 桥梁美学(和丕壮)⋯⋯⋯⋯⋯⋯⋯⋯⋯ 40元
39. 桥梁结构理论与计算方法(贺拴海)⋯⋯⋯ 58元
40. 钢管混凝土(胡曙光)⋯⋯⋯⋯⋯⋯⋯⋯ 38元
41. 隧道施工(于书翰)⋯⋯⋯⋯⋯⋯⋯⋯⋯ 23元
42. 公路隧道机电工程(赵忠杰)⋯⋯⋯⋯⋯⋯ 40元
43. ◆道路交通管理与控制(袁振洲)⋯⋯⋯⋯ 40元
44. 交通工程学(第二版)(李作敏)⋯⋯⋯⋯⋯ 28元
45. 交通工程学(双语教材)(王斌宏)⋯⋯⋯⋯ 38元
46. 交通管理与控制(罗 霞)⋯⋯⋯⋯⋯⋯⋯ 36元
47. 交通项目评估与管理(谢海红)⋯⋯⋯⋯⋯ 36元
48. 工程项目管理(周 直)⋯⋯⋯⋯⋯⋯⋯⋯ 20元
49. 道路运输统计(张志俊)⋯⋯⋯⋯⋯⋯⋯⋯ 28元
50. 测绘工程基础(李芹芳)⋯⋯⋯⋯⋯⋯⋯⋯ 36元
51. 工程机械运用技术(许 安)⋯⋯⋯⋯⋯⋯ 40元
52. 现代工程机械液压与液力系统(颜荣庆)⋯⋯ 39元
53. 水泥混凝土路面施工与施工机械(何挺继)⋯ 30元
54. 现代公路施工机械(何挺继)⋯⋯⋯⋯⋯⋯ 45元
55. 工程机械机电液一体化(焦生杰)⋯⋯⋯⋯ 28元
56. 工程机械可靠度(吴永平)⋯⋯⋯⋯⋯⋯⋯ 20元
57. 工程机械地面力学与作业理论(杨士敏)⋯⋯ 35元
58. 公路机械化施工与管理(任 继)⋯⋯⋯⋯ 26元

四、高等学校应用型本科规划教材

1. 结构力学(万德臣)⋯⋯⋯⋯⋯⋯⋯⋯⋯ 30元
2. 结构力学学习指导(于克萍)⋯⋯⋯⋯⋯⋯ 22元
3. 道路工程制图(谭海洋)⋯⋯⋯⋯⋯⋯⋯⋯ 28元
4. 道路工程制图习题集(谭海洋)⋯⋯⋯⋯⋯ 24元
5. 道路建筑材料(伍必庆)⋯⋯⋯⋯⋯⋯⋯⋯ 37元
6. 土木工程材料(张爱勤)⋯⋯⋯⋯⋯⋯⋯⋯ 39元
7. 土质学与土力学(赵明阶)⋯⋯⋯⋯⋯⋯⋯ 30元
8. 结构设计原理(黄平明)⋯⋯⋯⋯⋯⋯⋯⋯ 47元
9. 结构设计原理学习指导(安静波)⋯⋯⋯⋯ 35元
10. 结构设计原理计算示例(赵志蒙)⋯⋯⋯⋯ 40元
11. 工程测量(朱爱民)⋯⋯⋯⋯⋯⋯⋯⋯⋯ 30元
12. 基础工程(刘 辉)⋯⋯⋯⋯⋯⋯⋯⋯⋯ 26元
13. 道路勘测设计(张维全)⋯⋯⋯⋯⋯⋯⋯⋯ 32元
14. 桥梁工程(刘龄嘉)⋯⋯⋯⋯⋯⋯⋯⋯⋯ 45元
15. 公路工程试验检测(乔志琴)⋯⋯⋯⋯⋯⋯ 47元
16. 路桥工程专业英语(赵永平)⋯⋯⋯⋯⋯⋯ 44元
17. 水力学与桥涵水文(王丽荣)⋯⋯⋯⋯⋯⋯ 27元
18. 工程招标与合同管理(刘 燕)⋯⋯⋯⋯⋯ 33元
19. 工程项目管理(李佳升)⋯⋯⋯⋯⋯⋯⋯⋯ 32元
20. 公路施工技术(杨渡军)⋯⋯⋯⋯⋯⋯⋯⋯ 64元
21. 公路工程机械化施工技术(徐永杰)⋯⋯⋯ 32元
22. 公路工程经济(周福田)⋯⋯⋯⋯⋯⋯⋯ 22元
23. 公路工程监理(朱受民)⋯⋯⋯⋯⋯⋯⋯ 33元
24. 道路工程(资建民)⋯⋯⋯⋯⋯⋯⋯⋯⋯ 38元
25. 道路工程CAD(许金良)⋯⋯⋯⋯⋯⋯⋯ 23元
26. 路基路面工程(陈忠达)⋯⋯⋯⋯⋯⋯⋯⋯ 46元

各地经销商电话见人民交通出版社网站首页,网址:http://www.ccpress.com.cn。
咨询电话:010-85285965(岑瑜)